航空类专业职业教育系列教材

飞机电源系统

主　编　杨　鹏　田　巨
副主编　吴洪坤

西北工业大学出版社

西　安

【内容简介】 本书根据飞机机电设备维修专业教学大纲编写，主要介绍民航运输类飞机电源系统的组成及各部分工作原理，具体包括飞机交流电源的发电、励磁、调压、并联、控制保护，以及飞机二次电源、外部电源、应急电源、飞机电网及配电系统、航空蓄电池、飞机直流电源、飞机自检功能和部分典型飞机故障分析等内容。

本书可以作为高等职业院校飞机机电设备维修专业本专科学生的教材，以及高等职业院校飞机维修类等其他专业本专科学生的教材，也可供飞机维修单位工程技术人员参考。

图书在版编目(CIP)数据

飞机电源系统 / 杨鹏，田巨主编. -- 西安 ：西北工业大学出版社，2025. 3. -- ISBN 978-7-5612-9838-1

Ⅰ. V242.2

中国国家版本馆 CIP 数据核字第 20253EZ033 号

FEIJI DIANYUAN XITONG

飞 机 电 源 系 统

杨鹏　田巨　主编

责任编辑：王　水　　**策划编辑**：华一瑾

责任校对：胡莉巾　　**装帧设计**：高永斌　董晓伟

出版发行：西北工业大学出版社

通信地址：西安市友谊西路 127 号　　邮编：710072

电　　话：(029)88491757，88493844

网　　址：www.nwpup.com

印 刷 者：兴平市博闻印务有限公司

开　　本：787 mm×1 092 mm　1/16

印　　张：20.25

字　　数：493 千字

版　　次：2025 年 3 月第 1 版　2025 年 3 月第 1 次印刷

书　　号：ISBN 978-7-5612-9838-1

定　　价：78.00 元

前　言

随着航空技术的飞速发展，先进高新技术在民航运输机上的使用越来越普遍。我国民航运输业已经先后引进了空客 A380、波音 B787 等新一代飞机，其上使用了大量的、不同于目前其他机型的新型航空电气设备。为了保障飞机的正常运营，航空公司迫切需要一批掌握新型航空技术的飞机维修人才。作为培养人才的高等职业院校应充分满足行业需求，而高质量的教材是实现这一目标的首要保证。为此，特编写《飞机电源系统》。

与校编教材《民用飞机电源》相比，本书新增了飞机 BITE（机内自检测设备）自测试技术、飞机电网及配电系统、航空蓄电池、典型机型排故及维护等章节，并在蓄电池章节中增加了波音 B787 飞机上所使用的航空锂离子电池的内容。同时，为适应高等职业院校新形态教育的发展，特邀请广州飞机维修工程有限公司曹法明和曾晓舸两位工程师参与编写飞机电源的排故、测试、典型机型维护等方面的内容。因此，《飞机电源系统》在内容的完整性、实用性和质量上都得到了大幅度提高。

本书共分 7 章，分别为飞机电源概述、飞机交流电源系统、航空蓄电池、飞机直流供电系统、飞机电网及配电系统、飞机 BITE 自测试技术、典型机型排故及维护等。

本书由杨鹏、田巨任主编，吴洪坤任副主编，全书由杨鹏统稿。具体编写分工为：田巨编写了第 1 章，杨鹏编写了第 2 章，吴洪坤、曹法明和曾晓舸编写了第 3～7 章。罗思宏高级工程师审阅了全书，并提出了宝贵意见。

在编写本书的过程中参考了一些文献资料，在此向其作者表示感谢。同时，本书得到了广州民航职业技术学院飞机维修工程学院领导和学校教务处的大力支持，在此一并表示感谢。

由于水平有限，书中难免存在不足之处，敬请广大读者批评指正。

编　者

2024 年 11 月

目　　录

第 1 章　飞机电源概述

1.1　飞机电源系统概况

飞机电源系统是现代民航飞机机载系统必不可少的组成部分，随着民航运输业的不断发展，其技术在日益发展进步。飞机电源系统通过多种电子电气方式实现系统控制自动化，确保系统使用中的安全、可靠、方便，以及在提高相关维护工作的效率和获得行业良好经济效益等方面具有举足轻重的地位，同时，其也是机电一体化技术等的充分体现。

飞机电源系统技术包括电能的产生、参数调节、供电控制与保护、配电网络等。

由于电源系统的技术应用较为综合，相关电气设备较多，我们也有理由认为飞机电源系统是飞机上最大的电气系统。

现代民用飞机电源系统一般既有交流电源，也有低压直流电源，还有属于混合性质的电源系统。在现代大型民用飞机上，高涵道喷气发动机飞机一般采用交流电源作为主电源，其直流容量只占约 5%；而采用低压直流电源作为主电源系统的机型，则大多是采用涡轮螺旋桨或旋翼式飞机/直升机。国内执行通用航空飞行和客运支线（包含有些低涵道喷气动力机型 SAAB－340/Be－146/ERJ－145 等）的飞机就属于此类。

总体来说，飞机电源系统应能保障地面航空器航前、航后、定检的维护/维修和测试用电，在飞行中，可以给各系统可靠供电，安全、高效地完成旅客运输任务。

1.1.1　飞机电源系统的功用

目前，飞机上大部分系统设备都依赖电能才能顺利工作。电源系统为飞机上各种用电设备供电，如飞行控制/管理、雷达、通信导航、发动机控制及自动化、座舱环境控制、燃油系统的供应及加油、防冰加温、生活服务和照明、机载维护系统等。其具体功用归纳如下：

（1）给灯光系统供电：包括机内、外照明和指示，如驾驶舱、客舱、设备舱工作和生活照明，系统（或相关）的灯光指示和警告，以及应急照明等用电。

（2）提供热能：如给防冰的电加温、厨房用电负载、发动机启动点火、灭火设备等供热。

（3）提供电磁机构用电：如给液体增压的电动油泵，通风、作动（如排雨）的电动机，流体管路机构的电磁阀（活门），或属于电能转换机械能性质的电力启动机和货舱装载动力等供电。

(4)给电子/电气设备供电:如给传感器、计算机、监控/信息显示器、控制器供电。

(5)给飞机上其他的用电设备供电:如给无线电通信,雷达导航系统,娱乐、广播及内话系统等供电。

1.1.2 飞机电源系统的发展概况

飞机电源系统经历了低压直流、直流与交流共存、交流、高压直流的发展过程。

1.低压直流供电系统

早期的中小型活塞式发动机飞机,如安-2、运-5、立-2、伊尔-12和C-46飞机等,其机载电源以直流为主,28V的低压直流电源由(活塞式)发动机经过减速器直接驱动直流发电机,再通过电压调节器的调压作用而产生。直流电源额定功率有3 kW、6 kW、9 kW、12 kW和18 kW等数种,电压调节器从早期的振动式发展到炭片式,系统的控制方式多为借助继电器和接触器的人工控制。

低压直流电源系统是飞机上较早使用的一种电源系统,其具有结构简单、使用维护方法成熟、具有启动和发电双功能特点,在较早的飞机中得到了广泛应用,其额定电压由6 V、12 V,逐步发展为28 V的低压直流电源系统,一直沿用至今。

另外,应急电源由蓄电池提供,少量负载用的交流电源则由旋转变流机(直流→直流电动机→交流发电机→交流)提供。

2.直流与交流电源系统共存

在一代又一代航空人的不懈努力下,航空事业不断地发展,涡轮螺旋桨发动机飞机的升限和航程都大大增加,对电源容量的需求也大大增加,在增大直流电源容量的同时,也要求增大交流电源的容量,因此,民用飞机逐步发展和采用了交流电源系统,这样就出现了涡轮螺旋桨飞机上交流电源与直流电源并存的情况。如安-12、安-24、运-7、肖特-360等机型既保留了28 V低压直流电源系统,又配备有交流电源系统。

在交流电源系统中,发动机通过减速器直接驱动有刷交流发电机,单台发电机独立向各自汇流条供电,电压的调节一般采用磁炭片式电压调节器(磁放大器和炭片式调压器),电源系统的控制方式仍多为借助继电器和接触器的人工控制。

3.以交流电源系统为主

随着科学技术的不断进步,现代大型运输机的动力装置从涡轮喷气发动机、涡轮风扇发动机发展到高涵道比的涡轮风扇发动机,这样既大大节省了燃油,还使飞机电源系统发展更趋完善。

涡轮喷气发动机、涡轮风扇发动机飞机的电源系统均以交流电作为主电源,直流电源从交流电网经过变压整流、稳压而获得。相对于主电源为交流电源来说,直流电源就是由二次电源设备变换而获得的。

在这些飞机上,交流电源系统的发电设备采用了无刷交流发电机,每台交流发电机由相应的发动机通过恒速传动装置(CSD)来驱动,飞机上,恒速传动装置与交流发电机合为一体,成为所谓的整体传动发电机(IDG)。

交流电压的调节从波音 B707 等少数飞机上采用的磁放大器调压发展到 20 世纪 60 年代以后飞机上采用的晶体管电压调节，从而既降低了飞机设备的重量，又提高了系统工作的可靠性。控制电路在保留了某些继电器、接触器的基础上，增加了晶体管元件、集成电路和电子计算机，使系统自动化程度大大提高。数字、文字信息显示代替了过去的某些指示仪表，而且一些主要部件都具有机内自检测功能。

对于飞机电源系统的容量，波音 B707、三叉戟、图-154 及波音 B737-200 等飞机，一般容量均在 80～120 kV·A，而在波音 B737-300 和以后的波音系列飞机上，单台发电机的容量就达到了 90 kV·A，波音 B777 飞机单台主发电机容量最大达到了 120 kV·A，而且波音 B777 飞机在同一台发电机上还安装有发动机附件齿轮箱直接驱动的后备交流发电机，其容量也有 20 kV·A，这使飞机电源总容量大大增加。在增加总容量的同时，还设置了辅助电源系统，由辅助动力装置（APU）驱动交流发电机，其容量在不断增加，从三叉戟-2E 飞机的 30 kV·A 增加到波音 B777 飞机的最大 120 kV·A，保障了飞机各系统的安全、可靠工作。在波音 B777 飞机上，应急系统还增设了由冲压空气涡轮（RAT）驱动的交流发电机，其容量为 7.5 kV·A，它与原有的电瓶、静变流机系统一同向飞机重要交、直流负载提供应急电源，大大提高了系统的工作可靠性。

4.高压直流电源系统

随着功率电子器件、大规模集成电路和稀土永磁材料的发展，20 世纪 70 年代开始研制额定电压为 270 V 的高压直流电源系统。

270 V 高压直流电源系统的发电系统比较简单、电网重量相对比较轻、主电源和二次电源内部效率比较高，而且可以实现不中断供电。第二次世界大战期间，高压直流电源系统曾一度被采用，但是没有得到发展，这主要因为有两个关键技术没有得到解决：一是有刷电机高空换向恶化问题；二是有触点的开关电器在高空断弧困难问题。

随着电力电子器件以及相关技术的发展，无刷直流电机和固态功率控制器的发明成功地解决了上述两个问题。

高压直流电源系统兼有低压直流电源系统和交流电源系统的优点：效率高，质量轻，并联和配电简便，易实现不中断供电，抗干扰能力强，不需要恒速传动装置。因而其简单、经济、维护方便，但电路开关器件、电能变换装置、功率转换装置及无刷直流电动机比较复杂。

与几种传统的机载电源相比，飞机高压直流电源系统主要有以下优点：

（1）工作可靠。高压无刷直流发电机结构简单，与带有恒速传动装置的恒速恒频交流电源相比，高压无刷直流发电机只有发电机转子是旋转部件，而且电子线路简单，工作可靠。

（2）重量轻。高压直流电源系统比低压直流电网和恒频交流电网都轻，即使采用双线制的直流电网，其重量仍然比 115/200 V 三相交流电网轻。

（3）容易实现不中断供电。高压直流电源系统可以方便地构成双通道结构，实现冗余供电。同时，与低压直流电源系统一样，高压直流发电机也比较容易实现并联，能够不间断地向机载用电设备供电，容易实现无刷起动/发电，减轻机载设备的重量。

通过对高压直流供电系统与恒速恒频交流电源供电系统、变速恒频电源供电系统进行比较可以知道，高压直流供电系统在各方面的得分都是比较高的。不同类型电源供电系统的性能比较见表 1-1-1。

表 1-1-1　不同类型电源供电系统性能比较

电源类型 / 对比项目及得分		恒速恒频交流电源供电系统	变速恒频电源供电系统	高压直流供电系统
可靠性	30	12.9	27.6	30
维修性	20	10.4	19.2	20
费用	24	24	17	20.2
质量	20	13.2	15.8	20
供电质量	6	4.8	6	5.6
总计	100	65.3	85.6	95.8

尽管高压直流电源供电系统具有以上优点，但由于其中采用了电力电子器件，因此过载能力和工作温度均会受到一定的限制。

在目前的民航客机上，只在局部采用了 270 V 的高压直流供电系统和高压直流电动机结构。例如波音 B747 飞机的货舱传送机构中采用直流电传动装置，有效减小了传送机构的体积和重量，波音 B787 通过多脉冲变压整流装置（ATRU）实现把输入的 230 VAC 整流为 270 VDC。

1.1.3　现代飞机电源系统的组成

飞机电源系统需要在地面、空中均能保证可靠地向飞机机载用电设备供电，使用多种不同形式的供电设备可以保证不同用电设备所需的电能，以及保证重要（或关键）用电设备在正常或者应急情况下的供电。

下面从飞机电源供电来源和飞机电源系统其他电气设备两大方面来介绍电源系统的组成。

一、飞机电源供电来源

具体设置在飞机上的电源系统配置是随机型不同而变化的，这样电源系统在不同飞机上就有着各自特定的机载设备，而且有不同的应用地位。在我们所知的现代飞机电源系统中，供电设备以 5 种类型的形式提供机上用电设备的用电，也习惯把系统中具有供电回路的设备形式作为飞机电源系统的组成来描述，它们分别是主电源、二次电源、应急电源、辅助电源、地面电源等。

1.主电源

主电源指具有机上全部用电设备供电承载能力的电源，即由主发电机或主启动发电机提供，属最大功率的机载电气设备。

主发电机一般是由飞机发动机直接或间接驱动的。普遍采用由一台发动机驱动一台发电机的所谓一拖一的发电形式，也有些主电源采用由一台发动机同时拖动两台主发电机的所谓一拖二的发电形式。

另外，主电源的性质：一种是电压为 115/200 V、频率为 400 Hz 的三相交流电，另一种是电压为 28 V 的低压直流电。其中电压为 115/200 V、频率为 400 Hz 的三相交流电是目前民航客机普遍采用的形式。

2.二次电源

机载用电设备会有不同于主电源类型的供电参数要求，这就需要电源系统内配置可改变电参数的不同电源转换设备。

把用来变换(主)电源的电压、电流和频率的电源设备称为二次电源。二次电源设备的本质是电能→电能，具体变换形式包括以下几种：

(1)交流变换成交流(AC 主 → AC)，如变压器(升压器/降压器)；

(2)交流变换成直流(AC 主 → DC)，如变压整流器(TRU 或者 TR)；

(3)直流变换成交流(DC 主→ AC 或 DC 后备电瓶→AC 应急)，如静变流机/器(SI)；

(4)直流变换成直流(DC 主→ DC)，如 270/28 V 直流变换器。

目前主流机型波音和空客民航飞机上常见的二次电源设备有变压整流器和静变流机。

3.应急电源

应急电源是一个独立的电源系统，当在飞行中飞机主电源和辅助电源失效时，由应急电源向飞机上保证飞机安全的重要(或关键)机载用电设备供电，保证飞机的飞行安全。

应急电源设备有电瓶、静变流机、冲压涡轮发电机(RAT)、液压驱动发电机(HMG)等形式。

4.辅助电源

在航空发动机不运转时，由辅助动力装置(APU)，即辅助电源驱动发电机而发电，可采用一拖一或一拖二的发电方式。随着技术的发展，辅助起动电机在民航飞机上的应用也日益增多。

辅助电源常用于地面勤务/维护检查，在空中也可替代一台失效的主发电机给机上用电设备供电。

此外，电瓶也可作为地面维护时的辅助电源。

5.地面电源(外部电源)

现代大多数运输机上都装备有接地面交直流电源插座，供地面通电检查、维护和发动机的启动，以及其他地面勤务(例如加油、货物装卸、清洁等)用电。

一般按主电源的性质，接入供电不同，大型运输机采用地面交流电源，小型飞机采用直流电源。

地面电源种类一般有两种：停机坪(廊桥)、机库等配置有限范围或固定位置(外场地井式)的外接电缆插头，由市电电能经转换装置提供(又称之为固定式电源)；车载式柴油发电机，可以方便地实现远机位地面供电(又称之为可移动电源)。

二、飞机电源系统其他电气设备

飞机电源系统主要的其他电气设备有发电机控制组件、电能转换装置、专用设备、主控面板及电网供电网络等。

1.发电机控制组件

每台动力驱动发电机对应一台发电机电源控制组件，即各主发电机控制组件(GCU)和辅助动力装置 APU · GCU(AGCU)，控制组件具有调压、供电关系的控制、保护和机内自检等功能。

其中设置的(主)电源保护项目有：对于交流电源系统设置过压(OV)、欠压(UV)、过频(OF)、欠频(UF)、过流(OC)、差动(DP)保护等，并联供电还有过激(OE)、欠激(UF)和同步汇流条保护等；对于直流电源系统设置过压(OV)、欠压(UV)、反流保护等。

地面电源控制组件(GPCU)或汇流条电源控制组件(BPCU)具有供电控制、超限保护和逆相序保护等功能。

2.电能转换装置

在以交流电为主的电源系统中，电能转换装置主要由多台变压整流器以及单台静变流机等组成；在以低压直流电为主的电源系统中，采用以静变流机装置为主要电能转换装置的形式。

3.专用设备

有些大型飞机的 APU 起动电源由独立的 APU 电瓶提供。对于碱性电瓶充电器、应急照明电源通常是区域分组型的自备小型电瓶组。

4.主控面板

主控面板上装有电源系统的控制装置、指示装置和辅助电气系统的控制面板。

现代飞机对电源系统的监控多以数字、文字形式、动态模拟图形，配以不同颜色、屏幕式等显示电源系统的状态、故障(及报警内容)和维护信息页面，如发动机及机组警告系统/飞机电子中央监控系统(EICAS/ECAM)显示等。

另外，中央维护系统(CMS)是目前飞机上装备的可对飞机的绝大部分系统进行故障监控和隔离处理，并存储各种维护信息，同时对系统进行测试的独立系统。

中央维护系统也可以提取需要的信息在中央显示组件/维护中央显示组件(CDU/MCDU)上读取，由随机打印机打印，再通过数据链将信息发送到地面维修站和利用数据装载系统下载等。

利用 CDU/MCDU 的测试功能菜单，可通过 CMS 向系统 BITE 发送测试指令，来启动飞机系统的测试程序。由于不同飞机上安装的 CMS 计算机的数量有所不同，使用 CDU 或 MCDU 的操作情况也有变化，这由 CMS 的配置而定。

当安装新的计算机时，需要通过数据装载器来装载 CMS 的操作程序，系统才能正常工作，它为维护人员减少排故时间、降低维护成本提供了一个集中的、标准化的排故方法。

5.电网供电网络

电网供电网络是指将电能输送到负载的电网回路。供电网络将电能输送到汇流条，体现各电源之间的输出供电关系，它包括输出电缆以及连接线，通过开关电器器件、接触器、继电器等完成输出、转换、保护和卸载控制等功能。

将电能由配电网络输送到负载的是电源分配系统，电能先通过过流(短路)保护器(跳开关)，再到各系统机载用电设备。

电网供电网络在不同机型的分布及安装是有差别的，名称、叫法也有不同。图 1－1－1 所示为波音 B737NG 交直流供电网络示意图。

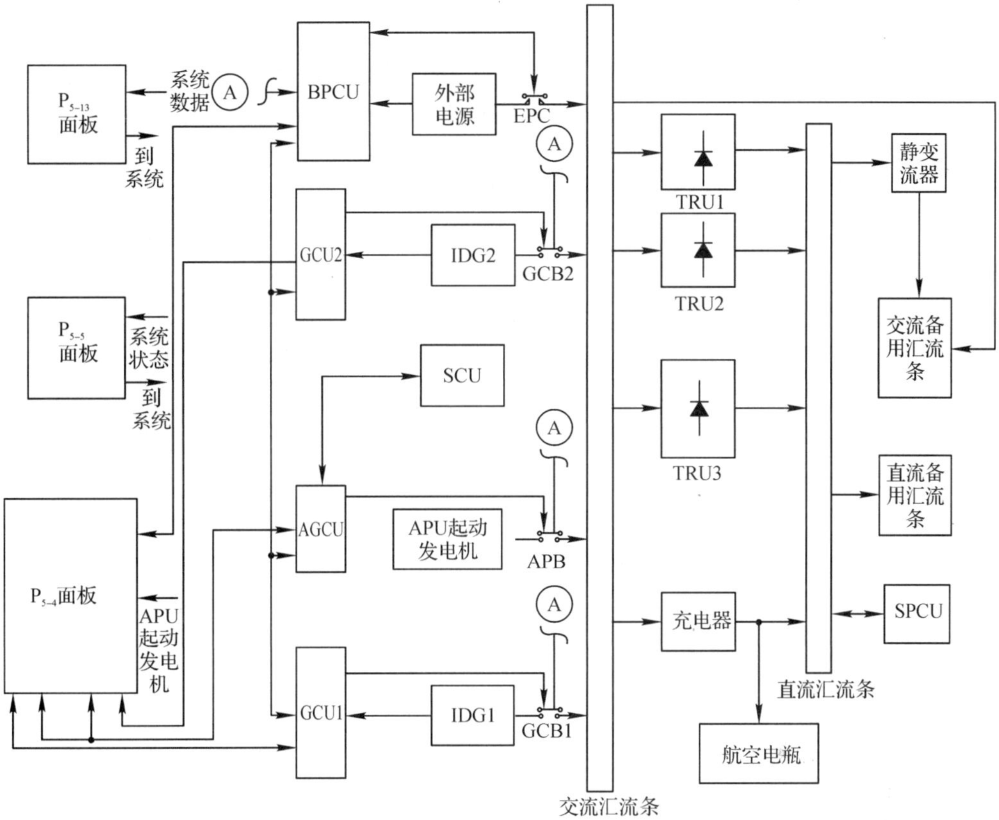

图 1－1－1　波音 B737NG 交直流供电网络示意图

波音 B737NG 飞机交流电源系统主要由四个交流电源供电，分别是左、右发动机驱动的 IDG1、IDG2，一个 APU 起动发电机(ASG)，以及外接电源。除了上述交流电源外，飞机还有一个备用交流电源。

飞机的直流电源包括三个变压整流器组件(Transformer Rectifier Unit，TRU)，以及来自于电瓶、电瓶充电器的直流电源。

飞机电源系统可进行发电、供电及控制等功能，系统有自动和人工控制两种方法，机内自测设备和备用电源可使系统保持较高的可靠性。发电机控制组件(Generator Control Unit，GCU)对系统进行监控以控制和保护整体驱动发电机(Integrated Drive Generator，IDG)；辅助动力装置(Auxiliary Power Unit，APU)的发电机电源控制组件(APU Generator Control Unit，AGCU)和起动转换组件(Start Converter Unit，SCU)一起工作以控制和保护 APU 起动机发电机；汇流条电源控制组件(Bus Power Control Unit，BPCU)控制和监控外部电源以及整个电网供电构型、保护飞机电网以防电源超过限制；静变流机向交流备用汇流条提供 115 V 的单相交流电；备用电源控制组件(Standby Power Control Unit，SPCU)控制直流和备用电源的分配；断路器受控于 GCU 信号，闭合时可允许电源供给汇流条。

波音 B737NG 飞机主要交流电源及其供电能力如下：

1）左/右发整体驱动发电机 IDG

在正常飞行时，由主发电机提供交流电源。飞机上有两台整体驱动发电机，每台主发电机可以提供交流电压为 115/200 V 、频率为 400 Hz、容量为 90 kV·A 的三相正弦交流电，整体驱动发电机与发动机附件齿轮箱相连，附件齿轮的转速随发动机 N2 轴转速的变化而变化，整体驱动发电机通过内部的机械与液压部件将变化的输入转速转换为24 000 r/min（主发电机的磁极对数为 1 对）的恒定转速。

（1）整体驱动发电机人工脱开。按压发电机驱动脱开电门，可以人工脱开整体驱动发电机，当飞机发动机起动手柄在慢车位时，按压脱开电门到脱开位，将会使恒速传动装置（CSD）从输入驱动轴脱开。

人工复位整体驱动发电机时，飞机发动机必须处于关车状态，当驱动 DRIVE 灯亮时，通常需要人工脱开整体驱动发电机，驱动 DRIVE 灯亮表示整体驱动发电机滑油压力低于最低标准或欠频，脱开电门外保护罩和系统内部逻辑可以防止发电机意外脱开，整体驱动发电机输入轴有一部分较细，当力矩较大时容易剪断，这样可以防止因整体驱动发电机故障而对发动机附件齿轮箱造成的损坏。

（2）整体驱动发电机过热自动脱开。当整体驱动发电机内滑油温度过高时，内部过热机构会自动将恒装 CSD 脱开（如过热脱开温度为 182 ℃）。

注意：整体驱动发电机过热自动脱开后不能人工复位，必须将发电机送厂家修理，否则会对主发电机造成更多的损坏。

2）APU 起动机发电机

APU 起动机发电机在飞机低于 9 753.600 m（32 000 ft）时容量为 90 kV·A，而在 9 753.600～12 496.80 m（3 000～41 000 ft）之间容量降为 66 kV·A。

3）地面外部电源

地面外部电源容量为 90 kV·A。

从图 1-1-1 中可以看出交流汇流条的电源来源主要有外部电源、APU 起动机发电机和两台整体驱动发电机 IDG。直流汇流条的电源来源主要有三个变压整流器组件（Transformer Rectifier Unit，TRU）（将 115 V 交流电变为 28 V 直流电）、电瓶及电瓶充电器。

民用飞机在失去正常供电来源时，备用电源系统将给飞机重要系统提供至少 30 min 的备用交流和直流电源，以保证飞机的飞行安全。备用直流电由电瓶提供，备用交流电由静变流机使用电瓶电源产生 115 V、频率 400 Hz 的单相交流电源，SPCU 用于控制备用交流和直流电源的分配。

1.2 飞机电源系统的类型

飞机电源系统的类型是指飞机主电源的类型，飞机上采用主电源的类型因飞机机型、发动机种类、飞机用途及用电设备的不同而有所不同。现代飞机主电源类型有直流、交流电源等形式。各类型机载电源系统的研制、使用和发展，以及被更新型的电源系统替代的过程正是记录了航空技术发展的历史进程，同时也记录了科研人员发扬的机务人实事求是、认真负责、团结协作、精益求精的精神。

1.2.1　直流电源系统

直流电源是飞机上最早采用的电源系统，其中主要使用的低压直流电源系统 20 世纪 40 年代趋于成熟，其主电源由航空发动机直接驱动的直流发电机和控制保护器等部分组成，直流电源的额定电压是 28 VDC，发电机的额定功率有 3 kW、6 kW、9 kW、12 kW 和 18 kW等，发电机的额定电流有 100 A、200 A、300 A、400 A 和 600 A 等。

二次电源是由旋转变流机或静变流机(SI)把低压直流电转变为 115 V、400 Hz 的单相或三相交流电(波音 B737 系列是转换为单相)，应急电源是航空蓄电池。大型飞机上有辅助动力装置驱动的直流发电机用作辅助或备用电源。

中小型活塞式发动机飞机，如运-5 以及已淘汰的安-2、立-2、伊尔-12 和 C-46 飞机等，其 28 V 的低压直流电源由(活塞式)发动机经过减速器直接驱动直流发电机。

目前在十几座以下的轻型飞机、小型直升机等通用航空飞机上，普遍采用低压直流电源系统，但是在大、中型运输机上，随着机载用电设备数量和用电量的增加，电源系统的容量也在成倍地增加，低压直流电源系统已不能满足飞机电源容量及飞行性能的需求。因此在大型运输机上，低压直流电源系统逐步被交流电源系统所取代。

低压直流电源系统主要存在以下缺点：

第一，随着飞机电源容量的增加，低压直流电源系统的重量会进一步增加。

现代大中型飞机上的电源容量增大了几百倍，如果仍采用低压直流电源系统，则发电系统和配电系统的重量会增大很多。对有刷直流发电机来说，由于受换向条件限制，发电机的电压和转速都不能太高，因此只能以加大电枢电流的方式来提高飞机电源容量，从而导致发电机体积和重量的增大。例如，功率为 18 kW 的航空直流发电机质量为 41.5 kg，而喷油冷却的 60 kV·A 航空交流发电机，其质量只有 17 kg 左右。

第二，飞机飞行高度和速度的不断提高，使低压直流电源系统的工作环境进一步恶化。

现代大型喷气式飞机的飞行高度达到 1 万米以上，随着高度的增加，空气变得稀薄，水蒸气含量急剧降低，使有刷直流发电机的电刷磨损加剧，换向条件恶化。同时飞机在高速飞行条件下，直流发电机的冷却问题也难以解决。因为直流发电机常采用迎面气流风冷，而当飞机高速飞行时，迎面气流温度高达 100～200 ℃，继续采用风冷会显著降低发电机的输出功率，且直流发电机由于电刷与换向器的存在，不能采用油冷，所以冷却问题对于直流发电机而言比较难解决。

第三，低压直流电源系统功率变换设备复杂，效率低。

在以直流电为主电源的飞机上，需要把相当一部分低压直流电变换为不同电压等级的直流电及交流电，这就需要通过功率变换装置或者变流机组进行变换，而这些装置的效率低(如旋转变流机的效率只有 50%左右，静止变流器的效率也只有 80%左右)，体积、重量大。尤其是现代大型飞机上使用交流电的设备越来越多，若仍采用低压直流电源作为主电源，其变换设备数量也将增多,会使电源设备的重量大大增加,直接影响到飞机性能的提高。

低压直流电源与交流电相比,其优点是直流电源的并联、控制保护设备相对简单,且直流发电机可以用作起动发电机,从而减轻机载设备的重量;直流电网只有一根馈线,电网重量轻。因此在小型及轻型飞机上,普遍采用低压直流电源系统。

1.2.2 以交流电为主电源的供电系统

以交流电作为主电源,直流电源从交流电网中经变压整流、稳压而获得。

在涡轮喷气式发动机、涡轮风扇式发动机飞机上,交流电源系统采用了无刷交流发电机。每台交流发电机由相应的发动机通过恒速传动装置(CSD)来驱动,飞机上的恒速传动装置与交流发电机合为一体,成为所谓的整体驱动发电机(IDG)。

飞机上采用晶体管调压,从而既降低了飞机设备的重量,又提高了电源系统的工作可靠性。控制电路在保留了某些继电器、接触器的基础上,增加了晶体管元件、集成电路和电子计算机,使系统自动化程度大大提高。数字、文字信息显示代替了过去的某些指示仪表,如使用 EICAS / ECAM 等。

不同飞机其中央维护系统(CMS)和计算机的名称都有所不同,而且计算机处理和存储信息的能力也有所不同。如在空客 A320 系列飞机上,计算机中央故障显示接口组件(CFDIU)叫做中央故障显示系统,在波音 B757 飞机上叫做维护控制显示面板(MCDP),它们都有相似的基本维护功能;在波音 B777 飞机上,CMS 系统的处理能力每秒钟可达 5 000 个故障报告,能接收 25 000 个故障,可以存储多达 3 000 条维护信息,而且故障隔离程序变得十分简单,一些主要部件都具有自检测功能。

1.3 电源系统主要设备在飞机上的分布

1.3.1 电源设备位置、控制、配电和指示装置

飞机上电源系统的电源系统部件位置、控制、配电和指示装置在设备舱的分布及安装,不同机型是有差别的。

一、波音 B737 飞机

1.电源系统部件的位置

波音 B737 电源系统的主要电气设备如图 1-3-1 所示。

在波音 B737 飞机上,发电机控制组件(GCU)、APU 发电机电源控制组件(AGCU)(或电源控制盒)具有对相应发电机控制、调压和保护等功能;汇流条电源控制组件(BPCU)具有供电控制、超限保护和逆相序保护功能;变压整流器是作为把主电源的交流电变换为低压直流电的二次电源装置;飞机上的电瓶可用于启动 APU,但一般飞机上的主电瓶主要作为

应急电源使用，当飞机上的主电源和 APU 电源失效时，由主电瓶向飞机上的重要设备供电；静变流机是应急电源的重要设备，当飞机上正常供电电源失效时，静变流机可以把主电瓶提供的直流转换为单相交流，供电给飞机上的交流应急汇流条，保证飞机的飞行安全。

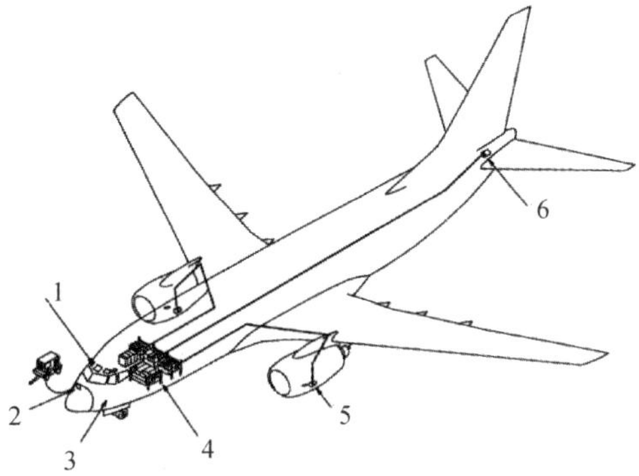

图 1-3-1　波音 B737 电源系统主要电气设备示意图

1—驾驶舱，里面主要有控制电门、指示仪表、P6 和 P18 控制面板、各类继电器、备用电源控制组件(SPCU)等器件。

2—外部电源控制面板，主要用于外接外部电源时的控制。

3—机身前下部，包括控制盒等。

4—电子舱(EE 舱)，里面主要包括主电瓶、主电瓶充电机、辅助电瓶、辅助电瓶充电机、发电机控制组件(GCU)、汇流条电源控制组件(BPCU)、电源分配面板(PDP)、起动变流机组件(SCU)等。

5—发动机，同时安装有整体传动发电机 IDG、空气/滑油冷却器等。

6—APU 舱，安装有 APU 起动发电机等。

2.驾驶舱头顶控制面板和辅助电气系统控制面板(P5)

P5 面板是电源系统的主控面板。面板上装有电源系统的控制装置和警告、指示装置。P5 面板示意图如图 1-3-2 所示。

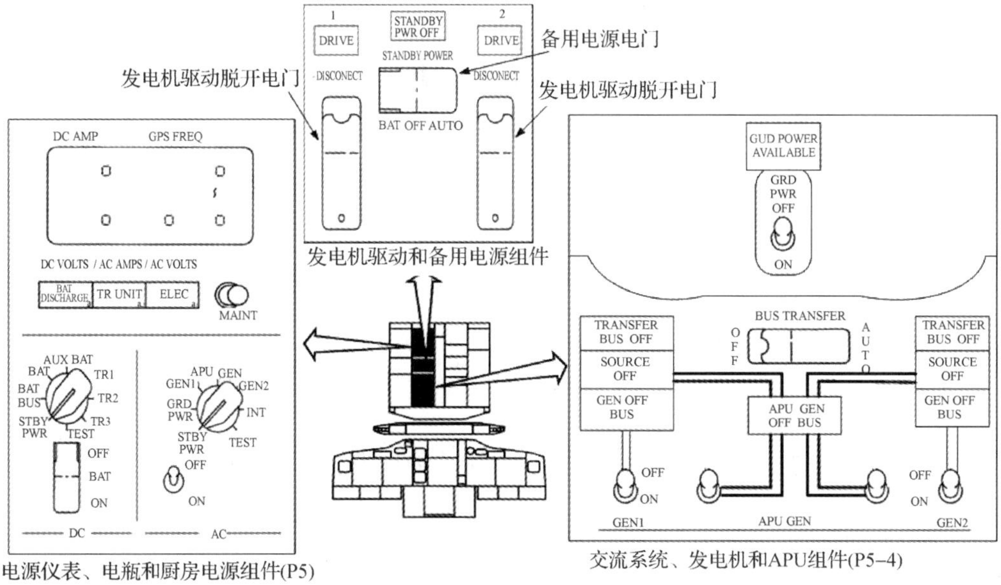

图 1-3-2　波音 B737 飞机电源系统 P5 面板示意图

如图 1－3－2 所示，P5 面板包括各控制电门和信号指示灯，例如地面电源与电瓶的开关与启动电门、APU 用于提供气源与电源的开关和电门。其特点是：面板上的指示和操纵装置仿照系统的组成和实际布局，给人产生形象、直观的印象；控制电门是按压式开关，控制电门和信号指示灯组合在一起，形成按压式灯组合开关。P5 面板分为前、后两块顶板。

P5 面板也是电源系统的辅助控制面板，主要安装在有主发电机和 APU 发电机的励磁人工复位开关，三个开关也是按压式的灯组合开关。

3.电源系统监控电门(或灯)

图 1－3－3 所示为波音 B737 驾驶舱电源系统监控电门(或灯)示意图。

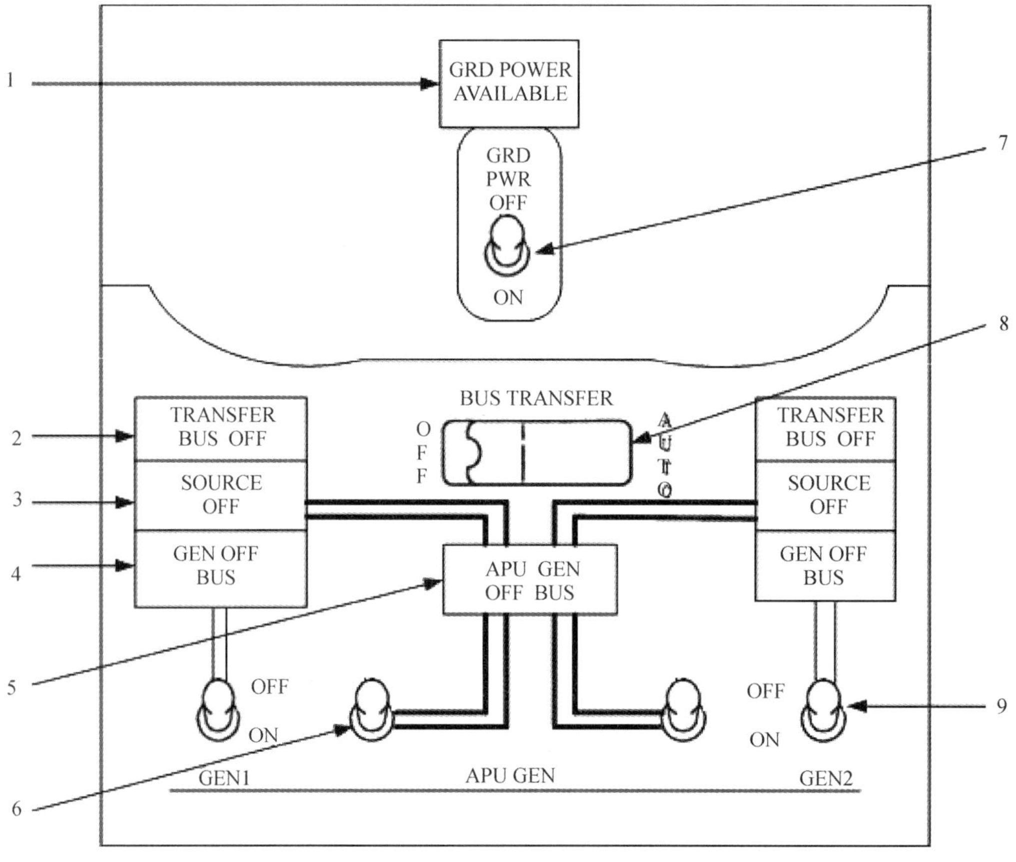

图 1－3－3　波音 B737 驾驶舱电源系统监控电门(或灯)示意图

1—蓝色的地面电源可用灯，它在飞机连接好地面电源插头且电源质量符合时点亮。

2—琥珀色的交流转换汇流条关断灯，当交流转换汇流条没有电时，交流转换汇流条关断灯亮。每个交流转换汇流条有一个灯。

3—琥珀色的电源关断灯，电源关断灯指示交流转换汇流条没连接到选定的电源上。其中，左电源关断灯与下列电源有关：

(1) IDG 1(GEN1 电门)；

(2) APU(左 APU GEN 电门)；

(3) 外部电源(地面电源电门)。

右电源关断灯与下列电源有关：

(1) IDG 2(GEN2 电门)；

(2) APU(右 APU GEN 电门)；

(3) 外部电源(地面电源电门)。

电源关断灯不指示交流汇流条断开。在飞行中，当 GCB 触发时，左电源关断灯亮。然而，汇流条转换功能使 IDG2 电源供给转换汇流条 1。

4—蓝色的发电机断开汇流条灯，当发动机的发电机控制断路器(GCB)打开时，蓝色的 GEN OFF BUS 灯亮，这表明 IDG 不是正在使用的电源，当 GCB 闭合时，灯熄灭。

5—蓝色的 APU 发电机断开汇流条灯，APU 发电机断开汇流条灯指示 APU 正在运转，但其发电机不是正在使用的电源。当 APU 运转且辅助电源断路器(APB)打开时，灯亮，当 APB 闭合或关停 APU 后，灯熄灭。

6—APU 发电机电门，APU 发动机发电机电门对选定的 APU 发电机电源进行人工控制。因为有两个汇流条断路器(BTB)，所以有两个电门。该电门的使用与发动机的发电机电门相同。

7—地面电源电门，使用地面电源电门可以控制外部电源给交流转换汇流条的供电。

8—汇流条转换电门，汇流条转换电门可对 BTB、直流汇流条继电器以及 TRU3 转换继电器进行人工控制，电门有两个位置(自动和关断)，通常电门在自动位，保护盖保持电门在自动位。如果在自动位置，BTB、直流汇流条继电器和 TRU 转换继电器按需自动工作。在关断位置，直流汇流条继电器和 TRU3 转换继电器不能接通，当电门在关断位置时，BTB 的使用取决于拨动电门前电源的状况。

9—发动机的发电机电门，发动机的发电机电门对选用 IDG 电源进行人工控制。每个电门是一个三位置电门，靠弹簧保持在中立位置。ON 和 OFF 位都是瞬时位置。当将发电机电门瞬时置于 ON 位置时，就使其 IDG 电源供给其相应的转换汇流条。如果 IDG 电源质量良好，电源系统首先断开当前电源(打开其发电机断路器)，然后，闭合 IDG 的发电机断路器，则 IDG 就可提供电源了。

4.P6 和 P18 面板

驾驶舱内的 P6 和 P18 面板有许多飞机系统负载电路跳开关断路器。面板上分别有热电路、继电器、二极管、导线等部件，每个电路跳开关面板包括几个子面板(门)可以打开，电路跳开关在子面板的面板上，打开子面板可以接近其他部件。其中，P6 有六块子面板和备用电源控制组件，P18 有三块子面板。图 1-3-4 所示为波音 B737 飞机配电板示意图。

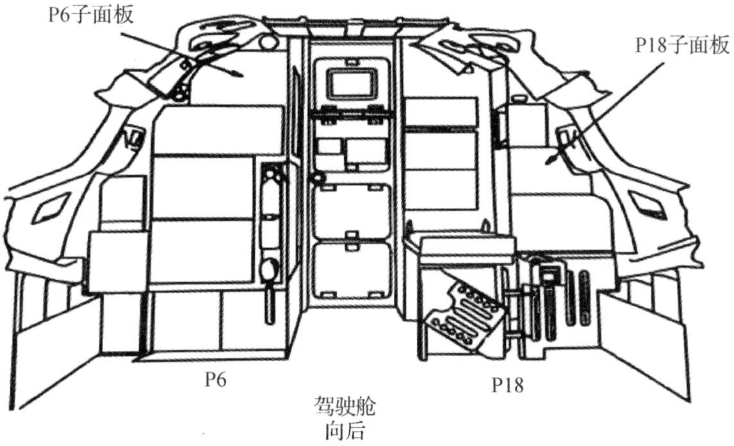

图 1-3-4　波音 B737 飞机的 P6 和 P18 面板

5.配电板

配电板(PDP)包括断路器和电源汇流条,每个配电板前面有一个门,通常关闭,门前面有电路断路器。一般 PDP1(P91)在 EE 舱的左侧,PDP2(P92)在 EE 舱的右侧。图 1-3-5 所示为波音 B737 配电板示意图。

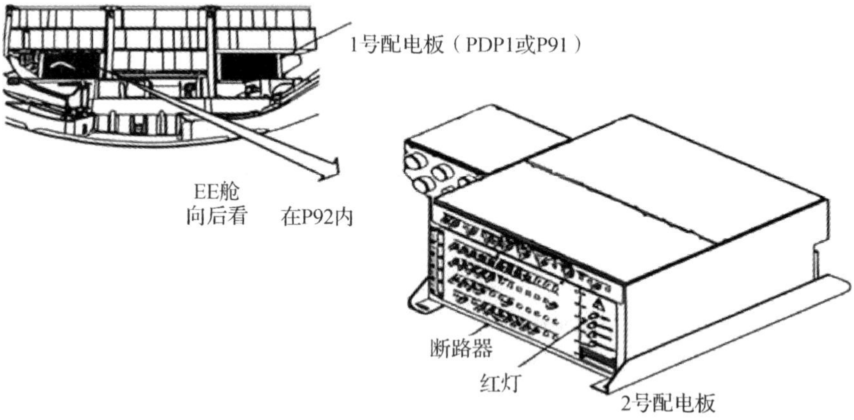

图 1-3-5 波音 B737 配电板示意图

如图 1-3-5 所示,1 号配电板(PDP1 或 P91)上有 1 号交流转换汇流条、1 号地面勤务汇流条、1 号直流汇流条、发电机控制断路器 1(GCB 1)、辅助电源断路器(APB)、汇流条断路器 1(BTB1)等部件。

2 号配电板(PDP2 或 P92)上有 2 号交流转换汇流条、2 号地面勤务汇流条、2 号直流汇流条、发电机控制断路器 2(GCB2)、外部电源接头(EPC)、汇流条断路器 2(BTB2)等部件;在配电板前后板上有四个红灯,在前货舱中可以看见后面板上的灯,灯亮提示配电板内的电源正在工作。

6.外部电源部件位置

外部电源面板和插座在机身右侧,靠近机头,外部电源连接在外部电插座上,图 1-3-6 所示为波音 B737 外部电源部件位置示意图。

外部电源控制部件位于 EE 舱,在机身的右前侧,外部电源的控制在驾驶舱中和前服务面板上。其中汇流条电源控制组件(BPCU)在 E4 架上,外部电源接头(EPC)在电源分配面板 2(PDP2)上。在驾驶舱中有 P5-4 交流系统,发电机和 APU 组件位于 P5 头顶面板上,该组件提供人工控制和外部电源指示,其中地面勤务电门在前服务面板上。

二、空客 A320 系列飞机

1.电源控制面板

空客 A320 系列飞机电源控制面板如图 1-3-7 所示。

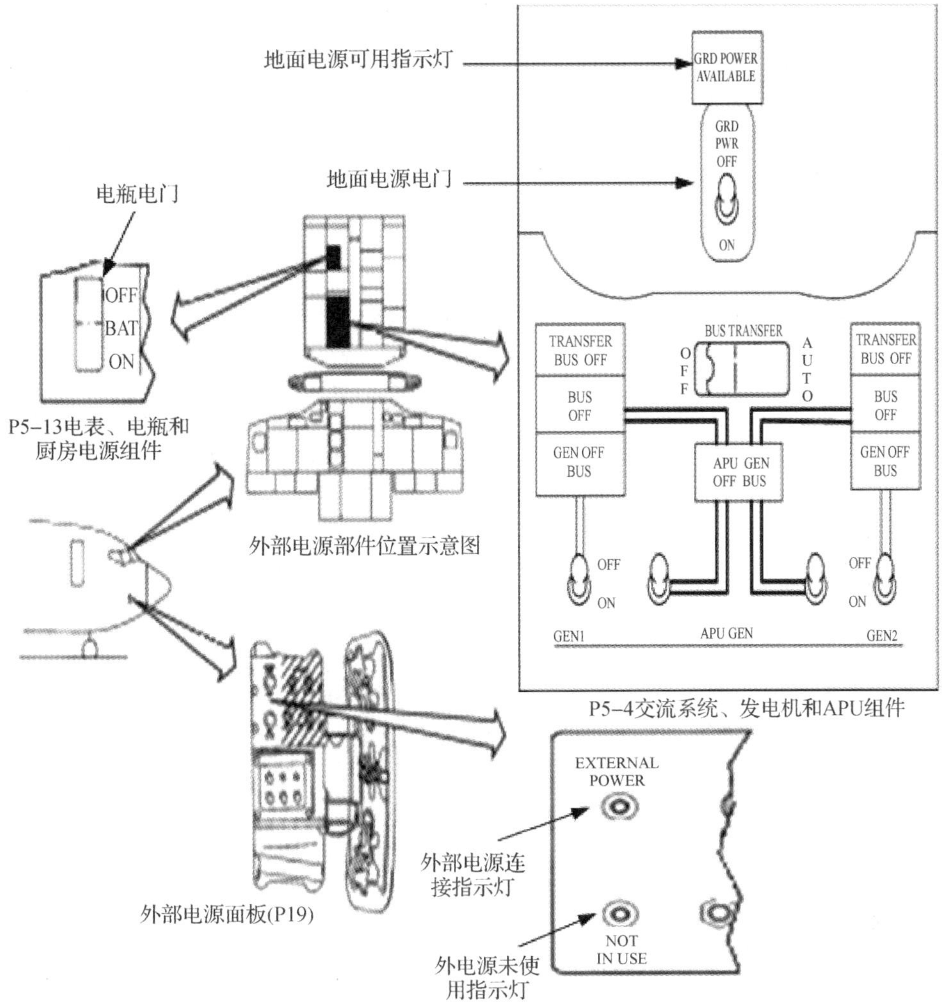

图 1-3-6　波音 B737 外部电源部件位置示意图

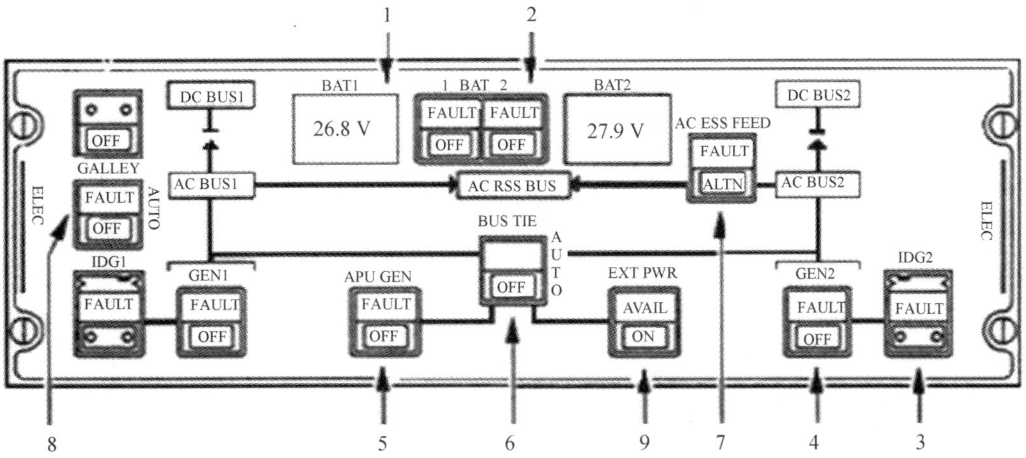

图 1-3-7　空客 A320 系列电源控制面板

1—1(2)号电瓶指示器,电瓶电压用白色指示。

2—2(1)号电瓶开关,用于控制相应电瓶充电限制器的工作,如果处于自动(AUTO)模式,则电瓶充电控制组件通过电瓶接头关闭/接通来自动控制相应的电瓶与直流电瓶汇流条(3)的接通/断开。

3—1/2 号综合驱动发电机(IDG)开关(有保护盖)。在综合驱动发电机开关正常时由弹簧保持在断开位(OFF),在按下以后,IDG 将从其传动轴上脱开,这种情况下只能由维修人员重接。

特别要注意:①如果按下开关超过 3 s 则可能会损坏断开装置;②在发动机不工作(或不在关车状态)时,不要脱开 IDG,因为在发动机起动时会损坏 IDG。

4—1/2 号发电机开关:在 ON 位,发电机励磁接通所有的电气参数正常时,发电机线路接头闭合;在 OFF 位时,发电机励磁电源被解除,发电机线路接头断开故障电路复位。故障灯在出现下列情况时琥珀色灯亮伴随有 ECAM 警告提示:发电机控制器(GCU)保护电路启动;发电机线路接头断开(发电机开关选择在断开位除外)。

5—APU 发电机开关,在 ON 位时,APU 发电机励磁接通,在外接电源接头断开且电源参数正常时 APU 接头闭合。如果 1 号和(或)2 号发电机不工作,汇流条连接接头自动闭合;在 OFF 位时,发电机励磁被解除,发电机线路接头断开故障电路复位。而 FAULT(故障)灯与 1 号或 2 号发电机故障灯相同,当 APU 速度太低或者在外接电源或发动机驱动的发电机接通后,APU 发电机接头断开,APU 发电机故障灯就被抑制。

6—汇流条连接开关。汇流条连接开关是具有 AUTO 位和 OFF 位的两位开关。在 AUTO 位时,汇流条连接接头自动断开或闭合以保持给 1 号和 2 号交流汇流条都供电。当一台发动机带动的发电机给相应的交流汇流条供电且 APU 发电机或外接电源给另外一边交流汇流条供电时一个接头闭合;当一台发动机带动的发电机或 APU 发动机或外接电源供电时,两个接头都闭合;汇流条开关在 OFF 位时,两个汇流条连接接头都断开。

7—主交流供电开关。主交流汇流条正常供电是由 1 号交流汇流条供给的,也可以通过主交流供电开关选择由 2 号交流汇流条供电。在 NORMAL(正常)位时,主交流汇流条由 1 号交流汇流条供电;在 ALTN(备用)位时,主交流汇流条由 2 号交流汇流条供电;在 FAULT(故障)灯位交流主汇流条没有供电时,琥珀色灯亮伴随有 ECAM 的告警提示。

注意:在全部主发电机失效的情况下,主交流汇流条自动由应急发电机供电,当应急发电机不能用时转为由静变流机供电。

8—厨房开关,当处于 AUTO 位时,主厨房和辅助厨房都有电源供应。而发生下列情况时主厨房自动卸载:在空中仅有一台发电机工作;在地面只有一台发动机发电机工作(当 APU 发电机或者外接电源供电时全部厨房供电正常)。当处于 OFF 位时,主厨房和辅助厨房供电被切断。而在 FAULT(故障灯)位时,当任一发电机的负荷超过输出功率的 100% 时,琥珀色灯亮,伴随有 ECAM 的警告提示。

9—外接电源按钮(瞬间动作)。当外接电源插上且外接电源参数正常时,则按钮瞬时按下,那么 AVAIL 绿色灯亮;如果 AVAIL 灯灭,ON 灯变成蓝色;如果 ON 灯亮,那么外接电源接头断开,反之如果 ON 灯灭,那么 AVAIL 灯亮。

注意:①外接电源的使用优先于 APU 发电机,发动机的发电机使用优先于外接电源;

②当由发动机的发电机给飞机供电时 ON 灯仍然亮，外接电源接头断开。

2.驾驶舱照明控制面板

空客 A320 系列飞机驾驶舱照明控制面板如图 1－3－8 所示。

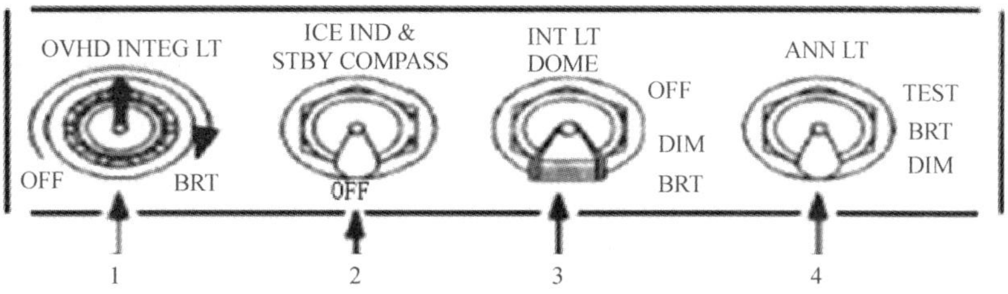

图 1－3－8　驾驶舱照明控制面板示意图

1—头顶板内部照明灯旋钮，主要用于控制头顶板内部照明的开和关以及亮度调节。

2—防冰指示和备用罗盘开关，主要用于控制备用罗盘和可视指示器内部照明的开和关。

3—圆顶灯选择开关。此开关控制两个圆顶灯。如果在明亮（BRT）位，则两盏圆顶灯亮；如果在暗亮（DIM）位，则两盏圆顶灯暗亮；如果在关断（OFF）位，则两盏圆顶灯灭。

4—信号牌灯开关，主要用于测试和调节驾驶舱所有信号牌灯亮度。如果在测试（TEST）位，则所有驾驶舱信号牌灯亮，所有（LED）液晶显示 8；如果在暗亮（DIM）位，则信号牌灯供电电压降低；如果在明亮（BRT）位，则信号牌灯正常工作。

3.空客 A320 飞机 ECAM 控制台及显示

空客 A320 飞机 ECAM 控制台如图 1－3－9 所示，在 ECAM 的控制台上，按下按钮就能在 ECAM 上显示不同系统的信息。

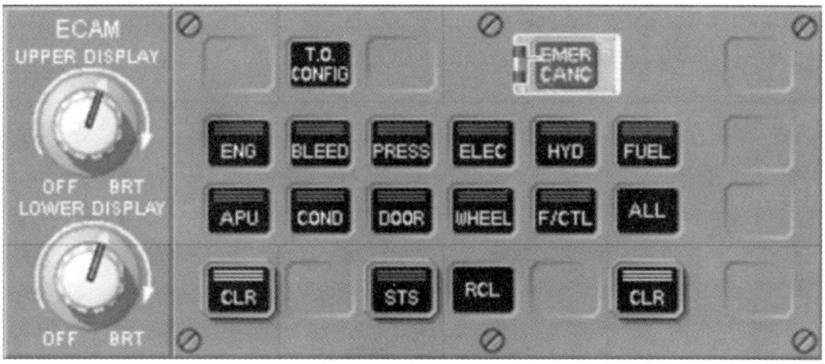

图 1－3－9　空客 A320 飞机 ECAM 控制台示意图

空客 A320 飞机上所有系统的实时状态都可以显示在 ECAM 的屏幕上，而飞机驾驶员只需要关注这块屏幕就能大致掌握整架飞机不同系统的状态。

在驾驶舱系统显示（SD）页面上，一共可以显示 12 种不同的系统页面，分别是舱门（Door）、液压（Hydraulic）、电力（Electric）、发动机（Engine）、APU、机轮（Wheel）、飞控（Flight controls）、空调（Air conditioning）、座舱压力（Cabin pressure）、引气（Bleed）、燃油（Fuel）以及总状态（Status）。APU 界面的 ECAM 显示如图 1－3－10 所示。

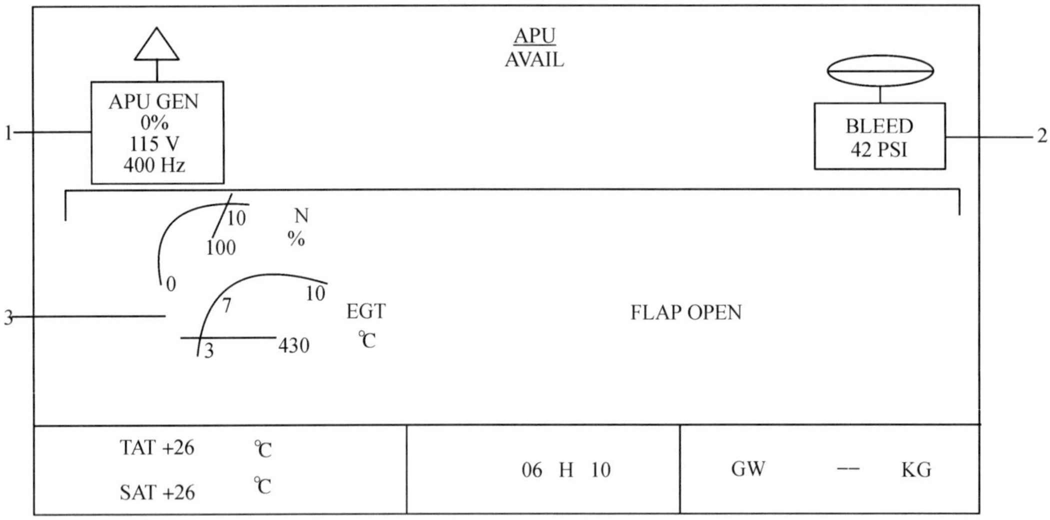

图 1-3-10 APU 界面 ECAM 显示示意图

ECAM 的 APU 页面包含 APU 发电机(1)、引气活门(2)以及 APU 发动机参数(3)三个指示部分。其中在 APU 发电机显示区域(APU GEN),标题(APU GEN)在正常情况下,标题 APU GEN 显示为白色;负载("0%")在 APU 发电机的负载(GEN LOAD)值正常时显示为绿色;当系统数据采集集中器(System Data Acquisition Concentrator,SDAC)检测到过载并向 ECAM 传输过载信号时,数值显示为琥珀色;电压("115 V")在发电机电压(GEN VOLTAGE)值为 110～120 V 时,显示为绿色,否则显示为琥珀色;频率("400 Hz")在发电机频率(GEN FREQUENCY)为 390～410 Hz 时,显示为绿色,否则显示为琥珀色。发电机矩形上方还有一个绿色小三角形,表示发电机已经连接上线路接触器;如果没连接上,则没有绿色小三角形。

当 APU GEN 电门在 OFF 位时,APU GEN 显示为琥珀色。此外,当 APU 主电门(MASTER SW)未打开,且 APU 不可用或 APU 状态不可知时,矩形内只显示 APU GEN,其余内容不显示。

APU 的引气系统相当于气体的"传送带",而 APU 引气活门就相当于这个传送带的"开关"。在 APU 启动后,会建立足够的气压源,在活门打开的情况下,引气系统将这些气体引到需要启动的发动机,吹动发动机的高压和低压转子使得发动机启动。ECAM 上活门位置显示对应不同的开闭状态。如果活门没有全关,显示绿色打开位(圆＋竖线＋三角形);如果活门全关,显示绿色关闭位(圆＋横线);引气活门位置或引气电门位置不可用时,显示琥珀色的"圆＋两个 X";如果按下了 APU 引气(APU BLEED)的电门,但 10 s 后引气活门仍处在全关位时,则显示琥珀色关闭位(圆＋横线)。

APU 引气压力单位用 psi 表示,正常情况下压力值显示为绿色;如果无法获得引气压力信号,或者不能从 ADIRU 获得修正平均静压,压力值显示琥珀色 XX。

APU 转速、EGT、进气门/滑油显示及警告页面中驱动 APU 的发动机系统只有一个风扇,因此只有一个转速 N 值。正常情况下,转速 N 值指示为绿色;转速超过 102%时指示为琥珀色；转速超过 107％时指示为红色；不能从 SDAC 获取转速信号时，转速表盘指针消失，并且数值显示琥珀色 XX。而 APU－EGT 表盘指针和数值显示通常为绿色，当 EGT 超过 ECB 预设正常值时，绿色的数值会闪烁；当 EGT 超过 ECB 预设黄色警告值时，指针为琥珀色，数值也为琥珀色且闪烁；当 EGT 超过 ECB 预设红色警告值时，指针和数值均为红色；当不能感受到 EGT 信号时，指针消失，数值显示琥珀色 XX。EGT 表盘量程为 300 ～1 100 ℃；数值指示范围为 0 ～9 995 ℃，分度值 5 ℃。

两个表盘旁边是各种警告和信息显示，分为燃油油压、滑油量、进气门指示三种：对于 FLAP ON，绿色的 FLAP ON 表示 APU 的进气活门处于打开状态；如果闪烁，则表示 APU 主电门置于 OFF 位，而 3 min 后进气门还没全关；如果 APU 主电门置于 ON 位，进气门未全开或不能接受进气门位置信息时，则没有指示；对于 LOW OIL LEVEL，当从 ECB 检测到 APU 低滑油量信号时，绿色 LOW OIL LEVEL 会出现并闪烁；当没有滑油量信号或信号不能被正确传输时，则不显示；对于 FUEL LO PR(燃油低压信息)，当 ECB 将燃油低压信息传输到 SDAC 时，ECAM APU 页面显示琥珀色 FUEL LO PR；其他情况不会显示。

电力系统(ELEC)页面 ECAM 显示如图 1－3－11 所示。

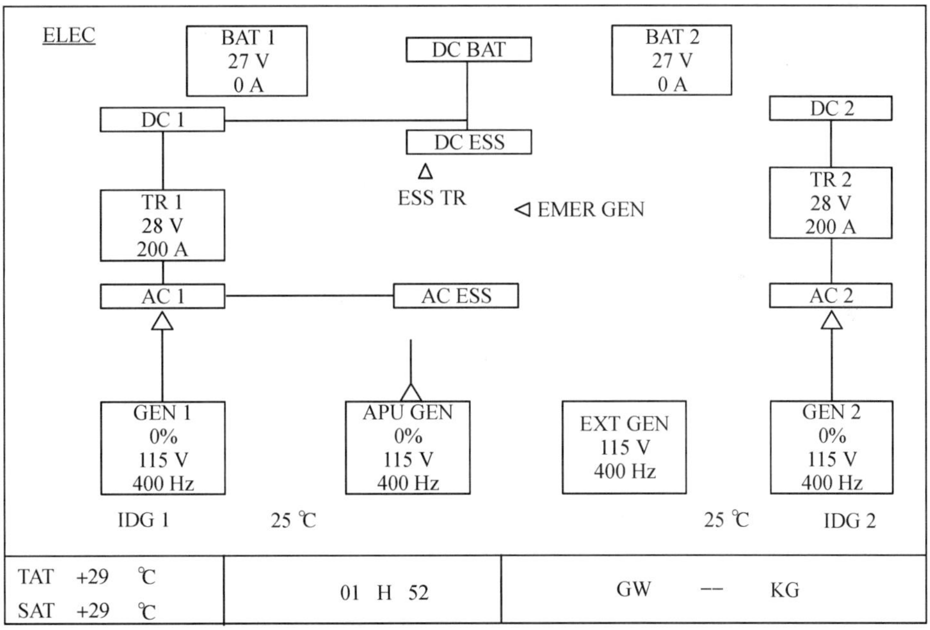

图 1－3－11　电力系统(ELEC)页面 ECAM 显示示意图

电瓶指示(BATTERY)标题 BAT 1/2 正常指示为白色；当电压低或电流为琥珀色时，标题为琥珀色；电压数值正常指示为绿色，当电压不在 25～31 V 时，电压数值指示为琥珀色，其中电压指示范围为 0～99 V；电流数值正常指示为绿色，当电流低于 5 A 时，电流数值指示为琥珀色，其中电流指示范围为 0～999 A。当不能从 SDAC 得到相应电压和电流信号时，电压、电流指示为琥珀色 XX，只有当两个电瓶的开关在 ON 位，BCL 通过 SDAC 传输电压和电流信号时，才有电压、电流指示；当开关在 OFF 时，电压、电流显示 OFF。

变压整流器(Transformer/Rectifier，TR)指示中标题 TR1/2 在正常情况或不能感受

SDAC 的电压和电流信号时为白色，当电压或电流不在正常范围时为琥珀色。当 TR 输出电压在 25～31 V 之间时，电压数值指示为绿色；当输出电压不在 25～31 V 之间时，电压数值指示为琥珀色。其中，电压指示范围为 0～99 V。当不能接收到 SDAC 电压信号时，电压指示为琥珀色 XX。

当 TR1 输出电流大于 5 A 时，电流数值指示为绿色；当 TR1 输出电流小于 5 A 时，电流数值指示为琥珀色，其指示范围为 0～999 A；当不能接收到 SDAC 电压信号时，电流指示为琥珀色 XX。

应急发电机指示(EMERGENCY GENERATOR，EMER GEN)中如果 EMER GEN 没有工作，ECAM 上只会显示一个三角形和标题 EMER GEN。标题 EMER GEN 正常为白色；当它的电压或频率指示为琥珀色时，EMER GEN 显示为琥珀色。当应急发电机电压为 110～120 V 时，电压显示为绿色；当电压不在这个范围内时，显示为琥珀色，其电压显示范围为 0～999 V。当应急发电机交流电的频率为 390～410 Hz 时，频率指示为绿色；当频率不在这个范围时，显示为琥珀色，频率显示范围为 0～999 Hz。

重要变压/整流器指示(ESSENTIAL TR，ESS TR)中标题 ESS TR 正常指示为白色；当电压或电流指示为琥珀色时，标题 ESS TR 指示为琥珀色；当电压指示正常时为绿色，$V\notin[25\ \text{V},31\ \text{V}]$时，指示为琥珀色；当不能接收 SDAC 电压信号时，指示为琥珀色 XX。电流指示正常为绿色；当电流小于 5 A 时，指示为琥珀色；当不能接收 SDAC 电压信号时，指示为琥珀色 XX。

当 ESS TR 接触器断开时，显示白色 ESS TR，电压和电流指示处为空白。

交流发电机指示(AC GENERATOR，AC GEN)中标题 GEN 1(2)正常显示为白色。以下任意一个情况发生且能接收 SDAC 的这些信号时，标题变为琥珀色，发电机电门 OFF，电压 $V\notin[110\ \text{V},\ 120\ \text{V}]$ 或频率 $f\notin[390\ \text{Hz},\ 410\ \text{Hz}]$；发电机过载，发电机负载(LOAD)正常显示为绿色；当 SDAC 接收并传输过载信号时显示为琥珀色。

如果发电机发电的电压$V\in[110\ \text{V},120\ \text{V}]$，电压显示为绿色；否则电压显示为琥珀色。如果交流发电机发电的频率 $f\in[390\ \text{Hz},410\ \text{Hz}]$，频率显示为绿色；否则频率显示为琥珀色。

当 SDAC 不能传输相应信号时，负载、电压、频率显示琥珀色 XX；当发电机关断时，显示 OFF。

外部电源指示(EXTERNAL POWER)中，外部电源位于飞机外部，外部电源和静态变流器的显示模式和上面交流发电机的指示逻辑一模一样。

APU 发电机(APU GEN)在标题("APU GEN")中，正常情况下，标题"APU GEN"显示为白色。当 APU 发电机的负载(GEN LOAD)值正常时显示为绿色；当 SDAC 检测到过载并向 ECAM 传输过载信号时，数值显示为琥珀色；APU 发电机输出交流电压(GEN VOLTAGE)值在 110～120 V 之间时，显示为绿色，否则显示为琥珀色；APU 发电机输出交流电频率(GEN FREQUENCY)在 390～410 Hz 之间时，显示为绿色，否则显示为琥珀色。

汇流条显示(BUSBAR)中汇流条是一种多层层压结构的导电连接部件，采用汇流条式的结构可以大幅减少线缆连接的数量，解决了电子系统高密度布局的难题，通俗地说汇流条就是插线板，可以连接多个电子设备。空客 A320 系列的 ECAM－ELEC(飞机电子集中监视系统)一共有五种汇流条:直流汇流条(DC BUS)、直流重要汇流条(DC ESS)、交流汇流条(AC BUS)、交流重要汇流条(AC ESS)以及直流电瓶汇流条(DC BAT)。再加上没有显示在 ECAM 上的汇流条(AC ESS SHED/DC ESS SHED/HOT BUS/DC GRND FLT BUS/AC GRND FLT BUS/等等,这些一般可以在 FCOM 或者 TTM 上找到),总汇流条数可以达到 10 种以上,如图 1-3-12 所示。

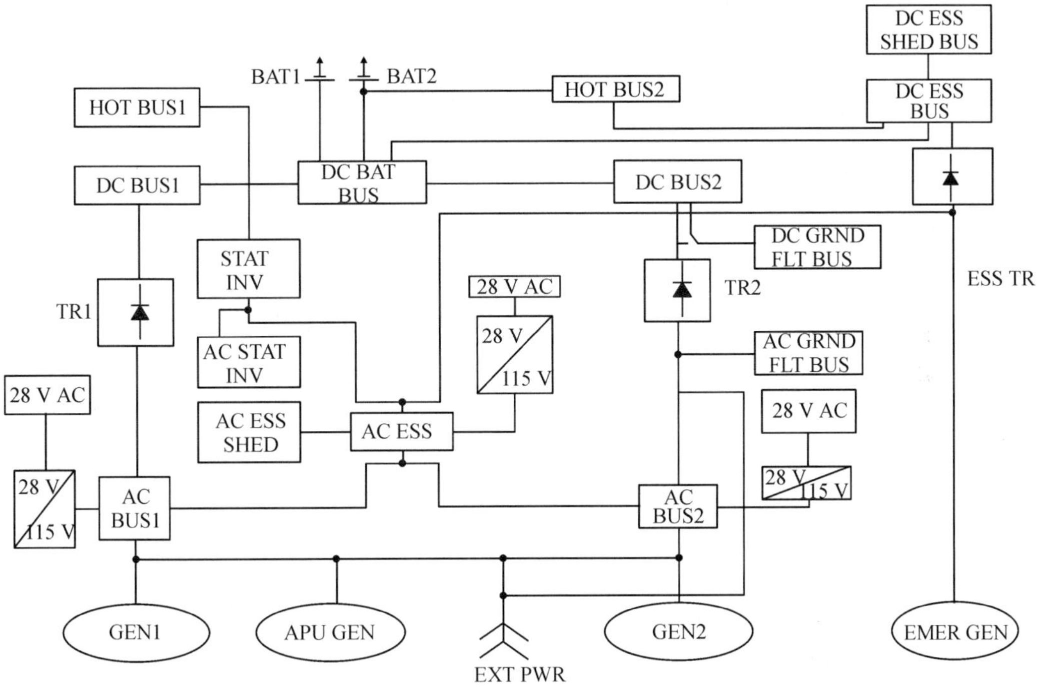

图 1-3-12　空客 A320 系列飞机汇流条的 ECAM 显示示意图

ECAM 上汇流条的显示逻辑一般都是一致的。当汇流条正常工作时,标题指示为绿色;当汇流条断电时,标题指示为琥珀色;当不能接收 SDAC(系统数据采集集中器)的汇流条信号时,标题指示为琥珀色 XX。

当 B(-attery)C(-harge)L(-imiter)1/2 通过 SDAC 传输的电瓶汇流条(DC BAT)电压小于 25 V 时,DC BAT 显示为琥珀色;当 SDAC 传输了一个汇流条卸载(shed)信息时,琥珀色 SHED 字样显示在 AC ESS 汇流条方框下方,如果汇流条没有卸载情况或者无法从 SDAC 接收到相应信号,方框下方显示为空白。

IDG 状态显示中组合驱动发电机(Integrated Drive Generator,IDG)属于恒速装置,简单来说就是把发动机变化的风扇转速控制在某个恒定的转速上,从而获得恒定频率的交流电。当一个 IDG 低压信号传送到 SDAC,且发动机正在运转,IDG1 没有脱开时,状态显示为琥珀色 LO PR;当 SDAC 正确传输了 IDG 断开信号,同时 IDG 低压信号出现时,状态显示为琥珀色 DISC;其余情况 IDG 状态显示空白。

IDG 出口滑油温度指示通常为绿色;当温度超过 147 ℃时,出口滑油温度值闪烁;当温度超过 180 ℃时,数值为琥珀色。

对于电源页面连接指示中 TR1/2 - DC1/2，当 TR 接触器接通电瓶时，此连接显示为绿色，当 TR 断开或 SDAC 不能传输接触器信号时，此连接线消失；对于 DC 1 电瓶- DC ESS 汇流条，当顶板 DC NORM BUS1 SW 接触器接通时，此连接显示为绿色，断开时不显示；对于 DC 2 - BAT BUS，当 DC2 接触器接通时，连接显示为绿色，接触器断电或不能接收 SDAC 信号时，不显示。

对于电瓶 1/2 充/放电指示，当 BAT 1/2 接触器接通，充电电流大于 1 A，能正确接收 SDAC 信号时，连接线为绿色，箭头指向电瓶方向；当 BAT 1/2 接触器接通，放电电流大于 1 A，能正确接收 SDAC 信号时，连接线为琥珀色，箭头离开电瓶方向；当 BAT 1/2 接触器接通，充、放电电流在－1～＋1 A 之间，或不能从 SDAC 接收到电流信号时，连接线为绿色，箭头消失；对于 CASE 4，当 BAT 1/2 接触器断开，或不能从 SDAC 接收到该接触器状态时，连线和箭头不显示。

对于 DC ESS→DC BAT BUS，当 DC ESS 和 DC BAT 接触器接通时，连接显示为绿色，当断开时显示空白；当 DC NORM BUS1 SW 接触器接通时，连接显示为绿色，当断开时不显示。

对于 ESS TR 接触器连接指示，连接由小三角形和连线组成。当 ESS TR 接触器通电时，三角形和连线为绿色；当断电或不能从 SDAC 接收到信号时，三角形为白色，连线消失。

对于 AC 1/2 - TR 1/2，接通显示绿色，断开显示空白；对于 GEN 2 - AC BUS 2，当 GEN2 接触器接通或 2 号 TR 闭合时，此连接显示为绿色，断开显示为空白。GEN 1 - AC BUS 1 的情况可类推；对于 EXT PWR - AC BUS 2，接通显示绿色，断开显示空白；对于 EXT PWR 输出，接通显示绿色，断开显示空白；对于 APU GEN - EXT PWR，EXT PWR 接通，同时 1 号转换接触器接通，连接显示绿色；APU 发电机线路接触器接通，同时 2 号转换接触器接通，连接显示绿色；两个转换接触器接通，连接显示绿色；其余情况不显示；对于 APU GEN 输出，接通显示绿色，断开显示空白；对于 APU GEN - AC BUS 1，接通显示绿色，断开显示空白。到 AC BUS 2 的连接逻辑同理；对于 GEN 1 - AC BUS 1，AC BUS 1/2 - TR 1/2，AC 1/2 - AC ESS，EMER GEN - ESS TR，接通显示绿色，断开显示空白；对于 EMER GEN →AC ESS，当 EMER GEN 接触器接通且 AC ESS 接触器接通时，三角形和向下的连线显示为绿色，其他状态，连线不显示；对于 AC ESS - ESS TR，当 AC ESS TR 接通并且 EMER GEN 接触器断开时，连接显示为绿色，其余情况显示空白。

三、驾驶舱控制面板和显示

飞机电源系统人工控制主要是通过位于驾驶舱头顶面板上的电源控制面板来完成的。图 1 - 3 - 13 的这种构型，电瓶和厨房电源组件（飞机上的位置编号为 P5 - 13）用来将电瓶电门接通，使得电源连接到电源汇流条上、显示交流和直流部件或汇流条见电源参数、对厨房使用厨房电源电门供电或断电 ，选装的娱乐系统电门可以控制 IFE 系统（In - flight Entertainment）及旅客座椅电源。整个面板也有 BITE 功能，提供直流和备用电源系统故障指示、监控直流和备用电源系统以及在存储器中的故障信息，如有故障信息时可在 LED 字母数字显示器上显示。

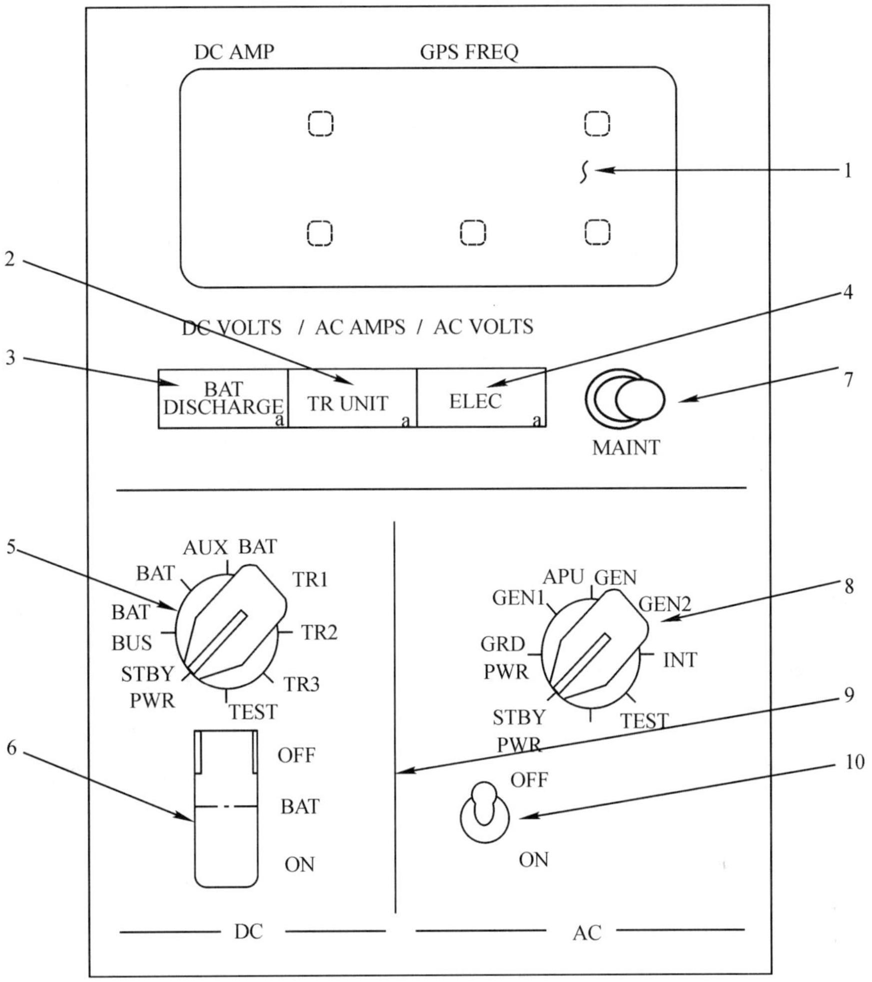

图 1-3-13　飞机电源参数显示面板示意图

1—LED 字母数字显示屏幕，可显示直流参数(安培，伏特)、交流参数(安培，伏特，频率)，以及最多两行的维护故障信息。选择器和维护电门控制在字母数字显示器的显示内容。

2—琥珀色的 TR UNIT 故障灯，指示变压整流器组件 TRU 发生故障。当任一 TR 在地面故障，或 TR1 在飞行中故障，或 TR2 和 TR3 在飞行中故障出现时，TR 组件灯 TR UNIT 亮。

3—琥珀色的电瓶放电灯 BAT DISCHARGE，将在电瓶出现电流输出大于 5 A 超过 95 s，或电流输出大于 15 A25 s，或电流输出大于 100 A 超过 1.2 s 时点亮，此时主警告灯和信号牌上的 ELEC 灯将与电瓶放电灯一起亮。当输出电瓶电流低于限制 1 s 后该灯熄灭。但是，在使用直流电源来起动 APU 时，主警告灯和 ELEC 信号牌不亮。

4—琥珀色的 ELEC 灯，指示直流电源或备用电源系统故障，可使用 BITE 查找故障，该灯只在飞机处于地面状态时才有可能点亮。

5—位于左边的直流表选择器，有七个旋转选择位置，除了测试位置之外，每个位置都表示一个直流电源或直流汇流条；当将选择器置于任一 TR 位置或任一 BAT 位置时，在字母数字显示器上显示电压(直流伏)和负载(直流安培)；当将选择器置于 BAT BUS 或 STBY PWR 位置时，只显示电压。

6—电瓶电门，是一个两位电门。黑色电门保护盖放下时可将电门保持在 ON 位使得电瓶接通，如需将电门置于 OFF 位时则必须先抬起保护盖。当将电瓶电门置于 ON 位时，主电瓶给电门热电瓶汇流条、电瓶汇流条、静变流机、交流备用汇流条、直流备用汇流条、P5－13 字母数字显示器供电。

7—维护电门。维护电门是一个瞬时按钮电门。

8—位于右边的交流表选择器，也有七个旋转选择位置，除了测试位置，每个位置都代表一个交流电源或交流汇流条；字母数字显示器显示三个发电机的电压（交流电压）、负载（交流安培）、输出频率（交流电频率）；当选择在备用电源、地面电源和变流机位置时，字母数字显示器只显示电压和频率。必须将选择器置于测试位才能用面板上的维护电门对直流和备用电源系统进行自检 BITE，BITE 功能只能在地面使用。

9—面板上竖向的白色线条，可以将面板分成左右两个区域以便进行数据读取区分。

10—厨房电源电门，是控制厨房电源，是一个两位置电门。

一些现代民航飞机在驾驶舱显示屏还有相应的电源系统页面。图 1－3－14 所示为空客 A320 飞机电源系统监控示意图。在此页面上，可以显示当前主要供电源的供电品质，如电压、频率、电流和负载等，还可以显示当前供电构型，如汇流条的得电情况、电源设备的工作情况等，并且如果电源系统有故障，则在电源系统页面上也可以直观地显示出来。

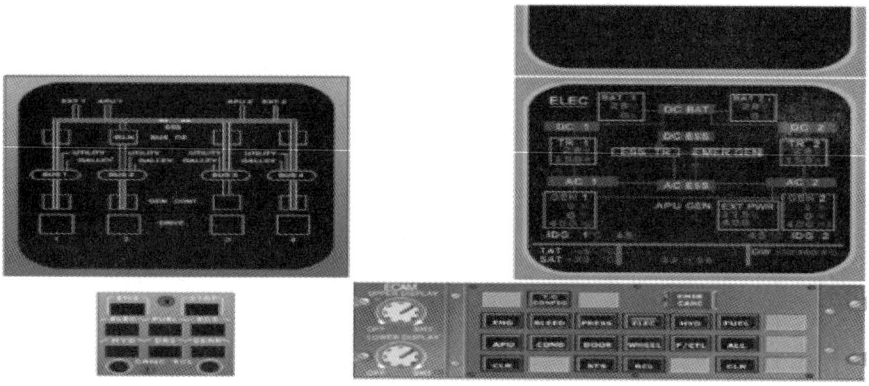

图 1－3－14　空客 A320 飞机电源系统监控示意图

拓展阅读

中国航空之父——冯如

冯如，1884 年 1 月 12 日出生于恩平市牛江镇杏圃村一个贫穷家庭。冯如从小喜欢制作风筝和车船等玩具，对神话故事尤其是飞天故事更是满心向往，12 岁随舅父漂洋过海到美国谋生，他目睹美国的先进工业，认为国家富强必须依靠工业的发达，改变中国贫穷落后面貌非学习机械和发展工艺不可。因此，冯如先在纽约工厂当学徒和工人，晚上自学制造机器的知识。后回三藩市招徒设厂制造机器，并开始收集研制飞机的资料。

在国外，冯如发誓“成一绝艺，以归飨祖国，苟无成，毋宁死”，立下了“航空救国”的大志。

1908 年，冯如在三藩市附近的奥兰市与人合伙集资设立广东制造机器厂，制造飞机。1909 年 9 月 21 日，他们制成第一架飞机，在美国奥克兰飞上蓝天，试飞基本成功。1909—1910 年，他们先后研制修改飞机 6 次，未获成功，又遭受厂房失火挫折，但冯如并不灰心，继续奋进。1911 年 1 月，冯如制成第二架飞机，在奥克兰试飞完全成功。他们后又连续在奥克兰附近的海湾进行了多次成功飞行，飞机性能达到了当时世界的先进水平。冯如制成第二架飞机后坚拒美国重金聘请而是把飞机运回中国。1911 年，广东制造机器公司更名为广东飞行器公司，冯如决定将其迁回广州，致力发展祖国航空事业。冯如应清廷两广总督之召，与 3 名助手携带设备乘船回国。

1911 年 10 月，武昌起义爆发，清政府倒台。广东革命政府成立，冯如率助手参加革命，被任命为广东革命军政府飞机长。随即在广州燕塘建立广东飞行器公司，开始制造飞机。1912 年 8 月 25 日，冯如在燕塘表演飞行失事，机毁人伤，不治殉难，时年 29 岁。冯如遗体安葬在广州黄花岗七十二烈士陵园，广东军政府陆军司下令按陆军少将阵亡例拨款抚恤其家属，并将事实宣付国史馆，以教育后人，流芳百世。

冯如是华侨中的杰出代表，他提出了航空战略理论，被誉为“中国航空之父”，对中华民族航空事业和人民空军发展产生了深远影响。2009 年 5 月 25 日，时任空军司令员的许其亮上将在中国航空百年和人民空军成立 60 周年的纪念大会上讲话时说，将“中国航空之父”冠名给冯如这位伟大的爱国者以及中国航空事业的先行者，是当之无愧的。

冯如为祖国的航空事业，为实现科学救国的崇高愿望而不怕牺牲，其精神永远鼓舞着中国人民为实现中华民族的伟大复兴而努力拼搏。2018 年 8 月 30 日，中国工程院院士、北京航空航天大学博士生导师冯培德做客冯如书院主办的“北航大讲堂”暨“冯如大讲堂”，为 504 名冯如学子作了题为“继承冯如精神，争当科技英才”的专题讲座，讲述中国航空之父冯如的成才之路，鼓励青年学子继承冯如爱国情怀、拼搏精神和勇于创新的品质，争当科技精英。冯如堪称华侨的一面旗帜。

复习思考题

一、选择题

1.在波音飞机中，静止变流器的作用是（　　）。

A.把三相交流电变为低压直流电

B.把单相交流电变为低压直流电

C.把低压直流电变为三相交流电

D.把低压直流电变为单相交流电

2.地面电源可以向飞机上的（　　）。

A.全部负载供电　　　　B.重要负载供电

C.应急设备供电　　　　D.通用设备供电

3.将交流电变为直流电的设备是（　　）。

A.变压整流器　　B.静止变流器

C.旋转变流机　　D.蓄电池

4.以下属于应急电源的是(　　)。

A.IDG　　B.APU 发电机

C.变压整流器　　D.RAT

5. 由 APU 驱动的发电机提供的电源是(　　)。

A.主电源　　B.辅助电源

C.应急电源　　D.二次电源

6.飞机电源系统由下列(　　)组成。

A.主、二次、辅助　　B.主、辅助、应急

C.主、二次、辅助、应急　　D.主、应急和二次电源

7.当主电源失效时,应急电源:(一)向飞机上重要用电设备供电;(二)向飞机上所有用电设备供电。则(　　)。

A.仅(一)正确　　B.仅(二)正确

C.(一)(二)均正确　　D.(一)(二)均不正确

8.飞机电源系统的作用是(　　)。

A.向汇流条供电　　B.可以将交流电变为直流电向直流电网供电

C.产生和传输电能,是现在飞机的一个主要系统,用以提供机上各系统的各种用电设备用电,以提供机上各系统的各种用电设备用电。

D.可以将直流电变为交流电向交流电网供电。

9.当主电源为交流电源时,二次电源的变换器件是(　　)。

A.变压整流器　　B.静止变流器　　C.旋转变流机　　D.蓄电池

10. 能将直流电变为交流电的设备是(　　)。

A.变压整流器　　B.静止变流器

C.自耦变压器　　D.接触器

二、简答题

1.飞机电源系统一般由哪几部分组成?

2.什么是飞机的主电源?

3.什么是二次电源?

4.飞机在地面,主电源不工作时由什么电源供电?

5.常用应急电源有哪些? 什么时候使用? 向谁供电?

6.飞机电源系统的主要类型有哪些?

第 2 章　飞机交流电源系统

2.1　飞机交流电源概述

2.1.1　交流电源系统的主要优缺点

一、交流电源作为主电源的原因

1.电源容量的增加

现代大型飞机的装机容量增长了近百倍，如果仍用低压直流电源系统，则使飞机发电系统和供电系统的重量增大很多。对发电系统的发电机来说，受换向条件的限制，有刷直流发电机电压不能太高，否则，换向火花将增大。为了解决换向火花的问题，需要增加某些附加电路，这样就会使发电系统的重量增大。

对于飞机供电系统，减轻重量的最有效方法是适当提高电源电压。与地面供电系统一样，若电流、电压一定，要减少传输导线的功率损耗，就要降低电阻，由 $R=\frac{\rho L}{S}$ 可知，传输导线的截面积必然增大，从而使飞机重量增大；若提高了电源电压，传输电流必然降低，就可以选择比较细的传输导线进行电能传输，则可以减轻导线的重量（ $P=\frac{U^2}{R}$ ），但电源电压的提高，将使直流发电机换向火花增大，使开关设备的熄弧变得困难，降低直流电源系统工作的可靠性。而交流电源系统中普遍采用无刷交流发电机，不存在换向问题，即使使用有刷交流发电机，其电刷和滑环也只通过交流发电机的励磁电流，所以交流发电机的额定电压可以提高。

2.飞机电源工作环境条件的变化

(1)随着飞机飞行高度的增加，直流电机炭刷和整流子的磨损会越来越厉害。

涡轮螺旋桨发动机飞机的飞行高度大约为 6 000 m，一般喷气式飞机则增加到大约 10 000 m，随着飞行高度的增加，空气稀薄，水蒸气含量急剧降低，在 10 000 m 的高空，水蒸气含量大约为海平面的 1/360。水蒸气对直流电机的电刷和整流子具有润滑作用，可以减少磨损，氧化生成的薄膜也可以形成保护层。所以，高空水蒸气含量的减少，使直流发电机换向困难，炭刷磨损变得很严重；而无刷交流发电机不存在换向问题，即使是有刷的交流发电机，流过电刷和滑环的励磁电流密度比直流发电机小得多，所以交流发电机的炭刷磨损比直流发电机好得多。

(2)发电机冷却条件的要求。

直流发电机整流子与炭刷的磨损和火花是发热的主要来源，直流电机大约有75%的磨损发生在转子上，因此直流发电机一般都采用冲压空气冷却。随着飞行速度的提高，冲压空气温度也在提高，这样采用冲压空气对发电机冷却变得不可能；如果对发电机采用油冷，需要把冷却油通到转子上，而电刷和换向器不允许直接接触油液，使得技术上解决密封等问题变得十分困难。交流发电机的发热损耗主要发生在转子上，冷却问题比较容易解决，特别是无刷交流发电机可以采用油冷中的喷油冷却来提高冷却效率。

3.电压和功率的变换

现代飞机上的雷达、通信导航和飞行控制系统等用电设备需要多种不同电压的交流电源和直流电源，因此，就存在从主电源得到电源种类不同，电压大小不等的功率变换问题。

如果主电源为低压直流系统，要获得不同的直流电压，一般采用直流升压机，要获得不同电压和频率的交流电，则采用变流机。这些设备的变换效率比较低(在60%以下)，重量大，而且升压机和变流机都存在换向和炭刷磨损的问题，工作可靠性比较差，后来采用静变流机，虽然静变流机解决了换向和炭刷磨损的问题，但需要将大量的直流变为交流，其效率、电能质量和设备重量等还有待提高或改善。

如果主电源为交流电时，使用变压器可以方便地得到不同的交流电压，用变压整流器可以得到所需要的直流电，这些设备的变换效率高(在80%以上)，由于不存在换向和炭刷磨损的问题，工作的可靠性提高。另外，现代飞机上使用交流电的机载用电设备大约为90%，所以，只需要把10%的交流功率变换为直流电，使得变换能量的设备减少，功率损耗也减小。

二、交流电源系统的主要优缺点

1.主要优点

(1)交流发电机没有换向器，特别是无刷交流发电机没有电刷和滑环，可以采用冷却效率高的喷油冷却，使无刷交流发电机的工作可靠性大大提高。最新的喷油冷却整体传动发电机(组合电源装置)，把恒速传动装置和交流发电机组合为一个整体，使交流发电系统更先进、更完善。

(2)电源电压的提高，使交流发电机和电网设备重量大大减轻。

(3)交流电能易于变换，即易于变压和整流。

(4)发电机输出功率大，最大可超过150 kV·A。

2.主要缺点

(1)恒速传动装置结构复杂，造价高，维护困难。

(2)交流电源系统的控制和保护设备比较复杂，特别是并联运行时的控制保护更为复杂。

(3)交流电能不能像直流电能那样，用电瓶储存起来。

(4)交流电机的起动力矩比直流电机小。

由于交流电源优点突出，目前大型运输机上都采用交流供电系统。

2.1.2　飞机交流电源系统发电的基本形式和主要参数

飞机交流电源系统包括发电、输电、配电和用电四个环节，通常把发电、输电合称为供电系统，把输电、配电系统组成的网络称为电网系统。

一、飞机交流电源系统发电的基本形式

飞机交流电源系统发电的基本形式取决于发动机到发电机的传动方式，可分为变频和恒频交流电源系统两大类。在交直流并存的螺旋桨飞机上，一般采用变速变频交流电源系统，而在现代大型涡扇发动机飞机上则广泛采用恒速恒频交流电源系统(IDG)，最新的变速恒频交流电源系统只在少数的波音 B737－300/500 型飞机上试用，以及用作波音 B777 飞机后备发电机。图 2－1－1 所示为飞机交流电源系统发电基本形式示意图。

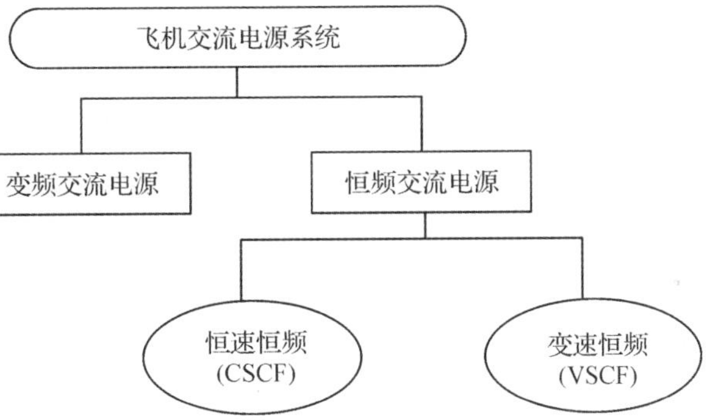

图 2－1－1　飞机交流电源系统发电基本形式示意图

1.变速变频交流电源系统(VSVF)

在变速变频交流电源系统中，交流发电机是由发动机通过减速器直接驱动的，如图 2－1－2 所示。其输出交流电的频率是随发动机转速的变化而变化的，以这种发电机发电作为主电源即构成变速变频交流电源系统。

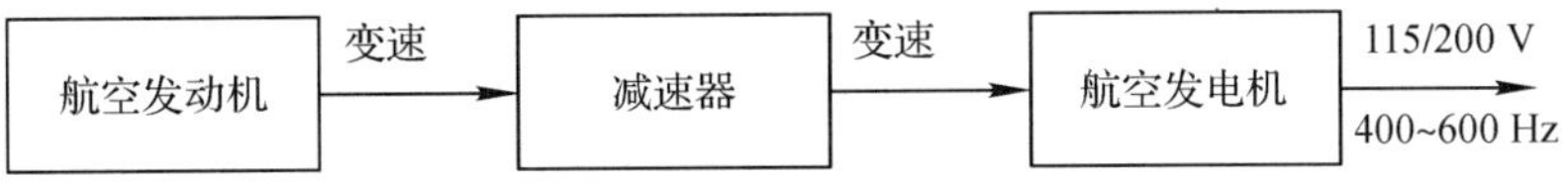

图 2－1－2　变速变频交流电源系统

变速变频交流电源系统不需要恒速传动装置，因而系统结构简单、重量轻、可靠性高、维护方便、效率高。这种电源系统的主要缺点是发电机发电产生交流电的频率是变化的，因此发电机之间不能并联供电。

变速变频交流电源系统适用于装有涡轮螺旋桨发动机的飞机、装有涡轮轴发动机的飞

机或直升机，因为涡轮螺旋桨发动机的转速变化范围很小，所以发电机输出电压的频率变化范围也很小，一般在400～600 Hz范围内变化，也叫窄变频发电形式。

2.恒速恒频交流电源系统(CSCF)

在恒速恒频交流电源系统中，交流发电机是由发动机通过恒速传动装置(CSD)驱动的，如图2-1-3所示。给发电机转轴提供的转速是恒定的，它向汇流条输出恒频交流电(一般为400 Hz恒频交流电)。

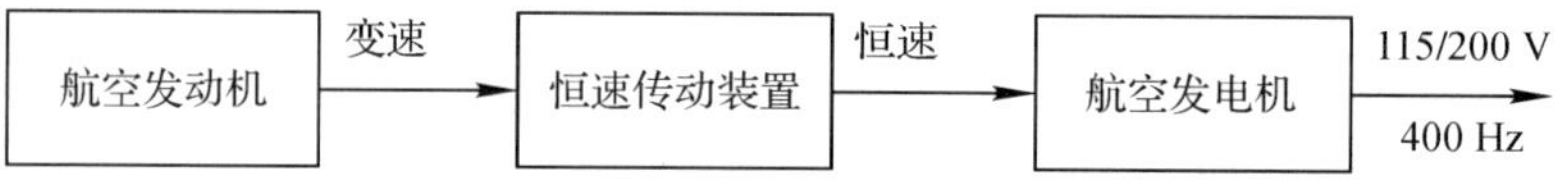

图2-1-3 恒速恒频交流电源系统

恒速恒频交流电源系统的主要优点如下：

(1)恒频交流电对飞机上的各类机载用电设备都适用，而且由于电源频率恒定，则机载用电设备和配电系统的重量比变频系统轻，配电也比较简单。

(2)恒频交流发电机可单台运行，也可以并联运行，其电气性能好，供电质量高。

由于恒频交流电具有以上的优点，以及整体传动发电机(IDG)的出现，使得恒速恒频交流电源系统在现代飞机上得到了广泛的应用。

恒速恒频交流电源系统适用于涡喷、涡扇发动机飞机。因为涡喷、涡扇发动机最低转速与最高转速之比高达1∶3，如果不采用恒速传动装置来稳定转速，发电机输出的交流电压频率是不能满足恒频要求的。

3.变速恒频交流电源系统(VSCF)

虽然经过科研人员不懈努力，恒速恒频交流电源系统中的恒速传动装置得到了不少改进，但仍然存在结构复杂、成本高、可靠性低、维护比较困难等缺点。因此，随着电子电气技术的高度发展，不采用恒速传动装置的变速恒频系统已由试验研究阶段进入了装机投入航线的试用阶段。

现在采用的变速恒频系统是交-直-交系统，即由发动机带动交流发电机产生变频交流电，经过整流为直流，再逆变为所需频率和电压的交流电，作为飞机的主电源。图2-1-4所示为变速恒频交流电源系统的原理示意图。

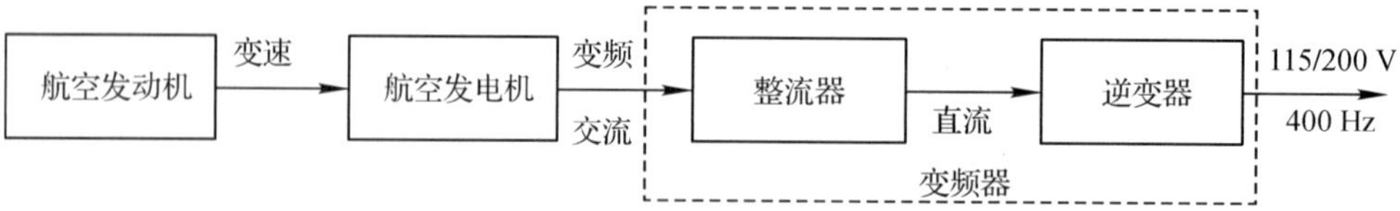

图2-1-4 变速恒频交流电源系统

变速恒频交流电源系统具有电气性能好等优点，与带有恒速传动装置的恒速恒频电源相比，变速恒频电源系统有如下优点：

(1)生产制造成本低，变频器没有旋转部件，因而寿命比较长，维护成本比较低。

(2)变频器的频率不受发电机负载的影响，电压调整方便，加、卸载对电源的扰动小，电能质量高。

(3)变频器的效率高于恒速传动装置。

(4)几台变频器可以由同一个频率发生器控制,使各台发电机产生的电源容易实现并联运行。

(5)变频器和交流发电机配合,可以用来起动发动机。变频器有两种:一种是交-直-交型;另一种是交-交型。交-直-交型先将交流发电机的变频交流电经整流电路变为直流电,再用逆变器变为 400 Hz 恒频交流电。交-交变频器直接将交流发电机产生的多相变频交流电变换成 400 Hz 三相交流电。例如 1972 年第一套 20 kV·A 变速恒频交流电源装机使用,主要用在先进的歼击机上。

另外,变速恒频交流电源系统还具有输出频率恒定、精度高、无频率瞬变现象、取消了 CSD、重量有所减轻等优点。

变速恒频交流电源系统的缺点是允许的工作环境温度比较低,过载能力差;可靠性相对较低,维护比较困难。

目前该发电形式只在少数机型的飞机上试用,例如波音 B737 和波音 B747 部分机型。

二、飞机交流电源系统的供电方式

多台恒频交流发电机供电的交流电源系统的供电方式,一般可分为并联供电和单独供电两类。

1.并联供电

将多台频率相同的交流发电机并联起来,同时向机上所有汇流条供电,称为并联供电。其优点是发电机的利用率高,系统可靠性好;但是,并联供电系统的控制和保护设备比较复杂。

并联供电主要使用在四发或者四发以上的发电机飞机上,例如波音 B707/B727/B747 等飞机。

2.单独供电

在正常状态下,每台发电机单独向各自的汇流条供电,只在故障时才实行转换供电,这种供电方式称为单独供电。其优点是控制和保护设备比较简单,但是,在一台发电机出现故障需要转换为另一台发电机供电时,汇流条会瞬间中断电源。一般在四发以下发电机的飞机上使用单独供电的形式(除了波音 B787)。

三、交流电网供电馈线的连接方式

电网供电馈线是指把电能从发电机输送到汇流条的供电线路。发电机和供电馈线连接方式不同,可构成单相交流电源系统和三相交流电源系统。单相交流电源系统以一根馈线将电源连接到汇流条,另一根则利用飞机壳体形成回路。飞机三相交流电源系统电网供电馈线主要有以下几种连接形式。

1.中线接机体的三相四线制交流供电系统

图 2-1-5 所示为中线接机体的三相四线制交流供电系统示意图。

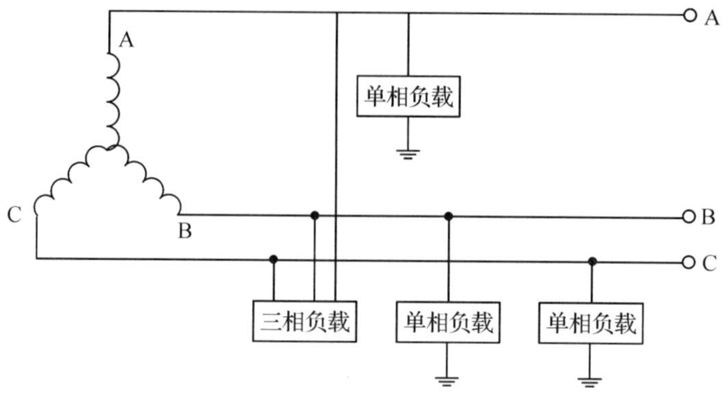

图 2-1-5　中线接机体的三相四线制交流供电系统示意图

它实际上相当于三相三线制，利用机体作中线而省去一根导线。这种供电系统的质量比较轻，单相负载的通断及保护装置也比较简单，根据需要可以给机载用电设备提供相电压或者线电压这样两个电压，而飞机壳体的最大电压只能是相电压，所以机上人员比较安全。

这种馈电线连接形式是现代飞机普遍采用的供电形式。

2.不接中线的三相三线制交流供电系统

图 2-1-6 所示为不接中线的三相三线制交流供电系统示意图。

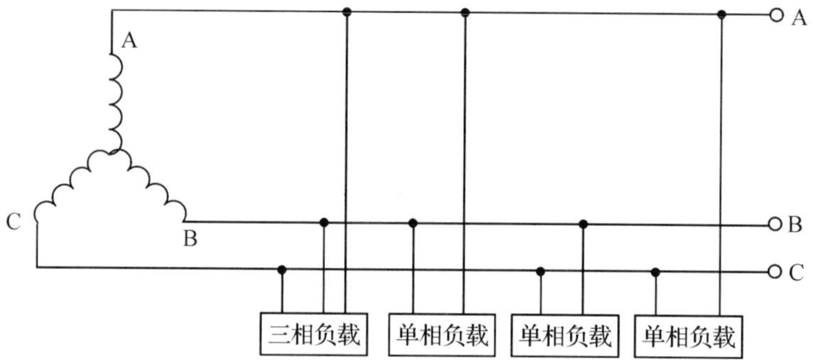

图 2-1-6　不接中线的三相三线制交流供电系统示意图

这种供电系统的优点是电网轻，电压波形失真小。而其缺点是单相负载的电压只有单一的线电压，没有相电压；同时某一相断路时，会发生“串联”故障。

3.以单相为主而兼有三相的交流供电系统

这是一种特例，主要应用于安-24 飞机交流电源系统中，图 2-1-7 所示为以单相为主而兼有三相的交流供电线路示意图。

交流电源由一台三角形连接的三相交流同步发电机产生，主用其中的 A-B 相提供单相交流电源，其电压调节就是以这一相为基准的，所以它是一个单相交流电源系统。但是，它除接有 A 相的设备汇流条以外，还输出 A 相到自动驾驶仪汇流条，因而允许 A-B 相接入 700 V·A 负载。

该系统的优点是节省导线，而缺点是按单相进行电压调节时，其他两相因为负载很小，其电压一定偏高。

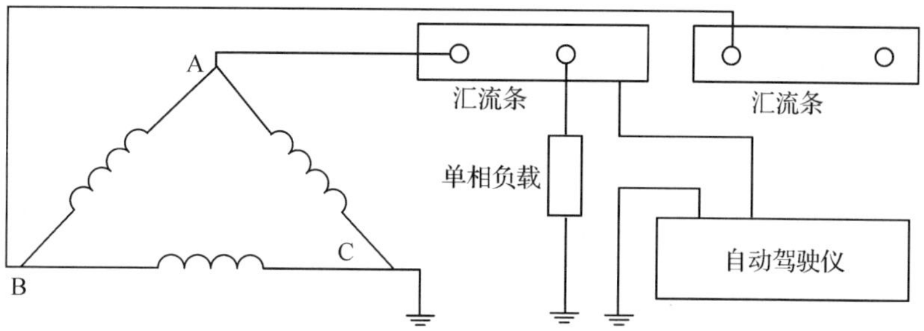

图 2-1-7 单相为主而兼有三相的交流供电线路示意图

四、飞机电源系统的主要参数

飞机交流电源系统的基本参数包括电压、频率、相数和电网结构。这些参数与供电系统、配电系统和用电设备的性能、体积和重量以及制造成本等有着密切的关系。现代飞机电源系统基本参数一般如下：

(1)低压直流电源，调节点电源电压为 28 VDC，一般采用单线制；

(2)恒频交流电源，调节点电压为 115/200 VAC，频率为 400 Hz，一般采用三相四线制；

(3)窄变频交流电源，调节点电压为 115/200 VAC 或 230/400 VAC，频率为 360～650 Hz，一般采用三相四线制；

(4)宽变频交流电源，新型飞机采用恒压变频交流电源，其调节点电压为 230/400 VAC，频率为 360～800 Hz，一般采用三相四线制；

(5)高压直流电源，调节点电压为 270 VDC，一般采用单线制或双线制。

飞机供电系统的参数选择有技术、经济和历史传承等原因，在一定的技术条件下选择的参数，随着技术、设备等的发展，可能就变得不合理了。

1.电压

额定电压值的选择与很多因素有关，要考虑发电设备及配电系统的重量、馈线的长度、电网允许的电压降、人员安全性、绝缘强度与熄弧时间等因素，其中电源功率的大小和电网的重量是确定电网电压的主要因素。

从发电机容量的表达式 $S = mUI$ 可知，在相同的传输功率下，提高电网电压可以有效减少输电线路上的电流，从而减轻电网重量。但导线截面积受机械强度和线路压降的限制，不能太细，所以当电压提高到一定值后，对馈线重量的影响会有所下降。研究表明，对于容量比较小、传输距离比较短(25 m 以下)的飞机，提高电压对重量的影响很小，只有对容量大、传输距离长的飞机，提高电压才会使重量大大减轻。另外，电压太高，绝缘材料的重量也会增加，并增加熄弧难度，同时还会影响飞机上人员的安全。

综合各种因素并考虑到继承性，目前主流机型的恒频交流电源大都采用额定电压为 115/200 V 的三相正弦交流电。

目前，随着全球能源的短缺，对飞机的燃油经济性提出了更高要求。为了有效减轻飞机自身重量，新型多电及全电飞机除了采用碳纤维复合材料制造机体结构外，还采用了恒压变频交流电源系统，一方面不再采用重量重且价格高昂的恒速传动装置，另一方面还将交流电源的调定电压提高到 230/400 VAC，使发电机的容量成倍增加，并有效减轻了发电机和电网的重量，使新型飞机的燃油经济性得到明显改善，满足了当前发展低碳经济的要求。

270 VDC 高压直流电源系统采用无刷直流电源系统，很容易实现并联和不中断供电，电网重量也大大减轻，是一种质量非常优越的电源系统。但在目前的民用飞机上，只是在局部采用了高压直流电源，这主要是受限于已经非常成熟的机载电子电气设备的额定工作电压。

2.频率

频率的高低除与电磁设备的重量、尺寸及性能等因素有关，设计时还需要考虑目前材料和部件的生产水平等因素，如磁性材料和轴承的生产水平等。

对于变压器、互感器等静止电磁设备来说，提高交流电的频率可以减小铁芯体积，从而减轻设备重量。同理，对于航空电子设备来说，提高频率还可以减小其中变压器、滤波器、电容器等元件的体积和重量。

对于交流发电机、交流电动机等旋转电机来说，提高频率一方面可以减小铁芯体积，另一方面也可使旋转电机的转速提高。但转速的升高受机械强度和轴承寿命的限制，滚珠轴承的最高工作转速在 10 000 r/min 左右，并且与润滑和冷却条件密切有关。从交流电机的结构来看，一般采用 2～4 对磁极比较合适，这样对应的电源频率在 400 Hz 左右。此外，频率升高还会使铁芯的损耗加大。所以对于旋转电机而言有一个最佳频率值，如图 2-1-8 所示。

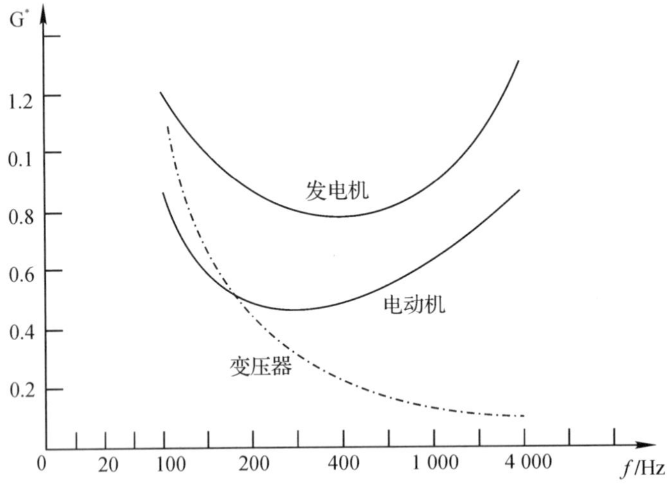

图 2-1-8　电磁元件重量功率比与频率的关系曲线示意图

由图 2-1-8 可见，频率取 400 Hz 是比较合适的。

另外，交流电源的频率还会影响到导线的重量。当频率升高时，导线的集肤效应增大。导线尺寸越大，集肤效应越明显，导线阻抗增加越多，从而使线路压降和损耗增加。为此，需要增大导线截面积，以减小阻抗，这将导致电网重量增大。

频率还和接触电器的性能有关。对于继电器和接触器这些有触点的开关来说，频率以 400～600 Hz 最好，这时电弧的燃烧时间最短，且电弧熄灭后不会复燃。

再考虑到历史继承性及现有技术条件，恒频交流电源采用 400 Hz 仍比较合理，所以目前的主流机型其交流电源的频率是 400 Hz。

3.相数及波形

现代大中型飞机上普遍采用三相制。与单相制相比，三相制有很多优点：在输送相同功率的条件下，三相交流发电机的重量比单相交流发电机轻；三相电源有线电压和相电压两个选择；三相供电系统可靠性比较高，不会因为一相故障而导致整个供电系统瘫痪；在用电设备中，三相异步电动机比单相异步电机性能要好。

单相制的主要优点是配电系统简单，使用机体为中性线时，馈线只有一根，电网重量轻。在某些采用交、直流混合电源系统的中、小型飞机（如安-24、伊尔 18 等飞机）上曾采用单相交流电源。

飞机交流电源均采用正弦波，这样电磁元件损耗小，电磁干扰小。

拓展阅读

电源之父——伏特

伏特是意大利物理学家，1745 年 2 月 18 日出生于意大利科莫一个富有的天主教家庭里，因在 1800 年成功地制成了世界上第一个电池——“伏打电堆”而广为人知，后受封为伯爵。

伏特在青年时期就开始了电学实验，阅读了大量相关书籍，他的好友加托尼送给他一些仪器，并在家里让出了一间房子来支持他的研究。伏特十六岁时开始与一些著名的电学家通信，其中有巴黎的诺莱和都灵的贝卡里亚。

伏特制造的仪器的一个杰出例子是起电脂“饼”上端：用一个缘柄与金属板接触，使它接地，再把它举起来，于是金属板就被充电到高电势。这个方法可用于莱瓶充电。这种操作可以不断地重复。这一发明是非常精巧的，以后发展成为一系列静电起电机。

伏特强烈地感到，他必须定量地测定电量，于是他设计了一种静电计——这就是各种绝对电计的鼻祖，它能够以可重复的方式测量电势差。他还为他的静电计建立了一种刻度，根据电盘的发明，并结合他的描述，我们可以确定其单位是今天的 13 350 V。

由于发明了起电盘，1774 年伏特担任了科莫家学校的物理教授，1779 年任帕维亚大学物理学教授。他的名声开始扩展到意大利以外，苏黎世物理学会选举他为会员。

伏特最伟大的成就（伏打电堆）是在他达到相当高龄（五十五岁）时取得的，它的制成立即引起所有物理学的欢呼。1801 年他去巴黎表演了他的实验，当时拿破仑也在场，他立即下令授予伏特一枚特制金质奖章和一份养老金，于是伏特成为拿破仑的被保护人。

伏特最后的八年是在他的坎纳戈别墅和附近度过的，他完全过上了一种隐居的生活。1827 年 3 月 5 日，伏特去世，终年八十二岁。为了纪念伏特，人们将电动势和电压的单位命名为伏特。

复习思考题

一、选择题

1.大中型民航客机采用交流电源系统的主要因素有:(一)电源容量增加;(二)飞机电源工作环境的变化;(三)电压和功率变换的要求。则以上说法正确的是(　　)。

A.只有(一)(二)　　B.只有(一)(三)

C.只有(二)(三)　　D.(一)(二)(三)

2.对于飞机供电系统,减轻重量的最有效方法是(　　)。

A.采用低压直流电源系统　　B.适当提高电源电压

C.适当增加电源功率　　D.以上都不正确

3.交流电源系统具有的优点有:(一)交流发电机没有换向器;(二)电源电压高;(三)交流电源系统的控制和保护设备比较简单;(四)交流电能易于变换。则以上说法正确的是(　　)。

A.只有(一)(二)(三)　　B.只有(二)(三)(四)

C.只有(一)(二)(四)　　D.(一)(二)(三)(四)

4.交流电源系统的缺点是(　　)。

A.恒速传动装置结构复杂,造价高,维护困难

B.交流电源系统的控制和保护设备比较复杂

C.并联运行时的控制更为复杂

D.以上说法都正确

5.飞机交流电源系统的四个环节中,属于供电系统的是(　　)。

A.发电和输电　B.发电和配电　C.配电和用电　D.配电和输电

6.所谓电网供电馈线是指(　　)。

A.把电能从汇流条输送到发电机的供电线路

B.把电能从发电机输送到汇流条的供电线路

C.它以一根馈线将电源连接到汇流条,另一根则利用飞机壳体形成回路

D.它以一根馈线将电源连接到发电机,另一根则利用飞机壳体形成回路

7.飞机交流电源系统发电的基本形式有(　　)。

A.变速变频和变速恒频交流电源系统

B.变频和恒频交流电源系统

C.变速变频和恒速恒频交流电源系统

D.以上都不对

8.交、直流并存的螺旋桨飞机上,一般采用的电源系统的形式是(　　)。

A.变速变频交流电源系统　　B.变速恒频交流电源系统

C.恒速恒频交流电源系统　　D.直流电源系统

9.变速变频交流电源系统的主要优点是(　　)。

A.发电机之间不能并联供电

B.系统结构简单,重量轻,可靠性高,维护方便,效率高

C.发电机输出电压的频率变化范围大

D.发电机输出电压的频率变化范围很小

10.变速变频交流电源系统的主要缺点是(　　)。

A.发电机之间不能并联供电

B.系统结构简单,重量轻,可靠性高,维护方便,效率高

C.发电机输出电压的频率变化范围大

D.发电机输出电压的频率变化范围很小

二、简答题

1.使用交流电作为飞机主电源的主要优点是什么?

2.飞机交流电源系统发电主要有哪几种类型?其组成如何?

3.VSVF 的特点是什么?有什么优缺点?适用于什么飞机?

4.CSCF 的特点是什么?有什么优缺点?适用于什么飞机?

5.VSCF 是怎样传动的?有什么优缺点?适用于什么飞机?

2.2　恒速传动装置

飞机上的交流发电机都由发动机直接或者间接驱动。由于喷气式发动机的转速变化范围比较大,可以达到 2∶1～3∶1,所以在现代的大型喷气运输机上,广泛采用恒速恒频交流电源系统,系统由恒速传动装置(简称恒装)把变化的发动机转速变为恒定的转速来驱动交流发电机,从而产生恒定频率的交流电源。图 2-2-1 所示为波音 B737 飞机 IDG 的参数变化示意图。

由图 2-2-1 可见,发动机在工作范围内(从慢车转速到额定转速)输出转速的变化比较大,如果没有恒速传动装置,发电机的输出频率将在 280～560 Hz 之间变化。恒频电源系统要求频率为 400 Hz,为此要求驱动发电机的转速为 12 000 r/min(主发电机的磁极数目为 4)。

恒速传动装置的形式很多,有液压式、机械式、液压机械式、电磁式、电磁机械式等。目前,在波音系列和其他飞机上,普遍采用的是液压机械式的恒速传动装置。基于最新技术的恒装与喷油冷却发电机组合为一体的整体传动发电机(IDG)。其保持发电机恒速的原理也与轴向齿轮差动液压机械式恒装相同,只不过其结构更紧凑,重量功率比更小而已。因此,本节以轴向齿轮差动液压机械式恒装为基础简要介绍恒装的工作原理。

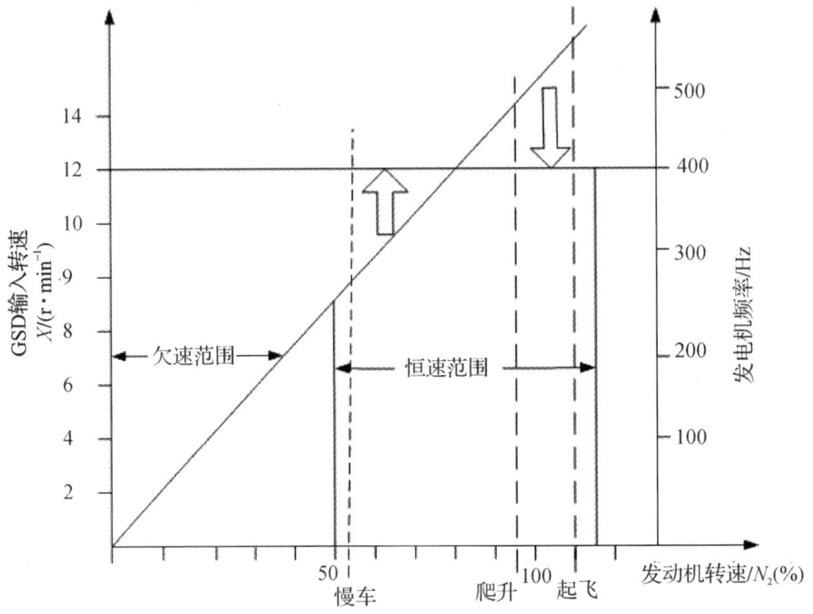

图 2-2-1 恒速传动装置输入转速范围示意图

2.2.1 概述

一、恒速传动装置的安装位置

根据恒速传动装置的功能，恒装应位于发动机输出与发电机输入轴之间。图 2-2-2 所示为恒速传动装置在涡轮风扇发动机上的安装位置示意图。

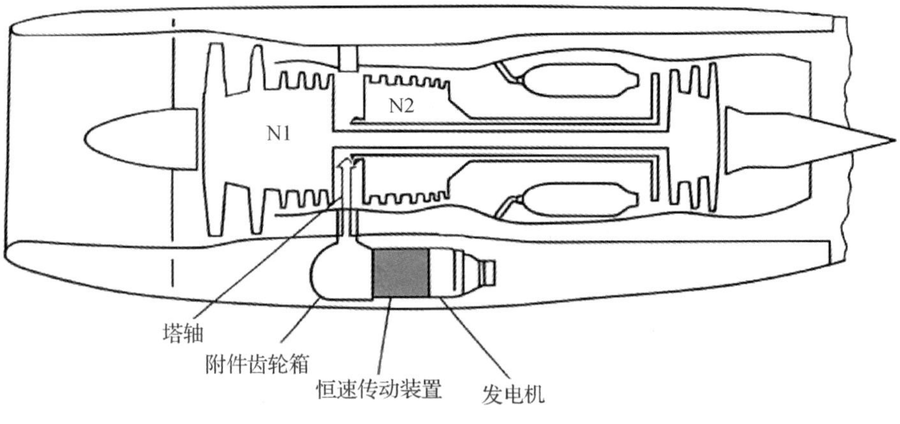

图 2-2-2 恒速传动装置在发动机上的安装位置示意图

发动机的 N2 转速经过塔轴、附件齿轮箱传到恒装输入端，经恒装稳速后再传到发电机，使交流发电机转速保持恒定不变。

二、液压机械式恒速传动装置的基本组成

图 2-2-3 所示为液压机械式恒速传动装置的基本组成示意图。

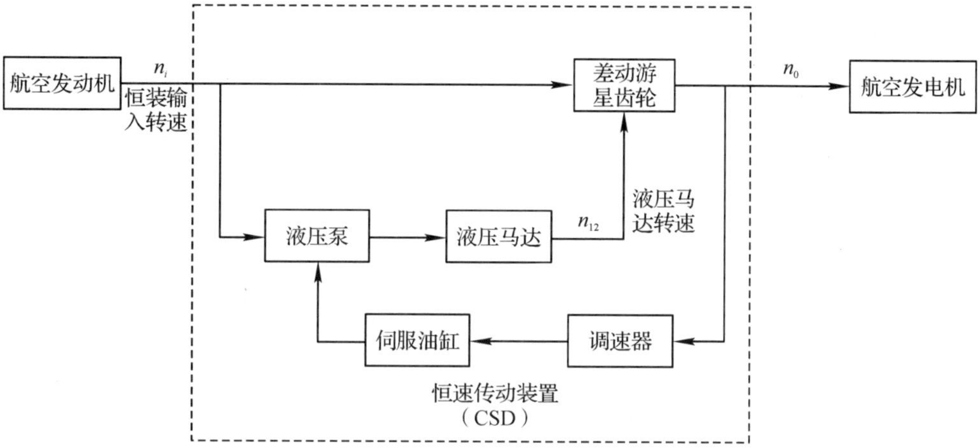

图 2-2-3　液压机械式恒速传动装置的基本组成示意图

由图 2-2-3 可知，液压机械式恒速传动装置由传动系统、滑油系统、调速系统和保护系统等部分组成。传动系统由液压泵-液压马达(简称液压组件)和差动游星齿轮系两大部分组成。

恒速传动装置输出轴的转速是由两部分合成的：一是发动机输入轴的转速经过差动游星齿轮系直接传输的转速，它随发动机转速的变化而变化；二是液压马达输出齿轮经过差动游星齿轮系传输的转速，用来补偿发动机转速的变化，两者合成使恒速传动装置输出轴转速保持恒定。在差动齿轮式液压恒速传动装置中，发电机所需功率大部分由差动齿轮机构直接传递，液压泵和液压马达只传递一小部分功率，所以泵和马达的体积、重量都比较小，使得整个恒速传动装置的体积和重量也比较小，工作可靠性比较高。图 2-2-4 为恒速传动装置转速合成示意图。

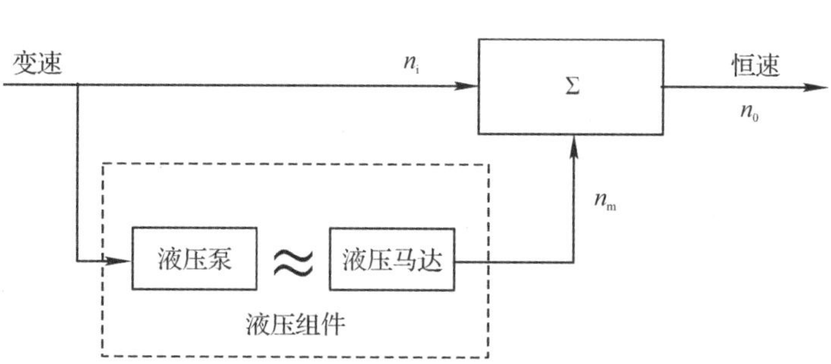

图 2-2-4　恒速传动装置转速合成示意图

由图 2-2-4 可知，恒速传动装置的输出转速 n_0 等于输入转速 n_i 加上或减去液压马达的转速 n_m，当齿轮系传动比为 1 时，可以表示为

$$n_0 = n_i \pm n_m \quad (2-2-1)$$

两个转速的叠加由差动游星齿轮系来完成。如果没有液压马达的补偿作用，而恒速传动装置的输出转速正好等于额定转速，这时恒速传动装置输入轴的转速称为制动点转速。

滑油系统具有对齿轮系统润滑和散热的作用，同时还作为液压泵和液压马达组件传递功率的介质。

调速系统由离心调速器和伺服油缸两部分组成。离心调速器反映恒装输出转速的变化，控制伺服油缸的工作，通过摇臂改变液压泵可变斜盘倾斜角 γ_P（参见图 2-2-7），从而改变液压泵和液压马达之间的打油量，调节液压马达输出齿轮的转速，补偿转速的偏离，达到恒速输出的目的。

保护系统设有输入脱开装置，当恒速传动装置有故障现象出现时，可以将发动机与恒速传动装置脱开，以保护恒装整套机构不被破坏。

2.2.2 差动游星齿轮系的工作原理

图 2-2-5 为单差动游星齿轮系传动关系的结构示意图。

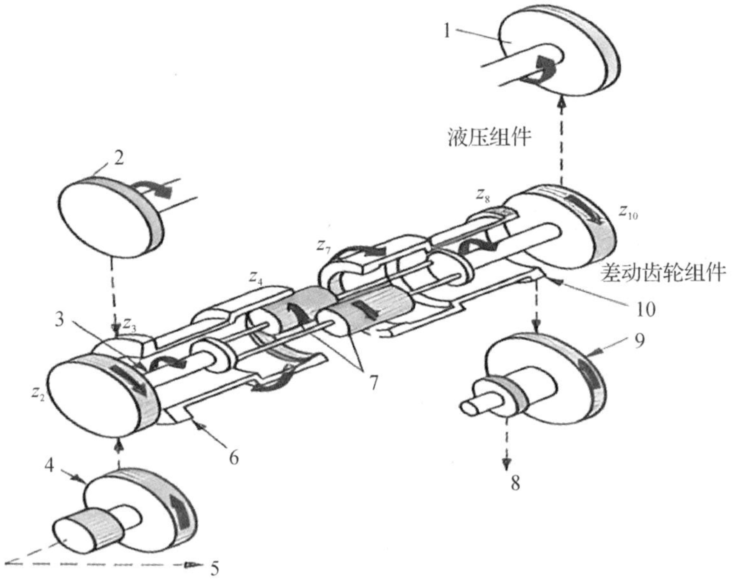

图 2-2-5 单差动游星齿轮系传动关系结构示意图

1—液压泵齿轮 Z_{11}；2—液压马达齿轮 Z_{12}；3—齿轮架轴；4—发动机输入齿轮 Z_1；5—发动机提供的输入转速；6—输入环形齿轮；7—两组游星齿轮，转速分别为 Z_5、Z_6；8—至泵及调速器；9—输出齿轮 Z_9；10—输出环形齿轮

由图 2-2-5 可知，恒速传动装置输出齿轮的转速是由恒速传动装置输入齿轮的转速（取决于发动机）和输入环形齿轮的转速（取决于液压马达输出齿轮的转速）共同决定的。其中液压马达输出齿轮的转速是自动调节的，当恒速传动装置输入转速随发动机转速变化时，只要相应地改变液压马达输出齿轮的转速，就可以保持恒速传动装置输出转速的恒定，这就

是带单差动游星齿轮系的液压机械式恒速传动装置的基本工作原理。下面分析其具体的工作情况。

一、传动关系和传动比

1.传动关系

我们知道，任何两个齿轮的传动连接都可以分为外啮合和内啮合两种形式。当两个齿轮外啮合时，两个齿轮转动方向总是相反的，而内啮合的两个齿轮转动方向总是相同的，两个齿轮之间的转速大小与其齿数成反比。

从图 2－2－5 可知，输入齿轮由发动机传递带动逆时针旋转，它带动游星齿轮架顺时针旋转。游星齿轮架在带动液压泵齿轮旋转的同时也带动装在齿轮架上的两组游星齿轮顺时针旋转(公转)。第一组游星齿轮与输入环形齿轮内啮合，由于输入环形齿轮是与液压马达的输出齿轮啮合的，当液压马达不转动时，则迫使第一组游星齿轮逆时针旋转，它又带动第二组游星齿轮顺时针旋转；第二组游星齿轮与输出环形齿轮内啮合，因而带动输出环形齿轮顺时针旋转，最后由输出环形齿轮带动输出齿轮逆时针旋转。可见，输入环形齿轮与输出齿轮的旋转方向是一致的。各齿轮的旋转方向如图 2－2－5 箭头所示。

液压马达旋转时，会影响输出齿轮的转速大小。如果液压马达输出齿轮顺时针方向旋转，则带动输入环形齿轮逆时针旋转，输入环形齿轮又使与它啮合的第一组游星齿轮逆时针旋转，这样，与上述情况相同，结果也使输出齿轮逆时针旋转。此时液压马达的作用是使输出齿轮转动得更快，此时各齿轮的旋转方向仍为图 2－2－5 箭头所示方向。相反，当液压马达输出齿轮逆时针旋转时，其作用是力图使输出齿轮顺时针旋转，或者说是使输出齿轮反时针旋转的转速降低。

综上分析，在差动游星齿轮系的传动中，只有液压马达输出齿轮和输入环形齿轮的转动方向是变化的，其余各齿轮的转动方向不变。当液压马达顺时针旋转时，其输出齿轮也顺时针旋转，使输入环形齿轮逆时针旋转，加快了第一组游星齿轮逆时针旋转；相反，当液压马达逆时针旋转时，则减慢了第一组游星齿轮逆时针旋转，最后通过第二组游星齿轮和输出环形齿轮的作用，使输出齿轮在转动方向不变的前提下，保持差动游星齿轮系输出齿轮的转速基本恒定。

2.传动比

按相对运动的原理可以求出差动齿轮系的传动比，其齿轮序号如图 2－2－6 所示。它与图 2－2－5 中各齿轮的关系是相对应的，假定游星齿轮架 Z_2 的转速为 n_2，输入环形齿轮 Z_3(或 Z_4)的转速为 n_3(或 n_4)，输出环形齿轮 Z_8(或 Z_7)的转速为 n_8(或 n_7)，并规定顺时针旋转方向为正方向。由相对运动的原理可知，当差动齿轮系的各个构件加上一个公共的旋转后，它们之间的相对运动不变。如果给齿轮系加上一个转速为 $-n_2$ 的附加转速，即转速为 n_2 的逆时针旋转，则观察者看到的游星齿轮架的转速为零，输入环形齿轮的转速为(n_4-n_2)，输出环形齿轮的转速为(n_7-n_2)。这样，输入环形齿轮与输出环形齿轮之间的传动

比为

$$i_{47}=i_{38}=\frac{n_4-n_2}{n_7-n_2}=-\frac{Z_7}{Z_6}\cdot\frac{Z_6}{Z_5}\cdot\frac{Z_5}{Z_4} \text{ 即 } \frac{n_4-n_2}{n_7-n_2}=-\frac{Z_7}{Z_4} \qquad (2-2-2)$$

负号表示输入环形齿轮的转向与输出环形齿轮的转向相反，如果输入环形齿轮反时针旋转，则输出环形齿轮顺时针旋转。

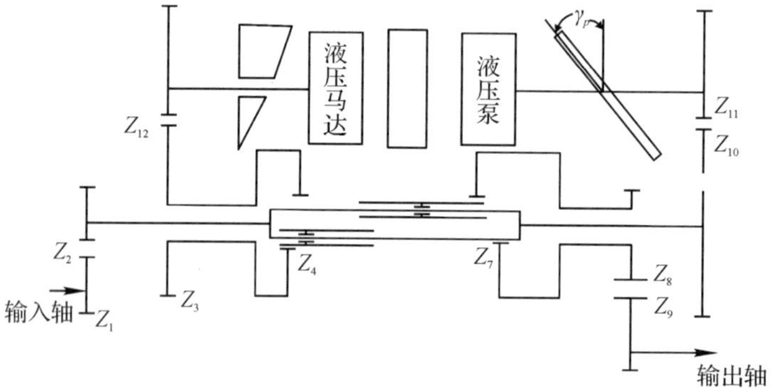

图 2-2-6　恒速传动装置传动系统原理示意图

由式(2-2-2)可以求得输出环形齿轮转速 n_7 与输入环形齿轮 n_4 和游星齿轮架转速 n_1 之间的关系为

$$n_7=-\frac{Z_4}{Z_7}n_4+\frac{Z_4+Z_7}{Z_7}n_2 \qquad (2-2-3)$$

由式(2-2-3)可见，输出环形齿轮的转速 n_7 是由游星齿轮架转速 n_2 和输入环形齿轮 n_4 共同决定的，即输出齿轮的转速取决于发动机转速和液压马达输出齿轮的转速。

恒装输入轴转速 n_1 与游星齿轮架转速 n_2 之间的关系为

$$n_2=-\frac{Z_1}{Z_2}n_1 \qquad (2-2-4)$$

输入环形齿轮 n_4 与液压马达输出齿轮转速 n_{12} 之间的关系为

$$n_4=-\frac{Z_{12}}{Z_3}n_{12} \qquad (2-2-5)$$

输出环形齿轮转速 n_7 与恒装输出轴转速 n_9 之间的关系为

$$n_9=-\frac{Z_8}{Z_9}n_7 \qquad (2-2-6)$$

把式(2-2-4)～式(2-2-6)代入式(2-2-2)，即可得到恒装输出轴转速 n_9 与输入轴转速 n_1 和液压马达输出齿轮转速 n_{12} 之间的关系为

$$n_9=\frac{Z_8}{Z_9}\cdot\frac{Z_4+Z_7}{Z_7}n_1-\frac{Z_8}{Z_9}\cdot\frac{Z_4}{Z_7}\cdot\frac{Z_{12}}{Z_3}n_{12} \qquad (2-2-7)$$

考虑到 $Z_4=Z_7$，所以恒装输出转速为

$$n_9=2\frac{Z_8}{Z_9}\cdot\frac{Z_1}{Z_2}n_1-\frac{Z_8}{Z_9}\cdot\frac{Z_{12}}{Z_3}n_{12} \qquad (2-2-8)$$

二、恒速传动的三种情况

根据 $f = Pn/60$，如果交流发电机的磁极对数 P 为 4，为得到 $f = 400$ Hz 的恒频交流电，则其转速 n 应为 6 000 r/min。当恒装输出轴转速等于、低于或高于此转速时，可有下列情况。

1.恒装输入轴转速为制动点转速时

当液压马达不转动时（$n_{12}=0$），发动机通过差动齿轮系驱动发电机，这是一种单一的机械传动。这种正好保持发电机转速为额定值所需要的输入轴转速 n_1 称为制动点转速，在波音资料中又称为"直通转速"。制动点转速可在式（2－2－8）中令 $n_{12}=0$ 而求得：

$$n_1 = \frac{1}{2} \cdot \frac{Z_9}{Z_8} \frac{Z_2}{Z_1} n_9 \tag{2-2-9}$$

恒装这种输入转速等于制动点转速下的工作方式称为零差动工作方式。

2.恒装输入轴转速低于制动点转速

此时，如果单靠机械传动，发电机的转速将低于额定转速 6 000 r/min。为了保持发电机恒速，必须由液压马达的转动来补偿。由式（2－2－8）可知，此时液压马达输出齿轮的转动方向应与恒装输入轴的转动方向相反，即应顺时针转动。这种恒装输入轴转速低于制动点转速的工作方式称为正差动工作方式，液压马达起加速作用。

3.恒装输入轴转速高于制动点转速

此时，如果单靠机械传动，发电机的转速将高于额定转速，为了保持发电机恒速，与上述情况相反，液压马达输出齿轮应逆时针转动。这种恒装输入轴转速高于制动点转速的工作方式称为负差动工作方式，液压马达起减速作用。

2.2.3　液压泵与液压马达的工作原理

齿轮差动式液压恒速传动装置常用轴向柱塞式液压泵和液压马达，两者构成一个液压组件，如图 2－2－7 所示。

一、构造

图 2－2－7 的右半部分为液压泵，左半部分为液压马达。

液压泵的构造：在沿液压泵圆柱形泵体 10 的圆周上均匀分布有若干个圆柱形的孔，每个孔内装有一个柱塞 8，泵体和转轴相连，并由轴承 1 和 11 支撑。齿轮 2 由游星齿轮架带动，齿轮 2 再带动转轴旋转并使泵体旋转，使柱塞 8 跟随转动。柱塞 8 的球头套在端部滑块 6 内，中心弹簧 9 使端部滑块 6 的端面紧靠在可动斜盘 3 的滑道上。可动斜盘是不随转轴旋转的，只是它的倾斜角可由调速系统自动改变。液压泵转子的左边和分油盘 12 相衔接，分油盘上有两个弧形槽，并有进、出油口与滑油系统及柱塞孔相通。

液压马达的构造与液压泵基本相同，唯一不同点是：液压泵的斜盘3的倾斜角是可变的，称为可动斜盘；而液压马达的斜盘13的倾斜角度不能改变，称为固定斜盘。

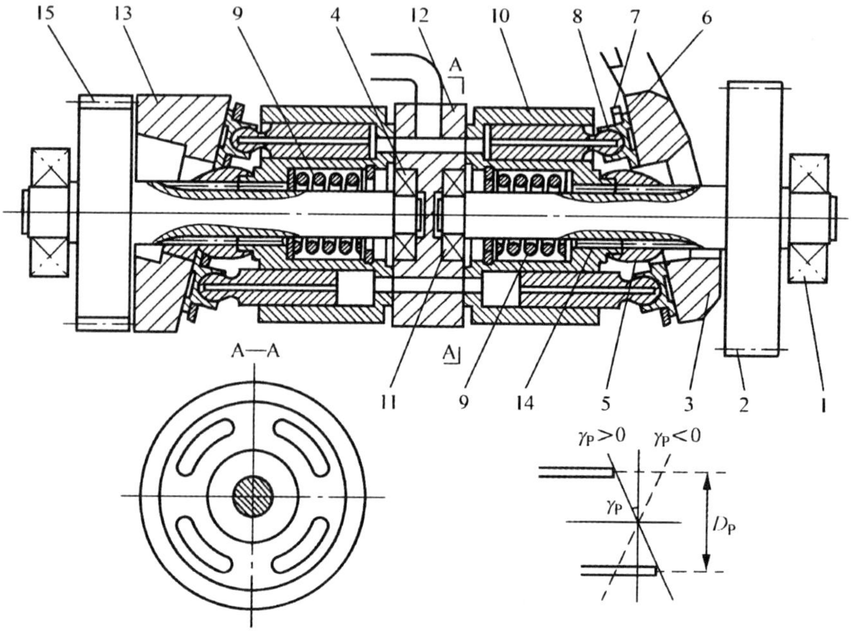

图 2-2-7　液压泵和液压马达结构原理图

1—轴承；2—齿轮；3—可动斜盘；4—轴承；5—球形轴承；6—端部滑块；7—销片；8—柱塞；9—中心弹簧；10—圆柱形泵体；11—轴承；12—分油盘；13—固定斜盘；14—销子；15—齿轮。

二、工作原理

1.液压泵工作原理

参照图2-2-7，只要液压泵的可动斜盘和转轴不垂直，则当发动机带动液压泵转子逆时针（从分油盘往右看）旋转时，柱塞随转子转动的同时还要沿轴向运动。当可动斜盘如图2-2-5所示左倾时，对转子左侧的任一柱塞，当它从最上面的位置沿左半圆弧往下旋转时，柱塞还要沿轴向右移，柱塞孔的容积增大，将液压油从低压腔通过分油盘的其一弧形槽吸入柱塞孔内。对转子右侧的任一柱塞，当它从最下位置沿右半圆弧往上旋转时，斜盘又将柱塞向左压入柱塞孔中，使柱塞孔的容积减小，这样将油增压并通过分油盘的另一弧形槽压入高压油路，从而把输入的机械功率转变为液压功率，然后由高压油去推动液压马达旋转。

液压泵每转动一周，每个柱塞吸一次油打一次油，完成一个循环。在一个循环中，每个柱塞的行程为

$$L_P = D\tan\gamma_P \qquad (2-2-10)$$

式中：D 为柱塞在缸体上的分布圆的直径（cm）；γ_P 为液压泵可动斜盘的倾斜角。

因此，在每一个循环中，每个柱塞打油量的理论值为

$$q = \frac{\pi}{4} d^2 D\tan\gamma_P \qquad (2-2-11)$$

式中：d 为柱塞直径(cm)。

如果液压泵每分钟转动 n 周，柱塞数为 Z_P，则液压泵每分钟的打油量为

$$Q = C_P \cdot n\tan\gamma_P \ (\mathrm{L/min}) \qquad (2-2-12)$$

式中：$C_P = 1/1\,000 \times \pi/4 \times d^2 D Z_P$，称为液压泵的结构常数。

从式(2-2-12)可知，液压泵的打油量主要由两个因素决定：一是泵的转速 n，转速越高则打油量越大；二是泵的可动斜盘倾斜角 γ_P，只要斜盘倾斜角 γ_P 为零，无论转速多高也不打油，因为这时泵的柱塞不作轴向往复运动，液压泵没有吸油和打油的动作，因此液压泵不输出液压能。调节斜盘的倾斜角 γ_P 使其不等于零，就可以调节液压泵的打油量，倾斜角 γ_P 越大，柱塞的行程越大，则泵每分钟的打油量也就越多。从图 2-2-5 和图 2-2-7 可看出，恒装液压泵的转速与航空发动机转速成正比，它是一个自变量，因此只能借助改变液压泵可动斜盘倾斜角 γ_P 来调节泵的打油量。

这种泵是靠柱塞孔容积的变化来实现吸油和打油的，故称为容积式油泵。由于圆孔与柱塞的配合总存在间隙，所以总会有油的泄漏，泄漏损失的大小与打出的高压油和原来的低压油之间的压力差成正比，压力差越大，漏油就越多。泄漏损失的存在，使实际打油量比上述的理论值小。

2.液压马达的工作原理

参照图 2-2-7，从以上液压泵的工作原理分析可知，液压泵将输入的机械功率转变为液压功率，而液压马达的作用是将液压功率重新转变为机械功率输出。液压马达的油腔与液压泵的高、低压油腔分别相通，柱塞受油压的作用而产生轴向运动，又因柱塞的轴向运动受到马达固定斜盘的限制，从而产生一个使马达缸体旋转的力，缸体转动使马达输出轴转动，最后马达输出齿轮带动恒装差动游星齿轮系的输入环形齿轮旋转。

(1)液压马达的转矩。液压马达中一个柱塞的受力情况如图 2-2-8(a)所示。图中 F 表示液压油对柱塞的压力，F_N 是固定斜盘对柱塞的反作用力，因固定斜盘滑道与滑块间的摩擦力很小，故力 F_N 与固定斜盘表面垂直。若马达固定斜盘的倾斜角用 γ_M 表示，则反作用力 F_N 与柱塞轴线间的夹角也为 γ_M。力 F 与 F_N 的合力 F_M 如图 2-2-8(b)所示，F_M 方向向下，其作用是要柱塞向下运动，并通过柱塞的作用马达转子上。

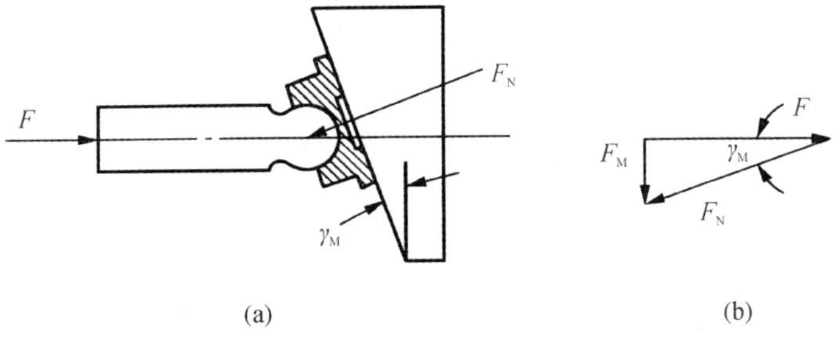

图 2-2-8　液压马达单个柱塞受力图

(a)柱塞受力图；(b)力的合成

因为分油盘右半侧为高压油，左半侧为低压油（在图 2-2-7 中从马达固定斜盘往右看），两侧压力不同，所以合力 F_M 的大小不同，高压区 F_M 大，低压区 F_M 小。当合力 F_M 在圆周的不同位置时，将对马达转轴产生不同的转矩，如图 2-2-9 所示。

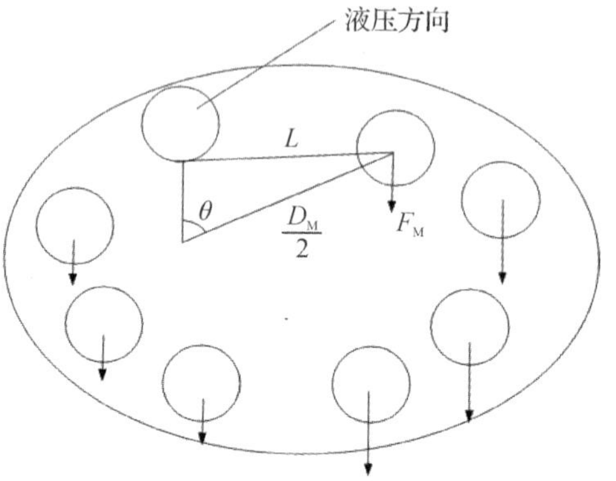

图 2-2-9　液压马达转矩的合成示意图

因为力臂 L 的长度是随柱塞在圆周上的不同位置而变化的，应用高等数学中的积分关系可以求得一个柱塞转动一周时的平均转矩为

$$M=\frac{1}{8}d_M{}^2D_M(P_g-P_d)\tan\gamma_M(\mathrm{kg\cdot cm}) \tag{2-2-13}$$

式中：D_M 为马达柱塞分布圆直径（cm）；d_M 为马达柱塞直径（cm）；P_g、P_d 为高、低压油的压力（$\mathrm{kg/cm^2}$）；γ_M 为马达固定斜盘倾斜角。

液压马达共有 Z_M 个柱塞，马达的平均转矩则为

$$\begin{aligned}M&=\frac{1}{8}d_M{}^2D_MZ_M(P_g-P_d)\tan\gamma_M\\&=\frac{1}{2\pi}C_M(P_g-P_d)\tan\gamma_M\end{aligned} \tag{2-2-14}$$

式中：$C_M=\frac{\pi}{4}d_M{}^2D_MZ_M$，为马达的结构常数。

式（2-2-14）说明，马达的结构一定时，液压马达的转矩与油压差成正比。

液压马达的输出齿轮是与差动游星齿轮系的输入环形齿轮啮合的，发电机的负载力矩 M_F 就是通过差动游星齿轮系加在液压马达上的，稳定状态时，马达力矩 M 与负载力矩 M_F 相平衡，即

$$M=M_F=\frac{1}{2\pi}C_M(P_g-P_d)\tan\gamma_M \tag{2-2-15}$$

所以

$$\Delta P=P_g-P_d=\frac{2\pi M_F}{C_M\tan\gamma_M} \tag{2-2-16}$$

可见，液压马达结构一定时，液压马达的转矩与油压差 ΔP 成正比。当马达的负载转矩加大时，马达转矩必须相应增大才能保持恒速输出，即油压差必须增大。通常低压腔的滑油

压力 P_d不变，所以必须增大高压腔的压力 P_g；又由于液压马达的油来自液压泵，因此必须增大液压泵高压腔的滑油压力。

(2)液压马达的转速及其转向。由于液压马达的构造与液压泵相同，根据式(2－2－7)可得到液压马达转动一周所消耗的高压油量为 $C_M\tan\gamma_M$。马达固定斜盘倾斜角 γ_M是固定的，因而马达转动一周所消耗的高压油量也是一定的，所以称之为定量马达。反之，油量不同，液压马达转速也就不同，马达转速为 n_M时，消耗的高压油量 Q_M为

$$Q_M = C_M n_M \tan\gamma_M \tag{2-2-17}$$

所以

$$n_M = \frac{Q_M}{C_M \tan\gamma_M} \tag{2-2-18}$$

由式(2－2－18)可知，液压马达的转速是随液压泵输送的高压油流量的增大而增大的。由 $Q = C_P n \tan\gamma_P$可知，液压泵的打油量与 $\tan\gamma_P$成正比，即与液压泵的可变斜盘倾斜角 γ_P有关，所以改变液压泵可变斜盘倾斜角便可以调节液压马达的转速。

液压马达的转向可从图 2－2－7 中分析得到，即当发动机带动液压泵转子反时针方向(从左往右看)旋转，且液压泵可变斜盘倾斜角如图 2－2－7 左倾(γ_P>0)时，作用在液压马达转轴上的转矩为顺时针方向，因此液压马达顺时针方向旋转，带动其输出齿轮顺时针方向旋转。这种工作方式就是正差动工作方式。

3.液压泵和液压马达系统的工作情况

液压泵和液压马达工作时都有漏油，漏油量大致与高低油压之差成正比。因此，由式(2－2－12)确定的液压泵理论打油量 Q 与由式(2－2－17)确定的液压马达所需油量 Q_M之间存在一差值，此差值就是漏油量，即

$$Q - Q_M = K\Delta P \tag{2-2-19}$$

式中：K 为泵和马达系统的漏油系数。

根据下式：

$$\left.\begin{aligned} n_M &= Q_M / C_M \tan\gamma_M \\ Q_M &= Q - K\Delta P \\ Q &= C_P \cdot n\tan\gamma_P \\ \Delta P &= P_g - P_d = 2\pi M_F / C_M\tan\gamma_M \end{aligned}\right\} \tag{2-2-20}$$

可得到马达转速 n_M与泵转速 n、可变斜盘倾斜角 γ_P及马达负载力矩 M_F之间的关系式为

$$n_M = n \cdot \frac{C_P \tan\gamma_P}{C_M \tan\gamma_M} - M_F \frac{2\pi K}{(C_M \tan\gamma_M)^2} \tag{2-2-21}$$

根据式(2－2－21)可对液压泵和液压马达系统的工作情况作如下说明：

(1)漏油的存在，即使可变斜盘倾斜角 γ_P等于零，只要马达负载力矩 M_F不为零，液压马达的转速也就不为零，而是一个负值。它的物理意义是马达被负载力矩带动而反转。因此，只有液压泵可变斜盘保持一个小的倾斜角，使液压泵打油来补偿泵和马达的漏油时，才能保持液压马达不转。

(2)在正值范围减小液压泵可变斜盘倾斜角 γ_P，会使液压马达的转速减小。当可变斜盘向相反方向偏转时，则马达转速 n_M 为负，即液压马达反转。

(3)在发动机转速不变即液压泵转速 n_P 不变的情况下，如果发电机负载增大，而使液压马达当负载力矩 M_F 增大时，为了保持发电机恒速运转，即要保持液压马达转速不变，则必须增大液压泵的可变斜盘倾斜角。

2.2.4 正差动状态和负差动状态时的工作情况

综合以上分析，恒速传动装置传动系统的工作情况可分为正差动状态的工作方式和负差动状态的工作方式，两种状态下的传动关系分别如图 2－2－10(a)(b)所示。

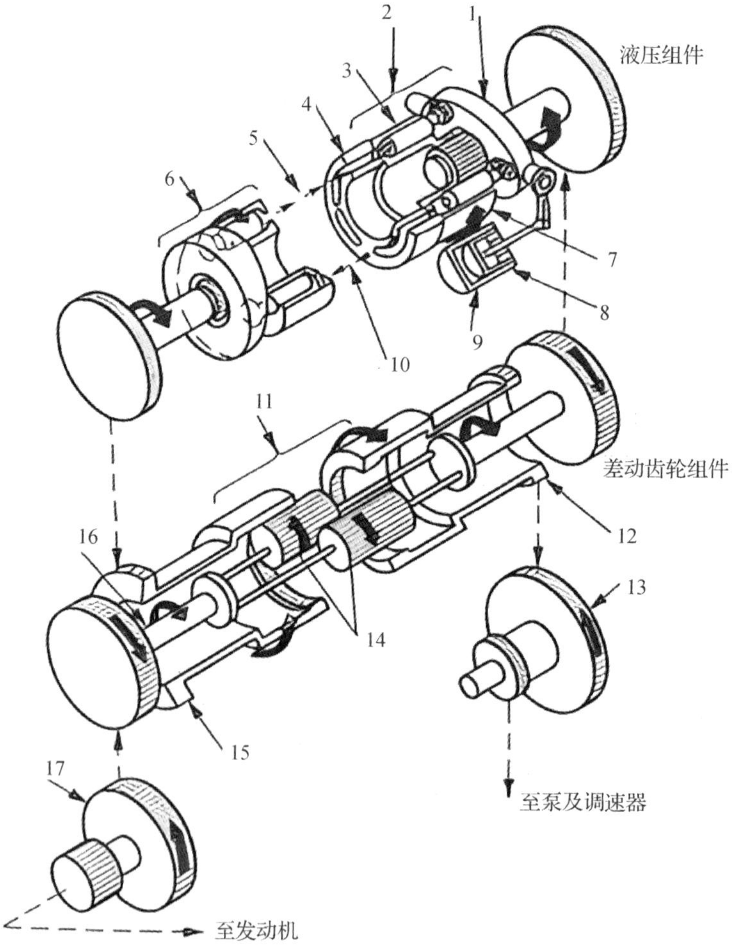

(a)

图 2－2－10 两种状态时的传动关系图

(a)正差动状态的工作方式

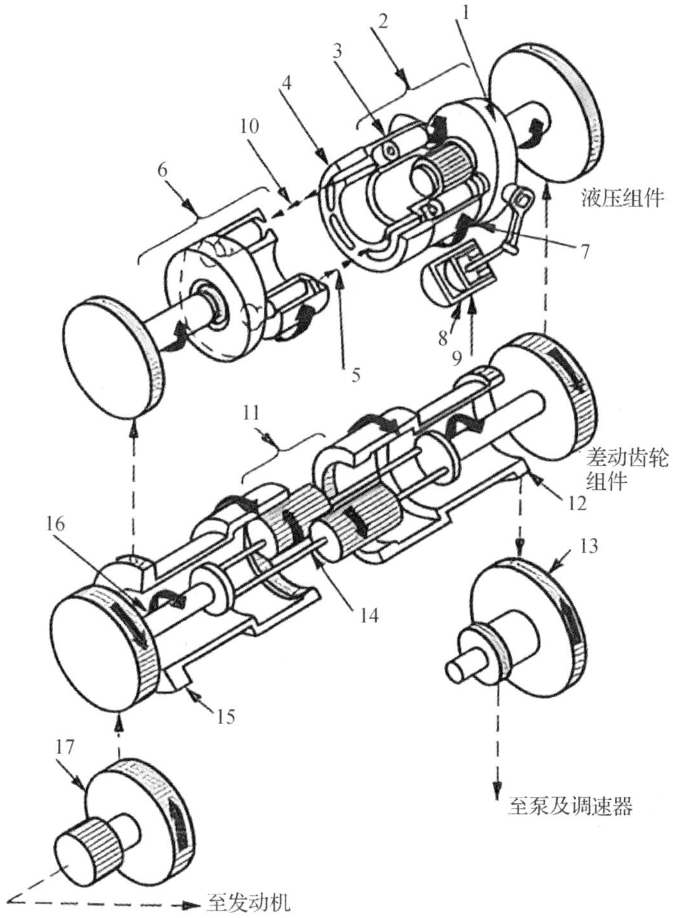

(b)

续图 2-2-10　两种状态时的传动关系图

(b)负差动状态的工作方式

1—可动斜盘；2—液压泵；3—柱塞；4—分油盘；5—低压油；6—定量马达；7—缸体；8—活塞；9—伺服作动器；10—高压油；11—差动齿轮；12—输出环形齿轮；13—输出齿轮；14—游星齿轮；15—输入环形齿轮；16—齿轮架；17—输入齿轮

1.零差动工作方式

当发动机转速等于制动点转速时，不需要液压马达补偿转速，直接由差动齿轮系机械传动，就可以保持发电机转速为额定值。但实际上由于漏油的存在，液压泵可动斜盘应向正方向偏转一个角度，这时液压泵打出的油量用来补偿泵-马达系统工作的漏油量。

2.正差动状态工作方式

当恒装输入轴转速低于制动点转速时，如果仅靠差动齿轮系传动，则发电机转速将低于额定值，这时传动系统工作在正差动状态。此时，液压马达必须顺时针转动，使输入环形齿轮逆时针转动，迫使第一、二组游星齿轮的转速加快，恒装的输出转速增大。

为了使液压马达顺时针方向转动，液压泵的可变斜盘倾斜角 γ_P 应为正，即如图

2－2－10(a)中向左倾斜。这时液压泵向液压马达打油，液压泵与液压马达组件中右侧一边为高压腔(从液压马达往液压泵方向看)，高压油从液压泵流向液压马达，低压油则反方向流动，当高、低压油这样流动时，则驱使液压马达顺时针转动，这时液压马达转速起正的补偿作用，最后恒速传动装置的转速升高到发电机的额定转速。

3.负差动状态工作方式

当恒装输入轴转速高于制动点转速时，如果仅仅依靠差动齿轮系直接传动，发电机转速必然会高于额定转速，这时传动系统工作在负差动状态。液压马达必须逆时针转动，使输入环形齿轮顺时针转动，加快第一、二组游星齿轮的转速，最终使恒装的输出转速减小，直至降低到发电机的额定转速。

为了使液压马达反时针方向转动，液压泵的可变斜盘倾斜角 γ_P应为负，即如图 2－2－10(b)中向右倾斜。

恒装工作在负差动状态时，液压马达的转向与正差动状态时相反，但发电机对恒装的反作用力矩方向并不改变，故作用在液压马达上的负载力矩方向不变，于是液压马达的输出齿轮由正差动状态时的主动轮变为从动轮，液压马达就从正差动状态时的马达状态变为泵的工作状态，起打油作用，所以称此时的液压马达为定量泵。又由于高压腔位置不变，只是高压腔中高压油的流动方向相反了，所以原来的液压泵在负差动状态时改变为液压马达工作状态。

在负差动状态时，液压马达工作状态的液压泵，其齿轮 Z_{11}也由正差动状态时的从动轮变为主动轮，输出功率。但由于其转向未变，故齿轮 Z_{11}与 Z_{10}(见图 2－2－6)啮合处受力方向必定改变，从而减轻了差动游星齿轮的负担，所以这时液压泵和液压马达仍是传递功率而不是消耗功率。

2.2.5 转速调节系统

发动机输入转速变化时，保持恒装输出转速的恒定是通过改变液压泵可变斜盘倾斜角来实现的。转速调节系统的功能就是反映恒装输出转速的变化，并在恒装输出转速偏离发电机需要的额定转速时自动改变液压泵可变斜盘倾角，最后恒装为额定转速输出。

一、转速调节系统的组成

常用的调速系统主要由离心配重式转速调节器和伺服油缸两大部分组成，如图 2－2－11 所示。

离心配重式调速器的传动齿轮是由发电机同轴传动的，即离心配重离心力的大小反映发电机转速的高低。离心力通过离心配重的拨杆作用在分配活门下面的凸缘上，使分配活门向下；同时，弹簧也作用在分配活门上，使其向上。离心力和弹簧力方向相反，当两个力平衡时，分配活门就停留在某一位置上。分配活门控制油路，当发电机转速为额定转速时，分配活门正好将三条油路堵住，如图 2－2－11 所示位置。

伺服油缸由壳体、伺服活塞和弹簧等部分组成。伺服活塞把壳体内腔分成两部分，大腔的油压受调速器控制，定压腔和恒装定压油路相通，伺服活塞的连杆与液压泵可动斜盘上的摇臂相连。

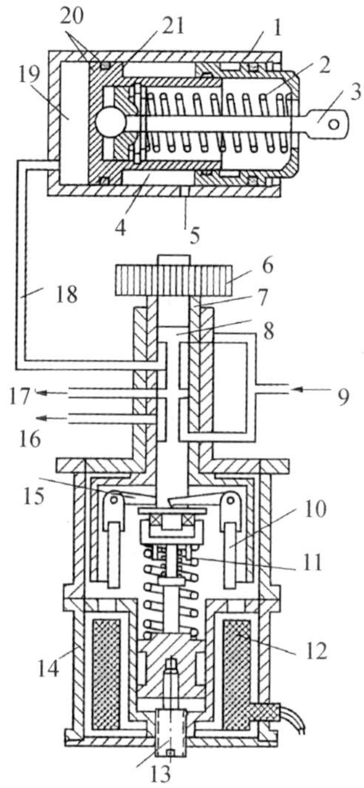

图 2-2-11　离心配重式转速调节器和伺服油缸示意图

1—壳体；2—压力弹簧；3—连杆；4—定压油腔；5—定压油门；6—传动齿轮；7—阀套；8—分配活门；9—定压油管道；10—离心配重；11—弹簧；12—电调线圈；13—调整螺钉；14—导磁壳体；15—拨杆；16—至欠速机构；17—回油管道；18—变压油管道；19—大腔；20—密封圈；21—伺服活塞

二、转速调节原理

1.输出过速时的调节

当发动机转速升高或发电机负载减小，使恒装输出轴转速超过额定值时，离心力增大，在离心力的作用下，拨杆克服弹簧力使分配活门下移，伺服油缸大腔与回油相通，大腔中油压下降，伺服活塞左移，带动液压泵可动斜盘改变倾斜角（见图 2-2-10）。正差动状态时，可动斜盘正倾斜角 γ_P减小，液压马达顺时针旋转转速下降，从而使恒装输出转速下降；负差动状态时，可动斜盘负倾斜角 γ_P增大，液压马达逆时针旋转转速上升，也是使恒装输出转速下降。这种调节直至恒装输出轴转速降到额定值为止，调速器各部件重新平衡。

2.输出欠速时的调节

当发动机转速降低或发电机负载增加，使恒装输出轴转速低于额定转速时，离心力减小，在弹簧力的作用下，分配活门上移，将伺服油缸大腔与定压油路相通，大腔油压上升，使伺服活塞右移，带动液压泵可动斜盘向左倾斜，即斜盘正倾斜角增大或斜盘负倾斜角减小，最终使恒装输出轴转速上升，回到额定值。

三、额定转速的调整

离心调速器弹簧力的大小与调整螺钉的位置有关，改变调整螺钉的位置，就可以调整恒装输出轴的额定转速。

当调整螺钉顺时针拧入时，弹簧力增大，分配活门上移，油路打开，定压油进入伺服油缸的大腔，伺服活塞右移。与上述欠速时的情况一样，带动液压泵可动斜盘向左倾斜，使恒装输出转速升高。由于恒装输出转速上升，离心配重上的离心力增大，分配活门又逐渐向下移动，当分配活门重新把油路堵住时，伺服活塞不再移动。此时，恒装输出转速比调整前增大。

相反，当反时针拧出调整螺钉时，弹簧力减小，恒装输出转速降低。

在波音系列飞机上，通常顺时针拧入(或逆时针拧出)一整圈，恒装输出转速增高(或降低)，使交流电源频率增加(或减少)约 14 Hz。

四、调速精度

从理论上来说，机械式转速调节系统是一个无静差调节系统。因为只要恒装输出轴转速偏离额定值，分配活门就不在中间位置，伺服活塞就要移动，恒装输出轴转速就要变化。只有当恒装输出轴转速恢复为额定值时，分配活门才回到中间位置，并把三条油路都堵住，伺服活塞才不再移动，即离心调速器具有积分环节的性质，所以这种调速系统是无静差的。但实际上，由于存在摩擦等原因，静差并不为零。此外，温度变化时，弹簧刚度变化，也会引起温度误差，差动齿轮液压式恒装的调节误差一般在$\pm 1\% n_N$以内。

五、电调线圈的作用

为了满足有的飞机对交流电源频率精度更高的要求，或者是在几台交流发电机并联供电时保障有功负载能够均衡分配，引入了电调线圈作为附加调节装置。图 2-2-12 为电调线圈作用的示意图。

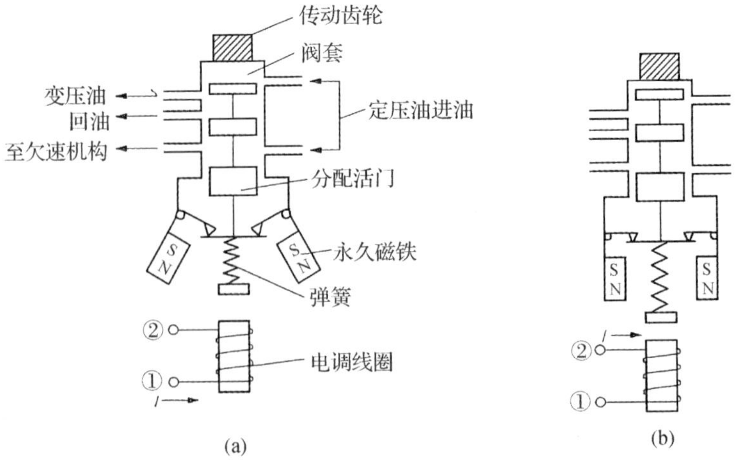

图 2-2-12　电调线圈的作用示意图

(a)输出过速时；(b)输出欠速时

附加调节装置是借助于电调线圈和镶嵌在离心配重上的永久磁铁的相互作用而引入的。当电调线圈通入电流时，它所产生的磁场与永久磁铁相互作用，可以看作这个力叠加在弹簧力上，由此可以改变恒装的输出转速。例如，当电流从①端流入从②端流出时，附加的电磁力推斥永久磁铁，分配活门下移，其作用相当于增大了离心配重的离心力，或者说相当于减小了弹簧力，因此离心调速器使恒装的输出转速下降，这就是输出过速时的调节情况，如图2-2-12(a)所示。依同样原理分析可知，当恒装输出欠速时，可改变电调线圈通入的电流方向，即电流从②端流入从①端流出，调节最终使恒装的输出转速上升，如图2-2-12(b)所示。

2.2.6 恒装输入脱开装置

恒速传动装置一般都设有输入脱开装置、输出防飞离合器、欠速保护、超速保护、恒装输入轴剪切颈、恒装滑油压力警告装置和滑油温度警告装置等故障保护措施。在此只介绍与电气维护密切相关的输入脱开机构。

恒速传动装置输入脱开装置的功用是：当恒速传动装置出现故障时，如输出转速过高、滑油压力过低、滑油温度过高或其他故障，将恒速传动装置输入端与发动机脱开，以免恒装故障扩大。恒速传动装置输入脱开装置如图2-2-13所示，它由套齿离合器、蜗杆、蜗块、电磁铁和复位手柄等部分组成。

当恒速传动装置正常工作时，电磁铁的鼻销卡入蜗块凹槽中，把蜗块锁住，蜗块与蜗杆不接触，因此套齿离合器啮合，输入花键轴通过套齿离合器输入转速。

当恒速传动装置发生故障现象需要脱开时，飞行员在驾驶舱接通恒速传动装置脱开电门，使电磁铁线圈电路通电，鼻销被电磁铁吸入，蜗块在弹簧力的作用下往上移动，与蜗杆啮合。由于蜗块不能移动也不能旋转，而蜗杆仍在随发动机提供的转速高速转动，于是迫使蜗杆左移，使套齿离合器由啮合转为脱开，从而使输入齿轮与输入花键轴脱开，恒速传动装置停止工作，发电机停止发电。

当离合器脱开时，蜗杆不再被驱动，但还在离心力作用下继续旋转很短时间，使得离合器能够完全脱开。如果输入转速太低，离心力不能完全断开离合器，就会造成离合器损坏，如断齿等，因此，当发动机转速小于慢车转速时，不能脱开恒装。

在脱开后，可以在ECAM或者EICAS显示器上检查结果。正常情况下，发电机的输出电压和频率显示都应为零，如果不为零，可能是恒装没有完全脱开，这时恒装可能已经损坏。

需要注意的是：脱开恒装时，按下脱开按钮的时间不能超过3 s，而且1 min内最多只能脱开一次。恒装脱开电门一般是带有红色罩盖的电门，不允许随便按下。

恒速传动装置脱开后，只有在地面排除故障后，由维护人员拉下输入脱开装置的复位手柄才能复位(见图2-2-13和图2-2-14)，所以飞机上恒速传动装置脱开电门是带有保险的红色电门，不允许轻易拉动。

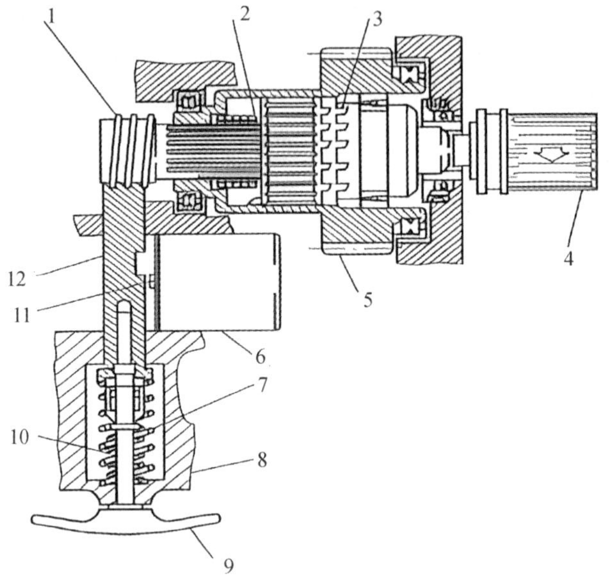

图 2-2-13　输入脱开装置结构示意图

1—蜗杆；2—复位弹簧；3—套齿离合器；4—输入花键轴；5—恒速传动装置输入齿轮；6—电磁铁；7—弹簧；8—外壳；9—复位手柄；10—手柄弹簧；11—头部销(或鼻销)；12—蜗块

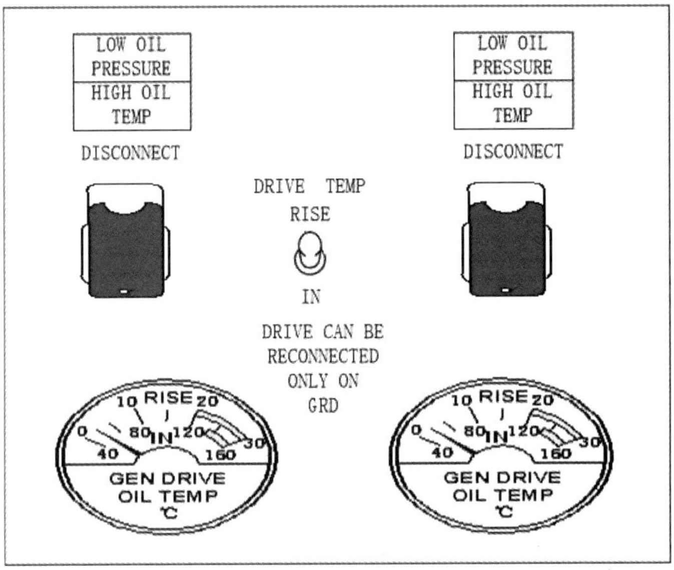

图 2-2-14　驾驶舱恒装监控装置示意图

2.2.7　恒速传动装置的基本技术数据

恒装是在 20 世纪 40 年代开始使用的，从此恒速恒频交流电源在飞机上的使用得到了迅速的发展。恒装的发展已经经历了三个阶段。

第一个阶段，应用筒式液压恒速传动装置，不久就被液压式差动恒速传动装置所取代。20 世纪 60 年代进入第二个阶段，该阶段出现了齿轮传动液压恒速传动装置，其重量功率比约为 1 kg/kW。20 世纪 70 年代发展了组合电源装置，此时进入第三个阶段。由于恒速传动装置与交流发电机组合在一起，交流发电机采用喷油冷却，使恒装结构进一步简化，重量功率比进一步下降。

恒速传动装置的技术数据除了使用环境条件、重量及滑油压力等固有参数外，还包括下列性能数据：

1.额定输出功率

恒速传动装置在正常环境条件下，长期连续工作输出的功率称为额定功率。如 40 kV・A的飞机交流发电机其恒速传动装置的额定功率为 47 kW，因此必须考虑发电机的损耗。由于飞机交流发电机有过载要求，所以恒速传动装置也有过载要求，如要求恒速传动装置在 5 min 内输出 150％额定功率，5 s 内输出 200％额定功率等。

2.额定输出转速

恒速传动装置的额定输出转速应与发电机需要的额定转速相等。

3.输入转速范围

作为齿轮液压式恒装，必须规定其最小工作转速和最大工作转速，即输入转速的范围。恒速传动装置的输入转速变化范围必须与飞机发动机的工作转速范围相适应。

4.输出转速的精度

恒速传动装置输出转速的精度决定了发电机频率的精度。稳态转速精度是指在整个工作环境范围内，在恒装输入转速和发电机负载变化范围内，恒装输出转速最大值或者最小值与额定转速差的百分比数，其大小主要取决于转速调节器。一般齿轮差动液压恒装的稳态转速误差为额定转速的±1％。恒装的瞬态精度用输出转速的最大偏差和转速恢复时间来表示。当发动机转速突然变化或者发电机负载突然变化时，交流电源的频率一般会波动十几到几十赫兹，一般要求恢复时间不大于 2 s。

5.重量功率比

飞机上的设备都应体积小、重量轻。对于功率转换设备，重量功率比是一个很重要的指标。如某型飞机上的恒装其重量功率比大约为 0.75 kg/KW。

在选择和使用恒装时，必须注意它的技术数据，以满足飞机、发动机、发电机和机载用电设备等各方面的要求。

2.2.8　典型飞机恒速传动装置工作举例

波音 B757 飞机的恒速传动装置与交流发电机是结合成一个整体的，即所谓的整体传动发电机(IDG)。下面以波音 B757 飞机的 IDG 系统为例讨论其工作情况，图 2－2－15 为波音 B757 飞机 IDG 系统的工作原理图。

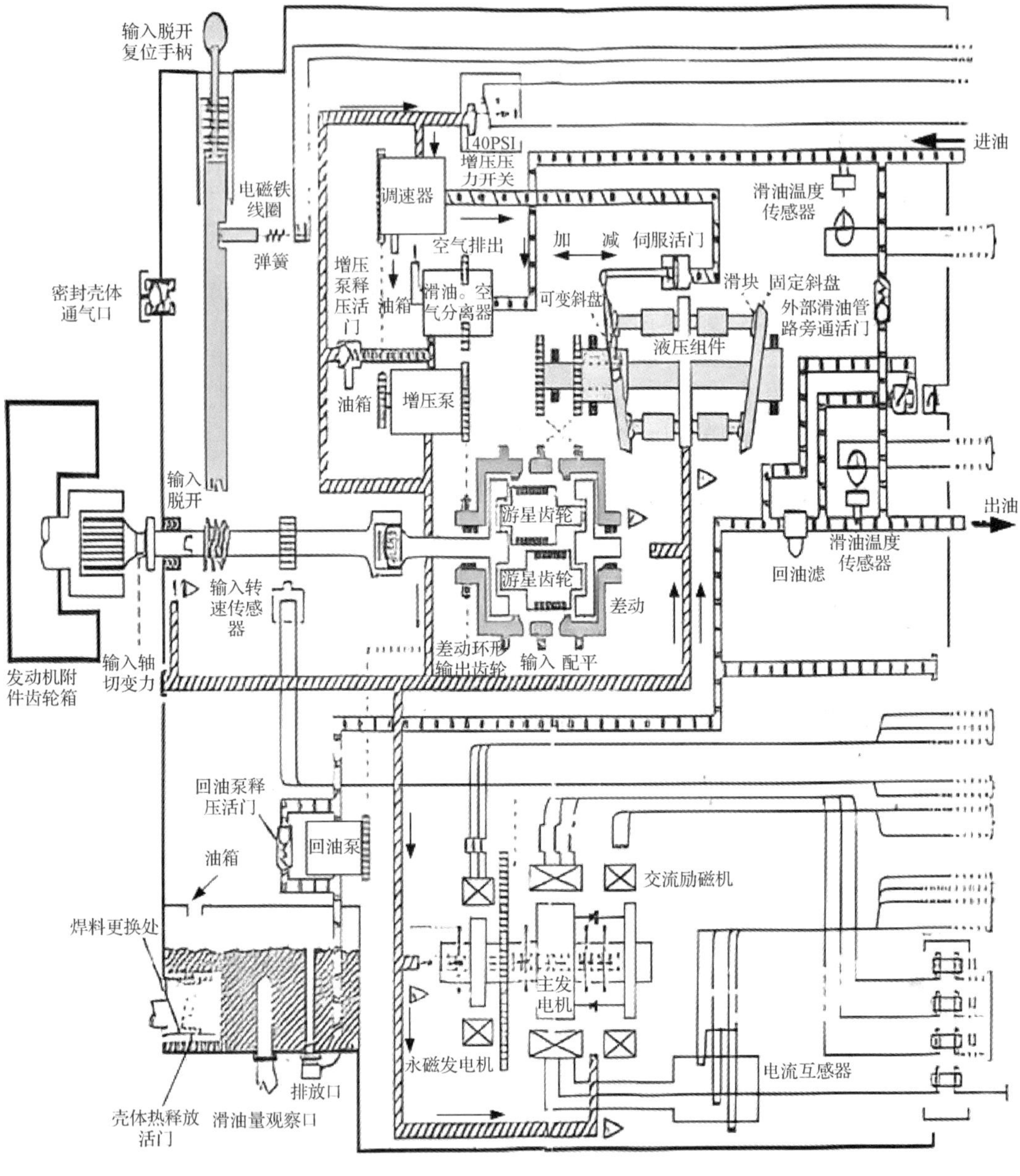

图 2-2-15 波音 B757 飞机 IDG 系统的工作原理图

一、系统的主要部件及功用

1.滑油-空气分离器

自滑油-空气热交换器(外部系统)进入 IDG 的滑油先经过滑油-空气分离器。滑油-空气分离器由差动环形输出齿轮恒速带动,把空气从滑油中分离而排出,迫使纯的滑油进入增压泵。

2.增压泵和增压卸荷(释压)活门

增压泵为供油离心泵，由差动环形输出齿轮恒速带动，增压泵提供的压力滑油可用于调速器控制、恒速液压装置控制、润滑、冷却和压力警告。

压力滑油通过标准的喷嘴从旋转轴喷出，对交流定子、励磁机定子和电枢进行喷油冷却，同时也对旋转整流器进行冷却。

增压卸荷(释压)活门为弹性加载活门，它工作在 240～280 psi 的压力范围而打开旁路回油，调节并维持增压的滑油压力为标定的 250 psi。

3.增压压力开关

当增压的滑油压力下降至小于标定的 140 psi 时，压力开关接通，把"地"信号送到发电机控制组件(GCU)，GCU 输出使驾驶舱顶板 P_5 的"发电机传动脱开"开关上的琥珀色"DRIVE"灯亮，同时，若发动机运转，则 EICAS 显示"L GEN DRIVE"。

4.调速器

调速器为离心配重弹簧操纵的液压控制活门(分配活门)，它是一个压力调节器。调速器的旋转轴由差动环形输出齿轮输出通过惰性齿轮带动，调速器根据转速的变化对来自增压泵的压力滑油进行分配，通过控制对 CSD 油箱的回油来改变输出到控制活塞(伺服活门)的压力。

5.回油泵

回油泵是一个双腔离心泵，由差动环形输出齿轮驱动。它的作用是吸收、整理用于润滑、冷却的滑油和内部泄漏的滑油，同时向外部滑油管路泵油。

6.回油释压活门

回油释压活门提供对回油滤和回油泵的保护。当油温极度冷或回油滤几乎堵塞，回油泵下游管路压力大于 350 psi 时，油压克服弹簧作用使回油释压活门打开，对油箱回油。

7.回油滤和压差指示器

回油滤安装在回油泵输出管路，过滤流入 IDG 的滑油，可以滤除粒径为 20～40 μm 的杂质。

压差指示器是跳出型指示器。当压差大于正常值(60 psi)时，红色按钮凸出，表明回油滤堵塞，需要更换回油滤。

8.外部滑油管路旁通活门

外部滑油管路旁通活门在滑油冷却器阻塞，外部滑油-空气热交换器出口(IDG 滑油入口)管路压力低于 250 psi 时打开，旁通外部滑油-空气热交换器而使滑油流过。

9.液压泵、液压马达、差动游星齿轮系和主发电机

液压泵、液压马达、差动游星齿轮系和主发电机这些部件及功用在前面已作介绍，这里不再详述。

二、系统的工作情况

1.发动机转速为额定输入转速

当发动机转速为额定输入转速时，差动环形输出齿轮输出恒定的转速，使调速器的转速为额定值,离心配重的作用是使在伺服活门上的压力一定,活塞停在某一位置,液压泵可变斜盘的倾斜角度为零,打油量为零,液压马达不转动,最后通过差动游星齿轮系驱动交流发电机恒速转动。

2.发动机转速高于额定输入转速

当发动机转速高于额定输入转速时,若液压马达不转动,则差动环形输出齿轮的转速将随发动机转速的增大而大于额定值,此时,调速器的转速也高于额定值。调速器离心配重的作用是控制回油量增加(增加量正比于转速的增加量),使到达伺服活门活塞上的压力相应下降,活塞右移到某一位置,带动液压泵可变斜盘向右倾斜某一角度,液压泵处于负差动状态打油,迫使液压马达转动,液压马达输出齿轮通过差动环形输入齿轮和两级游星齿轮的传动而使差动环形输出齿轮的转速回落,最后稳定在额定的 12 000 r/min 转速以驱动交流发电机恒速转动。

3.发动机转速低于额定输入转速

当发动机转速低于额定输入转速时,调速器的转速低于额定值,离心配重的作用是控制回油量减少,减少量正比于转速的下降量,使到达伺服活门活塞上的压力相应升高,活塞左移到某一位置,带动液压泵可变斜盘向左倾斜某一角度,液压泵处于正差动状态打油,迫使液压马达转动(转动方向与负差动状态调节时相反),液压马达输出齿轮通过差动环形输入齿轮和两级游星齿轮的传动使差动环形输出齿轮的转速回升,最后以稳定的 12 000 r/min 额定转速驱动交流发电机恒速转动。

拓展阅读

法拉第发现电磁感应定律

1820 年,丹麦科学家 H. C. 奥斯特发现了电流的磁效应,揭示了电可以转化为磁这一现象。此后,不少物理学家都在试图探索磁是否也能产生电,但无数次实验都未能成功。英国杰出科学家法拉第也是这些研究者之一。他比其他研究者更有耐心,更有毅力。他坚信既然电能转化为磁,磁也应该能够转化为电。一开始,他企图通过让静止的磁力对线圈或导体产生作用来获得电流,为此设计了各种各样的实验。这些实验都没有得到他想要的结果。经过近 10 年的实验,1831 年 8 月 29 日,他终于发现,当绕着软铁环上相对独立的两组线圈 A 和 B 中一个线圈的电流接通或中断时,另一个线圈中电流计的指针会发生偏转。实验的结果出乎意料,原来感应效应不是持续的而是短瞬的。之后他又做了一系列实验,用来判明产生感应电流的条件和决定感应电流的因素。他观察了磁棒插入线圈和从线圈内移出时的感应现象;他做了电源接通和断开时两个同轴线圈的感应实验,并用铁芯增强感应效应;他借用皇家科学院大型磁铁增强感应效果,并用圆盘在磁场中的旋转获得连续的电流,这就是世界上第一台利用感应原理制作的发电机。

1832 年，法拉第发现，在相同情况下，不同金属导线中产生的感应电流同导线的导电能力成正比。这个结果表明，感应产生确定的电动势，它同导线的性质无关，而仅取决于导线对磁力线的切割。他甚至相信不论导线是否形成闭合回路，都可产生感应电动势。1834 年，俄国科学家楞次做出了确定感应电流方向的明确表述。在此基础上，科学家诺埃曼于 1845 年给出了感应定律的数学表述方法。虽然法拉第并没有把他的研究结果用数学公式定量地表示出来，但他对于电磁感应现象的丰富研究，无疑为他赢得了发现电磁感应现象的全部荣誉。

电磁感应定律的发现，打开了禁锢电力的大门。过去靠电池产生的电力应用范围极其有限，法拉第的发现提供了产生强大电力的可能性。他在发现电磁感应定律时，创造了一个让铜盘在磁铁两极之间运动产生感应电流的装置，这是第一部感应发电机的原型 。第一台变压器的原型也是法拉第在发现电磁感应定律时创造的。

尽管法拉第等科学家在创立电磁理论的同时，从理论和实验上提供了发电机、电动机、变压器等电机电器的基本原理和原始模型，但发展到实际应用阶段还有一个过程。以直流发电机为例，大致经历如下四个阶段：①用永久磁铁提供磁场。由于受到永久磁铁本身磁场强度的限制，尚不能提供强大的电力。②用电磁铁代替永久磁铁。1845 年，英国物理学家惠斯通制成了第一台用电磁铁提供磁场的发电机。但供给电磁铁的电流是靠电池提供的，仍有局限性。③改变励磁方式。1866 年，德国科学家西门子发明了自激式直流发电机，靠发电机自身发出的电流为自己的电磁铁励磁。为建造大容量电机，从而获得强大电力，提供了技术的现实可能性 ，意味着电气技术最重要阶段的开始。④完善化阶段。

从电磁理论的创立可以看出，自然科学理论是知识形态的、潜在的生产力，通过技术发明创造的途径，可以物化为生产工具，转化为直接的物质生产力。自然科学理论如果走在生产技术的前面起前导作用，将显出更大威力。法拉第电磁感应定律是电磁学的一条基本定律，它的发现具有重大意义。通过这个定律，人们进一步认识到了电和磁之间的联系，从而为人们深入探索有关电和磁普遍联系的理论奠定了坚实基础。

复习思考题

一、选择题

1.液压机械式恒速传动装置的主要基本组成包括(　　)。

A.操纵系统、滑油系统、调速系统和保护系统

B.传动系统、滑油系统、调速系统和保护系统

C.传动系统、滑油系统、调速系统和控制系统

D.传动系统、滑油系统、调控系统和保护系统

2.液压机械式恒速传动装置的传动系统由(　　)组成。

A.离心调速器和伺服油缸　　　　B.液压组件和差动齿轮系

C.液压泵和差动齿轮系　　　　D.离心控制器和伺服油缸

3..恒速传动装置用于驱动(　　)。

A.直流发电机　　　　B.起动发电机

C.交流发电机　　　　D.交流电动机

4.液压机械式恒速传动装置的输出轴的转速是(　　)。

A.发动机输入轴的转速经过差动游星齿轮系直接传输的转速

B.液压马达输出齿轮经过差动游星齿轮系传输的转速

C.发动机输入轴的转速经过差动游星齿轮系直接传输的转速和液压马达输出齿轮经过差动游星齿轮系传输的转速大小之和

D.发动机输入轴的转速经过差动游星齿轮系直接传输的转速和液压马达输出齿轮经过差动游星齿轮系传输的转速合成的

5.在波音系列飞机上为了使恒装输出转速降低,则应该(　　)。

A.调整螺钉顺时针拧入　　　　B.调整螺钉不转动

C.调整螺钉逆时针拧出一整圈　　　　D.以上都不对

6.液压机械式恒速传动装置的滑油系统的作用是(　　)。

A.具有对齿轮系统润滑和散热的作用

B.作为液压泵和液压马达组件传递功率的介质

C.在恒速传动装置出现故障时,可以将发电机与恒速传动装置脱开,以保护整套机构不被破坏

D.具有对齿轮系统润滑和散热的作用,同时还作为液压泵和液压马达组件传递功率的介质

7.液压机械式恒速传动装置的保护系统的作用是(　　)。

A.对齿轮系统润滑和散热

B.作为液压泵和液压马达组件传递功率的介质

C.在恒速传动装置出现故障时,可以将发电机与恒速传动装置脱开,以保护整套机构不被破坏

D.对齿轮系统润滑和散热,同时还作为液压泵和液压马达组件传递功率的介质

8.液压机械式恒速传动装置的可变斜盘倾斜角 γ_P 的改变是通过(　　)实现的。

A.离心调速器　　　　B.伺服油缸

C.液压泵和液压马达　　　　D.摇臂

9.液压机械式恒速传动装置的恒装输出齿轮的转速是由(　　)。

A.恒装输入齿轮的转速(取决于发动机)和输入环形齿轮的转速(取决于液压马达输出齿轮的转速)共同决定的

B.恒装输入齿轮的转速(取决于发动机)和输出环形齿轮的转速(取决于液压马达输入齿轮的转速)共同决定的

C.恒装输入齿轮的转速(取决于发电机)和输入环形齿轮的转速(取决于液压马达输出齿轮的转速)共同决定的

D.以上都不对

10.恒装输入轴转速低于制动点转速时,则恒装装置工作在(　　)。

A.正差动工作方式　　　B.负差动工作方式
C.零差动工作方式　　　D.以上都不对

二、简答题

1.简单叙述恒速传动装置的功用。
2.恒速传动装置的组成及各部分的作用是什么?
3.什么是恒装的制动点转速?
4.恒装有几种工作状态?简述每种工作状态。
5.说明恒速传动装置内滑油系统的作用。

2.3 飞机交流发电机的结构形式和励磁方式

在飞机交流电源系统中,普遍采用同步发电机。同步发电机的种类可根据其励磁方式划分:按照励磁系统结构中是否带有电刷可分为有刷励磁和无刷励磁两大类,每一类中又包含自励与他励两种方式。

对飞机交流发电机励磁系统的主要要求是:一是工作可靠,启动时起励磁可靠;二是工作中发电机短路时具有强行励磁的能力,以产生足够大的短路电流和发电机电动势,保证保护设备可靠动作,提高并联工作的稳定性。

2.3.1 有刷交流发电机

目前,有刷交流发电机在一些涡轮螺旋桨飞机中仍然采用,它们的励磁方式有他励和自励两种。

一、他励式有刷交流发电机

他励式有刷交流发电机的励磁电源由飞机直流电网或直流励磁机提供,故称他励式,其原理电路如图 2-3-1 所示。

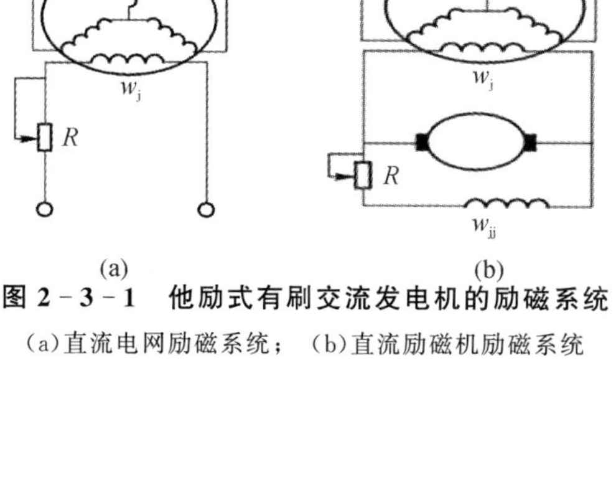

图 2-3-1　他励式有刷交流发电机的励磁系统

(a)直流电网励磁系统;(b)直流励磁机励磁系统

1.直流电网励磁

交流同步发电机是在转子上励磁，由定子三相绕组输出交流电的。当飞机直流电网提供励磁时，必须经过电刷、滑环将直流电源加到转子上，如图 2-3-1(a)所示，图中励磁电路中可变电阻 R 代表电压调节器，用来改变激磁电流来调节发电机的输出电压。由于交流发电机的电枢反应比直流发电机强，因此要求的励磁功率较大，例如安-24 飞机的交流发电机功率只有 16 kV·A，但励磁电流最大却达到 20 A 以上。它们的电压调节器为磁炭式（磁放大器-炭片调压器式），炭片损耗功率达数百瓦。

飞机直流电网励磁的优点是结构比较简单，但缺点较多：一旦飞机上直流电源失效，势必导致整个交流电源系统没电；带有电刷和滑环，容易产生火花，工作条件受到限制；调压器损耗功率较大，发热严重，需要专门通风冷却等。

2.直流励磁机励磁

直流励磁机励磁的电路如图 2-3-1(b)所示。励磁机是一台小功率的直流发电机，它与交流发电机同轴旋转，并向交流发电机提供励磁电流。图中 w_j 是交流发电机的励磁绕组，w_{jj} 是直流励磁机的励磁绕组，R 代表电压调节器。与直流电网励磁方式比较，这种励磁方式不依赖直流电网，提高了励磁、发电的可靠性；同时，调压器只调节直流励磁机的励磁电流，因此调压器消耗功率较小。但是，交流发电机励磁绕组的励磁电流仍然是通过直流励磁机的换向器和电刷来引入的，所以可靠性仍然较差，使用的局限性很大。

二、自励式有刷交流发电机

图 2-3-2 所示为自励式有刷交流发电机的一种自励电路。发电机励磁绕组 w_j 需要的励磁直流电是从发电机输出的交流电压经过变压器 B 降压、整流器 D 整流后供给的，改变电路中的电阻 R 便可调节发电机的输出电压。

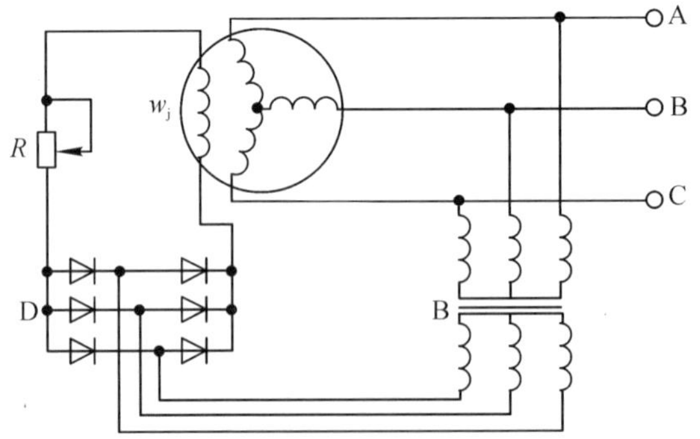

图 2-3-2　自励电路

对于自励式发电机，普遍需要解决的问题是起励问题，即必须有足够大的剩磁电压才能使发电机起励。图 2-3-2 中三相全波整流器的正向电阻是非线性的，电压低时其正向电阻大，流过励磁绕组 w_j 的电流很小，故励磁很弱。为了保证发电机可靠起励，常用的措施是：在发电机定子铁芯中夹入永磁钢片，或在发电机磁极间嵌入永磁磁极，图 2－3－3 所示为保证自励发电机起励可靠的措施示意图；当励磁绕组 w_j 随转子转动，切割剩磁场时，便在其回路上产生起励电流，从而增大了剩磁电压。所以，存在足够大的剩磁是自励式发电机建压、发电的必要条件。

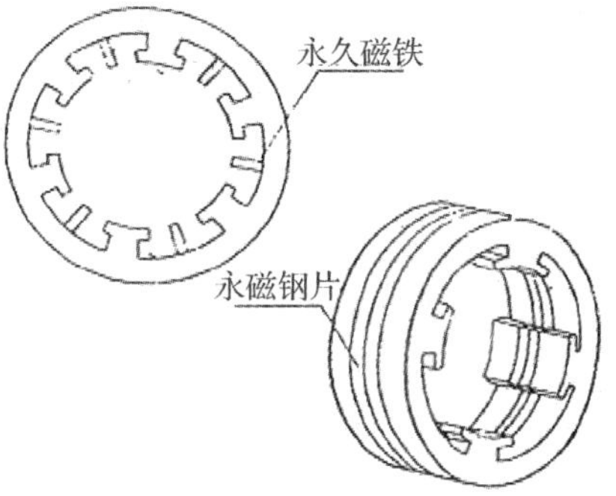

图 2－3－3　保证自励可靠的措施

这种自励电路存在着比较明显的缺点：一是发电机的外特性较软，即负载增大时发电机电压下降较多；二是在发电机出现三相短路故障时，发电机端电压为零，励磁电流也下降到零，失去了励磁能力，这种发电机在短路时失去励磁的现象，称为发电机没有强励能力。

其他形式的自励电路除去电刷、滑环后与无刷交流发电机类同，将在下面一起介绍。

2.3.2　无刷交流发电机

由于有刷交流发电机存在电刷和滑环，使发电机的可靠性降低，而且使用条件受到很大的限制，所以现代飞机上广泛采用带旋转整流器的无刷交流发电机。

无刷交流发电机是在定子上提供给励磁机励磁绕组的励磁电流，由励磁机转子电枢发电并经旋转整流器整流后作为主发电机的励磁电流，因此不用电刷和滑环。无刷交流发电机的基本形式有两种：一是带永磁式副励磁机的三级式无刷交流发电机；二是自励的两级式无刷交流发电机。它们的原理电路分别如图 2－3－4(a)(b)所示。

在图 2－3－4(a)中无刷交流发电机是永磁式副励磁机的三级式无刷交流发电，它的第一级是永磁式副励磁机，由其给调压器供电，调压器调节励磁机的励磁电流，励磁机电枢绕组经旋转整流器接主发电机励磁绕组，向主发电机提供励磁电流。三级式无刷交流发电机的优点是：起励磁可靠；主发电机输出短路时，具有强励磁能力。

在图 2－3－4(b)中无刷交流发电机是两级式无刷交流发电机，它由交流励磁机、旋转整流器与主发电机等部分组成。

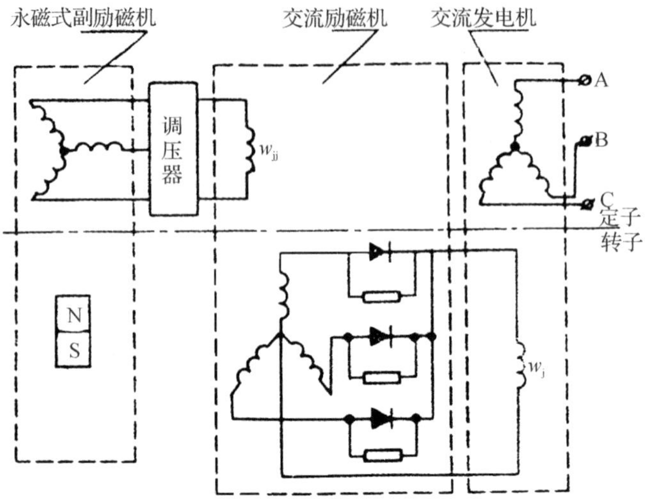

(a)

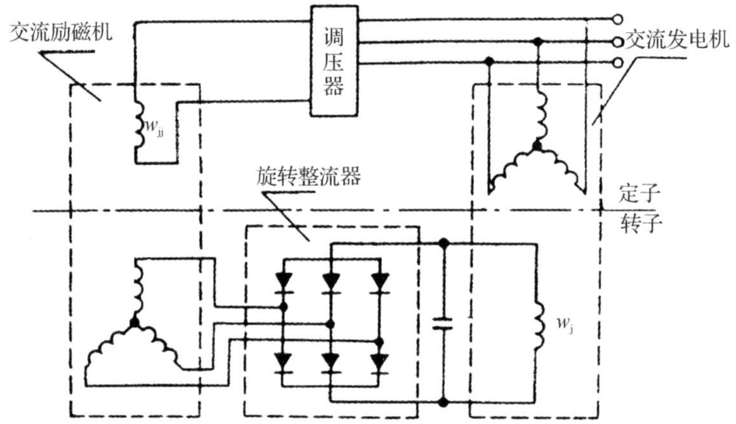

(b)

图 2－3－4　无刷交流发电机的原理电路图

(a)三级式无刷交流发电机；(b)两级式无刷交流发电机

图 2－3－5(a)(b)分别为三级式无刷交流发电机和两级式无刷交流发电机的结构示意图，它与图 2－3－4(a)(b)是分别对应的。

其中图 2－3－5(a)的右侧是永磁式副励磁机，中间级是交流励磁机，左侧是主发电机，而永磁式副励磁机分别由电枢绕组和永磁转子组成，交流励磁机由电枢绕组和激磁绕组组成，主发电机由激磁绕组和电枢绕组组成。三级式无刷交流发电机也是目前先进的大、中型飞机上普遍采用的发电形式。

图 2－3－5(b)的右侧是交流励磁机，交流励磁机为旋转电枢式，左侧是主发电机。励磁机定子由直流励磁，转子电枢产生三相交流电，经过旋转整流器整流后给左侧的旋转磁极式主发电机的励磁绕组提供励磁电流，由主发电机定子电枢绕组输出三相交流电。

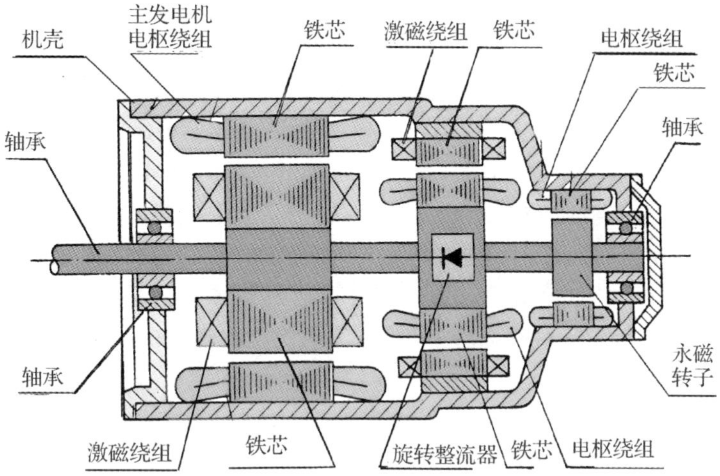

(a)

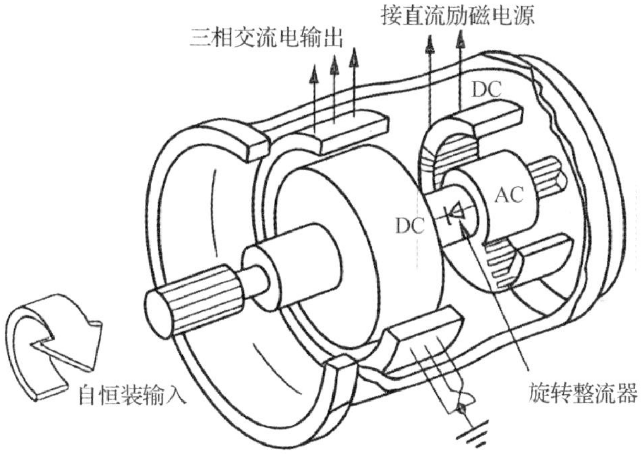

(b)

图 2-3-5　无刷交流发电机结构示意图

(a)三级式无刷交流发电机；(b)两级式无刷交流发电机

根据图 2-3-4(a)和图 2-3-5(a)可知，三级式无刷同步发电机的发电原理如下：当航空发动机运转时，附件齿轮箱将驱动 CSD 以恒定的转速转动永磁式副励磁机转子上的永久磁铁，永磁式副励磁机定子上的三相电枢绕组便产生三相正弦交流电，该三相正弦交流电提供给 GCU 内部的电压调节器(Voltage Regulator，VR)，电压调节器内部的变压整流电路将交流电变压并整流成直流电，在发电机控制继电器(Generator Control Relay，GCR)处于闭合位时，调压器输出的直流电提供给交流励磁机定子上的励磁绕组，流经交流励磁机励磁绕组的励磁电流产生稳定磁场，转动的交流励磁机电枢绕组受到磁场的作用产生三相正弦交流电，转子中的旋转整流器将该交流电再次转换成直流电供给主发电机转子上的励磁绕组，流经主发电机励磁绕组的励磁电流产生旋转磁场，旋转磁场使得主发电机定子中的电枢绕组产生三相正弦交流电，作为发电机的输出提供给飞机电网。

根据图 2-3-4(b)和图 2-3-5(b)可知，两级式无刷交流发电机的发电原理如下：当发动机带动发电机转子转动后，交流励磁机的转子电枢绕组切割剩磁产生剩磁电压，经旋转整流器整流后输送到主交流发电机的转子励磁绕组上，从而产生旋转磁场。主发电机定子上的电枢绕组切割旋转磁场磁力线，也产生一个剩磁电压，剩磁电压大约为 15 V。该电压经过调压器使交流励磁机的磁场增大，交流励磁机的输出电压也随之增加，当电压增加到额定电压时，调压器限制交流励磁机的励磁电流，使主交流发电机输出电压保持恒定。

通过以上分析知道，三级式无刷交流发电机实质是一台特殊的他励式交流发电机。

两级式无刷发电机是自励式发电机，开始起动时是依靠剩磁起励发电的，在发电机振动、受干扰等情况下，发电机剩磁会消失，必须定期检查磁性，如果磁性不足，则要进行充磁。同时如果两级式发电机在运行过程中输出端发生短路，则流经发电机励磁绕组的电流会降为零，所以对于两级式无刷发电机必须注意解决其起励可靠和强励能力问题。为了保证起励可靠，可以采用图 2-3-3 所示的方法来提高剩磁电压，波音飞机上普遍采用的是在交流励磁机两个磁极中间加装永久磁铁的方法。为了使主发电机短路时具有强励能力，常采用相复励电路作为励磁机励磁电路的电源。

2.3.3 交流发电机的相复励电路

自励式的交流发电机存在起励困难和强励能力差的问题，为了提高发电机强励能力，在飞机交流发电机中，实际采用了相复励电路。复励电路中励磁电流的大小与发电机的端电压有关，并与发电机负载电流的大小成正比。

由于交流负载性质有电阻性、电感性和电容性这样基本的三类，不同负载性质在电流大小相等时，电枢反应对发电机的去磁作用是不同的。如果发电机励磁电路的励磁电流不仅能反映发电机端电压和负载电流的大小，还能反映负载电流与电压之间的相位关系(即功率因数)，我们把这样的励磁电路称为相复励电路，以便与不能反映负载性质的复励电路相区别。

常用的相复励电路有三种：电压相加型、电流相加型和磁势相加型。

一、电压相加型相复励电路

图 2-3-6 所示是两级式无刷交流发电机的电压相加型相复励电路。它由一组电流互感器和一个电源三相降压变压器组成。三个互感器的原边流过发电机的负载电流，副边接成星形，与降压变压器的三个副边分别串联，整流后为励磁机的励磁绕组提供励磁。

下面按发电机空载状态、三相稳定短路状态和负载运行状态三种不同情况说明励磁电路的工作。

1.发电机空载状态(发电机输出端开路)

发电机空载状态时，电流互感器副边没有感应电势输出，三相桥式整流电路仅由电源变压器供电，经整流后输出提供给励磁机的励磁绕组，作为励磁绕组的励磁电源，所以这种电路具有强励磁作用。

这时的电路与一般自励电路差不多，不同点只是电流互感器的副边串联在电源变压器的副边电路中，相当于多了一个电抗器线圈，限制了整流器的输出电压。

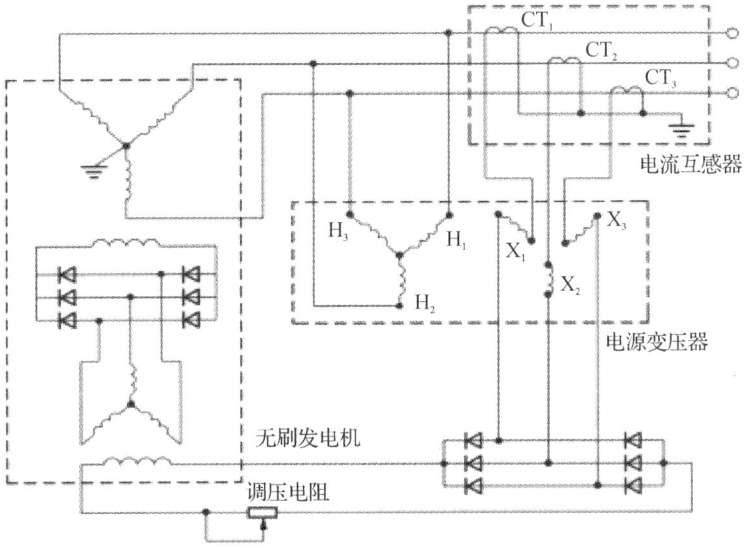

图 2－3－6　电压相加型相复励电路

2.发电机三相稳定短路状态

短路时，发电机端电压为零，电源变压器没有输出，仅电流互感器有输出，电流互感器的输出经过整流后提供给励磁机的励磁电流。在设计制造中，当发电机的剩磁电压足够大时，可以使发电机的三相短路电流足够大，经整流后提供足够大的励磁电流，所以这种电路具有强励磁作用。

3.发电机负载运行状态

发电机负载运行时，电源变压器和电流互感器都有输出，共同提供励磁机的励磁电流，因此励磁电流的大小既与发电机电压大小有关，又与负载电流大小有关，即具有复励作用。因为变压器的副边是反映发电机电压，电流互感器的副边是反映发电机负载电流，而且两者是以向量相加后经整流来提供励磁电流的，通过深入地分析并作出向量图后，可以证明励磁电流不仅与发电机电压、负载电流的大小有关，而且还与负载的功率因数有关，即具有相复励电路的特点。因为这种电路的励磁电流是由变压器和电流互感器两个感应电势串联叠加产生的，故称之为电压相加型相复励电路。

二、电流相加型相复励电路

图 2－3－7 为电流相加型相复励电路，图中电压从发电机电枢绕组中间抽头引出，经过电抗器(B)后与电流互感器(LH)副边的三个接头相连，然后再到整流桥。两者是并联的关系，发电机的励磁电流是由发电机电压产生的励磁电流与电流互感器产生的励磁电流之和，故称为电流相加型。电流相加型电路还可以有其他形式。同电压相加型电路一样，这种电路使发电机具有相复励的作用。

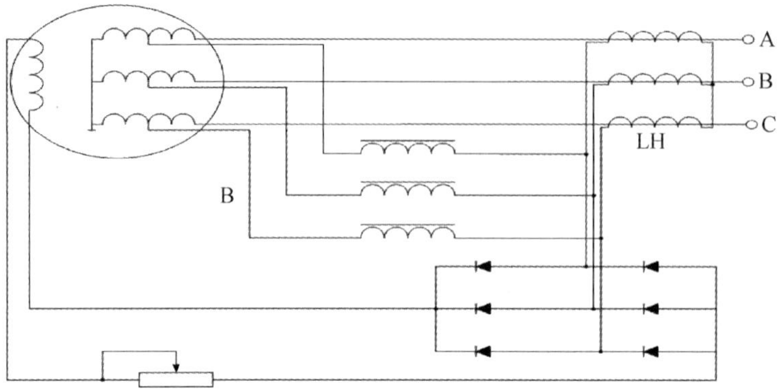

图 2-3-7　电流相加型相复励电路

三、磁势相加型相复励电路

图 2-3-8 为磁势相加型相复励电路。它由三个线性电抗器 X_L、三个三绕组变压器 B 和整流桥 D 组成。三绕组变压器有电压、电流和输出三个绕组。电压绕组 w_1 经线性电抗器接于发电机相电压上，发电机相电流流过电流绕组 w_3，由电压绕组和电流绕组在铁芯中的合成磁通控制输出绕组 w_2 的输出；其输出经整流后向励磁机励磁绕组提供励磁电流。

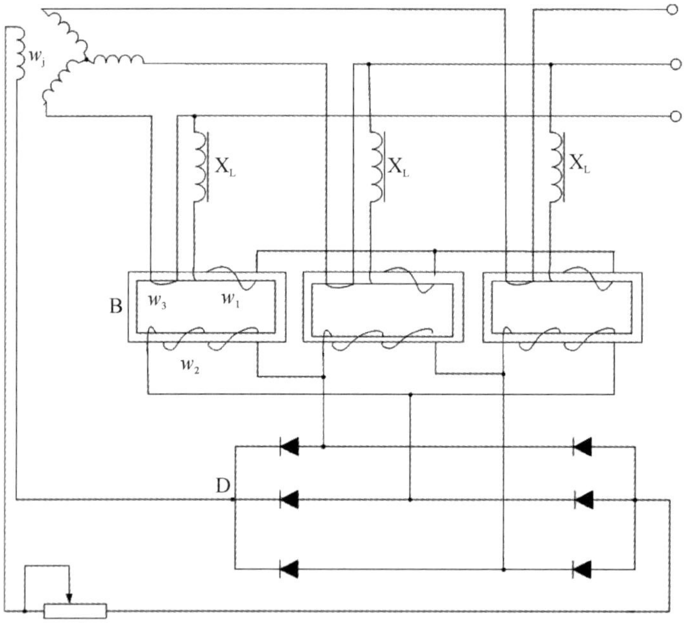

图 2-3-8　磁势相加型相复励电路

发电机空载时，电流绕组不起作用，由电压绕组和输出绕组构成一个普通变压器工作。发电机具有强励磁作用。

发电机短路时，电压绕组不起作用，由电流绕组和输出绕组构成一个电流互感器工作，发电机具有强励磁作用。

发电机带负载时，变压器的三个绕组同时工作，电压和电流绕组共同作用使变压器铁芯的磁通增加，输出随之增加，和前两种电路一样具有相复励的特性。这种磁势相加型相复励电路在 20 世纪 50 年代一些飞机的有刷交流发电机上使用过，用它代替直流励磁机，由于它没有旋转部分，故称静止励磁器。

各种复励电路根据参数选择其复励的强弱可能有三种情况：正常复励、过复励和欠复励。正常复励时，发电机空载电压和额定负载时的电压均等于额定电压；过复励时，发电机额定负载时的电压高于额定电压；欠复励时，发电机额定负载时的电压稍低于额定电压。

2.3.4　旋转整流器

旋转整流器是无刷交流发电机的重要组成部分，不论是两级式还是三级式无刷交流发电机，主发电机的励磁电流都是由交流励磁机经旋转整流器提供的。

一、三相整流电路的种类

交流励磁机都是三相输出的，因此旋转整流器都采用三相整流电路，旋转整流器的三相整流电路有三相半波整流器、三相全波整流器和六相半波整流器等三种基本形式。三种电路分别如图 2-3-9(a)～(c)所示，图中 w_{jj} 为交流励磁机的励磁绕组，w_j 为主发电机的励磁绕组。

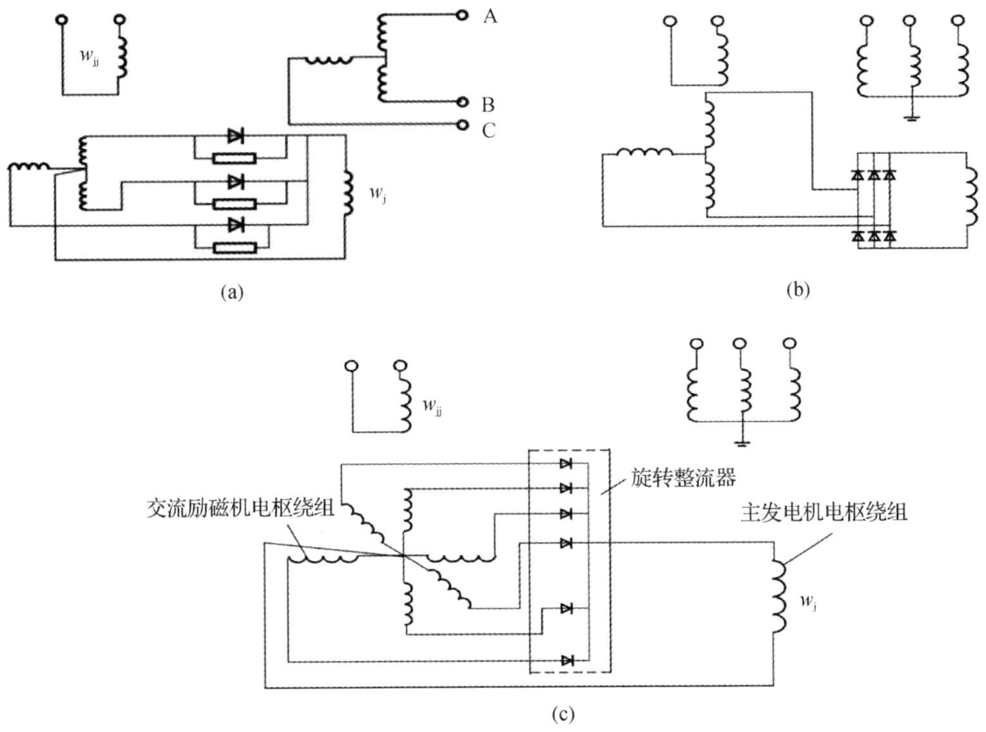

图 2-3-9　旋转整流器的形式

(a)三相半波整流电路原理图；(b)三相全波整流电路原理图；(c)六相半波整流电路原理图

二、旋转整流器的基本工作情况

交流励磁机向旋转整流器供电时的工作情况是比较复杂的，下面仅介绍理想状态下的基本工作情况。

1.三相半波整流电路的理想工作情况

旋转整流器工作在理想整流状态的条件是：假定整流元件是理想的二极管，即其正向电阻为零，反向电阻为无穷大；交流励磁机的电枢绕组电阻和感抗忽略不计；主发电机励磁线圈的电感很大，通过它的电流为平滑直流电。在此前提下，可以画出整流器的输出电压波形。

理想整流时，旋转整流器的输出电压波形如图 2－3－10(a)所示。任一时刻，在三个整流二极管中，只有交流励磁机电枢绕组电压最高那一相的二极管导通，其他两个二极管截止。所以，此输出电压为带有三倍基波频率脉动分量的直流电压。

理想整流时的三相半波整流电压的平均值为

$$U_{ZP}=\frac{3}{2\pi}\int_{\frac{\pi}{6}}^{\frac{5\pi}{6}}\sqrt{2}E\sin\bar{\omega}t\,\mathrm{d}\bar{\omega}t=\frac{3\sqrt{6}}{2\pi}E=1.17E \tag{2-3-1}$$

式中：E 为交流励磁机相电动势的有效值。

旋转整流器的输出电压加在主发电机励磁线圈上，由于假设主发电机励磁线圈电感很大，所以可以认为流过主发电机励磁线圈的励磁电流 I_j 为平滑的直流电，如图 2－3－10(b)所示。

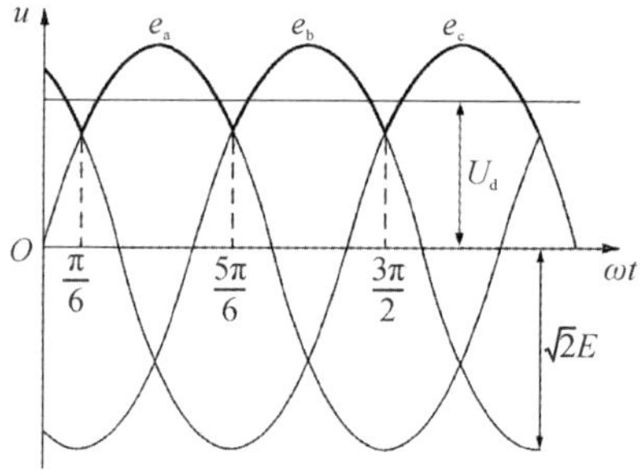

(a)

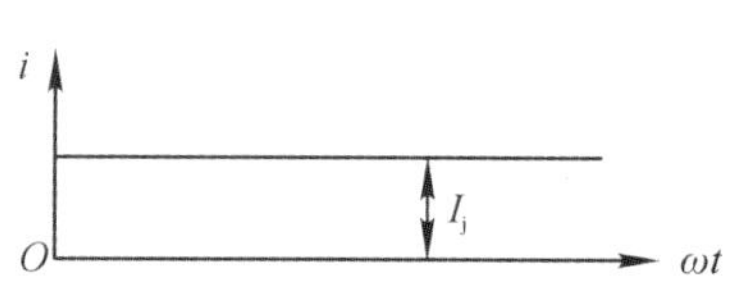

(b)

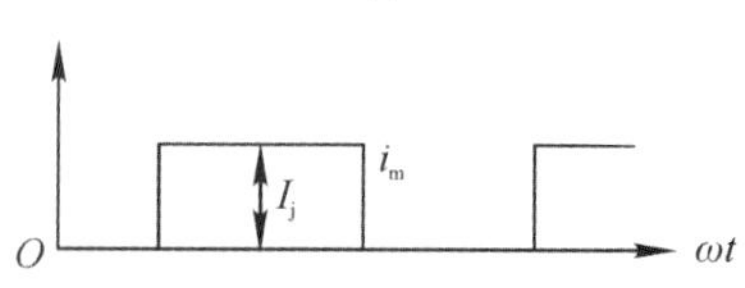

(c)

图 2－3－10　三相半波整流的电压和电流波形

(a)旋转整流器输出电压波形；(b)主发电机励磁电流波形；(c)交流励磁机电枢绕组电流波形

交流励磁机电枢绕组每一相只导通 1/3 周期，导通期间的相电流为 I_j。各相电流按规律在自然换相点换相，三相轮流导通。其中 a 相电流波形如图 2-3-10(c)所示。交流励磁机电枢绕组相电流的有效值为

$$I=\sqrt{\frac{1}{2\pi}\int_0^{\frac{2\pi}{3}}{I_j}^2\mathrm{d}\bar{\omega}t}=\frac{I_j}{\sqrt{3}} \tag{2-3-2}$$

我们把旋转整流器输出的功率与交流励磁机的视在功率之比称为交流励磁机的利用率，则理想情况下三相半波整流时交流励磁机的利用率为

$$\eta=\frac{U_{ZP}I_j}{3E\dfrac{I_j}{\sqrt{3}}}=\frac{3}{\sqrt{2}\pi}=0.67 \tag{2-3-3}$$

即三相半波整流时的效率为 67%。

因此，尽管三相半波整流电路所有元件比较少，但输出电压低，励磁机利用率比较低。

2.三相全波整流电路的理想工作情况

三相全波整流电路的工作情况与半波整流电路有很多相似之处，主要不同点是：三相全波整流电路中“+”组整流器与“-”组整流器是配合工作的。理想条件下，励磁机电枢电流在自然换相点换相，每周期换相六次，六个二极管轮流导通，其三相电动势与“+”“-”组整流器输出电压的波形如图 2-3-11(a)所示，经过全波整流后输出电压为带有六倍基波频率脉动分量的直流电压，如图 2-3-11(b)所示。

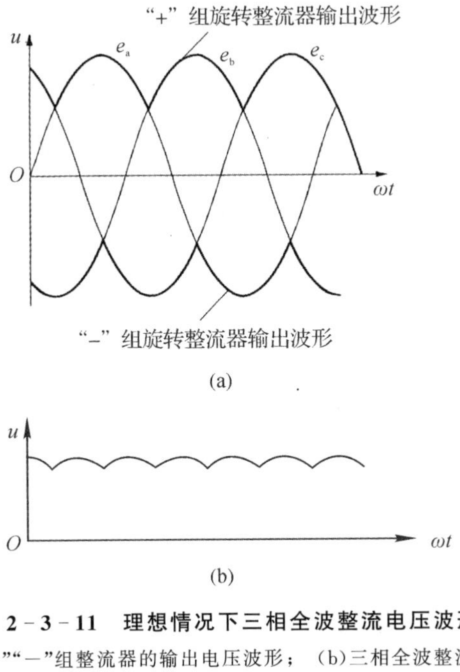

图 2-3-11　理想情况下三相全波整流电压波形

(a)相电动势“+”“-”组整流器的输出电压波形；(b)三相全波整流输出电压波形

同样推导，理想整流时的三相全波整流电压的平均值为

$$U_{ZP}=2.34E \tag{2-3-4}$$

交流励磁机电枢绕组相电流的有效值为

$$I = 2\sqrt{\frac{1}{2\pi}\int_{0}^{\frac{\pi}{3}} I_{j}^{2}\,\mathrm{d}\bar{\omega}t} = \frac{2I_{j}}{\sqrt{6}} \tag{2-3-5}$$

此时,交流励磁机的利用率为

$$\eta = \frac{U_{ZP}I_{j}}{3E\,\frac{2I_{j}}{\sqrt{6}}} = \frac{3}{\pi} = 0.95 \tag{2-3-6}$$

根据式(2-3-6)可知,三相全波整流时,整流器的输出电压较高,交流励磁机的利用率也较高,因此,目前容量较大的飞机无刷交流发电机一般采用三相全波整流电路。

3.六相半波整流电路

根据基尔霍夫电流定律,六相半波整流电路在整流管的电流额定值一定时,输出电流比较大,有利于减少主发电机励磁绕组的匝数,提高可靠性,但励磁机的利用率比三相半波整流电路还低,因此六相半波整流电路应用较少。

拓展阅读

安培和他的科研成果

安培(1775—1836),法国物理学家,对数学和化学也有贡献,1775年1月22日出生于里昂一个富商家庭。安培少年时就显示出数学才能,他的父亲信奉卢梭的教育思想,供给他大量图书,令其走自学成才道路。于是他博览群书,吸取营养。

1836年6月10日安培在巡视法国各大学途经马赛时逝世,终年61岁。安培对电和磁的研究主要有:①发现了安培定则。奥斯特发现电流磁效应的实验,引发了安培的注意,使他长期信奉库仑关于电、磁没有关系的信念受到极大的震动。于是,他集中全部精力进行研究,两周后就提出了磁针转动方向和电流方向的关系服从右手定则的报告(后来被命名为安培定则)。②发现了电流的相互作用规律。他之后提出了电流方向相同的两条平行载流导线互相吸引,电流方向相反的两条平行载流导线互相排斥,对两个线圈之间的吸引和排斥也作了讨论。③发明了电流针。④提出了分子电流假说。在今天已了解到物质由分子组成,而分子由原子组成,原子中有绕核运动的电子,安培的分子电流假说有了实在的内容,已经成为认识物质磁性的重要依据。⑤总结了电流之间的作用规律——安培定律。安培做了关于电流相互作用的四个精巧实验,并利用高度的数学技巧总结出电流元之间作用力的定律,描述了两电流元之间相互作用同两电流元的大小、间距、相对取向之间的关系。后来人们把这个定律称为安培定律。安培最先把研究电动的理论称为"电动力学"。

安培的科研成果意义重大,他的工作不仅在理论上推动了电磁学的发展,而且在实践中为后来的科学研究提供了重要的工具和方法。安培定则和安培定律的提出,为理解电流和磁场的相互作用提供了理论基础，这对于电学和磁学的发展具有重要意义。此外，安培制造的螺线管和发明的电流计，为测量电流提供了实用的工具，极大地推动了电气技术的发展。安培的科研成果不仅在科学界产生了深远的影响，而且对于现代技术的应用也有着不可磨灭的贡献。

复习思考题

一、选择题

1.目前，航空两级无刷交流发电机仍然应用在（　　）。

A.B747、757、767 等飞机　　B.B707、737 等飞机

C.一些涡轮螺旋桨飞机　　D.MD－82、A320 等飞机

2.他励式有刷交流发电机采用直流电网励磁的缺点是（　　）。

A.可靠性差，使用的局限性很大

B.发电机的外特性较软，同时在发电机出现三相短路故障时，发电机端电压为零

C.励磁可靠；主发电机输出短路时，具有强励磁能力

D.一旦飞机上直流电源失效，势必导致整个交流电源系统没电；带有电刷和滑环，容易产生火花，工作条件受到限制；调压器损耗功率较大，发热严重，需要专门通风冷却等

3. 三级式与两级式无刷交流发电机的区别是（　　）。

A.有无旋转整流器　　B.有无交流励磁机

C.有无永磁式副励磁机　　D.有无调压器

4.自励式有刷交流发电机的缺点是（　　）。

A.可靠性差，使用的局限性很大

B.发电机的外特性较软，同时在发电机出现三相短路故障时，发电机端电压为零

C.励磁可靠；主发电机输出短路时，具有强励磁能力

D.一旦飞机上直流电源失效，势必导致整个交流电源系统没电；带有电刷和滑环，容易产生火花，工作条件受到限制；调压器损耗功率较大，发热严重，需要专门通风冷却等

5.三级式无刷交流发电机的优点是（　　）。

A.可靠性差，使用的局限性很大

B.发电机的外特性较软，同时在发电机出现三相短路故障时，发电机端电压为零

C.励磁可靠；主发电机输出短路时，具有强励磁能力

D.一旦飞机上直流电源失效，势必导致整个交流电源系统没电；带有电刷和滑环，容易产生火花，工作条件受到限制；调压器损耗功率较大，发热严重，需要专门通风冷却等

6.实现从有刷交流发电机到无刷交流发电机的关键部件是（　　）。

A.永磁式副励磁机　　B.旋转整流器

C.交流励磁机　　D.主发电机

7.在三级式无刷交流发电中机直接给主发电机励磁绕组提供电能的是（　　）。

A.永磁式副励磁机　　　　　　　B.旋转整流器

C.交流励磁机　　　　　　　　　D.主发电机

8.三级式无刷交流发电机的第一级是(　　)。

A.永磁式副励磁机　　　　　　　B.旋转整流器

C.交流励磁机　　　　　　　　　D.主发电机

9.交流发电机的剩磁电压指的是(　　)。

A.励磁电流为零,任意转速下发出的电压

B.励磁电流为零,工作转速下发出的电压

C.励磁电流很小,工作转速下发出的电压

D.励磁电流很小,任意转速下发出的电压

10.对于自励式发电机,为了保证起励可靠,波音飞机上普遍采用的是(　　)。

A.使用直流励磁机励磁

B.由调压器给励磁绕组供电,产生励磁磁场

C.在交流励磁机两个磁极中间加装永久磁铁

D.采用相复励电路

二、简答题

1.同步发电机的激磁应该满足什么要求?

2.对交流发电机励磁系统的主要要求是什么?

3.三级式无刷交流发电机由哪三级组成?它的主要优点有哪些?

4.两级式无刷交流发电机由哪些部分组成?对这种电机要解决的主要问题是什么?

5.旋转整流器有什么功能?有几种类型?

2.4　飞机交流起动电机

2.4.1　概述

在以低压直流电源为主电源的飞机上,如轻型飞机或涡桨飞机,大多采用直流起动/发电机。一台直流电机先工作于电动状态,待起动完发动机后再转为发电状态。直流起动/发电系统的发展推动了直流电源的发展,但仍存在以下缺点:

(1)低压直流电机有电刷与换向器,高空工作困难;

(2)额定电压低、电流大,电源与起动机间的馈电线粗而导致重量大;

(3)起动系统受环境影响大,低温起动时成功率降低。

目前大多数现代飞机主电源的恒频交流电采用了CSD或IDG来实现恒速恒频,进而产生所需要的电源,这种发电机功能单一,不能在“电动”和“发电”两种状态下工作。对于这类飞机的发动机起动,一般都需要由地面气源车、APU或从发动机交输引气来获得起动机

的驱动空气，这既使机载设备的重量增加，也带来了燃油消耗增大的缺点。因此需将起动机和发电机整合来优化飞机结构布局。起动发电机的优点主要是实现了一机两用：发动机起动时，起动发电机工作用于起动状态来驱动发动机的运转；发动机起动完后，起动发电机转为发电工作状态。这样的功能整合，不仅减少了机载设备数量，同时也使得飞机总重减小。某些大型运输机上的 APU 发电机已不使用 CSD，采用了交流起动发电机（如波音 B737－800 型飞机）。

波音 B787 飞机的主电源系统取消了 CSD 机构，即主发电机和 APU 发电机都采用了交流起动发电机，每台发动机有 2 台 250 kV・A 三级式起动发电机以及 2 台 225 kV・A 由 APU 带动的 SG，有效减轻了机载设备的重量并降低了发动机的燃油消耗量。

发电机基本构型都具有南、北磁极的可旋转磁铁装置，形成所谓的磁极对，旋转的磁极对产生一个旋转磁场，在定子线圈中感应产生交流电压。图 2－4－1 为起动电机原理示意图。

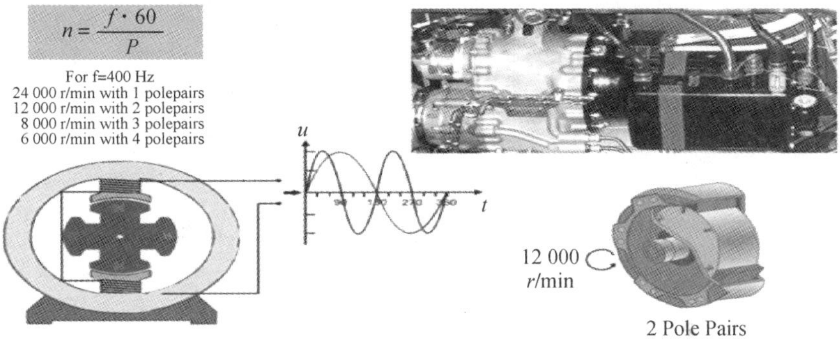

图 2－4－1　起动电机原理示意图

当磁铁完全旋转一圈时，一个完整周期的正弦波交流电就生成了。如果磁铁完全旋转一圈需要 1 s，电压的频率就是 1 Hz。频率不仅受转子转速的影响，还受旋转磁极对数的影响。从图 2－4－1 中的公式可以看出，对于给定的频率，除了必要的输入速度 n，还取决于磁极对数 P。

大多数飞机的发电机配备了两个磁极对，为了产生 400 Hz 频率的交流电，必须要 12 000 r/min的输入速度。但也有使用输入速度为 24 000 r/min、8 000 r/min 或 6 000 r/min的发电机，这意味着磁极对的数量从 1～4 不等。对于输入速度可变的发电机，例如空客 A380 或一些螺旋桨飞机的发电机，它们被称为 VFG 的变频发电机，由于输入速度是可变的，因此输出交流电的频率也是变化的。

2.4.2　交流起动/发电机的结构

起动/发电机的功能有两个：一个是作为飞机辅助动力装置（或发动机）的起动器，用于起动 APU（或发动机）；另一个是当 APU（或发动机）工作时，作为交流发电机为飞机提供三相恒频交流电。交流起动发电机和交流发电机的结构基本相同，都是一台三级无刷同步发电机，在地面和空中都可以工作。以波音 B737－800 飞机 APU 的交流起动/发电机为例，本体有三个转子装在一根轴上，每一个转子都有一个定子绕组装在起动发电机壳体上，以下是转子-定子对：①永磁发电机(PMG)；② 励磁机；③主发电机。

图 2-4-2 所示为交流起动/发电机的结构示意图。

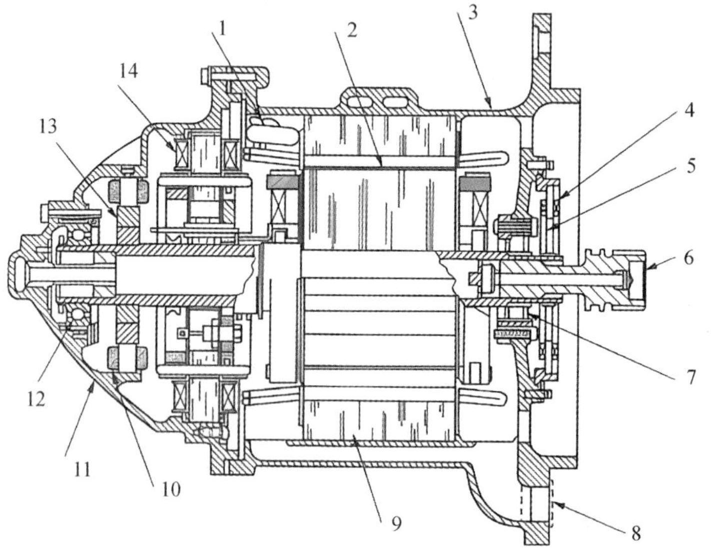

图 2-4-2　交流起动/发电机的结构示意图

1—电流互感器；2—转子；3—定子和外壳；4—解算器定子；5—解算器转子；6—驱动轴；7—轴承；8—冷却油出口；9—定子；10—永磁副励磁机定子；11—端盖；12—轴承；13—永磁副励磁机转子；14—励磁机定子

交流起动/发电机是一种油冷式的双功能装置，其主体除了一台带旋转整流器的三级无刷交流发电机外，还安装了一台解算器，类似于旋转变压器的一种工作方式，能将转子转角转换为与转角成一定函数关系的电压信号，用作电动状态时的控制信号。旋转变压器结构和异步电机一样，也是由定子和转子两大部分组成的，定、转子铁芯上分别装有励磁绕组和输出绕组，输出信号与转子转角成正弦、余弦或比例关系。

当交流起动/发电机工作在电动模式时，由起动转换器(Start Converter Unit，SCU)供电，可以为起动 APU 提供机械动力。在发电机模式下，交流起动/发电机靠 APU 的机械驱动，为飞机电网提供三相恒频交流辅助电源。当起动/发电机起动转速在 11 550～12 450 r/min时，APU 发电机的输出功率为 97 kV・A，输出电压为 120/208 VAC。除去馈电线路中的损耗后，在调节点上可以输出 90 kV・A 的功率。

2.4.3　APU 交流起动/发电机的工作原理

1.起动/发电机的工作模式

对于起动模式，为了获得高效的电动机转动电源，在 APU 的控制系统中增加了两个部件：起动电源组件(SPU)和起动转换组件(SCU)。其交流起动/发电机的控制原理如图 2-4-3(a)(b)所示。

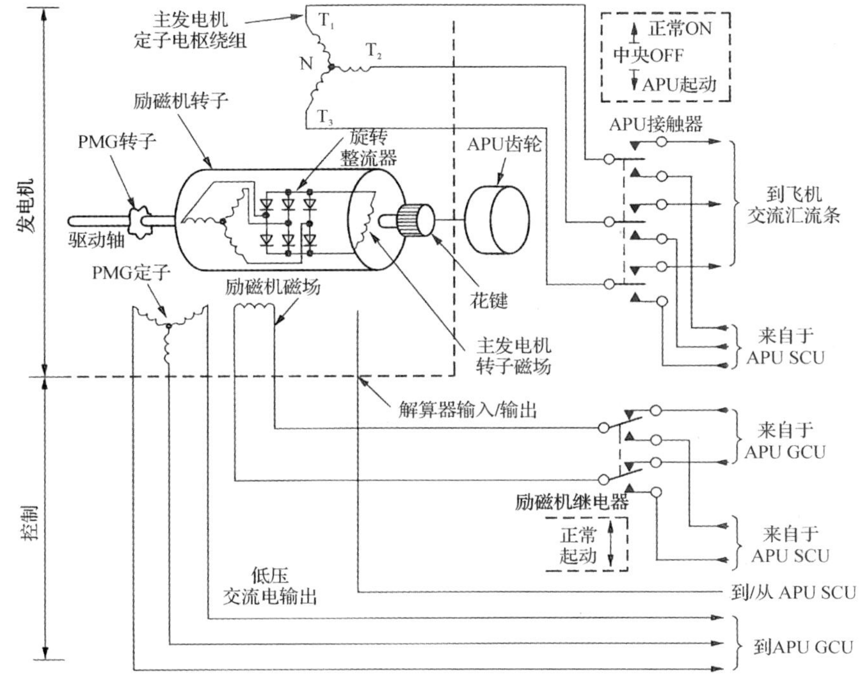

(a)

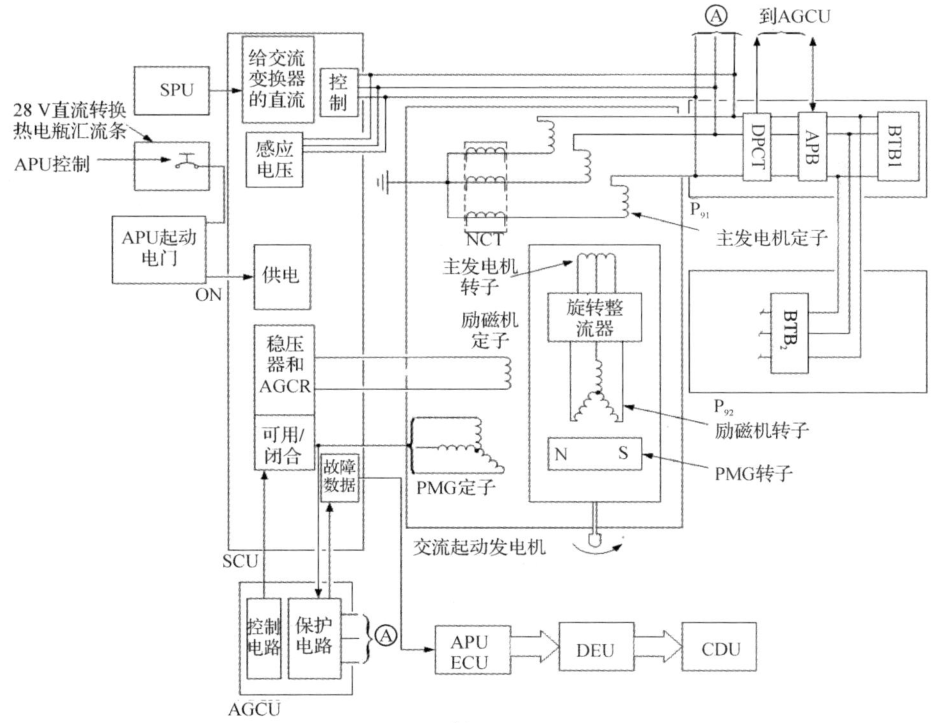

(b)

图 2-4-3　交流起动/发电机控制原理图

(a)起动电机控制电路示意图；(b) 起动电机控制框图

1)起动电源组件(SPU)

根据图 2-4-3(b),SPU 将来自飞机交流汇流条或地面电源的电压 115/200 V、频率 400 Hz 的三相交流电或电瓶的 28 V 直流电转换为 270 V 的直流电,然后输出供给 SCU。

当然 SCU 控制 SPU 的转换模式,优先选择交流电源来转换,如果没有交流电可用,再选择电瓶电源进行转换。图 2-4-4 为 SPU 和 SCU 内部电路原理框图。

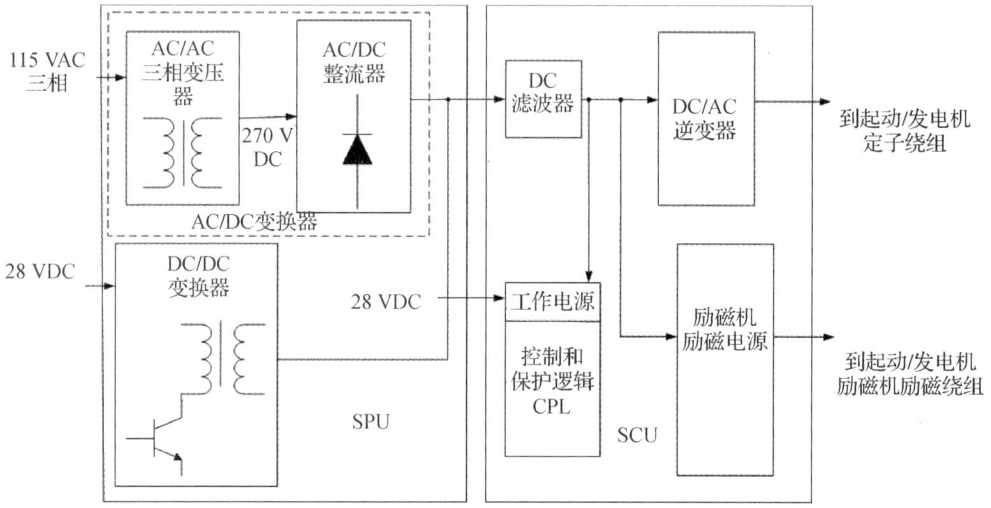

图 2-4-4 SPU 和 SCU 内部电路原理框图

SPU 的功能主要是实现 DC/DC 升压转换和 AC/DC 变压整流转换。DC/DC 转换器是把从来自于电瓶的 28 VDC 升压转换成 270 VDC 输出给 SCU 使用,并将 SPU 内部的状态检测信号提供给 SCU。AC/DC 转换器是把三相交流电经过变压整流,转换成 270 VDC 输出,二极管整流桥电路由一个三相升压(1∶1.5)变压器供电。SPU 输出的 270 VDC 又输入到起动转换组件 SCU,再经过一系列变换后为起动/发电机的定子和转子供电,使起动/发电机工作于电动状态。

SPU 中的 AC/DC 变换器中还包括继电器、平稳起动电器、缓冲器和输入电磁干扰滤波器等辅助电路,SCU 给出指令后,转换器就可以提供 270 V 的直流电。

2)起动转换组件(SCU)

SCU 对来自 SPU 的 270 V 直流电转换成三相变频交流电和单相/三相恒频交流电供给起动/发电机 SG 的三相定子绕组和励磁单相绕组,使起动发电机产生电磁力矩。

由图 2-4-4 可知,SCU 用于起动模式的功能组件有 DC/AC 逆变器、励磁机供电电源、控制组件供电电源、控制和保护逻辑电路等。

DC/AC 逆变器把从 SPU 提供的 270 VDC 转换为可控三相交流电,给起动/发电机的定子绕组供电,使起动/发电机工作在电动状态。在起动模式期间,逆变器根据起动/发电机的转子位置和转速来调节三相交流电的电压、电流和频率。逆变器给起动/发电机提供一个电流数值表,以此产生起动 APU 所需要的转矩,该电流值是转速的函数,随着转速变化而变化。

当需要电瓶电压起动发动机时，逆变器控制电路中包括的电瓶电压监控电路用于监控电瓶电压。在地面只有当电瓶电压不低于 18 V 时，在空中只有当电瓶电压不低于 20 V 时，逆变器才能正常工作。此外，逆变器还监测直流母线电流，并将电流数值输送给控制和保护逻辑电路 CPL。在控制和保护逻辑电路 CPL 中，其参考电压和逻辑电路控制 SCU 和 SPU 的运行程序。

逻辑电路主要给以下电路提供起动或停止信号：DC/AC 逆变器、励磁机供电电源、DC/DC 转换器（SPU）、AC/DC 转换器（SPU）、SPU 和 SCU 继电器等。CPL 为发电机中的位置编码器提供电源，编码器向逆变器提供转子角位置和转速信息，CPL 同时也向励磁机提供调节励磁电流信号。

实际上，SPU/SCU 起动系统是一个高性能电机控制器，适用于航空领域中需要扭矩/转速控制的任何三相交流电机（感应电机或永磁电机）。这种交流起动/发电机系统与传统的直流起动机相比，具有非常明显的优势，主要包括以下几方面：

（1）取消了专门用于 APU 起动的电瓶、有刷直流起动机及其离合器装置；同时由于电子设备 SPU 和 SCU 的使用，取消了电瓶和 APU 起动机之间的粗电缆，减轻了馈电线的重量。

（2）交流起动/发电机可以提供更快的起动速度，使 APU 加速到 8 400 r/min（直流起动机为 6 000 r/min）。

（3）在起动期间，可以维持较低的发动机温度，延长了 APU 的寿命。

（4）在起动期间，电瓶电压能够保持在 18/20 VDC（当采用直流起动机时，起动 APU 期间会引起电瓶电压快速下降）。

（5）当使用飞机上的交流电起动时，可以节省电瓶电能，延长电瓶的寿命。

（6）交流起动机械起动时的效率高于传统的有刷直流起动系统（前者为 75%，后者为 60%）。

到目前为止，交流起动/发电系统已经安装在多架民航客机上，运行期间的效益充分证明了其具有高可靠性和有效性。目前，起动/发电系统的平均故障间隔时间超过了要求/预测的数值。在确保性能良好和运行安全性的同时，其平均故障间隔时间是直流起动机大修间隔时间的 6 倍多。此外，在新一代多电飞机上，普遍采用不带恒装的变速变频交流电源，其主发动机采用电力起动，使交流起动/发电系统具有了更广阔的应用前景。

3）起动模式

当 APU 开始起动时，起动/发电机就相当于一台电动机，把电能转化为机械能，为 APU 的涡轮旋转提供机械力。

起动/发电机的控制原理如图 2-4-3(a)所示，当 APU 的主电门移到 START（起动）位时，APU 的控制计算机 ECU 发送指令给起动转换组件 SCU，为起动发电机的主发电机定子绕组提供变频三相交流电，同时也为起动发电机的励磁机励磁绕组提供单相恒频交流电；SG 转轴上的解算器用于为 SCU 提供转子位置检测信号；SCU 供到励磁绕组上的单相交流电将产生交变磁场，使得励磁机转子的电枢绕组感应出交流电压，该交流电压经过旋转整流器整流后为主发电机转子的励磁绕组供电。此时,起动发电机的主发电机定子和转子绕组都产生了磁场,在这两个磁场的相互作用下,转子获得了转矩使起动/发电机的转轴开始转动,并带动 APU 的涡轮轴也开始旋转。随着变频交流电频率升高,转子的转速逐步升高,当 APU 转速超过额定转速的 70%时,ECU 探测到 APU 持续增速正常、无其他故障然后指令 SCU 对起动发电机 SG 停止供电。

当 ECU 探测到 APU 转速到达额定转速的 95%时,撤销外加的变频电源,使起动/发电机转为发电状态,其工作原理与普通的无刷交流发电机完全一样。

起动转换组件 SCU 通过安装在起动/发电机转子上的位置编码器来检测转子的位置,根据转子的位置来控制定子电流,以便获得最大的转矩。

图 2-4-3(a)中的解算器定子和转子绕组均没有画出,但其定、转子绕组的输入和输出信号均来自于起动转换组件 SCU,用于输出转子位置信号。

4)发电模式

如图 2-4-3(a)所示,当 APU 的"ON/START(起动)"开关移动到"ON"位置时,APU 发电机控制组件 GCU 为起动/发电机励磁机的励磁绕组供电。当起动/发电机工作于发电模式时,其工作原理与普通无刷交流发电机完全一样。永磁发电机的定子电枢电压为调压器提供工作电源,电压调节器控制交流励磁机的励磁电流。交流励磁机转子电枢绕组上发出的交流电经旋转整流器整流后,为主交流发电机提供了励磁电流。在调压器中,发电机馈线调节点的电压反馈值和设定值进行比较,产生控制量去控制励磁电流的平均值,从而保持主发电机输出电压的恒定。当主发电机电枢绕组或输出馈线发生短路故障时,调压器提供过流限制。

当 APU 正常运行时,APU 涡轮通过驱动轴提供机械能,驱动起动/发电机转子旋转,发出的三相交流电向飞机电网提供辅助电源,这时,起动/发电机工作于发电状态。

2.5 交流发电机电压的自动调节

2.5.1 概述

目前,民航大型运输飞机主电源广泛采用的是 115/220 V、400 Hz 的三相交流电源系统。在飞机交流电源系统的三个主要参数中,通过前面的分析讨论我们知道,400 Hz 三相交流电可由恒速传动装置驱动三相同步交流发电机来获得,115/200 V 的电压则使用电压调节器自动改变励磁机的励磁电流来调节同步发电机的输出电压而得到。

一、影响电压的因素与调压系统的作用

1.影响发电机输出电压的因素

由同步发电机的工作原理可知,当交流发电机的负载大小和功率因数改变时,其电枢反

应和内阻抗压降也改变，使发电机的输出电压改变。另外，在涡轮螺旋桨发动机飞机上，没有恒速传动装置驱动的交流发电机输出电压还随发动机转速的变化而变化。所以，在交流电源系统中，发电机输出电压是受发动机转速、负载大小和功率因数(或负载性质)等三个因素影响的。

2.调压系统的作用

(1)当发电机转速、负载大小和负载性质改变时，调压系统自动调节发电机的输出电压，一般调节在额定电压的±2%范围之内。

(2)当几台发电机并联供电时，调压系统通过改变励磁电流来自动均衡发电机之间的无功负载。

(3)当发电机发生短路故障时，调压系统使励磁机励磁电流迅速增大，对主发电机强行励磁，这样，一方面可以提高并联工作的稳定性，另一方面使发电机短路电流大幅增大，以使保护装置迅速正确动作，从而提高保护电路动作的可靠性。

(4)调压系统通过限制励磁电流的最大值来限制发电机输出的最大功率。

二、交流电压调节器的主要类型

在民航运输飞机上，交流电源系统使用过的电压调节器主要有以下 3 种类型。

1.磁炭式电压调节器

图 2-5-1 所示为炭片式调压器原理示意图，磁炭式电压调节器是磁放大器与炭片调压器的组合形式。与直流发电机炭片调压器一样，交流发电机也可采用炭片调压器调压，其差别仅在于调压器工作线圈敏感的交流发电机电压是经过整流后的直流电压。把炭片调压器的炭片柱(相当一个可变电阻)与发电机的励磁绕组相串联，通过磁放大器敏感交流发电机的电压差值并加以放大和整流后去控制炭片调压器的工作线圈的工作，这样就构成了磁炭式电压调节器。

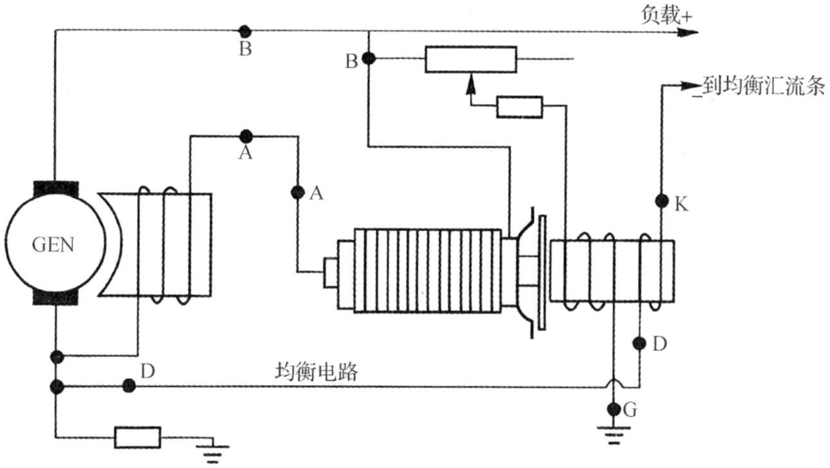

图 2-5-1　炭片式调压器原理示意图

交流发电机电压是经过整流后的直流电压，通过调压器的工作线圈来敏感的。炭片调压器的炭片柱（相当一个可变电阻）与发电机的励磁绕组相串联。

炭片调压器没有活动触点，其主要缺点是：炭片柱通过励磁电流，消耗功率大；抗振动与冲击性能差；调压线圈电阻和弹簧力易受温度影响，调压精度不高，寿命不长。所以，炭片调压器只适用于发电容量不大的交流发电机，目前在交、直流电源系统共存的涡轮螺旋桨飞机上仍有应用。

1）基本组成

炭片调压器由炭柱、衔铁、弹簧和电磁铁等部分组成。

炭柱由炭片叠压而成，两侧分别为衔铁弹簧和调整螺钉，炭片之间接触的松紧程度不同，使柱上接触电阻不同，阻值在 0.3 Ω 至近百欧姆之间变化。根据炭片调压器的连接线路，发电机在初始建压阶段，调压器工作线圈两端电压为对应发电机剩磁电压，电磁力接近于零，弹簧力压向炭柱，使气隙呈现较大，形成炭柱反力，较大的弹簧力使得炭柱处于压紧状态，励磁线路电阻最小。这样一来，有助于励磁电流变为最大，强励磁作用使电压迅速上升，起到促进电压建立或自励起激作用。

2）调压原理

当发电机转速增大或负载增大时，引起发电机输出电压上升，导致调压器电磁铁吸力增大，弹簧力增大和炭柱反力下降，体现气隙呈现为下降，反应出电磁铁的作用使炭片叠片拉长，炭片间接触程度下降，炭柱接触电阻增加，所以励磁线路电磁电流减少，发电机输出电压减少。减少的电压又使弹簧力减少，最终将会引起衔铁在小于变化前的气隙位置上达到新的平衡。

反之，则在气隙变大后的位置上达到新的平衡。

总之，炭片式调压器在调节前和调节结束后，衔铁均处于平衡状态，调节的过程是短暂的。工作状态的改变，使衔铁原有的平衡遭破坏后，会在新的位置重新达到平衡，引起气隙改变，并使电压调节在额定值附近。

炭片调压器没有活动触点，属于电气机械式装置，其主要缺点是：炭片柱通过励磁电流，消耗功率大；抗振动与冲击性能差；调压线圈电阻和弹簧力易受温度影响，调压精度不高，寿命不长。所以，带炭片调压器的磁炭式电压调节器只适用于容量不大的交流发电机，目前仍应用在交、直流电源系统共存的涡轮螺旋桨飞机上。

2.磁放大器式电压调节器

磁放大器式调压器没有接触点和活动部件，因此抗振动与抗冲击性能较好、寿命长、维护方便、调压精度较高（可达±1%），而且能综合几个信号进行控制。其缺点是重量和体积比较大，同时磁性元件时间常数大，反应较慢，因此影响了调压系统的动态性能。这种类型的调压器目前在波音 707 等飞机上应用。

3.晶体管式电压调节器

随着半导体技术的发展，20 世纪 60 年代开始逐渐采用可控硅调压器和晶体管调压器，以后更发展为晶体管集成电路的调压器。可控硅调压器可控制的功率大、效率高、发热量小，但容易产生误触发，而且在可控硅关断时产生的振荡会使输出电压含有高次谐波，对无线电造成干扰，所以，可控硅调压器实际应用较少，现代大、中型飞机上普遍采用的是晶体管式与集成电路的电压调节器。

晶体管式与集成电路的电压调节器的主要优点是：重量轻、体积小；调压精度高，误差只有±0.5%；无活动接触点，寿命长，维护方便。

电压调节器的发展除逐渐晶体化外，已在结构上把电压调节器与其他电源设备合为一体，以缩小体积、减少线路连接。目前，在大型飞机上的发电机控制组件(GCU)就是把调压器与控制保护器组合在一起，由电子计算机综合各种信号实行控制的。

三、电压调节系统的组成

不论哪一种形式的电压调节器，通常都由四个基本环节组成，即检测(敏感)环节、比较环节、放大环节和执行环节。图 2-5-2 所示为自动调压系统组成方块图。

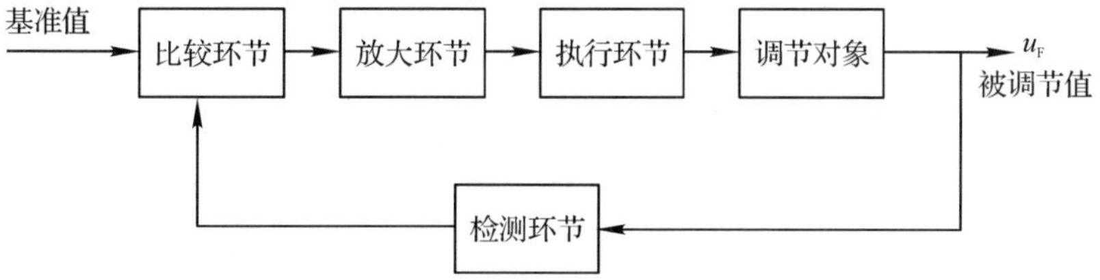

图 2-5-2　自动调压系统组成方块图

被调节量是交流发电机输出的实际电压 u_F，当 u_F 偏离调定的额定值时，检测环节敏感这个变化，并将其送到比较环节与调定的基准值进行比较，从而得出偏差信号；偏差信号经放大环节放大后，推动执行环节改变发电机励磁机的励磁电流，最后使发电机的输出电压 u_F 发生变化，以减少或消除电压偏差。

此外，还有一些附加环节：为了增加系统的动态稳定性，增加了稳定环节；为了减少静态误差，增加了补偿环节；对于并联供电的发电机，为使各发电机的无功功率均衡分配，加入了均衡环节；等等。

2.5.2　电压检测比较电路

一、检测比较电桥的线路原理

检测比较电路简称检比电路，它检测发电机输出电压的变化，并把这种变化与基准电压进行比较而产生偏差信号。电压调节器的检比电路可以有不同的形式，目前广泛采用的是图 2-5-3 所示的检比电桥电路。交流发电机的输出电压 u_F 通过变压、整流、滤波后，得到与 u_F 成正比的直流电压 u_{12}。

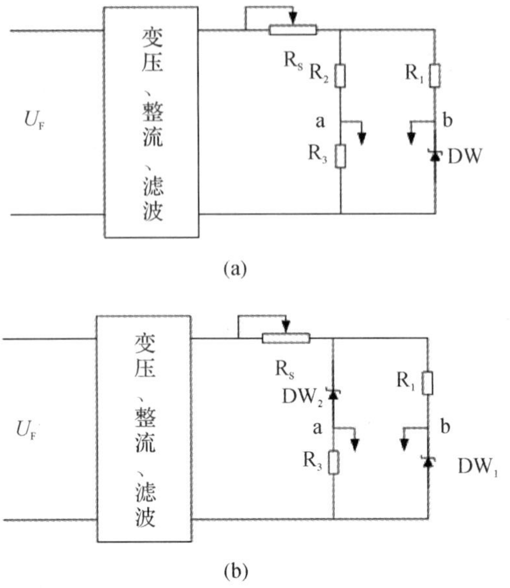

图 2-5-3　电压检测比较电路

在图 2-5-3(a)的电路中，由电阻 R_2、R_3组成的分压器接在 u_{12}的两端，a 点电位 U_a将随 u_F的变化而成线性变化。电阻 R_1和稳压管 DW 组成基准电路，在发电机电压 u_F较低变化时，直流电压 u_{12}低于稳压管 DW 的工作电压，不能击穿稳压管，b 点电位 U_b随发电机电压 u_F的升高而很快升高，此时 $U_b>U_a$；当发电机电压升高到某一数值时，稳压管被击穿，在稳压管的稳压作用下，U_b将保持不变。a 点与 b 点的电位变化关系如图 2-5-4(a)所示，a、b 两点间的电位差就是偏差信号，作为检比电路的输出电压 $u_{ab}=U_a-U_b$，如图 2-5-4(c)曲线①所示。

当发电机电压为额定值 u_{FN}时，调节电路的参数使之满足 $U_a=U_b$，则 $u_{ab}=0$，也就是图 2-5-4(a)(b)中两曲线的相交点，即检比电路无信号输出；当发电机电压 u_F高于额定值 u_{FN}时，有 $U_a>U_b$，则 u_{ab}为正信号($u_{ab}>0$)；反之，当 $u_F<u_{FN}$时，则输出负信号($u_{ab}<0$)。电桥输出特性曲线如图 2-5-4(c)所示，一般称该特性的斜率 $K_u=\Delta u_{ab}/\Delta u_F$为检比电路的放大系数。

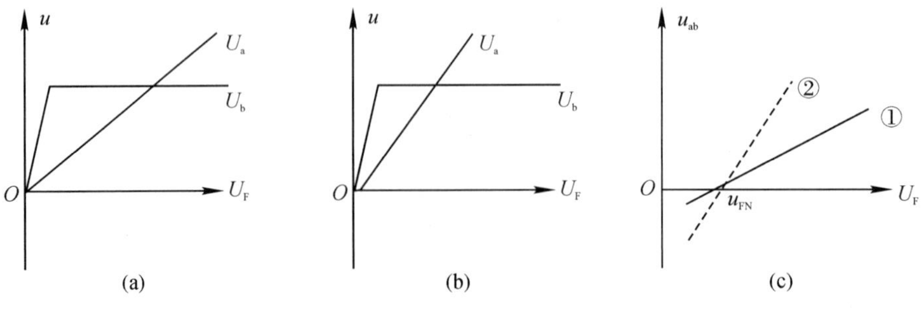

图 2-5-4　电压检比电路中各电位、电压与 u_F 的关系

在图 2-5-3(b)的电路中，采用了两个稳压管 DW_1、DW_2。DW_2代替了图 2-5-3(a)电路中的 R_2，U_{DW2}与 U_a的变化关系如图 2-5-4(b)所示。当 u_F较低，DW_2未被击穿时，U_a升高较慢；u_F升高到某一数值，DW_2被击穿后，U_a升高较快，即斜率较大，使特性的斜率变大，如图 2-5-4(c)中曲线②所示，即增加了检比电路的放大系数。

为了精确地调定调压器的额定电压，在电路中设置了调整电阻 R_s。另外，在具体机型的检比电路中，为减小温度造成的误差，采用两个温度系数不同的稳压管串联，起温度补偿作用。

二、检测电压的种类

交流电源系统的电压调节器是按偏差信号进行调节的，因此，测量比较电路检测何种电压信号，电压调节器就按这一种电压进行调节。为了保证大多数机载用电设备端电压均能保持稳定，其调压器的检测点应尽量接近负载汇流条。同时，为了保证调压器工作正常，检测点应位于发电机接触器 GCB 之前。调压系统将保持检测点电压(不是发电机端电压或者用电设备的端电压)稳定，我们把该点称为调压点(Point of Regulation，POR)。将调压点的电压值称为调定电压。

由于飞机供电系统由发电机输出端至调压点的距离比较近，且都用比较粗的截面馈电线连接，在正常工作情况下，它们之间的电压差别很小。

飞机交流调压系统一般采用三相四线制，调压点电压有三个相电压和三个线电压，以及三相平均电压、最高相电压调节等，选取其中一个电压作为被检测量，称为调压方式。对应不同的调压方式，有不同的检测方式，固定相或线调节电压调节应检测三相中的某一相(或线)电压，三相平均电压调节应检测三相电压的平均值，最高相电压调节应检测三个相(或线)电压中的最高电压，正序电压调节检测法是检测三相电压中的正序分量。

1.固定相调节

固定相调节就是检测某一固定的相电压或检测某一固定的线电压。如图 2-5-5 所示的线路，它检测敏感的是线电压 u_{AC}，所以调压器将保持发电机线电压 u_{AC}为调定值，而不管 u_{AB}、u_{BC}如何变化，只要 u_{AC}为调定值，检比电桥就能达到平衡，电路无信号输出，调压器使发电机的励磁电流保持不变。

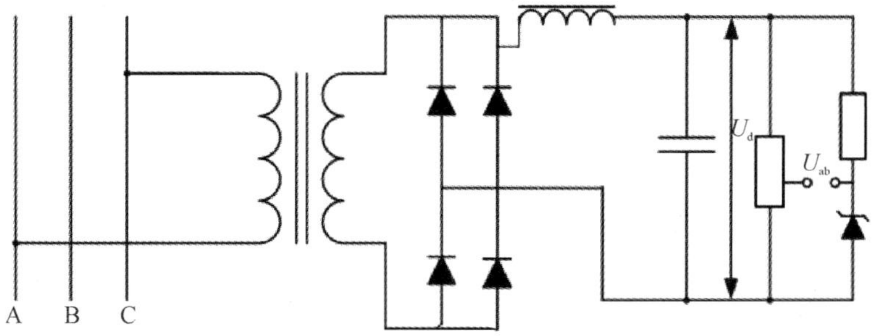

图 2-5-5　固定相调压检测方式

这种线路比较简单，但当三相负载不平衡时，各相电压或各线电压之间也是不平衡的，尤其是当所检测的相或线有故障而使电压降低时，调压器的作用将调高电压，这样就会使正常相或线的电压大大升高，引起用电设备的损坏。所以这种检测方式较少应用。

2.最高相电压调节

按最高相电压调节仍只能调定一个相的电压，但这一相的电压不是固定某一相的电压，而是使最高电压值的那一相电压为调定值。由于飞机机载用电设备负载的变动，三相电压中究竟哪一相电压最高，并不是固定不变的，但在不对称运行时，总有一个相的电压比其他两相高，调压器就敏感这个最高相电压，使它保持为调定值。至于其他两相的电压比额定值低多少，这种检测方式是不能反映的，它只是图 2－5－5 线路的改进，是一种比较保守的调压检测方式。

按最高相电压调节的线路如图 2－5－6 所示，变压器 B_1、B_2、B_3 的原边接成星形，副边绕组中点抽头连接成全波整流电路，经电感，电阻和电容滤波后，变为与各相电压成正比的三个直流电压，然后通过连接在一起的二极管 D_1、D_2、D_3，这样 a 点的电压只决定于电压最高的那一相，而其他两相二极管都由于反偏而截止。左边的三相变压整流器组为稳压管供电，建立一个基准电压，通过分压后与 a 点的电压比较，得到偏差信号 U_{ab}。

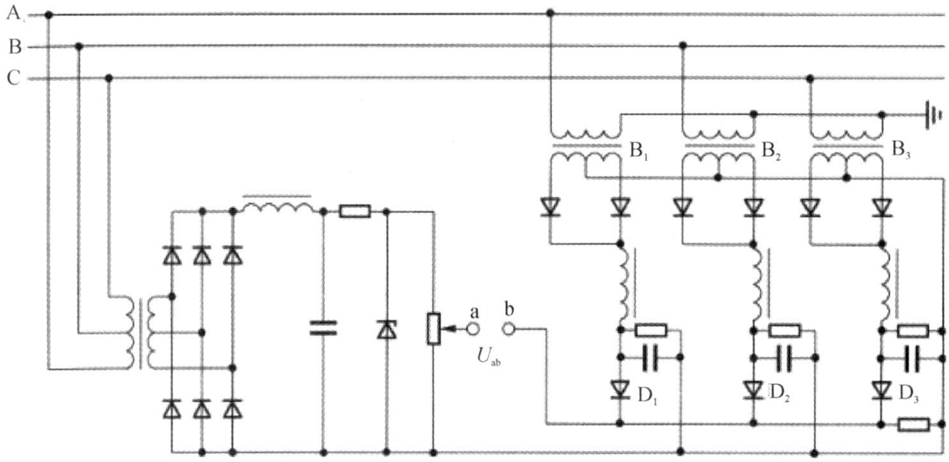

图 2－5－6　最高相调压检测方式

3.三相平均电压调节

三相平均电压调节是应用最广泛的一种调压检测方式，其线路如图 2－5－7 所示。比较电桥的直流电压由三相变压经三相全波整流得到，这个电压的大小并不单纯地决定于任何一相的电压，而是三相（或线）电压的平均值。当某一相（或线）电压升高，而另一相（或线）或另两相（或线）电压降低同时出现时，则整流电压仍有可能不变。因此，保持整流电压不变，并不意味着保持每一相（或线）电压不变。

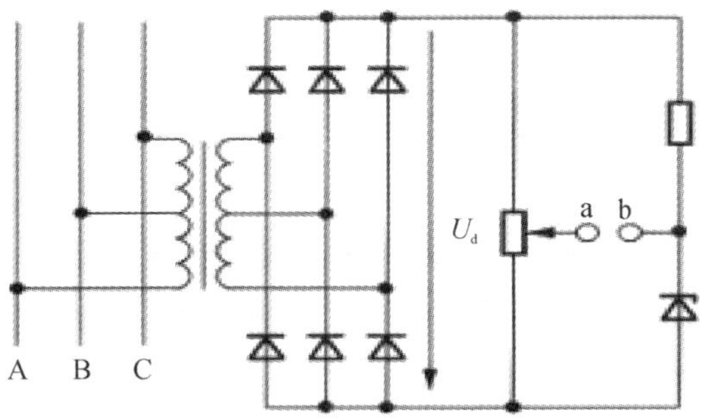

图 2-5-7　三相平均调压检测方式

图 2-5-8 为电源线电压三角形及整流波形。设图 2-5-7 中变压器的变比为 1，按三个线电压有效值不相等且相位互差不是 120°考虑，它们的瞬时表达式为

$$\left.\begin{aligned} u_{AB} &= \sqrt{2}U_{AB}\sin\omega t \\ u_{BC} &= \sqrt{2}U_{BC}\sin[\omega t-(\pi-B)] \\ u_{CA} &= \sqrt{2}U_{CA}\sin[\omega t+(\pi+A)] \end{aligned}\right\} \tag{2-5-1}$$

式中：U_{AB}、U_{BC}、U_{CA} 分别为线电压的有效值；A，B，C 为线电压三角形的三个内角。

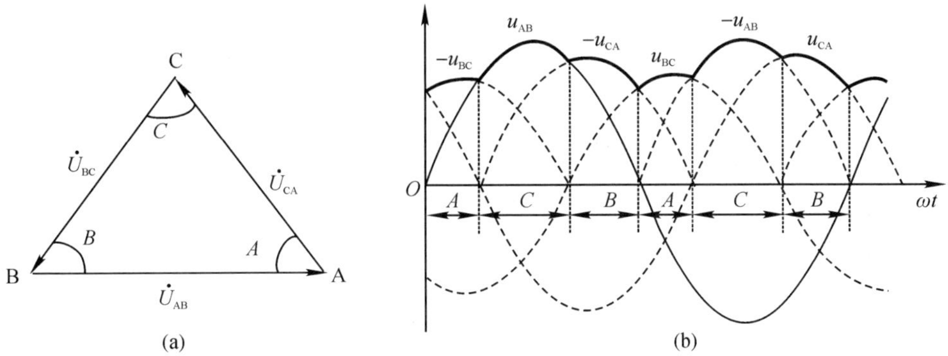

图 2-5-8　电源线电压三角形及三相全波整流电压波形

(a)线电压相量图；(b)整流电压波形图

经过三相全波整流后的电压瞬时值，在区间[0，π]可表示为

$$\left.\begin{aligned} u_{BC} &= \sqrt{2}U_{BC}\sin(\omega t+B), & 0 \leqslant \omega t < A \\ u_{AB} &= \sqrt{2}U_{AB}\sin\omega t, & A < \omega t < (A+C) \\ u_{CA} &= \sqrt{2}U_{CA}\sin(\omega t-A), & (A+C) < \omega t \leqslant \pi \end{aligned}\right\} \tag{2-5-2}$$

整流电压的波形在区间[π，2π]与区间[0，π]是对称的，所以利用区间[0，π]的整流后电压瞬时值关系，经过积分并整理后可求得三相全波整流电压的平均值为

$$U_d = \sqrt{2}(U_{AB}+U_{BC}+U_{CA})/\ 2\pi \tag{2-5-3}$$

即整流电压与三个线电压的平均值成正比，所以称这种调压方式为三相平均电压调节。若采用三相半波整流电路代替三相全波整流电路，则半波整流电压值为全波整流电压值的一半。

4.正序电压调节

根据电工原理，任何一组三相不对称电压均可分解成三组对称分量，这三组对称分量分别是正序电压、逆序电压和零序电压。此处简要介绍正序电压调节。

正序电压调节就是，通过一个正序电压滤波器，取出一组正比于正序电压的交流电压，经过整流后作用到调压器的检比电路上进行励磁调节。

正序电压滤波器的线路有多种，图 2-5-9 所示就是比较典型的一种，在一些线路中应用较多。

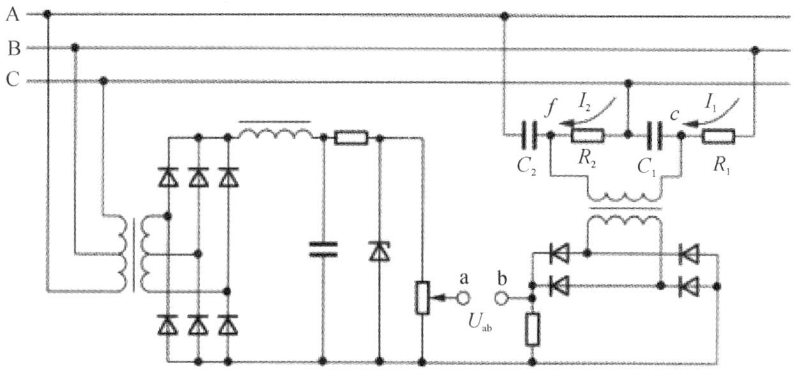

图 2-5-9　正序电压调节检测方式

正序电压滤波电路由电阻 R_1、R_2，电容 C_1、C_2 与变压器组成，通过变压器的副边输出一个与正序电压成正比的电压信号。必须注意，此正序电压滤波电路的连接方式是固定不变的，即与 A、B、C 三相的连接关系不能交换，而且对元件参数必须满足 $X_{C1}=\sqrt{3}R_1$，$R_2=\sqrt{3}X_{C2}$ 的要求。

5.几种调压方式的比较

从线路组成来看，三相平均电压检测方式与固定相(或线)电压检测方式是最简单的调压检测形式。正序电压检测线路的缺点是其输出电压要受电源频率变动与电容器 C_1、C_2 电容量变化的影响。在正常对称运行时，正序电压、平均电压、相电压、线电压、最高相电压之间都有严格的比例关系，保持任何一种电压不变，都能使其他几种电压也保持不变，在这种情况下，各种检测方式没有太大的区别。

但在三相电路不对称运行时，上述各种电压间的比例关系将决定于负载不对称的情况与发电机的逆序和零序阻抗等参数。根据飞机供电系统的实际使用情况和对具体数据的分析可以发现：即使在相当严重不对称负载下，电压的不平衡程度仍然是很小的。因而当调压器采用上述 4 种检测方式时，所获得的调压效果不会有很大的差别，所以一般都选择结构简单而可靠的线路，在飞机上用得最多的是三相平均电压检测。

但是，当三相交流发电机发生不对称短路故障时(指线-地、线-线短路)，整流后的三相电压平均值 U_d 将比短路前低得多，调压器将按照检测值进行调节，使发电机的励磁电流增大、发电机的感应电动势升高，从而使检测电压 U_d 尽量保持短路前的数值。若调压器中不设置“最高相电压限制”电路，发电机的三相电压将均按此比例相应升高，则非短路相的电压将远超过允许值。这将发生严重的过电压故障，可能损坏飞机上的用电设备或造成危险。为此，在很多实用调压器线路中，常采用“三相平均加最高相”的电压检测线路。在这种电路中：“平均电压检测”用于正常工作；“最高相限制电路”则用于限制不对称短路故障所引起的某相电压升高，确保其不超过极限值。

2.5.3　晶体管式电压调节器

一、概述

无论是在飞机交流供电系统中还是在直流供电系统中，都已经广泛采用晶体管调压器。它是以大功率晶体管或场效应管作为开关元件，控制交流励磁机的励磁电流，以达到自动调压的目的的。

1.脉冲调宽式晶体管调压器的组成方块图

晶体管调压器用脉冲法调节励磁电流的形式有两种：一种是保持脉冲(开关)宽度不变，调节脉冲的频率，称为脉冲调频式；另一种是脉冲频率(开关次数)不变，根据脉冲宽度与额定电压偏差的不同进行调节，这种调压形式称为脉冲调宽式。目前脉冲调宽式在民航飞机的电压调节器中普遍采用，此处我们只讨论这种形式。

脉冲调宽式晶体管电压调节器方块图如图 2－5－10 所示。晶体管电压调节器主要由检比电路、调制电路、整形放大电路和功率放大电路四大部分组成。检比电路的输出电压 u_{ab} 与发电机电压 u_F 对其额定值 u_{FN} 的偏差成正比，这个偏差信号通过调制电路转变为脉冲，此脉冲的频率是固定的，脉冲的宽度 t_1 与电压 u_{ab} 成正比，调制电路的输出脉冲经整形放大后得到前后沿比较陡峭的矩形波，如图 2－5－11 所示，矩形波经过功率放大最后去控制励磁机的励磁电流。

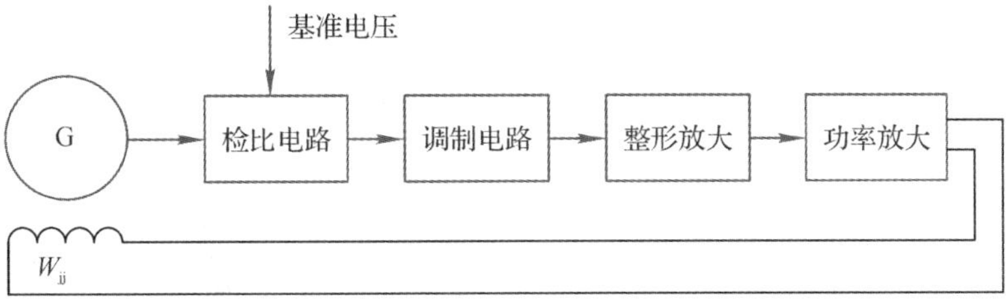

图 2－5－10　脉冲调宽式晶体管调压器方块图

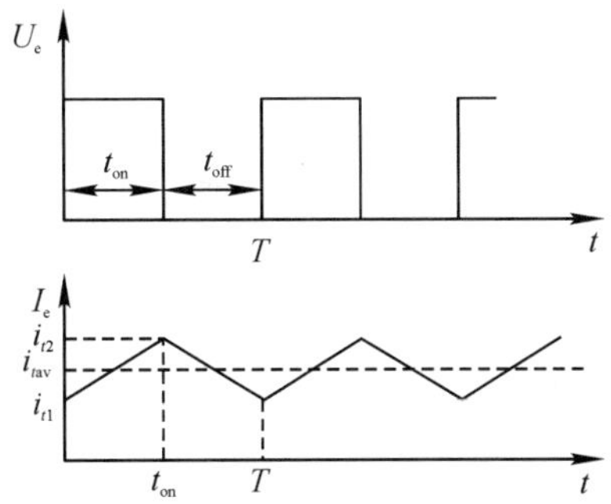

图 2－5－11　整形放大电路输出的波形

2.晶体管调压器的简单工作原理

目前飞机交流发电机采用的晶体管电压调节器的调压基本原理是，将大功率的晶体管串接在励磁机的励磁绕组 W_{jj} 电路中，用其控制励磁机的励磁电流。图 2-5-12 为晶体管作为开关元件调压的示意图，图中 W_{jj} 为励磁机的励磁绕组，D 为续流二极管，E 为励磁机励磁电路的电源电压。

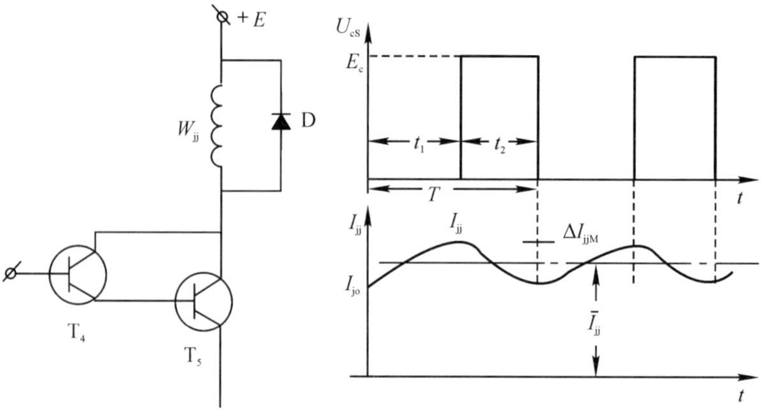

图 2-5-12　晶体管作为开关元件调压的示意图

为减少晶体管的功率损耗，大功率晶体管应工作在开关状态。当忽略晶体管的饱和压降和穿透电流时，可把大功率管看作一个开关，功率管饱和导通时即为开关闭合，如图 2-5-13(a)所示，截止时即为开关断开，如图 2-5-13(b)所示。改变大功率晶体管的导通比就可以调节励磁机的励磁电流，达到调节电压的目的。

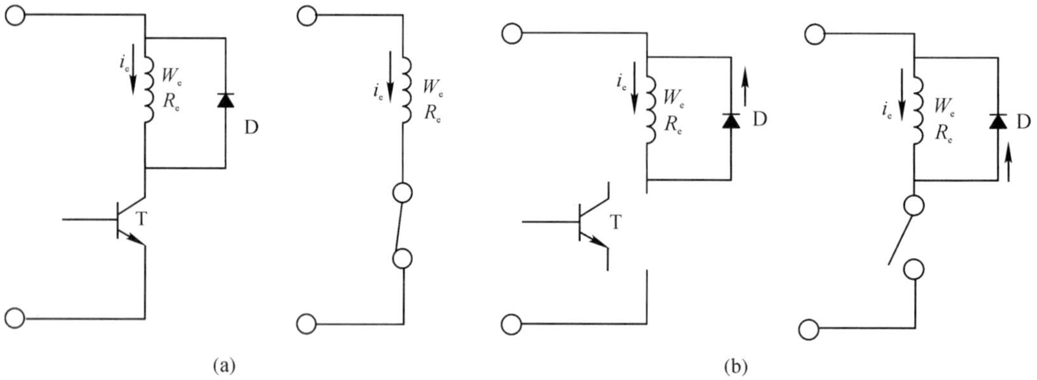

图 2-5-13　晶体管作为开关元件调压的示意图

(a)晶体管饱和导通时示意图；(b)晶体管截止时示意图

励磁机励磁电流 I_e 与导通比 σ 的关系是

$$I_e = \frac{E}{R_e}\sigma \tag{2-5-4}$$

大功率晶体管的导通比为

$$\sigma = \frac{t_1}{t_1 + t_2} \tag{2-5-5}$$

式中：t_1为功率管的导通时间；t_2为功率管的截止时间。

二、晶体管电压调节器的工作原理

下面根据图 2－5－10 方块图的顺序来讨论晶体管调压器的工作原理，这是研究各种具体机型晶体管调压线路的基本方法。图 2－5－14 是一种典型晶体管调压器的原理线路图，它由检测比较电路（检比电路）、调制电路、整形放大电路和功率放大电路四大部分组成。

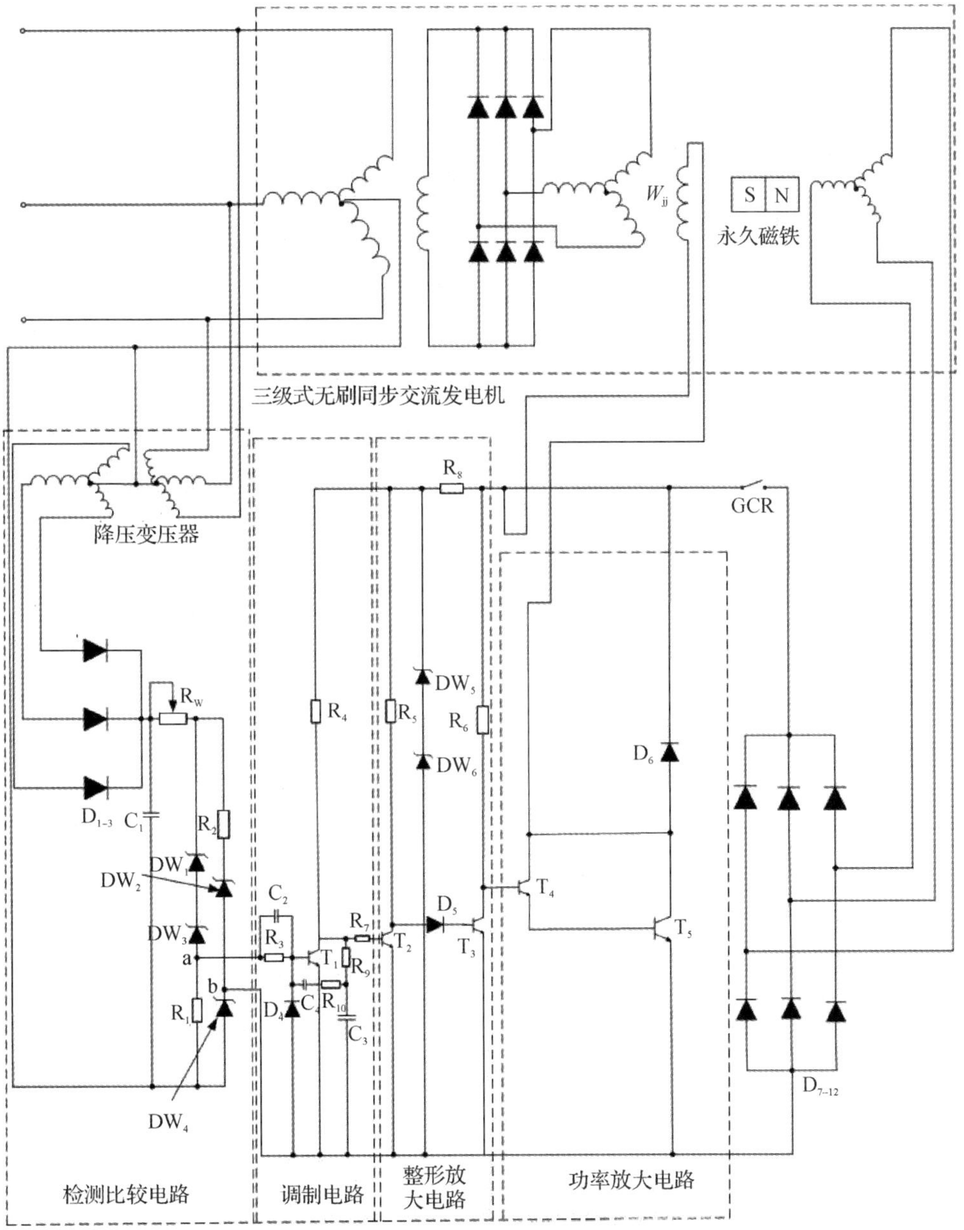

图 2－5－14　典型晶体管调压器原理线路图

1.检比电路

检比电路由降压变压器、整流二极管 D_{1-3}、滤波电容 C_1、调节电位计 R_W 及由稳压管 DW_{1-4} 与 R_1、R_2 组成的比较电桥构成。它的工作原理和前面所述相同，发电机输出电压经降压、整流、滤波后向比较电桥供电，图中为三相半波整流，检测的是三相平均电压，经整流后的电压波形如图 2－5－15 中曲线 1(u_F)所示，再经电容 C_1 滤波后，电压波形变得平滑一些，波形接近为三角波，电阻 R_W 起到调节调定电压的作用，如图 2－5－15 中曲线 2(u_d)所示。

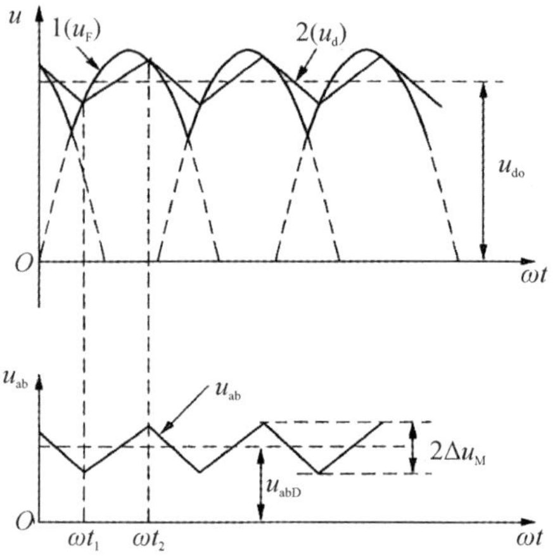

图 2－5－15　三相半波整流滤波波形

比较电桥 b 点的电位在调节范围内由稳压管决定，为恒压值，而 a 点的电位则随整流滤波电路输出电压 u_d 的变化而变化，所以比较电桥的输出电压 u_{ab} 中不仅含有直流分量 u_{abD}，其数值与交流发电机的输出电压 u_F 成正比，而且还叠加有交流分量，交流分量的频率取决于整流电路的形式，若为三相半波整流则脉动频率为基波频率的三倍，即为 1 200 Hz；若为三相全波整流，则脉动频率为基波频率的 6 倍，即为 2 400 Hz。

当发电机输出电压变化时，检比电路输出电压中的直流分量 u_{abD} 随之变化，同时，三角波的幅值也会随之变化，但由于发电机电压本身变化范围很小，仅约为 2%～3%，因此三角波幅值的变化量也就很小，可认为基本不变。所以，三角波幅值的变化量只取决于整流电路的形式和滤波电路的参数。

2.调制电路

为了使功率晶体管工作在开关状态，需要把来自检比电路的输入信号变成矩形脉冲波，由脉冲的宽度反映发电机输出电压的高低，这个任务由脉冲调制电路和整形放大电路完成。常用的调制电路是利用检比电路输出电压中的三角波进行调制的。在图 2－5－14 的原理线路中，调制电路由晶体管 T_1 及有关电阻组成，其工作原理图解和输出波形如图 2－5－16 所示。

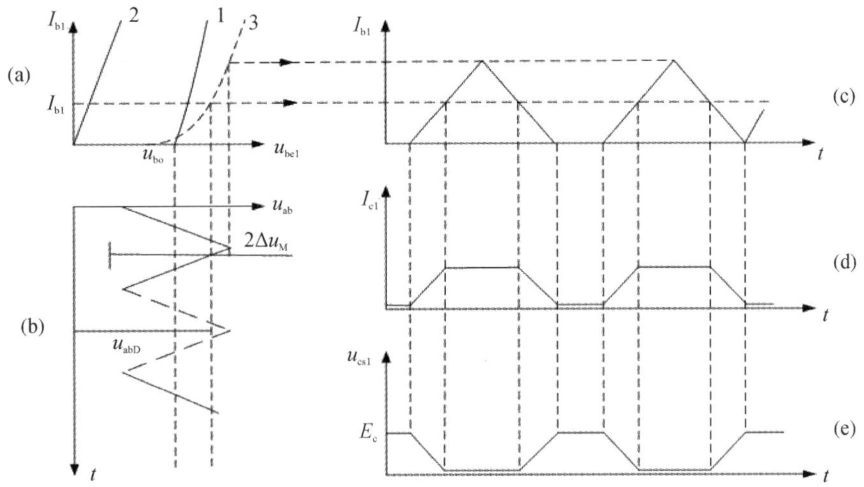

图 2-5-16　调制电路的工作原理图解及输出波形

检比电路的输出电压 u_{ab} 经过电阻 R_3 加在晶体管 T_1 的基极与发射极之间。T_1 的输入特性 $u_{be1}=f(I_{b1})$[见图 2-5-16(a)曲线 1]，其中 u_{b0} 为 T_1 的截止电压，直线 2 为 R_3 的电阻线，曲线 3 是调制电路的输入特性，它是曲线 1、2 的合成，即

$$u_{ab}=u_{be1}+I_{b1}R_3 \tag{2-5-6}$$

由于调制电路输入电压 u_{ab} 按三角波脉动，如图 2-5-16(b)所示，当 $u_{ab}<u_{b0}$ 时，I_{b1} 为零，T_1 截止，$I_{c1}=0$，$u_{ce1}=E_c$；当 $u_{ab}>u_{b0}$ 使 I_{b1} 足够大时，T_1 饱和，$I_{c1}=I_{c1S}$，$u_{ce1}=0$；在两者的中间为放大区。从图 2-5-16(e)可见，调制电路的输出电压 u_{ce1} 是一个梯形波。

当交流发电机的输出电压增加时，检比电路输出的直流分量 u_{abD} 增加，对应图 2-5-16(b)中的波形将往右移，使晶体管 T_1 的截止时间减小，饱和时间增加，则输出电压的脉冲宽度减小。很显然，当 u_{abD} 大到一定值时，T_1 将在整个周期内饱和，使整个周期内 $u_{ce1}=0$；相反，当 u_{abD} 减小时，输出电压脉冲宽度则增加，在 u_{abD} 小到一定值时，T_1 将在整个周期内截止，使整个周期内 $u_{ce1}=E_c$。这样，调制电路输出电压脉冲的宽度就反映了交流发电机输出电压的高低。

3.整形放大电路

整形放大电路的作用是把调制电路输出的梯形波信号整形为标准的矩形波，并加以放大，去推动大功率晶体管工作。常用的整形措施有两种：一种是选择电路的参数，提高晶体管的饱和深度；另一种是采用正反馈。

图 2-5-14 线路中采用的就是提高晶体管饱和深度的整形方法。这一部分电路如图 2-5-17所示，第一级为调制级，晶体管 T_1 集电极电压 u_{c1} 是梯形波，第二、三级 T_2、T_3 为整形放大级。

在晶体管电路中，当基极电流 I_b 增大到饱和值 I_{bS} 时，晶体管就进入饱和状态。若选择整形电路的参数，使调制级向整形晶体管提供的基极电流比饱和基极电流 I_{bS} 大很多，就可使整形级进入深度饱和状态，这就是提高晶体管饱和深度整形的工作原理。

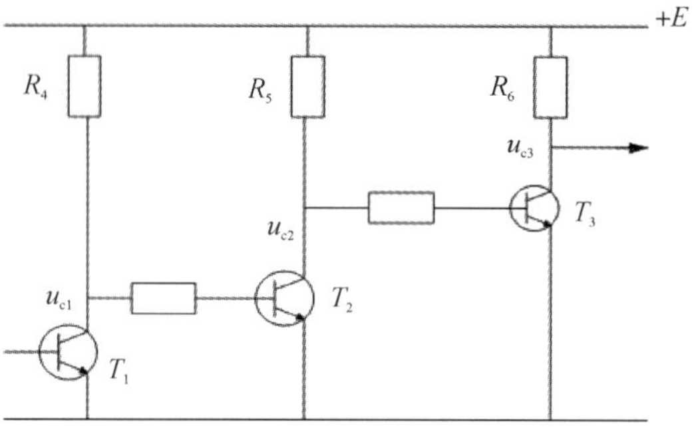

图 2－5－17　提高晶体管饱和深度的整形放大电路

用提高晶体管饱和深度整形时，各级晶体管的基极和集电极电压波形如图 2－5－18 所示。调制管 T_1 的输出电压 u_{c1} 的波形如图 2－5－18(a)所示，t_2-t_3 为截止区，t_4-t_5 为饱和区，而 t_1-t_2 与 t_3-t_4 为放大区。整形放大级晶体管 T_2 的基极电压 u_{b2} 如图 2－5－19(b)所示，由于最高基极电压比饱和基极电压 u_{bS2} 大得多，因此 T_2 的饱和区扩大为 $t_2'-t_3'$，而放大区则缩小了一些，如图 2－5－18(c)所示。同理，第三级整形管 T_3 的饱和区扩大为 $t_4'-t_5'$，其截止区与 T_2 饱和区 $t_2'-t_3'$ 基本相对应，如图 2－5－18(e)所示。

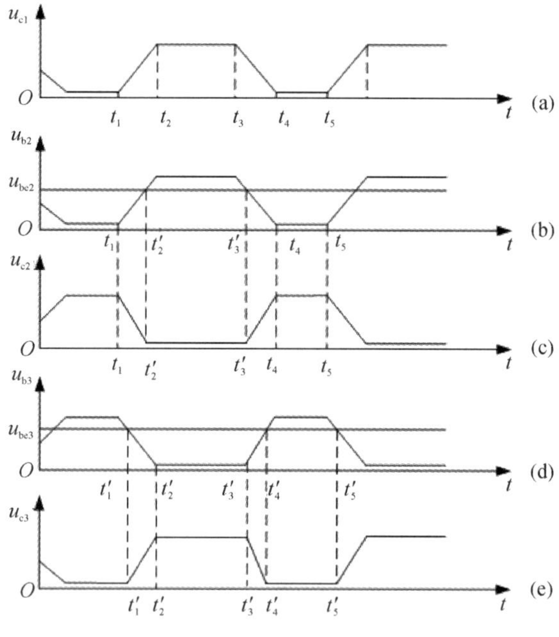

图 2－5－18　整形放大原理波形图

比较图 2－5－18(a)(e)可见，饱和区由 t_4-t_5 扩大为 $t_4'-t_5'$，截止区由 t_2-t_3 扩大为 $t_2'-t_3'$，从而使放大区大大缩小了，这就改善了 T_3 集电极的电压波形，也就是使整形放大电路输出电压波形更好地接近于矩形波。

类似地，采用正反馈的方法可以使晶体管饱和与截止过程加快，使各级集电极电压波形的前、后沿变陡，从而达到整形的目的。

4.功率放大电路

1)原理电路

功率放大电路通常由两只达林顿连接的大功率晶体管串联在励磁机的励磁电路中,其作用是推动发电机励磁线圈工作,调节发电机的励磁电流,从而调节发电机的输出电压。用改变功率管导通比的方法来控制励磁电流,其原理电路如图 2-5-19 所示,对应图 2-5-14 线路中就是 T_4 和 T_5 作为功率放大级。

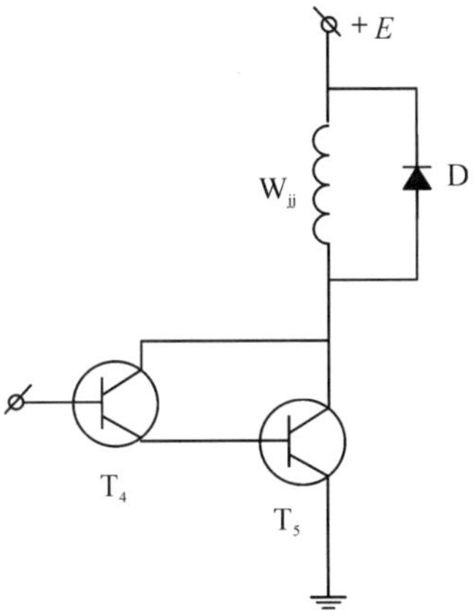

图 2-5-19　功率放大电路

图 2-5-19 中 W_{jj} 为励磁机的励磁绕组,D 为续流二极管。续流二极管的功用有两点:一是功率管截止时,防止励磁线圈产生的感应电压击穿功率管;二是使励磁电流比较平稳,以提高发电机输出电压的稳定性。由于两只功放管采用达林顿连接,可以省掉末前级大功率晶体管的集电极电阻,减少功率损耗和发热,使调压器的散热问题比较容易解决。

有的晶体管电压调节器在续流管电路中串联一个阻值不大的电阻 R,在功率管截止期间,由于续流电路电阻增大,励磁电流的衰减过程加快,这样就加快了调压器的动态过程,所以常把电阻 R 称为加速电阻。

当功率管导通时,由于励磁线圈电感的作用,励磁电流逐步增大;当功率管截止时,励磁线圈的反电势通过二极管 D 形成回路,因此励磁电流是连续的。

2)励磁电流的变化

励磁电流是与励磁机励磁绕组相串联的,如图 2-5-14 所示,功率放大电路功率管由 T_4、T_5 控制。当调制整形级晶体管 T_3 输出为理想矩形波时,则可使功率管 T_5 工作在理想的开关状态,这时 T_5 集电极电压 u_{C5} 和励磁电流 I_{jj} 的波形如图 2-5-20 所示。

从图 2-5-20 可见,励磁机的励磁电流 I_{jj} 是脉动的。在 t_1 时间内,晶体管 T_5 饱和导通,励磁机励磁绕组与电源接通(图 2-5-14 中电源电压是由永磁式副励磁机经整流提供的),使励磁电流上升;同样,在 t_2 时间内,T_5 截止,励磁电流通过续流二极管 D_6 构成回路而下降。在发电机参数已经确定的情况下,调压器所提供的励磁电流与调压器导通比成正比,因此,控制调压器的导通比就可以控制励磁电流,从而达到调压的目的。

除了上述的检比、调制、整形放大和功率放大四个基本环节之外,在实际晶体管调压器中根据功能要求不同,通常还有校正网络、起励电路、力矩限制电路等附加环节,以便改善调压器的工作性能。

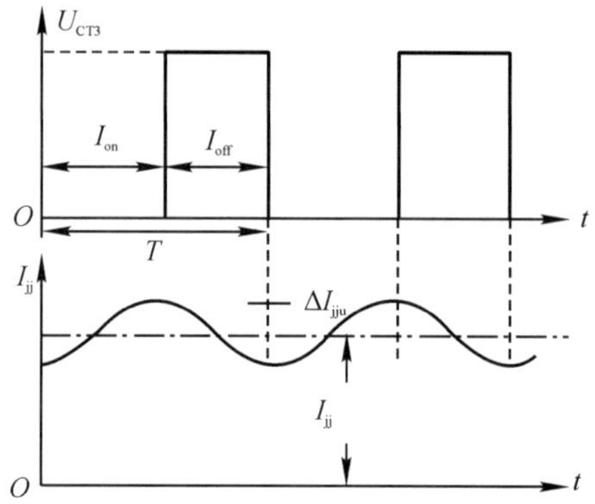

图 2-5-20　励磁电流的脉动波形

5.电压调节过程

根据图 2-5-21 所示的调压器各级电路的输出波形图，可以分析出调压器的调压过程。当发电机负载变化时，晶体管电压调节器能自动调整发电机的电压。例如，当发电机负载电流减小，发电机输出电压升高时，检比电路的输出电压 u_{ab} 升高，调制晶体管 T_1 的饱和导通时间增长，截止时间缩短；整形级的晶体管 T_2 饱和导通时间缩短，截止时间增长，而 T_3 的饱和导通时间增长，截止时间缩短。从而使达林顿连接的功率管 T_4、T_5 饱和导通时间缩短，截止时间增长。这样就使功率管的导通比下降，励磁电流（平均值）减小，使发电机的输出电压随之下降。当发电机输出电压下降时，其调压过程相反，晶体管调压器将使功率管的导通比增大，励磁电流增大，最后使发电机的输出电压升高。

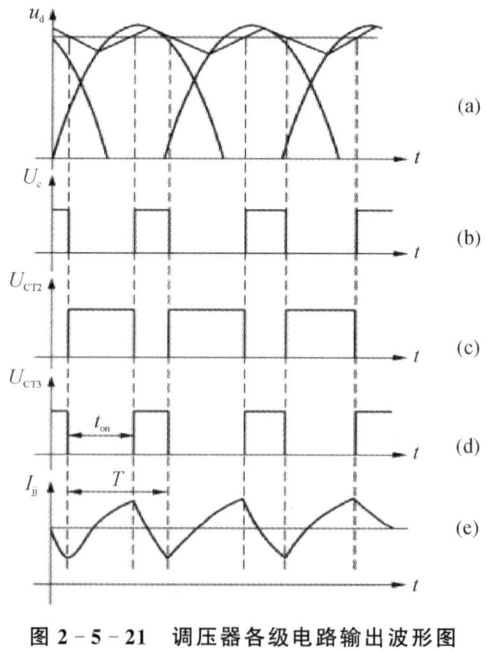

图 2-5-21　调压器各级电路输出波形图

(a)检测电路输出波形图；(b)调制电路输出波形图；(c)整形放大电路输出波形图

(d)功率放大电路输出波形图；(e)励磁电流平均值

当发电机输出电压下降时，其调压过程相反，晶体管调压器将使功率管的导通比增大，励磁电流增大，最后使发电机的输出电压升高。

为了精确地调定调压器的额定电压，在电路中设置了调整电阻 R_s。另外，在具体机型的检比电路中，为减小温度造成的误差，采用两个温度系数不同的稳压管串联，起温度补偿作用。

2.5.4　波音 B737 飞机交流发电机调压器举例

目前主流机型的发电机调压器普遍采用晶体管式调压器。本小节以波音 B737 飞机上使用的典型调压器为例，介绍实际调压器的组成和工作原理。

波音 B737 飞机交流发电机的电压调节器由检测比较电路、功率限制电路、调制电路、整形放大电路和功率放大电路等部分组成，如图 2-5-22 所示。

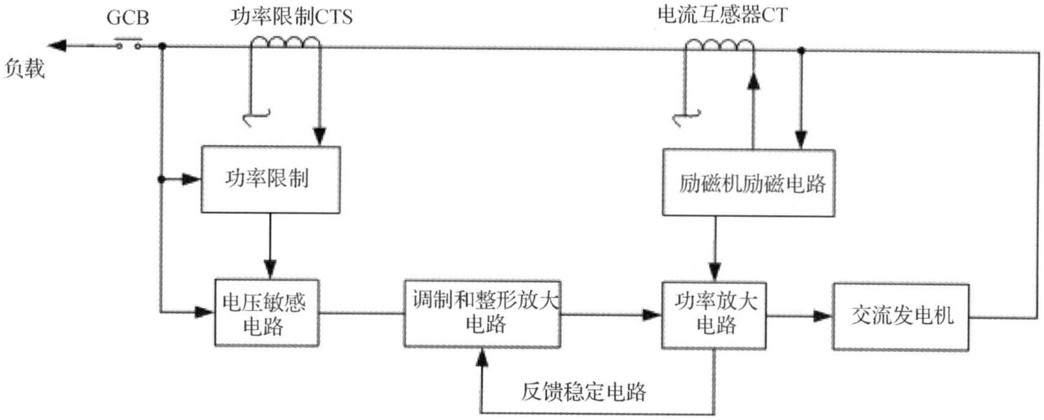

图 2-5-22　波音 B737 飞机交流发电机调压器组成框图

图中的电流互感器 CT 用于为无刷交流发电机提高励磁电流，功率限制互感器 CTS 用于敏感负载电流，当过载时通过限制发电机的励磁电压来限制发电机的输出功率。

1.励磁电源电路

在图 2-5-23 中的 VAR(电压调节器)电路中，除了 POR 的电压检测电路外，调压器的工作电源和励磁电源来自变压器和一个外部三相电流互感器。

变压器和电流互感器的交流输出信号进行叠加后，其输出通过三相全波整流桥整流成直流电源，最终给交流励磁机的励磁绕组、晶体管放大器、稳压二极管及运算放大器等提供工作电源。电路组图如图 2-5-24 所示。

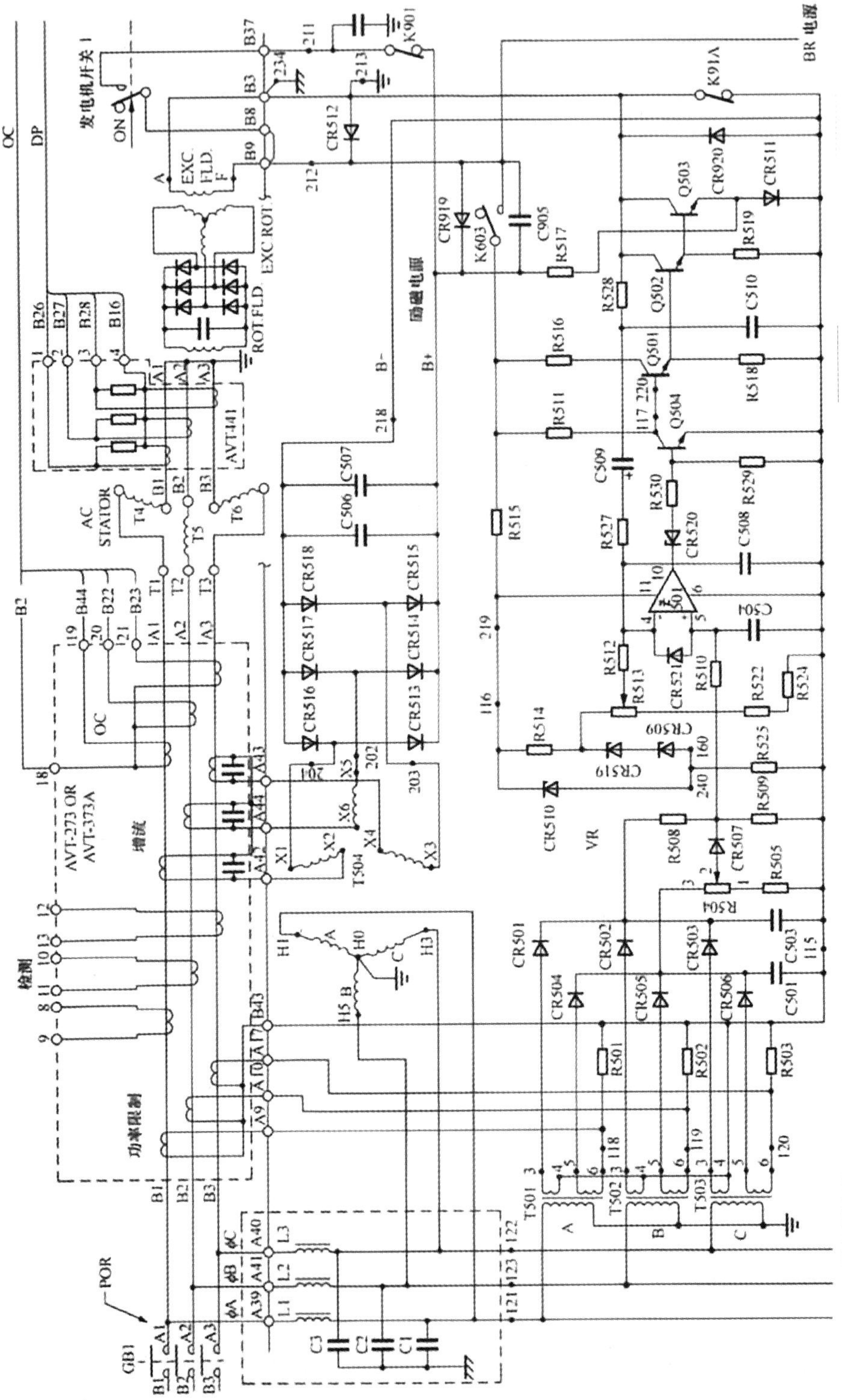

图 2-5-23 波音 B737 飞机交流发电机调压器原理线路图

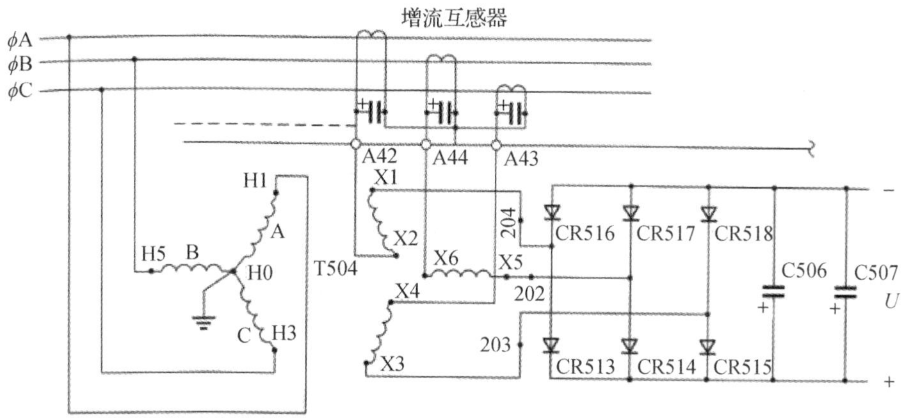

图 2－5－24　相复励结构的励磁电源电路

这部分电路实际上是一个电压相加型相复励电路，主要用于自励式发电机中。当发电机输出馈线发生短路故障时，输出电压下降，但电枢电流增大很多，此时由于电流互感器的作用，励磁电压仍然会升高，使发电机的励磁电路具有强励磁能力，可以保证短路保护电路可靠动作。

另外，由于自励式无刷交流发电机的外特性比较软，采用相复励电路后，励磁电流可以随负载性质不同而自动变化。当发电机带感性负载时，负载电压超前于电流变化，变压器和电流互感器副边电压经过相量叠加后，使励磁电流自动增大，补偿了电枢反应的影响，使发电机的外特性变硬，从而减小了调压器的调节作用，并可以减小功率放大管的功率。

实际上，当他励无刷交流发电机采用这种调压器后，也可以获得补偿电枢反应和提供强励磁能力的效果。

2.电压检测电路

一般情况下，电压调节器对发电机馈线输出的三相平均电压进行调节。而附加的功率限制电路通过检测发电机负载电流来限制发电机的最大输出。

图 2－5－25 为一种三相平均电压检测电路，电路由三个单相变压器 T501、T502、T503 供电，变压器的输出经过三相半波整流桥 CR501、CR502、CR503 整流后，得到一个含有频率为 1 200 Hz 谐波分量的脉动直流电压，谐波电压的幅值限制在 0.3 V 左右。

该电压经过电容器 C503 滤波后得到三角波，由电阻网络 R508、R509、R510 分压后，输出到运算放大器 Z501 的同相输入端第 5 脚，作为调制信号的输入。

当发电机不过载时，三相平均电压检测电路得到的电压信号大于功率限制电路的输出信号，二极管 CR507 截止，调压器按照检测到的三相平均电压进行调节，使发电机的三相平均电压保持稳定。

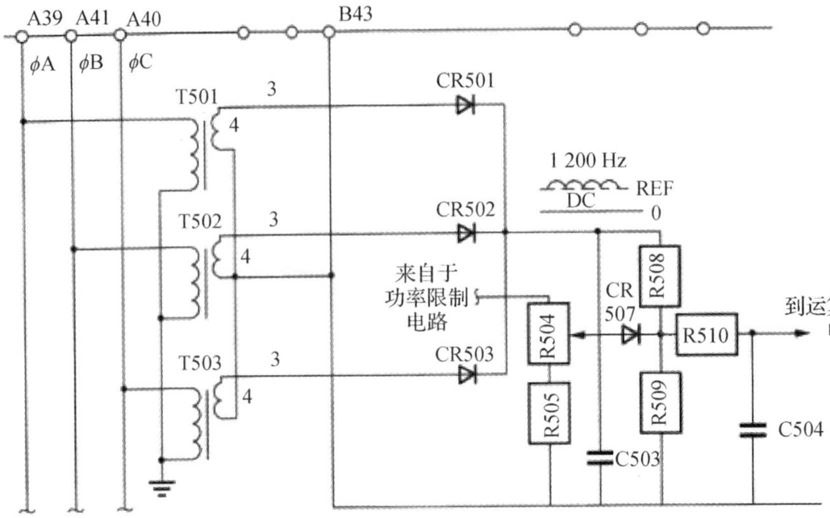

图 2-5-25　调压器的电压敏感电路

3.调制和整形放大电路

图 2-5-26 所示电路为调压器中的调制和整形放大电路，主要由运算放大器 Z501、稳压管 CR520、晶体管 Q504 和稳压电路组成。

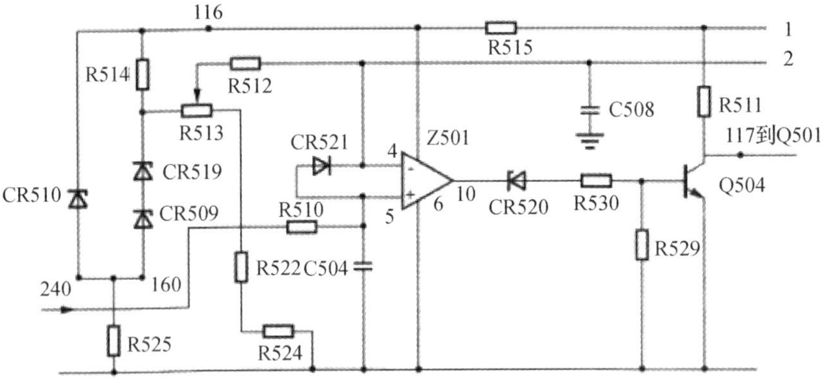

图 2-5-26　调制和整形放大电路

1—到励磁电源的正极端；2—到负反馈网络端

电压检测电路或功率限制电路的输出电压经过电阻 R510 输入到运算放大器 Z501 的同相输入端(第 5 脚)。稳压管 CR519、CR509 和电阻 R514 构成稳压电路，提供基准电压，该基准电压加在运算放大器的反相输入端(第 4 脚)上。基准电压可以通过电位器 R513 进行调节，从而调整调压器的调节电压。

运算放大器 Z501 输入端的直流基准电压与检测电路输出的三角波比较后，在输出端(第 10 脚)输出一个脉宽调制的方波电压，该方波信号的脉冲宽度与电压检测电路输出的脉动直流电压的平均值成正比。接在运算放大器输出端的稳压管 CR520 作为晶体管 Q504

基极电路的鉴压电路，其作用是将 Z501 输出的脉冲信号进一步整形成矩形波后提供给 Q504 的基极。Q504 的集电极输出信号用于驱动后级的功率放大电路。

图 2－5－27 中接于运算放大器输入端的二极管的 CR521 的作用是当电路出现短暂的过电压现象时，如切除大功率负载，检测电压瞬时高于基准电压，这时二极管导通，将运算放大器 Z501 两个输入端之间的电压值限制在 0.7 V，从而保护运算放大器不被损坏。

电容器 C504 和 C508 降低高频信号的影响，防止电路出现高频振荡。

4.功率放大电路

功率放大电路由三个硅晶体管（Q501、Q502 和 Q503）构成，如图 2－5－27 所示。

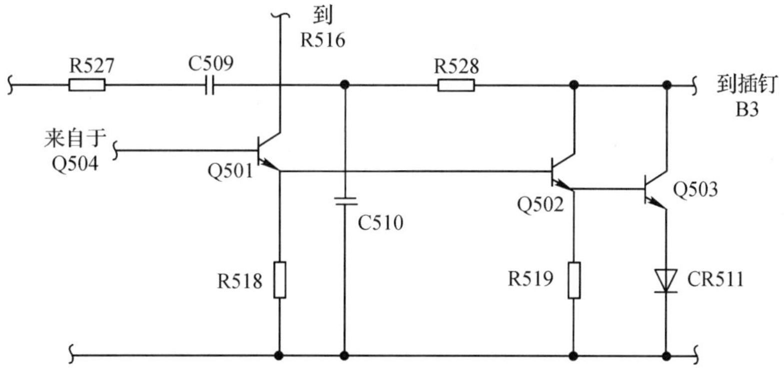

图 2－5－27　功率放大器和反馈稳定电路

其中 Q501 工作于高电压、小电流状态，Q502 和 Q503 工作于高电压、大电流状态。三个晶体管均接成射极输出的达林顿电路。

从整形放大电路输出的脉宽调制方波信号使功率放大电路工作在开关状态，可以减小功率管的损耗和发热。功率放大电路的平均输出电压正比于输入方波信号的导通比，该电压输入到交流励磁机的励磁线圈回路中，为励磁绕组提供励磁电流，从而维持发电机输出电压为调定值。

5.调压器的工作原理

当发电机因卸载或转速升高而使输出电压升高时，检测电路的输出电压将升高，经运算放大比较后，脉冲信号的脉宽增大，经过前置放大器反相后，将脉宽减小的脉冲信号输入到功率放大电路中，使励磁电流减小，从而保持发电机输出电压不变。

各元器件的工作情况如下：当输入到比较器 Z501 同相端（第 5 脚）的检测信号低于反相端（第 4 脚）的基准电压时，运算放大器的输出从高电位转换成接近零电位。这使得晶体管 Q504 的基波电位接近于零，Q504 由导通变为关断，集电极变为高电平。这时晶体管 Q501 的基极通过电阻 R511 获取电流，Q501 的发射极给 Q502 和 Q503 连接成的达林顿管的基极供电。随着 Q502 和 Q503 的导通，逐渐增大的励磁电流经励磁机的励磁回路。当比较器 Z501 的检测端 5 的检测信号高于基准电压时，运算放大器输出高电平，稳压管 CR520 和晶体管 Q504 导通，集电极输出低电平，使功放管 Q501、Q502 和 Q503 截止，励磁电流通过二极管 CH512 续流，以保护功率放大管不被击穿。

拓展阅读

全固态锂电池

锂离子电池是化学储能最具创新性的手段之一，虽然其产生和应用时间不长，但考虑到锂离子电池的整体寿命较长、更轻便，同时具有更大的功率，其能够很好地被选择使用在具体的储能系统当中去。这种能源已经是目前整个行业当中具有一定竞争力的主要技术手段。在进行了验证之后发现，这种技术能够为诸多生产锂离子电池的企业提供技术上的帮助，同时由锂离子构成的电池，拥有着不错的装换效率，维修护理也十分的便捷。技术水平的不断进步以及电池管理体系的完善，有效解决了大规模综合应用问题。所有固态锂电池都用于正负电解质，它们是由固体材料制成的二次锂电池，因此称为全固态二次锂电池。从20世纪中叶到现在，全固态锂电池有了相应的发展以及提升，它能够比传统的电池更加便捷地进行研究与开发，同时由于其中有着固体电解质，所以它不仅起到锂离子导体的作用，还起到分离器的作用，这意味着全固态锂电池不需要分离器、电解质或电解质。PVC与盐电解质的结合大大缩短了电池的设计阶段。

同以往的电池进行比较发展，作为二次电池的锂离子电池，能够很好地被大范围使用在电子以及相关的通信事业之中，同时也能够很好地帮助电力运行的汽车进行发展，有着十分不错的未来。然而，传统锂离子电池的发展受可燃性等安全问题的制约，其有机电解质的腐蚀性和弱热稳定性被认为是完全消除的。

全固态锂电池除了具有温度范围广等优点外，还有以下优点：锂离子电池含有固体材料，同时有着十分不错的封装效率，并且能够大范围地使用在进行编程的薄膜元件以及柔性元件上面，同时也能够在医疗器械上使用，这种电池能够进行多层次的串联，可以很好地提高电压水平。

全固态锂电池的研究历程是较为平缓的，随着技术的进步，对于这种锂电池的具体技术研究也在不断加深。虽然所有的固态锂电池性能都比较安全，且周期长，有望应用于储能领域，但是由于电解质以及相应的电极界面具有一定的相容性质以及平稳的性质，因此这两种性质的存在将对全固态锂电池的研究进度产生严重拖延。所以，在对于全固态锂电池的具体使用过程当中，应该进行标准化边界电阻设计，并且在其中添加一定量的导电层，以期能够减少或者抹除其由于电荷空间层产生的种种不利影响，有效避免边界层的生产。

全固态电池的重要意义在于，其可以促进电池领域的发展和技术水平的进步。由于全固态电池具有更高的安全性和能量密度，其在国家能源安全、新能源汽车、电子信息等领域的应用前景十分广阔。同时，全固态电池的研究还可以推动新一代电池技术的产业化，促进国家经济的转型和升级。因此，全固态电池的研究不仅具有重要的科学研究意义，还对国家经济和社会发展有着重要的战略意义。

总之，全固态电池作为一种新型电池，在能源存储和转换技术的发展中具有极为重要的意义。其优越的性能和广泛的应用前景,将会促进电池领域的发展和推动新能源产业的快速增长。

复习思考题

一、选择题

1.在飞机交流电源系统的三个主要参数中,要获得恒定 115/200 V 是通过(　　)实现的。

A. 变速变频传动装置　　B .变速恒频传动装置

C.电压调节器　　D. 恒速恒频传动装置

2.在飞机交流电源系统中,发电机输出电压的影响因素有:(一)发动机转速;(二)负载大小因素;(三)功率因数因素。则以下说法正确的是(　　)。

A.只有(一)(二)　　B .只有(一)(三

C.只有(二)(三)　　D.(一)(二)和(三)

3.在飞机交流电源系统中,炭片调压器属于(　　)。

A.机械式　　B .电气式　　C.液压式　　D. 电气机械式

4.PWM 式晶体管调压器中,续流二极管的功用包括(　　)。

A.将发电机输出电压进行降压整流

B.使励磁电流比较平稳,确保发电机输出电流的稳定性

C.防止励磁线圈的感应电压击穿功率管

D.增加调压器的电压调节稳定性,减少超调量和调节振荡次数

5.交流电压调节系统比较环节中的稳压管代表(　　)。

A.发电机实际电压　　B.差值信号　　C.基准电压　　D.静态偏差

6.晶体管调压器敏感电压变化的电路是(　　)。

A.整形放大电路　　B.功率放大电路　　C.测量比较电路　　D.调制电路

7. PWM 型晶体管调压器的调压方法是(　　)。

A.改变晶体管开关的频率　　B.改变晶体管导通的时间

C.改变晶体管的电阻大小　　D.改变晶体管的放大倍数

8.飞机交流电源系统中电压调节系统的基本组成是(　　)。

A.检测环节、比较环节、放大环节和执行环节

B.检测环节、比较环节、放大环节和控制环节

C.检测环节、附加环节、放大环节和执行环节

D.检测环节、附加环节、放大环节和控制环节

9.在飞机交流电源系统的电压调节系统中增加稳定环节的目的是(　　)。

A.减少静态误差

B.增加系统的动态稳定性

C.使各发电机的无功功率均衡分配

D.检测发电机输出电压的变化，并把这种变化与基准电压进行比较而产生偏差信号

10.在飞机交流电源系统的晶体管电压调节器中，为了减少晶体管的功率损耗，大功率晶体管应工作在(　　)。

A.截止状态　　B.放大状态　　C.饱和状态　　D.开关状态

二、简答题

1.飞机发电机调压器的主要功能有哪些?

2.飞机上使用的交流电压调节器有哪些类型？各自具有什么主要优缺点?

3.交流晶体管式电压调节器有哪两种基本形式？现代飞机上普遍使用的是哪一种?

4.晶体管调压器功放管一般应工作在什么状态？为什么?

5.影响交流发电机输出电压的因素有哪些?

2.6　飞机交流发电机的并联供电

2.6.1　概述

一、飞机交流电源系统供电形式

有多台主交流发电机的大型运输飞机上，其交流电源系统供电方式有单独供电和并联供电两种。在中国民航目前使用的飞机上，交流电源系统采用并联供电的飞机通常带四台主交流发电机，如波音 B707 和波音 B747(波音 B787 是四台主发电机，但采用单独供电的形式)，少于四台主交流发电机的飞机一般都采用单独供电的形式，如三叉戟-2E，波音 B737、B757、B767、B777 等。

并联供电的飞机交流电源系统，一般是将飞机上所有的主交流发电机通过汇流条联结接触器(BTB)连接到共同的同步汇流条上并联运行，组成飞机统一的电网。

单独供电的飞机交流电源系统，各主交流发电机、汇流条和配电网是相互隔离的。在正常运行时，各主交流发电机分别向各自的汇流条供电；当某台主交流发电机电源发生故障时，电源发生转换供电，正常的交流发电机除向本身汇流条供电外，还向故障发电机供电的汇流条供电。

二、单独供电与并联供电的比较

并联供电的主要优点如下：

(1)供电质量高。由于并联后电网容量增大，相对减少了飞机用电设备，特别是一些大功率用电设备在通断时对电源所产生的干扰作用，所以电源电压和频率的波动较小，使供电质量提高。

(2)供电的可靠性高。当一台发电机发生故障时,可迅速地将故障发电机与系统隔离,使其他发电机仍能正常工作并对飞机设备正常供电,保证对用电设备的供电不中断或只有瞬间的中断。并联供电系统中的交流发电机能起到互为备用电源的作用,这相当于增大了备用电源的容量,因而可大大提高系统供电的可靠性。

(3)由于并联电网容量增大,相不平衡负载占总容量的百分比很小,因此相不平衡故障就变得不太明显。

(4)能更有效地利用发电机的安装容量,使发电机数量更少,额定功率更小;当额外增加一些负载时,不需要对现有负载作大的调整,同时也消除了为各种负载选择适当汇流条的人为因素。

并联供电的主要缺点是:控制和保护设备比较复杂,例如在传动装置之间必须设置有功和无功负载自动均衡电路,以及在并联供电的控制电路中要设置励磁故障保护电路等;并联供电的稳定性要求较高,否则可能产生并联自行脱开的现象。

单独供电的优点是:交流电源系统的控制和保护设备比较简单,恒速传动装置之间不需要设置功率自动均衡装置,降低了系统的复杂性;飞机供电系统中某一部分的扰动仅影响到与该台发电机有关的那一部分系统;由于不需要考虑发电机负载均衡的问题,可以充分利用单台发电机的全部容量。

但单独供电的缺点是在一台发电机发生故障需要转为另一台发电机供电时,汇流条会瞬间中断电源,其供电可靠性比较差,这就需要我们尽可能地提高发生故障时电源转换的速度,以缩短转换中断供电的时间。尤其是近年来,由于快速元件和不中断电源的不断改进和提高,单独供电得到了广泛的应用。

三、并联运行的基本问题

为使交流发电机能够投入并联并正常运行,必须具备一定的条件,并采取必要的技术措施,为此并联供电应考虑如下主要问题。

(1)并联供电的条件。要求待并联发电机电压与并联电网中电压波形、相序、频率等相同,以及电压大小相等和投入并联瞬间电压的相位相同。

(2)无功负载与有功负载的自动均衡问题。飞机交流电源系统都是把同容量、同型号的同步发电机实行并联的,它们的有功与无功负载都应均衡分配,否则就会出现有的发电机超载,而其他发电机欠载的现象。这样,超载的发电机可能被损坏,而欠载的发电机则不能被充分利用。所以要采取措施自动调节各发电机的有功负载与无功负载,使之尽量均衡分配。

(3)投入并联的自动控制问题。用什么方法与采用什么线路自动检测待并联的交流发电机是否符合并联条件,并在适当时机自动合闸投入并联,这些都是并联供电中的基本问题。

2.6.2　并联供电的条件

飞机交流电源要符合一定的条件才能投入并联,以保证在并联后能够正常运行,而且在投入并联瞬间所产生的冲击电流和冲击功率不超过允许范围。具体来讲,就是要求待投入并联的发电机电压与电网电压必须波形相同、相序相同、频率相等、电压大小相等、投入并联瞬间电压的相位相同。如果在这五个方面能完全满足并联条件，则并联时不但冲击电流及冲击功率等于零，而且并联后发电机能立即进入同步运行，不会发生任何扰动现象，这也是实现并联的理想条件。

但是，实际运行中的待并联发电机要达到理想的并联条件比较困难，五个条件很难同时满足。实际上，交流电源的并联条件无需这么严格，只要保证在合闸时冲击电流和冲击功率不超过规定值，不危及电气设备的安全，且合闸后发电机组切入同步的暂态过程对系统运行的影响小，不致引起任何不良后果就可以了。因此，在实际并联操作中，并联条件中有些是允许有偏差的。

下面根据飞机交流电源系统的实际情况，对并联条件进行分析。

一、电压波形相同

多台同步发电机要达到电压波形相同，则必须采用同型号的同步发电机。在同步发电机设计和制造时，要求电压波形必须与理想的正弦波接近，并且对波形的畸变系数和波峰系数都作了限制，所以同型号的同步发电机能完全满足并联运行电压波形相同的要求。

二、相序相同

发电机三相电压的相序取决于发电机的旋转方向和发电机馈线的连接顺序。飞机上发动机的转向是不变的，在一定的安装与传动条件下，发电机的转动方向和相序也是不变的。因此，只要在敷设发电机馈线时，注意电源之间相序的对应关系就可以保证相序相同条件的实现。

三、频率相等

飞机交流电源的额定频率为 400 Hz，当各电源之间的频率有些偏差时能否并联呢？下面根据现有飞机的两种实际情况加以说明。

1.同步发电机由飞机发动机直接刚性传动

一般来说，若发电机功率与原动机功率相当，由于有“自整步作用”可使并联的发电机切入同步，所以只要求频率相近而不一定相等就可以并联。若两者的功率相差很大，发电机的负载变化不会影响发电机的转速，因而自整步作用产生的转矩不能改变发电机转子的转速，这样的电源只有频率严格一致时才能并联运行。

一些涡轮螺旋桨飞机的交流发电机就是由发动机直接刚性传动的，交流发电机的功率一般只占发动机功率的 5%以下，即属于发电机功率比发动机功率小得很多的情况，所以必须在频率严格一致时才能并联。实际上，频率严格一致是很难实现的，因此，涡轮螺旋桨飞机由发动机直接刚性传动的交流发电机均未实现并联。

2.通过恒速传动装置传动的发电机

通过恒速传动装置传动的发电机，频率(转速)调节一般是有偏差的，即频率随着负载的增加而降低，其频率负载特性是下倾的，如图 2－6－1 曲线 1 或 2 所示。

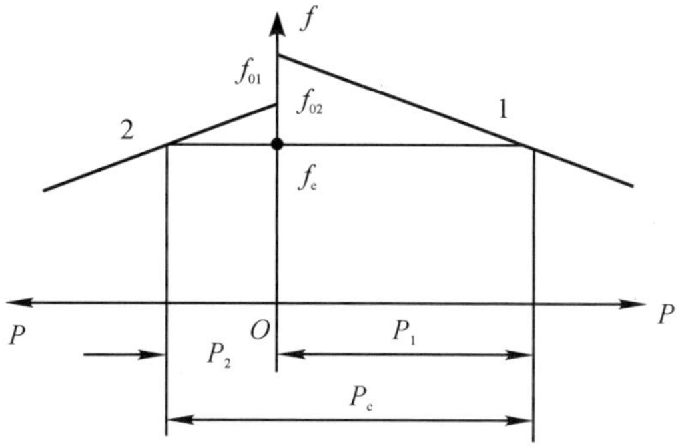

图 2－6－1　有静差系统的频率-负载特性及并联时有功负载的分配

在这种情况下，对调定频率为 f_{01}、f_{02}不等的两台发电机是可以并联的，并联后，电网的共同工作频率为 f_c。f_c数值比发电机空载调定频率低，低的程度取决于系统总的有功功率 P_c的大小，随着负担有功功率的增大，电网频率略有降低。

从图 2－6－1 可知，由于调定频率不同和频率负载特性斜率不同，各发电机分担的有功负载（P_1与 P_2）也不同。调定频率偏差（$f_{01}-f_{02}$）愈大，或其一频率负载特性曲线愈平（两曲线斜率偏差愈大），则有功负载分配偏差愈大。一般飞机交流电源的频率负载特性曲线较平，所以对调定频率有一定偏差的发电机实行并联时，其有功负载分配偏差也较大，这就必须采取有功负载均衡措施，否则是不能并联供电的。

当飞机电源投入并联供电时，允许的频差范围视交流电源的具体情况而定，如有的机型的飞机规定频率差小于或者等于 1％的额定频率即可投入并联供电。

四、电压大小相等

飞机交流电源系统中的发电机都带有电压调节器，调压器的调压作用使并联的各台发电机电压在数值上差别不大，在投入并联时冲击电流不会太大，可以满足投入并联时的要求，但对并联后正常运行的影响较大。与飞机直流发电机并联类似，即使在电压差值很小的情况下，并联后仍然会使发电机无功电流的分配产生较大的差异，所以还必须采取无功负载均衡措施才能达到正常并联运行的要求。

五、投入并联瞬间电压的相位相同

若电压的相位差太大，则在投入并联时将会产生过大的冲击电流，这是不允许的。为了对这种情况下并联的物理现象及产生的影响有一个简明的理解，现以两台同型的隐极同步发电机在空载时投入并联为例进行说明。

两台交流发电机在电压相位不相同时投入并联的瞬间就等于在两台交流发电机回路中突然加上一个电势，这与突然短路时的情况相似，将引起较大的电流冲击和功率冲击，等到瞬变过程结束才能转为稳定的正常运行。

图 2-6-2 为两台并联发电机的单相等值电路图和矢量图。

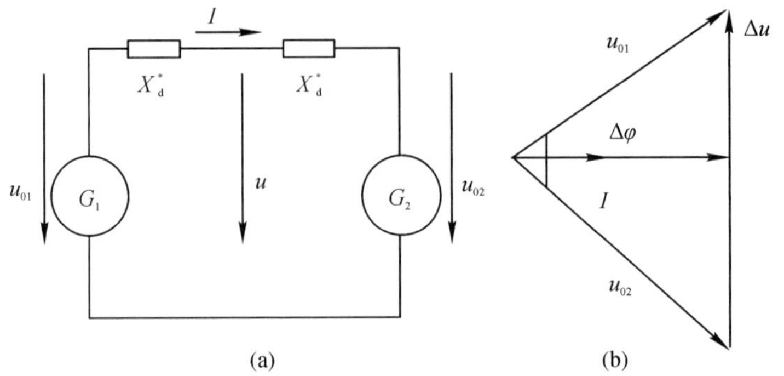

图 2-6-2　两台并联发电机的单相等值电路图和矢量图

图 2-6-2 中：u_{01}、u_{02} 为两台发电机的调定电压，由于调压器的作用，在数值上可取 $u_{01}=u_{02}=u_0$；$\Delta\varphi$ 为两个电压在投入并联瞬间的相位差角；X_d'' 为发电机的超瞬变电抗(包括发电机到汇流条的传输线的阻抗)。

由图 2-6-2 可求得并联瞬间的冲击电流为

$$I''=-j(u_{01}-u_{02})/2X_d''=-j\Delta u/2X_d'' \tag{2-6-1}$$

式中：$-j$ 表示冲击电流 I'' 落后于电压 Δu (由于相位不同造成的)为 90°。

由向量图可求得 Δu 有效值为

$$\Delta u=2u_0\sin\Delta\varphi/2 \tag{2-6-2}$$

所以，冲击电流有效值为

$$I''=(u_0/X_d'')\sin\Delta\varphi/2 \tag{2-6-3}$$

由式(2-6-3)可知，冲击电流是相位差 $\Delta\varphi$ 的函数，$\Delta\varphi$ 愈小则冲击电流愈小。

冲击电流过大的危害是可能造成很大的电压和频率扰动，影响飞机用电设备的正常工作，甚至引起保护装置误动作，以致不能投入并联。从这一方面考虑，投入并联时要求相位差要小，但另一方面又要求能迅速投入并联及避免控制设备过分复杂，所以一般要求 $\Delta\varphi\leqslant$ 90°时投入并联，如波音 B707 飞机的 $\Delta\varphi$ 为小于 15°。

2.6.3　无功功率与有功功率调节的基本概念

飞机上均是同容量的几台发电机并联，电网的容量不能视为无穷大，当调节一台发电机的无功功率或有功功率时，将会引起电网的电压和频率变化。例如，当一台发电机输出的有功功率增大时，若不减少其他发电机的有功功率，则各发电机总的有功功率输入将会多于负载的有功功率，多余的有功功率会使整个电网上的发电机转子加速而提高电网的电压和频率，从而使输出也增大，结果总的输入和输出就在一个新的频率和电压下达到新的平衡。同样，如果改变一台发电机输出的无功功率，则电网总的无功功率输入将会有相应的变化，而使总无功功率的输入和输出在一个新的电网电压下达到新的平衡。因此，若要保持电网的频率和电压不变，在总负载不变的情况下，当一台发电机的有功功率或无功功率增加(减少)时，必须相应地减少(增加)其他发电机的输出。

无功功率的调节是通过调节发电机的励磁电流而实现的。根据上述分析，在飞机电网总负载保持不变的情况下，在增加一台发电机的励磁电流的同时，必须相应地减少其他发电机的励磁电流，才能保证电网的电压和频率不变。

有功功率的调节是通过改变原动机(恒速传动装置)加在发电机转子轴上的转矩而实现的。当增加一台发电机转子轴上的转矩时，要相应地减少其他发电机转子轴上的转矩，这样，转矩增大的发电机转子会加速，使发电机功率角增大，引起电磁功率增大而分担较多的有功负载；而转矩减小的发电机转子会减速，使发电机功率角减小，引起电磁功率减小而分担较少的有功负载。为了保持电网电压不变，还要适当地改变各台发电机的励磁电流。

总之，当改变发电机之间有功功率的分配关系时，为了保持电网频率、电网电压及无功功率分配不变，对有功负载增大的发电机要增大其输入转矩并适当地增加其励磁电流，而对有功负载减小的发电机就要减小其输入转矩并适当地减小其励磁电流。

2.6.4　无功电流的自动均衡

一、基本方法及要求

1.基本方法

从上面的分析可知，若要改变发电机输出的无功功率，使并联发电机的无功负载均匀分配，则必须调节发电机的励磁电流，即对分担无功电流少的发电机增强励磁，同时对分担无功电流多的发电机减弱励磁，这样才能保证输出总的无功功率和电网电压不变。无功电流调节如图 2-6-3 所示。

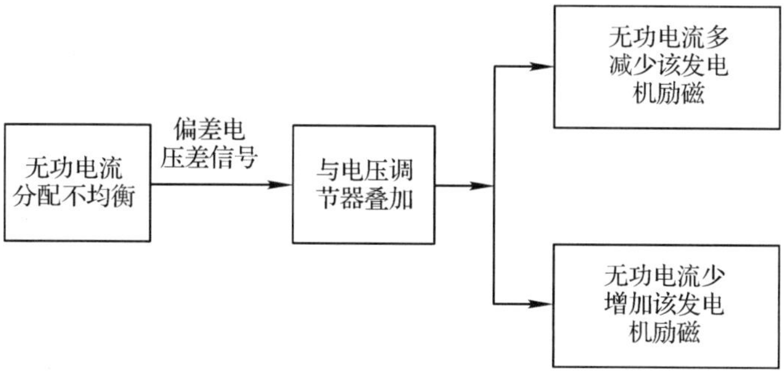

图 2-6-3　无功电流调节示意图

调节发电机的励磁电流可以实现无功电流的自动均衡，因此无功电流的调节往往与电压调节器组合在一起，共同组成闭环控制系统而进行自动调节。在自动调节系统中，首先应正确取出无功电流分配不均衡的偏差信号，然后将这个偏差信号转换为电压信号，以便与电压调节器所感受的调节点电压主信号进行叠加。叠加后使分担无功电流多的发电机的调压器感受到一个比实际电压高的信号(即在电压调节点主信号基础上叠加一个正的无功电流偏差转换成的电压信号)，从而减少该发电机的励磁。同时，使分担无功电流少的发电机的调压器感受到一个比实际电压低的信号(即在电压调节点主信号基础上叠加一个负的无功电流偏差转换成的电压信号),从而增大该发电机的励磁。这种自动调节可使各台发电机所分担的无功电流趋于平衡。

电压调节主信号与无功电流偏差转换成的电压信号进行叠加时有两种基本方法:一种是将无功电流偏差信号转换为交流电压信号与电压调节主信号在交流边叠加;另一种是将无功电流偏差信号转换为直流电压信号与电压调节主信号(调节点电压转换成的直流电压)在直流边叠加。这些就是无功电流均衡的基本方法和所需要解决的主要问题。

2.基本要求

无功电流均衡线路的形式可以不同,但从上面的基本方法中可归纳出如下基本要求:

(1)正确取出信号。无功电流均衡线路应能判别各台发电机无功电流分配是否均衡。不均衡才起调节作用,信号的大小应与无功电流的偏差成正比,而与有功电流的分配情况无关。

(2)正确调整励磁。无功电流偏差的极性要与调压器电压检测线路的主信号正确配合,使分担无功电流多的发电机减弱励磁电流,分担无功电流少的发电机增强励磁电流。

(3)工作要协调。无功电流均衡线路只在发电机并联工作时才起作用,未投入并联时不应工作。

二、典型线路的工作原理

1.原理线路

图 2-6-4 所示为两台发电机并联时的一种典型无功电流均衡线路原理图。它的无功电流偏差信号转换为交流电压信号后与电压调节检测的主信号是在交流边叠加的。为原理讨论的方便,图中只画出两台发电机。

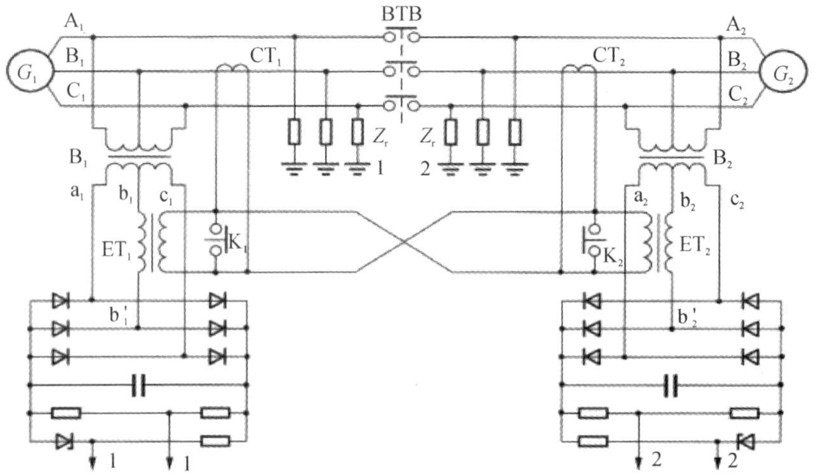

图 2-6-4　典型无功电流均衡线路原理图

1、2—至均衡控制电路

无功电流均衡线路由电流互感器 CT_1、CT_2,均衡互感器 ET_1、ET_2 和汇流条连结接触器 BTB 的辅助触点 K_1、K_2 组成;其余是电压调节的信号测量比较电路。辅助触点 K_1、K_2 在汇流条连结接触器 BTB 接通时断开，即在发电机并联时使均衡电路起作用，不并联时将均衡互感器原边短路。

2.线路工作原理

线路中两个电流互感器 CT_1、CT_2 与两个均衡互感器 ET_1、ET_2 连接成差动电路，使流过均衡互感器原边的电流为两电流互感器副边电流之差，如图 2-6-5 所示。由此在均衡互感器副边产生与上述电流差值的大小成正比且有一定相位关系的电压 u_{j1}、u_{j2}，它们分别作用于两个电压调节器检测电路的整流桥上，改变整流桥的输出电压，再通过调压器的其他环节调节发电机的励磁电流。

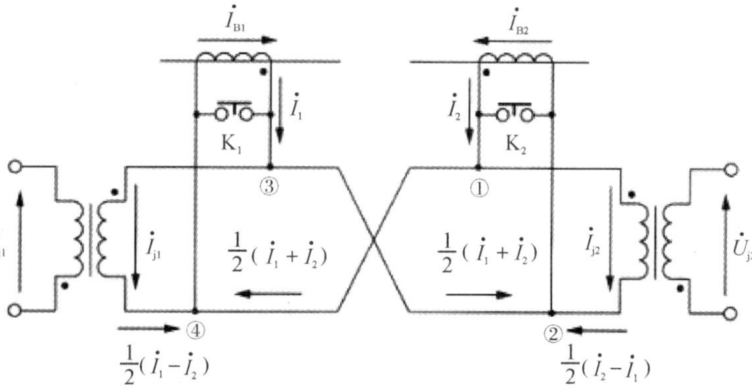

图 2-6-5　电流互感器与均衡互感器差动连接时的电流关系

1)取出电流偏差信号

每台发电机的 B 相均接有变比为 K_I 的电流互感器 CT_1、CT_2，假设为理想电流互感器，令各台发电机 B 相电流分别为 I_{B1}、I_{B2}，则电流互感器的副边电流 I_1、I_2 分别为

$$I_1 = I_{B1} / K_I \tag{2-6-4}$$

$$I_2 = I_{B2} / K_I \tag{2-6-5}$$

在图 2-6-5 中，对于节点①，有

$$I_2 = I'' + I_{j2} \tag{2-6-6}$$

对于节点②，有

$$I_2 = I' + I_{j2} \tag{2-6-7}$$

对于节点③，有

$$I_1 = I' + I_{j1} \tag{2-6-8}$$

根据图 2-6-5 和式(2-6-6)～式(2-6-8)，可得

$$I' = I'', I_1 + I_2 = 2I' + I_{j1} + I_{j2} \tag{2-6-9}$$

由于差动连接，有

$$I_{j1} + I_{j2} = 0 \tag{2-6-10}$$

由式(2-6-9)和式(2-6-10)，有

$$I' = I'' = (I_1 + I_2)/2 \tag{2-6-11}$$

所以

$$I_{j1}=(I_1-I_2)/2=(I_{B1}-I_{B2})/2K_I \quad (2-6-12)$$

$$I_{j2}=(I_2-I_1)/2=(I_{B2}-I_{B1})/2K_I \quad (2-6-13)$$

式(2-6-12)和式(2-6-13)说明差动连接的均衡互感器取出了两台发电机负载电流的差值信号。因为一般情况下，飞机交流电源的运行状态基本上是三相对称的，所以可用这一相电流的偏差信号代表三相总的不均衡情况。

2)转换为电压信号

由均衡互感器将上述电流偏差信号转换为电压信号。均衡互感器是一种特殊的互感器，其特点是它的磁化电抗很小，比它的负载阻抗小得多，它的原边电流的绝大部分是用来励磁而在铁芯中产生磁通，副边的负载电流极小，可以忽略，因此可以把它看成是空载变压器，即均衡互感器副边输出电压的大小与原边输入电流(这里为电流偏差)成正比，而相位则超前90°，其表达式为

$$u_{j1}=jX_\mu I_{j1}=jX_\mu(I_{B1}-I_{B2})/2K_I \quad (2-6-14)$$

$$u_{j2}=jX_\mu I_{j2}=jX_\mu(I_{B2}-I_{B1})/2K_I \quad (2-6-15)$$

式中：X_μ 为均衡互感器的励磁阻抗。

可得

$$u_{j1}=-u_{j2} \quad (2-6-16)$$

当 $I_{B1}=I_{B2}$ 时

$$u_{j1}=-u_{j2}=0 \quad (2-6-17)$$

3)电压信号的叠加

均衡互感器副边输出电压 u_{j1}、u_{j2} 与电压调节器的主信号在整流之前的交流边叠加，使无功电流差所产生的电压信号正确发挥控制作用，而有功电流差的信号基本不起作用。以下分三种情况对这一问题加以说明。

(1)设 I_{B1}、I_{B2} 均为纯无功电流，且 $|I_{B1}|>|I_{B2}|$。

在图2-6-4的线路中，电压偏差检测线路虽然经过变压器，但仅使副边电压按变比 K_u 降低，而相位与原边一致。在图2-6-6中取B相电压 u_B 为参考量，则变压器副边电压 u_{b1}、u_{b2} 与 u_B 同相。

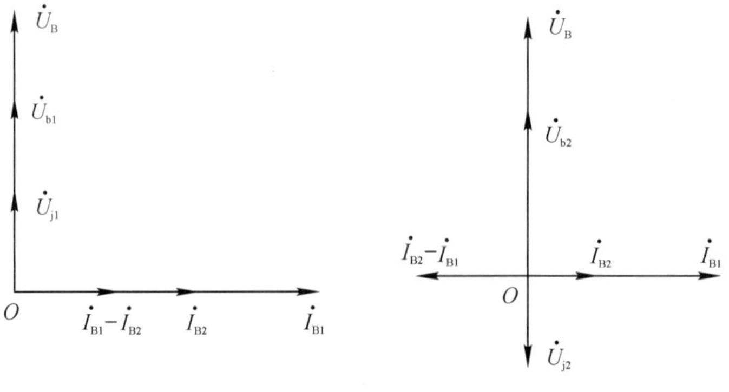

图2-6-6　I_{B1}、I_{B2} 均为纯无功电流，且 $|I_{B1}|>|I_{B2}|$ 时的向量图

下面介绍均衡互感器副边输出电压 u_{j1}、u_{j2} 与 u_B 的相位关系。当 I_{B1} 和 I_{B2} 为纯无功电

流时，它们落后于 u_B90°；由 $|I_{B1}|>|I_{B2}|$ 的关系可画出两者之差，而均衡互感器副边输出电压 u_{j1}、u_{j2} 分别超前电流差值 90°，所以对应输出无功电流大的均衡互感器的输出电压 u_{j1} 与 u_B 的同相，对应输出无功电流小的均衡互感器的输出电压 u_{j2} 与 u_B 的反相。

按图 2-6-6 向量图的关系可作出整流桥输入电压位形图，如图 2-6-7(a)(b)所示。

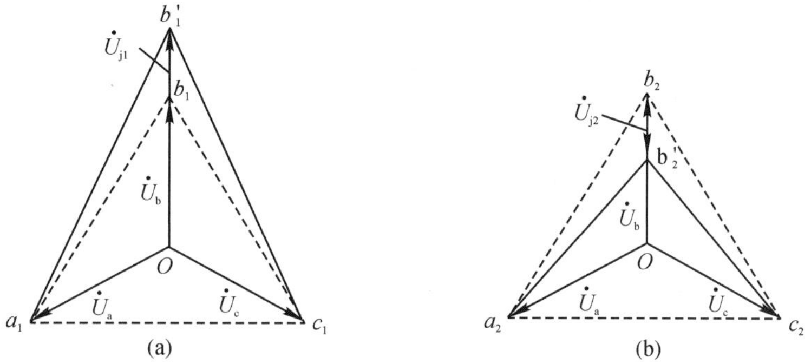

图 2-6-7　纯无功电流偏差时信号叠加后的位形图

因为三相不对称电压经桥式整流后输出的直流电压为三个线电压的平均值，即与电压三角形的三个边之和成正比。由图 2-6-6 可见，由无功电流差所产生的信号电压 u_{j1} 是使输出无功电流大的发电机的调压器敏感到的电压值升高、励磁电流减弱；而信号电压 u_{j2} 是使输出无功电流小的发电机的调压器敏感到的电压值降低、励磁电流增加。这样控制的结果，将使两台发电机的无功电流分配偏差自动地减小而趋于均衡。

(2)设 I_{B1}、I_{B2} 均为纯有功电流，且 $|I_{B1}|>|I_{B2}|$。

与上述分析类似，可作出图 2-6-8 所示的向量图，其中有功电流是与电压同相位的。

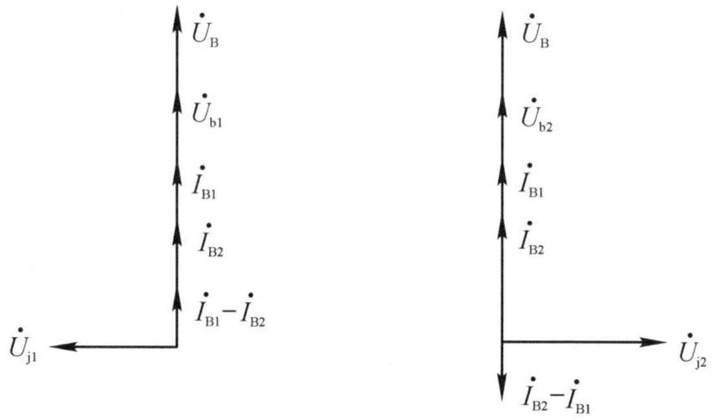

图 2-6-8　I_{B1}、I_{B2} 均为纯有功电流向量图

从图 2-6-8 可知，对应输出有功电流大的均衡互感器输出电压 u_{j3} 的相位超前 u_B90°；对应输出有功电流小的均衡互感器输出电压 u_{j4} 的相位则落后 u_B90°。

根据向量关系同样可作出均衡互感器副边输出电压 u_{j3}、u_{j4} 与电压调节器的主信号在整流之前的交流边叠加后的位形图，如图 2-6-9(a)(b)所示。

由位形图 2-6-9 看出，由于 u_{j3}、u_{j4} 的作用，位形图从原来的正三角形变为斜三角形。根据数学知识，正三角形与斜三角形同底等高时其面积相等，而面积相等的三角形中，正三角形的周长最短，所以斜三角形三边之和大于正三角形三边之和，但由无功电流不均衡产生

的 u_{j3}、u_{j4} 比起线电压本身来说小很多，所以斜三角形三边之和与正三角形三边之和相差不多。因此经整流后的直流电压增加不大。也就是说，这个电路对有功电流基本是没有反应的。

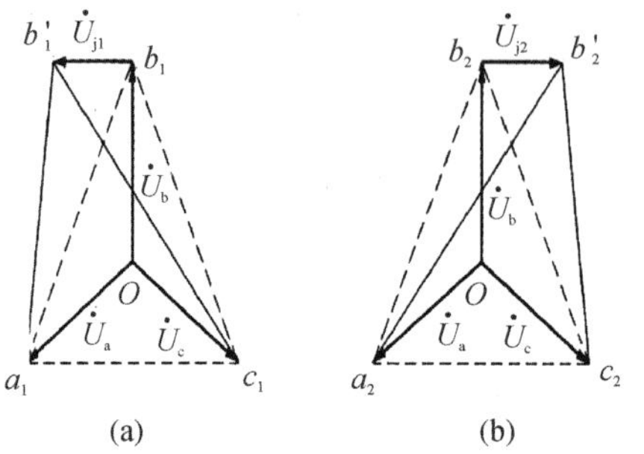

图 2-6-9　纯有功电流偏差时信号叠加后的位形图

(3)设 IB1、IB2 中既有有功分量又有无功分量。

无功电流自动均衡电路的敏感部分是一个线性电路，当负载电流既有有功分量又有无功分量时，只要将 I_{B1}、I_{B2} 先分解为有功分量和无功分量两部分，然后再按上述分析方法进行分析即可。结果是，此时无功分量将起均衡无功电流的作用，有功分量则同样基本不起作用。

综上分析可得到如下结论：该线路能够自动均衡无功电流，而对有功电流基本不起作用；负担无功电流大的发电机励磁电流减弱，负担无功电流小的发电机励磁电流增加，从而使无功电流趋于均衡。

2.6.5　有功电流的自动均衡

一、基本方法和要求

1.基本方法

从有功功率调节的基本概念可知，交流发电机有功功率的调节是通过改变原动机传输给发电机转子轴上的转矩而实现的，图 2-6-10 为有功电流调节示意图，即通过调节转速，改变发电机的功率角而改变有功功率的输出。

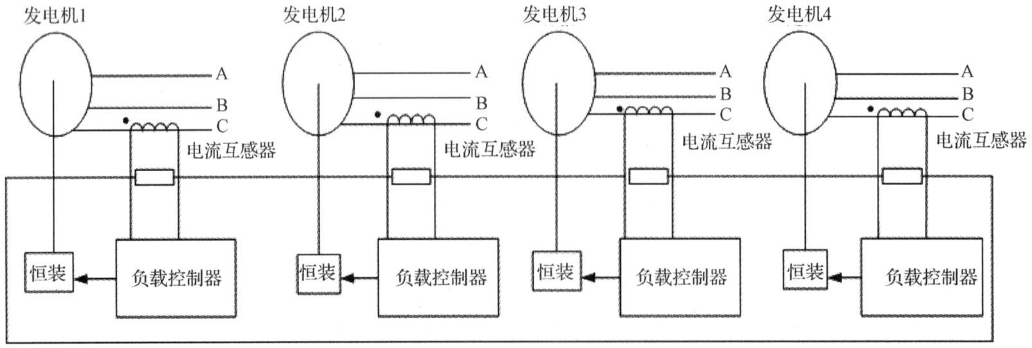

图 2-6-10　有功电流调节示意图

恒速传动装置输出转速是通过转速调节器来调节的，因此，有功电流自动均衡的基本方法是给恒速传动装置的转速调节器附加一个有功电流偏差的信号，使输出转速从原来的调定值按有功电流偏差信号的极性与大小作相应的变化，从而使有功电流的分配趋于均衡。

2.基本要求

与无功电流自动均衡相似，有功电流的自动均衡线路必须满足下列原则。

(1)正确取出信号。线路应能判别有功电流分配是否均衡，取出信号的极性应能反映有功电流偏差的正负，其大小与偏差数值大小成正比，而对无功电流的分配情况则不作反映。

(2)分别调整转矩。取出的信号放大后作用到恒装调速器的电调线圈上，分别增加或减少恒速传动装置的转矩，使分担有功电流大的发电机的转速降低，而分担有功电流小的发电机的转速升高。

(3)工作要协调。有功电流均衡线路只在发电机并联工作时才起作用，未并联时，有功电流均衡线路则不应工作。

二、典型线路的工作原理

1.原理线路图

图 2-6-11 是一种典型的有功电流偏差敏感电路，其基本结构与图 2-6-4 所示的无功电流均衡线路是类似的：CT_1 为电流互感器，B_1 为带中间抽头的变压器，几台发电机的电流互感器与无功检测环一样按差动形式接成闭合环路，称为有功电流均衡检测环。

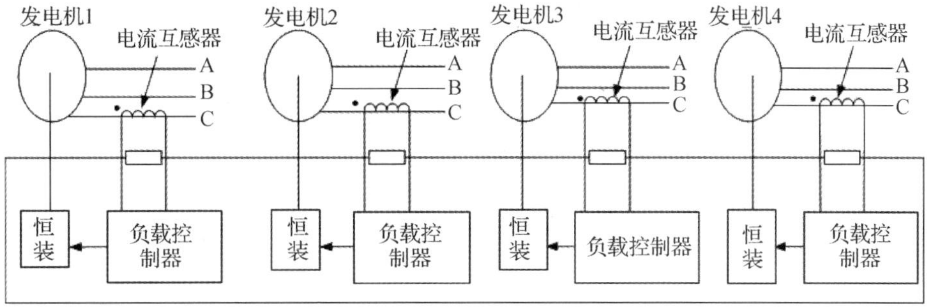

图 2-6-11　有功电流均衡分配敏感电路

图 2-6-4 中 1 表示有功电流分配检测环，U_{ab}输出电压最终传输到恒速传动装置中调速系统的电调线圈中，在电阻 R_1 两端取出负载电流分配的偏差信号，经过 D_1、D_2 整流后，输出一个极性和大小是反映有功电流偏差的直流电压信号，然后将该信号送到恒装的转速精调电路去控制恒速传动装置调速器中的电调线圈工作(参见 2.2 节的分析)，以调节恒速传动装置的转矩，使有功电流的分配趋于均衡。

2.线路的工作原理

图 2-6-11 中的电流互感器 LH_1 为原边接在 C 相，取出 C 相电流 I_C，与无功电流均衡线路相似，流过电阻 R_1 的电流为 C 相电流偏差信号 $\Delta I_C/K_1$，所以在 R_1 上的压降为

$$u_{R1}=\Delta I_C/K_1 \cdot R_1 \qquad (2-6-18)$$

变压器 B_1 的原边也接在 C 相，故其副边电压与 u_C 同相，且有 $u_1 = u_2$。输入整流器的电压为 u_1'、u_2'，它们分别为

$$u_1' = u_1 + u_{R1} = u_1 + \Delta I_C / K_I \cdot R_1 \tag{2-6-19}$$

$$u_2' = u_2 - u_{R1} = u_2 - \Delta I_C / K_I \cdot R_1 \tag{2-6-20}$$

假定当 ΔI_C 为纯无功电流差时，ΔI_C 应该与 u_C 垂直（至于是超前还是滞后，视无功电流差的正负值确定），其向量关系如图 2-6-12(a)(b)所示。

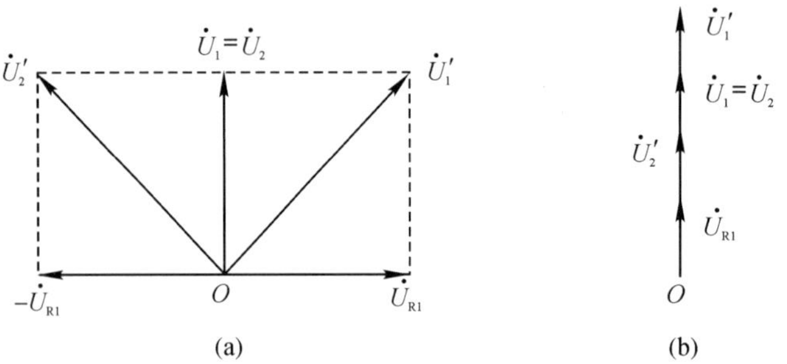

图 2-6-12 相电压与电流差的向量关系

假定当 ΔI_C 为纯有功电流差时，ΔI_C 应该与 u_C相重合（至于是同相还是反相，视有功电流差的正负值确定），其向量关系如图 2-6-12(b)所示。

从向量图 2-6-12 可见，当 ΔI_C为纯无功电流差时，u_1'、u_2' 的大小是相等的，由于 u_{R1} 的数值比 u_1（或 u_2）小得多，因此它对 u_1' 或 u_2' 的影响甚微，所以经过整流后在 a、b 端输出的直流信号可以忽略不计，也就是说，此电路对无功电流不作反映。当 ΔI_C为纯有功电流差时，u_1' 与 u_2' 的差值大小为 $2\Delta I_C/K_I$，经过整流后，在 a、b 端输出与此值成正比的直流信号，即输出一个与有功电流偏差成正比的直流信号。

通过对以上电路的分析，可以得到如下结论：该电路是能够反映有功电流偏差的，而对无功电流不起作用；取出的有功电流偏差信号，只要正确地连接到恒速传动装置调速器的电调线圈，就能实现有功电流的自动均衡；电路中的触点 K_1 是汇流条连结接触器 BTB 的一对辅助触点，当发电机单独供电时，K_1 的闭合使有功电流自动均衡电路不起作用。

2.6.6 投入并联的自动控制

飞机上多台同步发电机投入并联工作时，必须满足前面分析的五个条件，在这些条件中，除电压波形和相序已经确定外，要求待并联发电机与电网电压大小、频率和相位完全相同是不可能的，因此只要求将这些参数限制在一定的范围内。这些参数被限制在一定范围后，将待并联的发电机与电网实行并联的方法叫精确同步法。目前，一般要求电压差不超过额定电压的 9%～10%，频率差不超过额定频率的 0.5%～1%，相位差不超过 90°，即可投入并联。这些条件由自动并联电路进行检测，当满足要求时，将待并联的发电机自动投入电网。在波音 B707 飞机上，还装有同步指示灯，可以由人工对频率进行精确调节，当同步指示灯的闪动满足要求时，即可由人工合闸投入并联，以作为随便投入并联的辅助设备。

一、自动并联装置原理电路的组成

图 2－6－13 是一种典型的自动并联原理电路。它由电网电压检测电路、自动并联检测电路、“或”门鉴压电路、可控硅触发电路和控制执行电路等五个部分组成。

1.控制执行电路

在实行并联供电的飞机上，汇流条连结接触器 BTB 平时总是处于接通状态，发电机投入电网的接通是由发电机接触器 GB 操纵的，而 GB 的通断则由可控硅管控制。

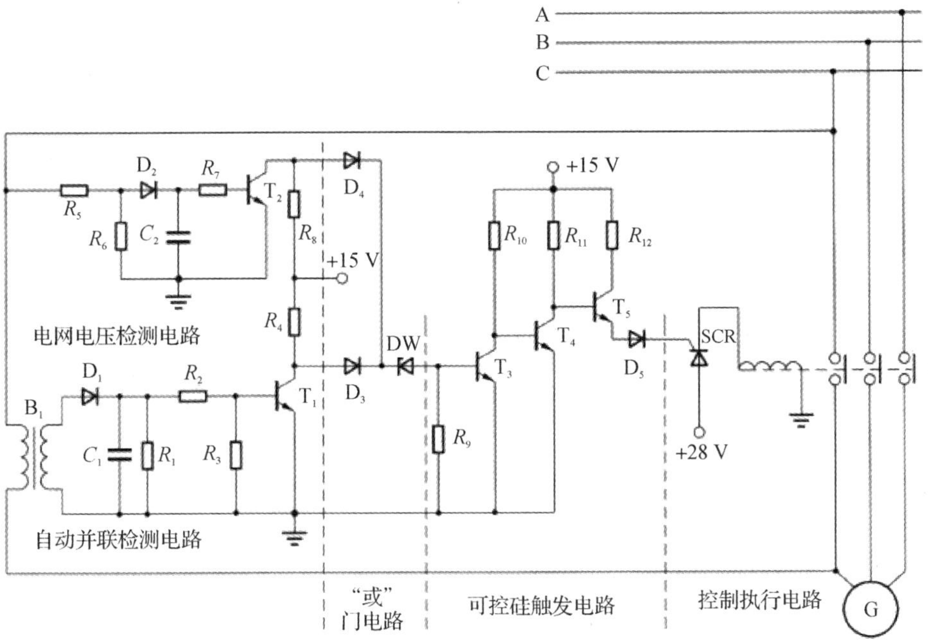

图 2－6－13　自动并联装置原理电路

2.触发电路

可控硅触发电路由三极管 T_3、T_4、T_5，二极管 D_5 及电阻 $R_{9\sim12}$ 组成。三个三极管组成开关放大电路，只有“或”门鉴压电路有信号输出，使 T_3 饱和导通，T_4 截止，T_5 才可能饱和导通，把 15 V 直流电源通过 D_5 加至可控硅 SCR 的控制极（触发阳极），形成触发信号从而使可控硅管导通。

T_3 的导通或截止取决于稳压管 DW 是否被击穿，而稳压管 DW 的击穿工作则依赖于二极管 D_3 或 D_4 任一条支路的导通。

3.“或”门鉴压电路

“或”门鉴压电路由晶体二极管 D_3、D_4 和稳压管 DW 组成。只要任一路二极管导通就可使 DW 击穿而输出信号。

采用“或”门电路，是为了综合电压检测电路与自动并联检测电路两方面的信号。电网无电或符合并联条件两者中的任一种都可使 GB 接通，使发电机投入电网。

4.电网电压检测电路

电网电压检测电路又称汇流条无电检测电路，由晶体二极管 D_2、三极管 T_2 等组成。

电网无电压时就不存在并联问题，可以使发电机立即投入电网。此时，T_2 截止，15 V 直流电压经 R_8、D_4 使 DW 击穿工作。

电网有电压时，T_2 导通，D_4 则无电压输出，不能使 DW 击穿，这时，此电路不会输出使 GB 接通的信号，需要由自动并联检测电路的信号去决定是否投入并联。

5.自动并联检测电路

电路由变压器 B、二极管 D_1、电容 C_1、三极管 T_1 及电阻 $R_{1\sim3}$ 组成。

该电路检测电网和发电机电压之间的压差、频差和相差，当满足并联供电条件件时，T_1 截止，集电极输出高电位，使 D_3 导通，击穿 DW 而发出 GB 接通的信号，使发电机投入并联。当不符合并联指标时，T_1 导通，集电极输出低电位，不足以击穿稳压管 DW，没有接通 GB 的信号，也就不能使发电机投入并联。

二、自动并联检测电路的基本原理

自动并联检测电路能在符合并联指标时发出合闸并网信号，其基本原理要从变压器 B 所检测的电压开始进行讨论。

变压器 B 的原边跨接在电网与待并联的发电机的同一相之间，所以首先讨论待并联的发电机与电网间的电压波形。

设待并联的发电机的电压为 u_{F1}，频率为 f_1；已投入电网的发电机电压为 u_{F2}，频率为 f_2；设它们的初相角均为零，则其电压瞬时值为

$$u_{F1}=\sqrt{2}U_{F1}\sin\omega_1 t,\quad u_{F2}=\sqrt{2}U_{F2}\sin\omega_2 t \tag{2-6-21}$$

它们的瞬时电压差为

$$\Delta u_F=\sqrt{2}U_{F1}\sin\omega_1 t-\sqrt{2}U_{F2}\sin\omega_2 t \tag{2-6-22}$$

变压器 B 的变比设为 K，在忽略其影响因素时，变压器副边电压瞬时值为

$$\Delta u=\frac{\Delta u_F}{K}=\frac{\sqrt{2}U_{F1}}{K}\sin(\omega_1 t)-\frac{\sqrt{2}U_{F2}}{K}\sin(\omega_2 t) \tag{2-6-23}$$

为分析方便，设 $U_{F1}=U_{F2}=U_F$，则

$$\Delta u=\frac{\sqrt{2}U_F}{K}(\sin\omega_1 t-\sin\omega_2 t) \tag{2-6-24}$$

$$\Delta u=2\frac{\sqrt{2}U_F}{K}\sin\frac{(\bar{\omega}_1-\bar{\omega}_2)t}{2}\cos\frac{(\bar{\omega}_1+\bar{\omega}_2)t}{2} \tag{2-6-25}$$

由式(2-6-25)可见，Δu 是角频率为$(\omega_1+\omega_2)t/2$ 的余弦曲线，其振幅也同时按较小的角频率$(\omega_1-\omega_2)t/2$ 作正弦变化。u_{F1}、u_{F2}、Δu 的波形如图 2-6-14(a)(b)所示。

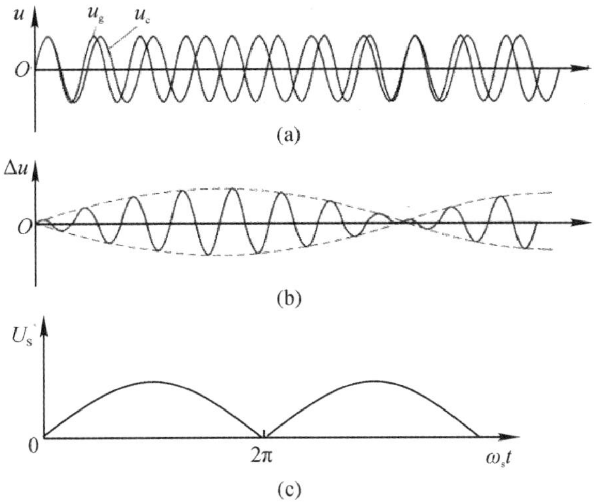

图 2-6-14　自动并联检测电路电压波形图

在 2-6-14(b)中，虚线是 Δu 振幅的包络线，用 u_s表示 Δu 包络线的瞬时值，则有

$$u_s = 2\frac{\sqrt{2}U_F}{K}\sin\frac{(\tilde{\omega}_1-\tilde{\omega}_2)t}{2} = U_{sm}\sin\omega_s t/2 \tag{2-6-26}$$

或写成

$$u_s = U_{sm}\sin\Delta\varphi/2 \tag{2-6-27}$$

式中：$U_{sm}=2\sqrt{2}U_F/K$；$\omega_s=\omega_1-\omega_2$，为 u_{F1}与 u_{F2}的角频率差；$\Delta\varphi=\omega_s t$，为 u_{F1}与 u_{F2}的瞬时相位差。

变压器副边如图 2-6-14 (b)所示，电压 Δu 经二极管 D_1半波整流，电容 C_1滤除高频成分，输出的电压则是振荡电压包络线的正半部分，用 u_s表示，如图 2-6-14 (c)所示。u_s就是电容 C_1上检测到的信号电压，它经过电阻 $R_{1\sim3}$后作为 T_1的控制信号。

当 $U_{F1}\neq U_{F2}$时，设 $U_{F1}=U_{F2}\pm\Delta U_F=U_F$，利用上面的推导，有

$$u_s = U_{sm}\sin\frac{\tilde{\omega}_s t}{2} \pm \frac{\sqrt{2}\Delta u_F}{K}\sin\omega_2 t \tag{2-6-28}$$

或

$$u_s = U_{sm}\sin\frac{\tilde{\omega}_s t}{2} \pm \frac{\sqrt{2}\Delta u_F}{K}\sin\omega_1 t \tag{2-6-29}$$

由于调压器作用在每台发电机上，故 ΔU_F通常情况下很小，加上电容 C_1的高频滤波作用，所以在讨论 u_s时，$\sqrt{2}\Delta U_F/K\cdot\sin\omega_2 t$（$\sqrt{2}\Delta U_F/K\cdot\sin\omega_1 t$）可以忽略，因此 u_s可近似为

$$u_s = U_{sm}\sin\frac{\tilde{\omega}_s t}{2} \tag{2-6-30}$$

或

$$u_s = U_{sm}\sin\Delta\varphi/2 \tag{2-6-31}$$

从式(2-6-30)、式(2-6-31)和图 2-6-14 可以定性地得出：u_s的大小与周期 T_s是

随发电机和电网电压 u_{F1}、u_{F2}的大小，频率差[$(\omega_1-\omega_2)$对应(f_1-f_2)]或相位差 $\Delta\varphi$ 而变化的。而 u_s的大小与周期则决定电容 C_1充电、放电的工作情况，当选定 T_1的导通电压和DW 的击穿电压等参数后，只有当电容 C_1的电压放电到低于 T_1的导通电压时，才能使 T_1截止，由直流电源经 R_4击穿 DW 后而发出合闸信号。在 $U_{F1}=U_{F2}=U_F$时，这个合闸的工作点即相应地反映了待并联的发电机与电网电压之间的频率差、相位差。同样分析，当 $U_{F1}\neq U_{F2}$时，这个合闸的工作点也相应地反映了待并联的发电机与电网电压之间的电压差。

综上分析可知，自动并联检测电路可以检测出待并联发电机与电网之间的压差、频差及相位差。只要参数选择适当，该电路能在压差、频差及相位差满足规定值时发出合闸信号，实现发电机自动并入电网，实现并联供电。

拓展阅读

大飞机事业呼唤工匠精神

“知者创物，巧者述之守之，世谓之工。”从《周礼・考工记》溯源“工匠精神”，其内涵就是心无旁骛的专注，铁杵成针的琢磨，一丝不苟的严谨，精益求精的品质，就是安、专、迷。可以说，工匠精神是人类社会发展、历史进步中一直涌动的推动力。

在全面实施创新驱动、转型发展战略，向“中国制造 2025”加速迈进的当下，我们更需要力倡工匠精神、重塑工匠精神，让“工匠精神”得到时代传承。

中国制造需要中国工匠、中国质量。

荣誉在于劳动的双手。在制造业高度发达的国家，“工匠精神”被广泛推崇。比如日本东京银座的小野二郎，捏了大半辈子寿司，将寿司制作的工艺做到了极致，给章鱼按摩时间要 40～50 min，只为让肉质变软、带出香味；煮饭的锅盖压力之大需要双手使劲才能打开，只为保证米饭的口感。这位日本“寿司之神”，骨子里是满满的工匠精神。有统计称，截至2012 年，寿命超过 200 年的企业，日本有 3 146 家，为全球最多；德国有 837 家。支撑这些“长寿”企业的，正是专业、专注到极致的“工匠精神”。

工匠精神从来不是西方世界的专利。“百工之事，皆圣人之作也。”在灿烂悠久的中华文明中，从来不缺伟大的工匠，也从来不缺工匠精神。从精美绝伦的瓷器、丝绸、青铜器，到气势恢宏的故宫、大运河、万里长城，从善于解牛的庖丁、木匠“祖师爷”鲁班、纺织高手黄道婆，到蔡伦、张衡、祖冲之，“技进乎道”的文化基因在华夏土地源远流长。中国制造的魅力几度征服世界甚至征服时间。

制造业是强国之本，工匠精神是兴业之基。工匠精神正是中国制造的精神之“钙”。要实现“中国制造 2025”，必须有高精尖的增材制造、智能制造、柔性制造，必须有引领性的“现代工业皇冠”大飞机，也必须有沉得住气、迷恋事业、追求完美的中国工匠，才能有经得起千锤百炼的中国质量，才能产生历久不衰的传世佳作。

创新要靠工匠精神的厚积“厚”发。爱迪生在发明电灯前，曾经尝试了 1 600 多种灯丝材料。居里夫妇经过三年又九个月的提炼，才从数吨残渣中分离出微量氯化镭。屠呦呦和团队一起耐住了寂寞，顶住了压力，战胜了挫折，才找到提取青蒿素的关键方法，最终为挽救全球数百万疟疾患者的生命作出重大贡献。

厚积才能“厚”发。科学技术的创新突破，靠的是整个社会科技、经济、人文各种因素的共同哺育，靠的是实干家们长期的脚踏实地、孜孜以求的不懈探索。孕育的过程可能长达数年乃至数十年，直到量变引起质变，发展出现跨越。

在创新技术走向创新产品的转化过程中，也需要如切如磋、精耕细作的工匠精神。我们必须将“工匠精神”引入科技转化，将“作品意识”融入科研思维，才有望打造出更多、更好、更务实的科技成果。这一过程有如攻玉，需要“相石”——精妙的设计规划，“雕琢”——精确的过程控制，“镶嵌”——精锐的强强联合。这一过程不仅漫长而复杂，也可能有所反复甚至遭受挫折，而越是在这样的时刻，越是要坚定信心，团结协作；越是要反对手忙脚乱，做到沉着冷静；越是要反对眼睛向外，坚持眼睛向内；越是要反对互相埋怨，做到群策群力。惟其如此，才能走出一片新天地。

中国大飞机事业呼唤工匠精神。飞机要飞上蓝天，需要几万甚至几十万设计师、产业工人协同工作，需要数十万甚至数百万个零件协调、高效、可靠地运转。设计、制造、飞行、客服任何一个环节的漫不经心，任何一个零件“掉链子”，都有可能造成严重的后果。这就给飞机的设计者、制造者和使用者们提出了非常严苛的质量要求。每一个人都应该不懈追求产品质量，做出打动人心的一流产品，才是真正对每天乘坐自己的飞机的上百条鲜活的生命负责。

大飞机呼唤大国工匠，大国工匠要依托大事业一展身手。“航空手艺人”胡双钱，36 年来始终没有离开心爱的钳工岗位。36 年来，他经手的飞机零件没有一个出过质量问题。正是靠着千万个胡双钱，靠着脚踏实地的“工匠精神”，中国大飞机才能下线、起飞，飞上蓝天。

今天中国的民机人更需要坚守“工匠精神”。要始终坚持“长期奋斗、长期攻关、长期吃苦、长期奉献”，把安、专、迷融入中国民机人的血液，用“工匠精神”铸成中国大飞机的灵魂。中国大飞机事业举世关注。通过大飞机“工匠”们不懈努力、脚踏实地、埋头苦干，中国大飞机经受重重考验，迈过道道沟坎，也一定会得到国家的认可、公众的理解、市场的信任，也定能够成为新时期改革开放的标志性工程和建设创新型国家的标志性工程，成为国家的骄傲。

复习思考题

一、选择题

1.单独供电的飞机交流电源系统，各主交流发电机、汇流条和配电网的连接关系是(　　)。

A.相互并联　　B.相互串联

C.相互隔离　　D.以上都可以

2.并联供电的飞机交流电源系统，其主要优点是(　　)。

A.供电质量高和供电的可靠性高

B.控制和保护设备比较复杂

C.控制和保护设备比较简单

D.要尽可能地提高发生故障时电源转换的速度,以缩短转换中断供电的时间

3.多台同步发电机要达到电压波形相同,解决办法是(　　)。

A.采用同型号的同步发电机

B.敷设发电机馈线时,注意电源之间相序的对应关系

C.采用电压调节器和无功负载均衡措施

D.发电机电压与电网电压间的相位差应小

4.交流发电机自动并联检测变压器跨接于(　　)。

A.发电机某相与地之间　　B.发电机某相与电网某相之间

C.电网的某两线之间　　D.发电机的两线之间

5.飞机上若要保持电网的频率和电压不变,在总负载不变的情况下,当一台发电机的有功功率或无功功率增加时,必须相应地(　　)。

A. 减少其他发电机的输出　　B.增加其他发电机的输出

C. 减少其他发电机的输入　　D.增加其他发电机的输入

6.为使交流发电机能够投入并联并正常运行,无功功率的调节是(　　)而实现的。

A. 通过改变原动机(恒速传动装置)加在发电机转子轴上的转矩

B.增大其输入转矩并适当地增加其励磁电流

C.通过调节发电机的励磁电流

D.减小其输入转矩并适当地减小其励磁电流

7. 两台频率不相等的恒速恒频交流电源并联以后会造成(　　)。

A.有功功率不均衡　　B.无功功率不均衡

C.电网电压不相等　　D.电网频率不相等

8.在并联的交流电源中,需要调节均衡无功负载(　　)。

A.电压　　B.频率　　C.相位　　D.相序

9.交流发电机并联后应考虑的主要问题是(　　)。

A.无功电流与有功电流的均衡　　B.电压均衡

C.频率均衡　　D.转速一致

10.采用恒速传动装置的发电机若频率负载特性不一致,则(　　)。

A.不能并联　　B.可以并联但有功负载不相等

C.可以并联但并联后电压不相等　　D.可以并联但并联后频率不相等

二、简答题

1.并联供电系统的特点(优缺点)是什么?

2.交流发电机并联供电应考虑的主要问题有哪些?

3.交流发电机实现并联供电的基本条件是什么?

4.多电源的恒频交流电源系统采用什么样的供电方式?

5.投入并联自动控制电路一般由哪几部分组成?

2.7　飞机交流电源的控制和保护

控制与保护装置是飞机交流电源系统的重要组成部分,是实现飞机电源正常供电的重要环节。控制与保护两者有密切的联系,常常组合在一起成为一个整体,是发电机控制组件(GCU)的一部分,实现对发电和供电系统的控制。控制就是根据一定的逻辑控制关系,采用人工或自动方式去通断电源与负载之间的线路连接;保护是在交流电源系统发生故障时,正确判断和及时隔离故障,尽量缩小切除部位,保护用电设备,保证系统的生命力。

2.7.1　概述

一、交流电源的控制问题

1.主要的控制对象

控制和保护装置的主要控制对象(即执行元件)主要有以下几个:

发电机控制继电器(Generator Control Relay,GCR)——控制发电机励磁电路的接通与断开,决定发电机是否发电。

发电机接触器(又称发电机控制接触器 GCB,Generator Tie Breaker,GB)——使发电机投入电网向发电机汇流条供电,即决定发电机是否输出功率。

汇流条连结接触器(Bus Tie Breaker,BTB)——将各发电机汇流条与连结汇流条(或同步汇流条)接通或断开,决定发电机是否并联供电或是发电机汇流条之间是否转换供电。

在非并联供电系统中,BTB 正常是处于断开状态的,只有在外电源供电、APU 发电机供电或在故障转换时才接通。在并联供电系统中,BTB 平时是处于接通状态的,只有在某台发电机故障时才断开,以便隔离故障。由于 BTB 和 GCR 平时是处于接通状态的,所以在并联供电系统中,发电机的合闸并联实际上是通过控制 GB 的接通来实现的。

外电源接触器(External Power Contactor,EPC)——控制外电源与机上连接汇流条的通断,即决定地面电源是否向机上电网供电。飞机在地面作业或起动发动机时,可由地面电源通过机上的地面电源插座向机上负载供电。

辅助电源断路器(Auxiliary Power Breaker,APB)——大型飞机上多备有辅助动力装置,由其传动的发电机可以在地面或空中向机上负载供电。辅助电源断路器 APB 控制辅助电源与连接汇流条的通断,以决定是否由 APU.G 供电。

除了以上发电和供电环节的控制对象以外,在电源配电系统中还有大量的接触器、继电器需要进行通、断控制,以实现对不同负载的供电和出现故障时的电网重构。

2.控制保护装置的作用

飞机交流电源系统控制保护装置的作用就是人工或自动地接通、断开或转换上述开关装置。具体地说,控制的作用主要就是根据供电方式的需要及一定的逻辑关系,控制上述那些发电机和电网的开关元件,以完成发电机和电网主汇流条的通断或转换工作。保护的作用主要是在发电机或电网局部出现故障时,有选择地自动断开某些开关装置,使故障部分与正常供电系统隔离,防止故障的扩大,保证系统正常供电。

3.控制保护装置的类型

目前,国内外生产和使用的控制保护装置主要有继电器型、磁放大器型、晶体管型以及微处理器为中心的固态功率控制器等几种。

继电器型是较早期的产品,其特点是结构比较简单,但由于活动触点的存在,故可靠性较差,抗振动能力不高,灵敏度低,寿命短,不利于维护。

磁放大器型的控制保护装置是一种静止型装置,没有活动部件,所以它的抗振性能好,工作可靠,灵敏度高,温度稳定性能较高;但它体积、重量大,制造工艺较复杂,而且需要专门的交流电源,因此使用得也越来越少。

晶体管型控制保护器是目前普遍采用的装置,它具有体积小、重量轻、可靠性高、消耗功率少、动作速度快等优点,与微处理器组成的发电机控制保护器和汇流条功率控制器已经广泛应用于大、中型飞机的电源系统上。这些控制保护器除了对发电系统和供电系统提供调压、控制与保护功能外,还具有自动卸载控制、系统状态监控、故障信息存储和显示等多种功能,实现了飞机电源系统的智能化控制,提高了电源系统的可靠性和可维护性。其主要缺点是温度稳定性能较低,受温度影响较大。

二、交流电源系统的故障及保护中的一般问题

1.故障类型与保护项目

在飞机交流电源系统工作过程中,可能出现故障的地方很多,有的是恒速传动装置故障,有的是供电系统部件(如发电机、调压器)本身的故障,有的是系统中的线路故障,在并联供电系统中,还可能是均衡分配环路中的线路故障等。故障的表现形式是多种多样的,有过压、低压、过流、负载分配严重不均、过频、低频和电压不稳定等。对这些故障如不及时采取适当的保护措施,将会引起供电的不正常,有时甚至发生火灾等严重事故。

应该根据每一种故障对用电设备造成的具体影响而采取相应的保护措施:有时应断开BTB,有时应断开GCR并同时断开GB,有时则只断开GB;另外,有的应立即动作,有的应延时动作。总之,应该按具体情况加以区分,但具体情况可能是比较复杂的。有时同一故障形式就有不同的原因,比如引起低压的原因可能是欠速,也有可能是发电机励磁发生短路;有时同一故障原因却有不同的故障表现形式,比如发电机励磁回路发生短路时,在单独供电的系统中,表现为发电机端电压下降即低压故障,而在并联供电系统中,则表现为该发电机负担的无功电流减少。所有这些,增加了问题的复杂性,这就要求各种保护项目之间正确协调。

目前,在发电机非并联供电系统中的保护项目有过压(Over Voltage,OV)、低压(或叫

作欠压，Under Voltage，UV)、馈线和发电机内部短路[差动电流保护(Differential Protection，DP)]、过载(Over Load，OL)、低频(或欠频，Under Frequency，UF)或欠速(Under Speed，US)、电压不稳定(Stability Protection，SP)和火警保护等。其中过压、低压、差动电流保护是主要的，所有的飞机都设有。在并联供电的系统中，除上述项目外，还有过励磁(Over Exxiting，OE)和欠励磁(Under Exciting，UE)保护等。对于具体的某种机型来说，以上保护项目不一定都有，需要根据飞机的用途及性能、产生故障的可能及危害、供电质量要求等因素决定、取舍。

2.对保护电路的基本要求

飞机电源系统的可靠运行对飞机的飞行安全具有重要意义，因此对电源系统的保护电路除了要求安全可靠、重量轻、体积小之外，还需要满足以下要求：

(1)正确判断和隔离故障，尽量缩小切除部位，保证系统的生命力。例如，过励(或欠励)故障，可能是无功或有功均衡环路故障，也可能是调压器故障，所以应该先断开 BTB，让发电机单独供电。这样，如果是均衡环路故障则故障消失，如果是调压器故障，则对单台发电机表现为过压(或低压)故障，这时再断开 GCR 和 GB。

(2)保护装置动作要准确、及时。当电源系统发生故障时，既要避免故障的进一步扩大而引发严重事故，又要保证供电系统具有最大的生命力。因此保护电路应能正确判断出故障的部位，准确将其与整个电网隔离，同时为了保证供电系统的生命力，应尽量不中断对重要机载设备的供电。例如飞机电源系统中的故障，有的属于发电机本体，如 OV、UF 等，这时由 GCU 进行保护，一般是将该发电机与电网隔离；有的属于配电系统，如过载，这时通过 BPCU 进行过载保护。

(3)保护装置既不应该误动作也不应该拒动作。在不应该动作时动作称为误动作；在应该动作时不动作称为拒动作。另外，根据不同的故障情况，保护装置应有其动作规律：有些保护应立即动作，如最危险的过电压和短路故障；有些保护则应有延时。延时可分为固定延时和反延时两种，所谓反延时就是大于保护值后，延时时间随信号的强弱而变化，即信号越强，延时时间越短，信号越弱，延时时间越长。

(4)保护装置应具有自检和记忆功能。现代飞机的控制保护器带有微处理器，可以对电源系统和保护电路进行自检，以发现故障；同时保护器应具有故障记忆功能，以便于维护人员查询，提高设备的可维护性。

2.7.2　单独供电的控制关系

一、简化原理图

图 2-7-1 为单独供电系统的简化原理图。各型飞机的具体线路不同，有的线路比这还复杂些，但它们的基本关系却是类似的，因此它是掌握具体机型线路的共同基础，图示为两台发电机的供电系统，属于这种类型的飞机有波音 B737、B757、B767、B777、空中客车 A-310、麦道-80 等。

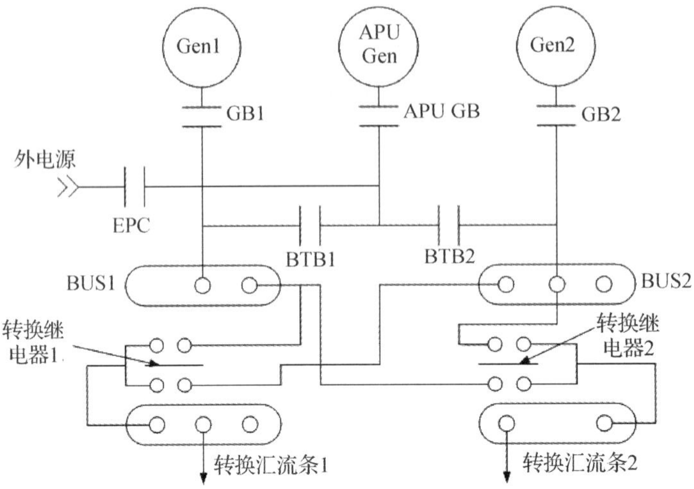

图 2-7-1 单独供电系统的简化原理图

图 2-7-1 中 Gen1、Gen2 为左、右主发电机(发动机驱动的发电机),中间为辅助动力装置 APU 驱动的发电机;BUS1 为 1 号发电机负载汇流条,BUS2 为 2 号发电机负载汇流条。图中各继电器、接触器的触点均为常开位。

二、单独供电工作概况

1.地面外电源供电

当飞机在地面所有发电机不工作时,地面外接三相交流电源可通过地面电源插座、地面电源接触器 EPC 工作后的闭合触点向连结汇流条供电,当两个汇流条连结接触器 BTB 通电闭合时,外电源则通过其闭合触点向两个发电机汇流条和它们的转换汇流条供电。

2.APU 发电机供电

当辅助动力装置 APU 起动好后,人工把驾驶舱 APU 的发电机控制电门置于"接通"(ON)位,使 APU 发电机的 GB 接通,同时人工控制相应的 BTB 电门"接通"使对应的 BTB 接通工作,从而使 APU 发电机电源经连结汇流条向单个或同时向两个发电机负载汇流条供电。在控制电路中,由逻辑关系保证外电源 EPC 的断开先于 APU 发电机 GB 的接通。

3.主发电机供电

在地面,当左发动机起动好(起动时通常先起动左发),它驱动的发电机励磁并建立电压后,若置发电机 1 的控制电门到"接通"位,则会断开 BTB1,而同时接通 GB1,这时则由 1 号发电机向发电机负载汇流条 1 和转换汇流条 1 供电,而 APU 发电机仍向发电机负载汇流条 2 和转换汇流条 2 供电;逻辑关系保证了 BTB1 的断开先于左发电机 GB1 的接通,使两个电源不能并联供电。若此时断掉 APU 发电机的电源,则发电机负载汇流条 2 和转换汇流条 2 断电。

同理,当右发动机也起动好后,2 号发电机将向它自己的发电机负载汇流条 2 和转换汇流条 2 供电。这时可将 APU 发电机控制电门关断，系统此时的工作方式为正常飞行方式。在这个系统中，两个转换汇流条的供电是自动转换的，在正常状态下，转换继电器从它自己的发电机汇流条获电保持通电吸合，转换汇流条经其正常位置的“闭合”触点从本身的发电机负载汇流条得到电源。

4.故障状态时的供电

若 1 号发电机发生故障，则 GB1 自动断开，1 号发电机不向发电机负载汇流条 1 和转换汇流条 1 供电，此时，转换继电器 1 断电，通过其放松触点把转换汇流条 1 与发电机负载汇流条 2 相连接，即转换汇流条 1 的负载由 2 号发电机承担。

在单独供电系统中，当选定任一种电源接通供电时，其他电源自动断开而退出工作，即具有所谓使用优先的关系，这种关系是通过所有电源接触器按一定逻辑关系互锁来实现的。

三、单独供电控制电路的特点

(1)对每一汇流条而言，任一时刻只能有一种电源供电，后者供电时前者自动断开；
(2)不是连续供电，其供电可靠性较差(与并联供电相比)；
(3)控制保护电路比较简单。

2.7.3　并联供电的控制关系

一、简化原理图

图 2-7-2 为并联供电系统控制关系的简化原理图。这是四台发电机并联供电的系统，属于这种类型交流电源系统的飞机有 B707、B747 等。

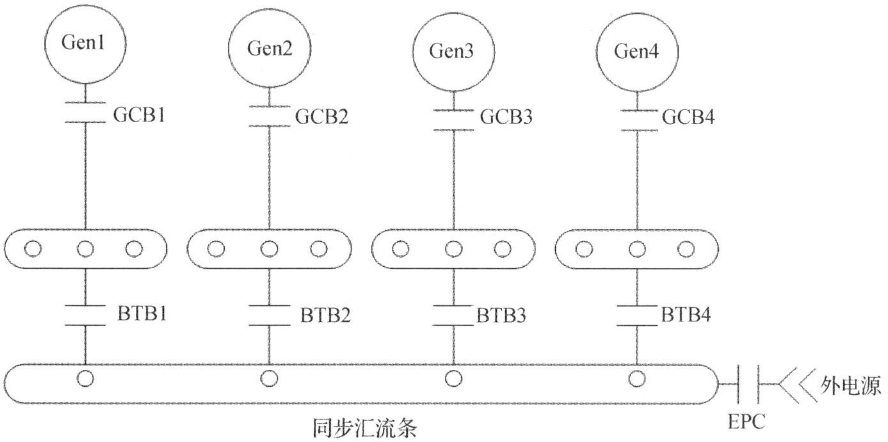

图 2-7-2　并联供电系统的简化原理图

图 2-7-2 中 Gen1、Gen2、Gen3、Gen4 分别为发动机驱动的交流发电机，GCB1、GCB2、GCB3、GCB4 分别对应各自的发电机接触器(即 GB)，四台发电机通过自身的 GCB

供电到各自的负载汇流条，然后经过相应的汇流条连结接触器 BTB 供电到连结汇流条即同步汇流条上。另外，控制 EPC 的接通，也可以通过右下部的外电源插座使外电源供电到同步汇流条。

二、并联工作概况

1.并联供电

当发动机起动好，四台发电机正常发电后，四台发电机经过它们各自的发电机电路接触器 GCB 的闭合触点分别向它相应的发电机负载汇流条供电。在正常情况下，当四个 BTB 都闭合时，四台发电机向同步汇流条并联供电。

2.故障状态时的供电

(1)若任一台发电机由于故障不工作，则故障发电机的 GCB 自动断开。例如若 1 号发电机发生故障，则自动断开 GCB1，这时该故障发电机的负载汇流条由同步汇流条经闭合的 BTB1 触点提供电源。

(2)若故障发生在发电机负载汇流条，例如发生在负载汇流条 2 处，或发生在 GCB2 到 BTB2 之间的馈线上，则该故障发电机系统的 GCB2 和 BTB2 都自动断开，以便将故障部分与供电系统隔离，从而保证其他发电机正常并联供电。

3.单独供电与并联供电同时存在的混合状态

当供电需要时，每台发电机可与并联系统隔离而单独供电，也就是说，可以按需要由人工去控制相应的 BTB 断开，则可形成两台至四台发电机并联供电的不同组合情况。例如，人工控制 BTB1、BTB2 断开，可使 1、2 号发电机单独向自己的负载汇流条供电，而 3、4 号发电机则并联向同步汇流条供电。

4.并联供电的优点

由以上控制关系可见，并联供电的优点是：电网总负载由各台发电机均衡承担(由有功均衡和无功均衡电路起作用)，而不会出现有的发电机过载，有的发电机欠载的情况；当一台发电机或几台发电机发生故障时，主要负载的供电不会中断；连接故障发电机负载汇流条的负载可自动重新分配到保持并联供电的发电机上，而不需要人工转换。

综合以上分析可以知道，飞机的并联供电和单独供电的交流电源的控制实际上是对 GCR、GCB 和 BTB 的控制，以及对 APB 和 EPC 的控制，其控制均是由发电机控制组件 GCU 和汇流条电源控制组件 BPCU 来实施的。但不同机型的电位供电构型也有所不同，因此各断路器的控制逻辑也各有差异。

2.7.4 主要控制执行元件的逻辑关系

综上所述，无论是单独供电或并联供电的交流电源系统，其主要的控制执行元件都有 GCR、GB(或 GCB)、BTB 和 EPC。尽管各型飞机的具体线路各不相同，但都必须满足一些基本的逻辑控制关系，即一定的控制条件。当然，对各具体线路，控制条件也有某些差异。下面介绍主要控制执行元件的逻辑控制关系。

一、发电机控制继电器 GCR 的控制逻辑

GCR 的作用是控制发电机励磁线路的接通与断开。在一些大中型运输机上，使用的 GCR 为磁锁式继电器，它具有独立的接通线圈与断开线圈，当某一线圈通电工作时，由永久磁铁锁定在当时的位置，只有改换为另一线圈通电工作后，才能改变它的工作状态，并且锁定在这种工作状态。其接通条件除了受驾驶舱电气面板上的发电机控制开关 GCR.S 控制外，还需要满足一定的逻辑条件。其中主要包括发电机电压、电流频率在正常范围内，旋转整流器(RR)无故障，以及无火警信号等，有的机型还有空/地状态、同侧 BTB 及 APB 的状态等。

在发电机运行过程中，可能会发生过/ 欠速(US)、过流、旋转整流器短路、恒装脱开、火警等各种故障，此时为了保护发电机和机载用电设备，需要将发电机励磁断开，使故障发电机停止发电，并断开 GCB，使故障发电机与电网隔离。此外，当飞机飞行结束或发动机停车时，GCR 将由 US 保护信号使其断开。在维修过程中需要人工熄灭发电机磁场时，只需要将 GCR.S 电门置于“OFF”位置，就可以手动断开 GCR。

在有的机型飞机中，US 故障和欠频(UF)故障不断开 GCR，但有的机型的飞机在两种故障发生时也要断开 GCR，如发动机正常停车，就是由 US 保护信号使 GCR 跳开的。

GCR 断开以后，如果要恢复发动机的励磁，需要将发电机控制电门 GCR.S 从“OFF”位再回到“ON”位。简化的 GCR 控制逻辑如图 2－7－3 所示。

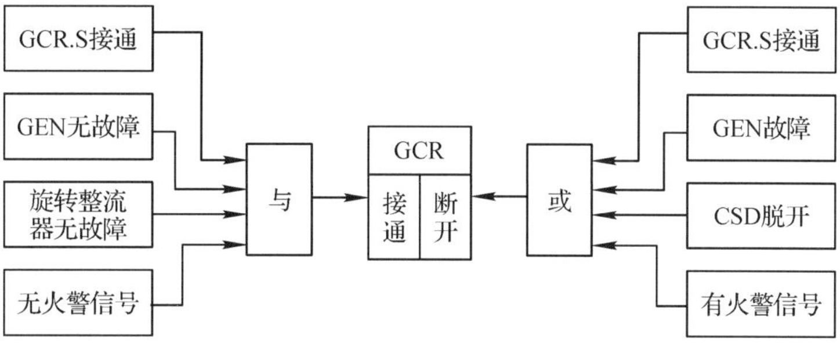

图 2－7－3　GCR 的控制的基本逻辑关系图

二、发电机接触器 GCB 的控制逻辑

GCB 是发电机输出的电路接触器，由它控制馈线使发电机与发电机负载汇流条接通与断开，在单独供电系统中，机上主电源和外部电源及辅助电源都不能并联，因此，在 GCB 的控制逻辑中，必须满足一定的逻辑关系 GCB 才能接通。下面以某型飞机的控制逻辑为例，来分析 GCB 接通和断开的逻辑条件。以左 GCB 为例，其接通必须同时满足以下条件：①发电机控制开关 GCB.S 置于“ON”位置；②GCR 闭合；③发电机无欠速；④无火警信号；⑤左 BTB 处于“OPEN”位置。

在以上条件中，GCR 的闭合条件已经表明了发电机的电压、频率、相序等参数都正常，且馈电线上没有差动故障等。为了防止不同电源间的并联，有的机型飞机还要检测待并联发电机的汇流条上有无电压。同时，这里的逻辑关系没有考虑供电的优先权。不同机型的

飞机供电优先权也有所不同，需要查阅相关机型手册。

在某些机型的飞机上，GCB的闭合还需要考虑飞机的“空/地”状态、APB的状态等信息，以保证飞机在不同状态时供电的优先权。

GCB的闭合条件都是“与”的逻辑关系，其中只要有一条不满足，GCB就不能接通，逻辑关系如图2-7-4所示。

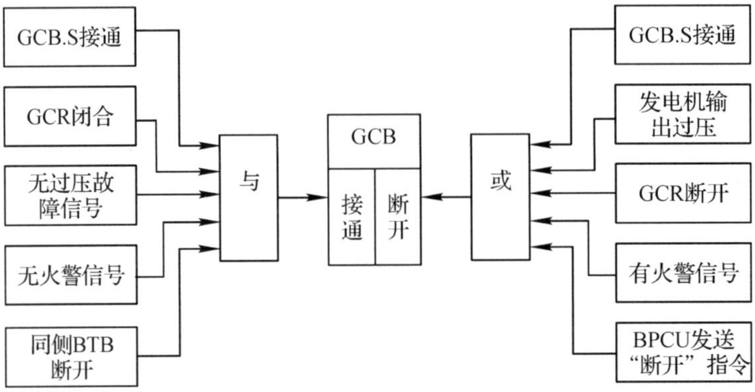

图2-7-4　GCB的控制逻辑关系图

在GCB的断开条件中，人工控制信号是发电机控制电门GCB.S，其余信号都是由GCU检测到的各种故障信号。电源系统中的大部分故障都将使GCR断开，随之GCB也自动跳开。但有的故障只断开GCB，而不断开GCR，如某些机型中的US故障，US故障包含了恒装脱开、发动机正常停车等情况。

另外，当飞机在“GND”模式时，若想由地面电源EP供电，需要由BPCU给GCU发送“GCB TRIP”信号，当GCB跳开后，EPC才会闭合，以防止两种电源的并联供电。GCB的断开逻辑为“或”逻辑关系，只要有一个条件发生，GCB就会断开，如图2-7-4所示。

三、汇流条连结接触器BTB的控制逻辑

BTB的触点处于发电机负载汇流条与连结汇流条之间的电路上：对单独供电系统，当发电机故障时由它转换成由其他电源向故障发电机负载汇流条供电；对并联供电系统，则通过它成为正常并联供电的通道。

BTB的控制逻辑关系如图2-7-5所示。不论是并联还是非并联系统，BTB的接通都只要接通汇流条连结接触器的电门BTB.S即可；BTB的断开则可由电门BTB.S的断开而实现，对并联供电系统，还有一些故障信号可使BTB断开。

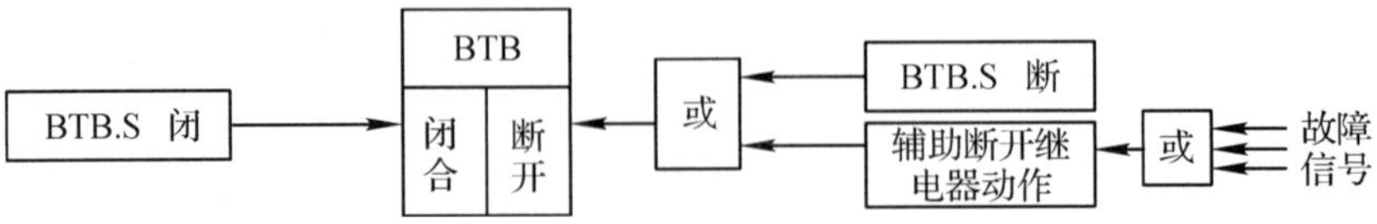

图2-7-5　BTB的控制逻辑关系图

四、外电源接触器 EPC 的控制逻辑

外电源接触器 EPC 的控制逻辑如图 2-7-6 所示。

由于外电源不能与发电机并联供电，所以它们的接通与打开都是互锁的，线路中的互锁都是通过接触器本身的辅助触点来实现的。

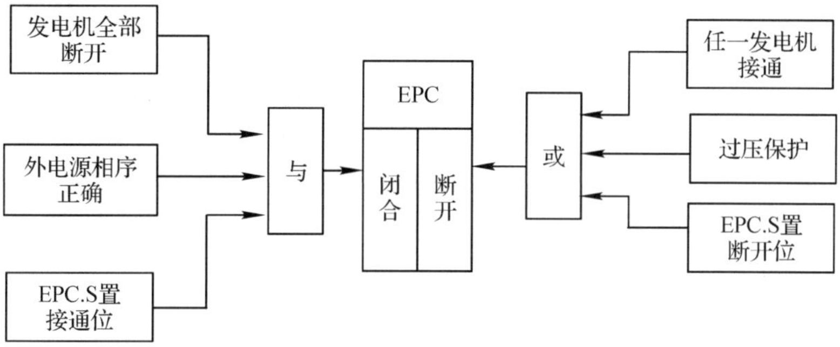

图 2-7-6 EPC 的控制逻辑关系图

五、辅助电源断路器 APB 的控制逻辑

大型飞机上备有辅助动力装置，由其传动的发电机可以在地面或空中向机上负载供电。

辅助电源断路器 APB 的控制辅助电源与连接汇流条的通断，以决定是否由辅助电源供电。其通、断逻辑关系如图 2-7-7 所示。

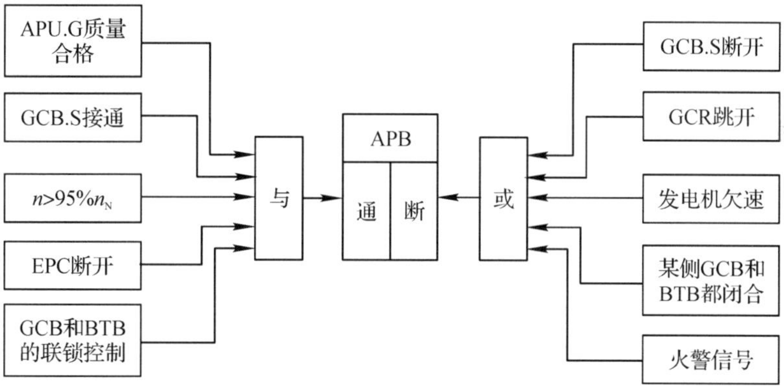

图 2-7-7 APB 的控制逻辑示意图

图 2-7-7 中的“GCB 和 BTB 的联锁控制”是为了防止不同电源同时向同一个汇流条供电，造成 APU.G 与 IDG 并联供电的严重事故。当 APB 闭合时，BPCU 发送信号给 GCU，使 GCB 断开，同时也使 EPC 跳开。APU 的转速信号由发动机电子控制组件 ECU 发送给 APU 发电机的 GCU。

APB 的断开条件主要有五个，分别是发电机控制开关置于“OFF”位、APU 欠速、有火警信号、GCR 跳开以及 GCB 和 BTB 的联锁控制，其中“GCR 跳开”包含了 APU.G 质量不再合格的信息，而“某侧 GCB 和 BTB 都闭合”表示汇流条将由 IDG 供电，因此 APB 应自动跳开。

2.7.5 短路故障与差动电流保护

一、短路故障的产生、危害及保护要求

差动电流保护是在发电机内部发生短路，或发电机输出端点到GB(在并联供电系统中是BTB)之间的馈线上发生相与相、相与地短路时所作的一种保护。

产生短路故障的原因可能是发电机或馈线磨损而造成绝缘破坏，或由振动断线而搭地，或由其他偶然事故造成的。

短路是一种危险故障。短路相中会流过很大的电流而可能引起火灾；短路相的电压将大大降低；如果调压器检测的是发电机的三相平均电压，那么在发生单相接地短路故障时，调压器将会使无故障那些相的电压大大升高，导致这些相上的负载过压而损坏；在并联供电系统中，短路故障还可能使发电机失去同步而与电网脱开。

为了减少这类短路故障的影响，一旦发生短路故障，要求保护装置尽快断开发电机的励磁，并把发电机从电网上脱开，即断开GCR和GB。一般要求保护动作发生在短路后0.02～0.06 s内，使发电机与电网隔离。

发电机短路保护的范围应尽可能大，除了发电机电枢绕组外，还应包括发电机输出接线端到发电机汇流条之间的主馈线。实际上，在APU.G和外电源EP供电的主馈线上，以及其他大功率负载供电线路上，如厨房负载等，都设置了短路保护装置。

二、差动电流保护线路的工作原理

发电机电枢绕组和输出馈电线的短路故障一般采用瞬时动作的纵向差动保护装置。图2-7-8为典型差动电流保护的线路。

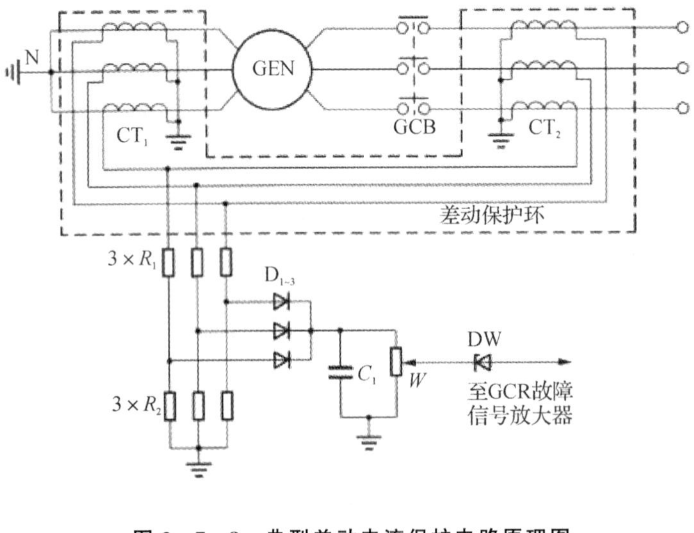

图2-7-8 典型差动电流保护电路原理图

线路中的检测电路由六个相同的电流互感器，电阻 R_1、R_2 及整流二极管组成。电流互感器分成两组，CT_1 置于发电机接地端，CT_2 置于发电机接触器 GB 之后（在并联供电系统中则置于 BTB 之后），每相两个电流互感器在连接时都应按图 2-7-9 所示的极性（同名端）首尾串联组成差动环。在这两组电流互感器之间的范围称为差动保护区，只有在此区域发生短路故障时，差动保护线路才会立即输出信号到 GCR 故障信号放大器，最后控制 GCR 断开，同时也断开 GB。若在两组电流互感器之间以外的区域出现短路故障，则差动保护线路不起作用。

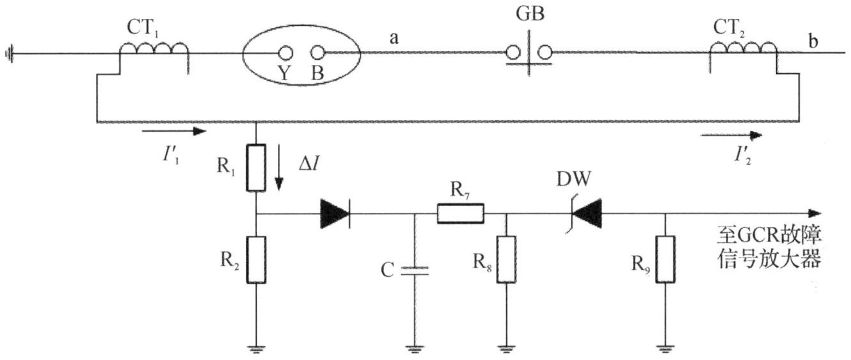

图 2-7-9　差动保护环的简化原理图

在图 2-7-9 中，设 CT_1、CT_2 原边电流为 I_1、I_2，副边电流为 I'_1、I'_2，则流过 R_1、R_2 支路的电流为两副边电流之差，即

$$\Delta I = I'_1 - I'_2 = (I_1 - I_2)/K \qquad (2-7-1)$$

式中：K 为互感器的变比。

在正常情况下，$I_1 = I_2$，电流差 $\Delta I = 0$，电阻 R_1、R_2 上没有电压信号，保护电路不动作。

若在差动保护区内任一点 a 处发生短路故障，设短路电流为 I_K，于是短路点两侧的电流不相等，产生电流差 $\Delta I = (I_1 - I_2)/K = I_K/K$，即流过电阻 R_1、R_2 中的电流与短路电流成正比。当短路电流达到一定值时，在电阻 R_2 上的电压经二极管整流、电容器 C 滤波，再经过分压后在电阻 R_8 上得到电压，当 R_8 上的电压大于稳压管 DW 的击穿电压时，将击穿稳压管而发出差动保护故障信号，由 GCR 故障信号放大器去断开 GCR，同时也断开 BTB，从而使故障发电机与电网隔离。若短路发生在互感器之外的 b 点，则差动保护电路不工作。

2.7.6　励磁故障及保护

一、励磁故障的分类与保护要求

1.产生励磁故障的原因及励磁故障的现象

产生励磁故障的主要原因：发电机励磁电路的短路或断路；励磁机定子绕组或旋转整流器的故障；调压器本身的故障；并联运行时，有功负载分配环路或无功负载分配环路的故障；

等等。

当发电机发生励磁故障时，其结果不是过励磁（用 OE 表示，即励磁电流高于正常的数值），就是欠励磁（用 UE 表示，即励磁电流低于正常的数值）。

同为过励磁或欠励磁，在单独供电与并联供电系统中，其表现形式是不同的。

当发电机单独供电时，过励磁将引起发电机端电压的升高，表现为过压；欠励磁将使发电机端电压降低，表现为欠压。对于欠压，不但能由欠励磁引起，还可能由馈线故障或发电机欠速等引起，这一点应该注意。

当发电机并联供电时，情况则不同，一台发电机的励磁故障会影响到其他正常发电机的工作。例如，一台发电机过励磁，由于调压器的作用，将迫使正常发电机的励磁电流下降，即欠励磁，而整个电网的电压基本不变，这将引起发电机之间的无功负载分配严重不均衡。

2.励磁故障的分类

综上所述，引起励磁故障的原因只有两类，一类是发电机本身的励磁故障，另一类是在并联系统中负载分配环路的故障。所以在并联供电系统中，如果引起励磁故障的原因是均衡环路，那么，只要断开 BTB，使发电机从并联工作转换成单独工作就可以了；如果引起励磁故障的原因是发电机本身，则断开 BTB 后故障仍然存在，但故障的表现形式将从过励磁（OE）转变为过压（OV），或者从欠励磁（UE）转变为过压（UV）。此时，要排除故障，还必须断开 GCR 和 GB，在 GCR 和 GB 断开后，应将 BTB 重新接通，使飞机电网向故障的发电机负载汇流条供电。

所以，并联供电的励磁故障有过励磁（OE）和欠励磁（UE），而单独供电的励磁故障则表现为过压（OV）和欠压（UV）。

此外，不论是并联供电或是单独供电，当励磁电压超过某一最高限定值时，称为发电机的励磁高限（EC），采用故障保护作为励磁故障的后备保护。

3.励磁保护的延时要求

在控制 BTB、GCR、GB 的断开时，必须考虑两方面的因素：一方面是产生上述的过压故障时，由于过压极易对电子设备、灯光照明等设备造成损坏，并且过压愈高，损坏愈快，因此保护装置必须在用电设备损坏之前就动作；但另一方面，当飞机上某些大功率感性负载断开时，电压也会突然升高，这种电压的短时波动称为瞬时过电压，这种瞬时过电压现象是允许的正常情况，保护装置此时不应动作。也就是说，过压保护的动作时间要由过压的数值与过压的时间共同决定，过压越大，动作应越快，过压越小，则允许动作的时间就可以越长，这种动作关系称为反延时特性。

考虑到允许的正常瞬时过电压和设备允许的最高工作电压，并留有一定余量时，可以确定过压保护延时要求的下限（如图 2－7－10 的曲线 a 所示），过压保护装置在曲线以下不应动作，否则就是误动作。通常用电设备允许的电压变化范围是额定电压的±10%，所以长时工作的用电设备过压保护的最低数值是 115 V×110% ＝ 126.5 V。

另外，根据每个过压值得到对应的用电设备损坏的最短时间可作出曲线 b，它是过压保护的上限曲线。过压保护装置必须在用电设备损坏之前就动作，即在曲线 b 以下动作，否则就是拒动作。

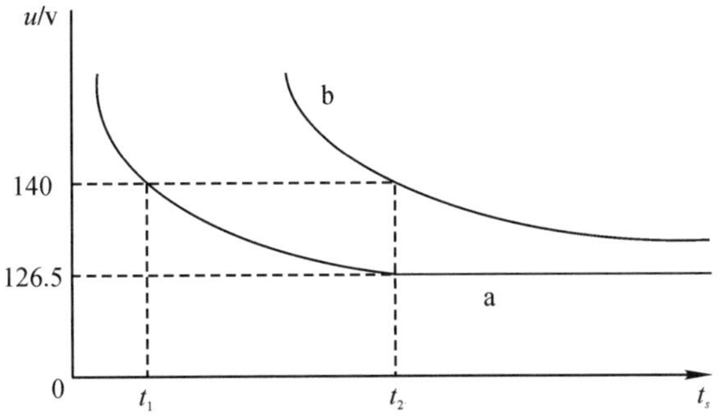

图 2－7－10 过电压保护的工作极限(反延时特性)

过压保护装置的工作范围是在图 2－7－10 所示上、下限曲线 a、b 之间的部分，其工作具有反延时特性。

对于欠励磁和欠电压故障，由于故障造成的危害比过励和过压小，所以通常采用固定延时。

二、过压故障及保护电路

1.产生过电压的原因及保护指标

飞机电源系统的过电压有两种情况，一是在发电机卸去大功率负载或排除短路故障后，由于调压器的滞后作用，电网电压会产生瞬时过电压，这是电源系统运行过程中的正常现象，保护电路通过延时来避免误动作；二是由于励磁系统的故障，如调压器失效、旋转整流器故障等，使励磁电流失去控制，导致发电机的输出电压高于其额定电压，这时保护装置必须动作，断开发电机的 GCR 和 GCB。

用电设备必须工作在额定电压下，如果电压超过额定值，将使电子设备及照明设备的寿命缩短，过电压严重时或持续时间太长时将损坏负载。过电压越大，危害就越严重，因此，所有的电源系统都设置有过电压保护装置。

2.过压保护电路

图 2－7－11 为波音飞机中的一种典型过压保护线路。它由检测电路(变压、整流、滤波 C_1、分压 $R_{1\text{-}2}$组成)，鉴压电路(DW_1、R_3)以及反延时电路(R_4、C_2、DW_2)三部分组成，经过 DW_2向 GCR 故障信号放大器输出。

过压通常是由励磁故障引起的，因此发生故障时，发电机的端电压基本上是对称的，所以过压敏感电路常敏感发电机三相电压的平均值，如图 2－7－11 所示，经三相半波整流、电容 C_1滤波、电阻分压后的信号电压为 u_A。

在正常情况下，电压 u_A低于鉴压电路 DW_1的击穿电压，电路无信号输出。

当发生过压故障时，稳压管 DW_1被击穿，向反延时电路输送信号电压，经 R_4向 C_2充电。这个电路具有反延时特性，即过压越高，C_2充电越快，达到动作电压的延时越短。当充电电压达到 DW_2的击穿电压时，DW_2被击穿而输出故障信号到 GCR 控制电路，使 GCR 断开，同时也断开 BTB，这就是过压时的一般工作情况。

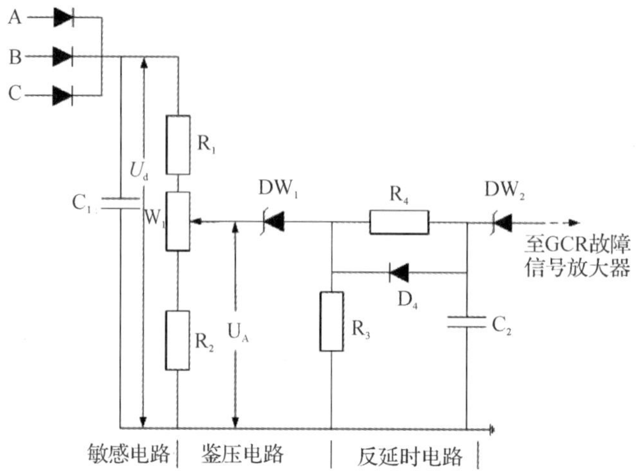

图 2-7-11　典型的过压保护电路

W_1 的作用是调定过压保护电路的动作点，滤波电容 C_1 的作用是减小输入的电压波动。当发电机出现瞬时过压时，C_2 的充电电压达不到 DW_2 的击穿电压值，无信号输出，此时，C_2 通过 D_4、R_3 放电，为下一次动作作准备。

三、欠电压故障及保护

1.欠电压产生的原因及保护指标

飞机电网电压下降有两种情况：一种是当突然加大功率负载时，因调压器的滞后作用，电网电压瞬时下降，但持续时间比较短，电压会自动恢复，这属于正常情况，保护装置不应该动作，否则就是误动作。另一种是由于励磁系统故障，如励磁回路断路器、调压器失效或恒速传动装置欠速而造成电压下降，这显然属于故障状态，保护装置应该动作，断开发电机控制继电器 GCR 和输出断路器 GCB，使故障发电机停止工作。

欠压故障的危害虽然不像过电压那么严重，但是持续的欠压将使用电设备不能正常工作，有些用电设备工作会失灵，甚至损坏。如三相电动机在低压时起动困难，严重时可能烧坏。所以，电源系统中都设置有欠压保护装置。

按照航空电源的标准，当相电压低于 98 V 或三相平均电压低于 100 V 时，欠压保护装置动作。为了在正常的瞬时欠压时不致产生误动作，保护电路设置了 7 s 的固定延时。波音 B737 飞机的欠压保护动作值为最低相电压小于 101 V，且持续时间不超过 7 s。

欠压故障保护电路一般敏感的是三相平均电压值，但当电源系统中设有电压不平衡保护时，常采用敏感最低相电压的方式。

2.欠压的保护电路原理

1)线路组成

图 2-7-12 是一种采用集成运算放大器的欠压保护线路。

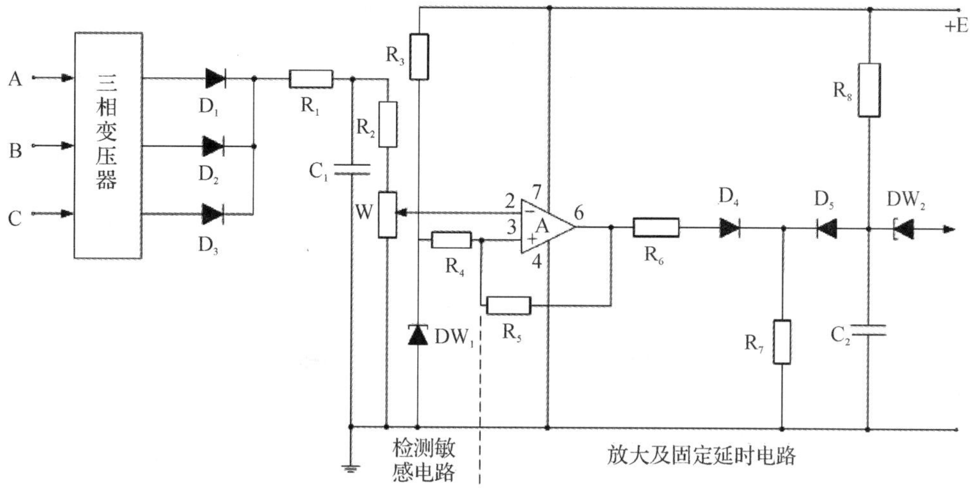

图 2-7-12　欠压保护线路原理图

该电路主要由敏感电路、运算放大电路和固定延时电路等几部分组成。敏感电路的功能与过电压保护线路相同，敏感的是发电机三相电压的平均值，整流后经滤波分压，与稳压管 DW_1 上的基准电压 U_{Z1} 进行比较，放大电路采用集成运算放大器，其中运算放大器在这里作为比较器用。固定延时电路由电容器 C_2，电阻 R_7、R_8，以及二极管 D_5 等组成。

2)工作原理

发电机电压正常时，输入到运算放大器的反相端 2 的电压 U_2 高于基准电压 U_{Z1}，因此运算放大器输出端 6 为低电位，二极管 D_4 不导通，同时由于电阻 R_7 的数值比较小，电源电压 E 对 C_2 充电并不足以使稳压管 DW_2 导通，因此没有信号输出。当发电机电压降低时，运算放大器反相输入端电压 U_2 低于同相输入端的基准电压，运算放大器的输出端变为高电位，使二极管 D_5 不能导通，电源 E 通过电阻 R_8 对 C_2 充电，电容器 C_2 上的电压按指数规律上升。

同时电路延时的时间取决于电阻 R_8 和电容器 C_2 上的数值及稳压管 DW_2 的击穿电压值。

当发电机电压发生正常的瞬时欠压时，也能使运算放大器输出高电位信号。但由于固定延时电路的作用，C_2 上的电压不能马上达到击穿 DW_2 的数值，所以不会输出故障信号，瞬时欠压一旦消失，运算放大器的输出端电压就回到正常时的状态，C_2 通过 D_5、R_7 放电，因此 C_2 上不会有电荷积累，从而保证电路不产生误动作。欠压保护的动作电压可以通过调节电位器 W 及基准电压 U_{Z1} 来调整。

四、励磁故障的产生及保护指标

励磁故障分过励磁和欠励磁两种。故障产生的原因主要是励磁电路的短路或断路、调压器的故障或并联电路中无功均衡环的故障等。在并联供电系统中，励磁故障不仅会引起电压故障，还会引起无功电流分配不均衡，当无功电流分配不均衡的程度超过允许范围时，保护线路动作。

励磁故障的保护一般分为两种，即过励磁保护和欠励磁保护。其保护指标按照以下原则选择:将并联发电机在单独运行时的过电压和欠压保护的动作点所对应的励磁程度分别作为过、欠励磁保护的动作点。

此外,过励磁故障将对发电机造成损害,因此过励磁保护的延时特性与过电压保护一样,也要求反延时动作。欠励磁保护与欠压保护一样,采用固定延时。

1.过励磁保护线路

图 2-7-13 是一种过励磁保护线路。它由电压检测与无功不均衡检测电路、鉴压电路、反延时电路三部分组成。

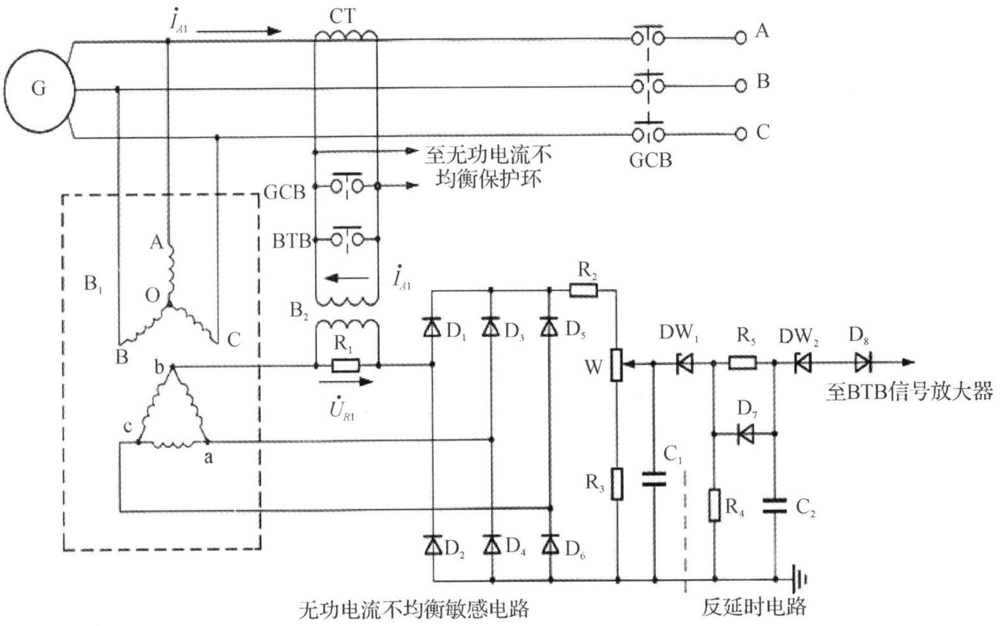

图 2-7-13　过励磁保护线路

前面已经提到,并联运行中过励的发电机担负的无功电流大,欠励的发电机担负的无功电流小。如果要检测发电机是否过励磁,则要检测它是否承担了过大的无功电流,所以图 2-7-13 所示线路的敏感电路就是检测发电机所负担的无功电流。当发电机所担负的无功电流过大时,整流器输出的直流电压就大,分压后击穿稳压管 DW1,经 R_5、C_2 反延时后,输出故障信号,使 BTB 动作。因此该线路只要能检测无功电流分配不均衡程度,就能完成保护功能。

从过励磁保护线路图中发现,过励磁保护线路的鉴压电路、反延时电路与过压保护线路是相同的,故其工作情况与过压保护线路的工作情况基本相同。但必须注意过励磁保护线路的两个特殊点:

(1)过励磁保护电路检测的信号应该是电压调节检测的主信号与无功电流差信号的叠加。图中在并联供电的每台发电机 A 相接有电流互感器 CT 和均衡变压器 B_2,它们按并联供电无功电流分配检测环的连接而形成无功电流不均衡保护环。因此,在电阻 R_8上取得无功电流差的信号与变压器 B_1电压调节主信号在交流边叠加后作为过励或欠励的检测信号。

(2)过励磁保护的故障信号是送往 BTB 故障信号放大器的，它控制 BTB 的断开，使发电机首先退出并联电网。

2.欠励磁(UE)保护

欠励磁是与过励磁相对应的故障。其保护线路由检测电路、鉴压电路和固定延时电路三部分组成。

在并联供电系统中，欠励故障检测信号与过励故障检测一样，都是电压调节主信号与无功电流不均衡信号的叠加，最后控制 BTB 的断开。

为了节省元件，简化线路，在大多数飞机的并联电源系统中，一般将欠励磁保护与欠电压保护合用一个信号放大器，然后将放大后的信号分别输入到不同的延时电路，去控制不同的对象。这样既不会造成误动作，又可以起到不同的保护作用。

3.励磁高限(EC)保护

励磁高限保护是一种过载保护，它敏感的是发电机励磁绕组两端的电压或励磁机励磁绕组两端的电压。由于过载时励磁电流很大，励磁绕组两端的电压随负载的增大而升高，它的保护动作点选定在过励和过压动作点之后，所以它是过励保护和过压保护的后备保护。因此，励磁高限保护控制的对象，对并联供电系统是先断开 BTB，对单独供电系统就要断开 GCR 和 GB。图 2-7-14 为励磁高限保护线路原理图。该线路由故障敏感电路、放大电路及固定延时电路等部分组成，图中 U_j 为发电机励磁绕组两端的电压。

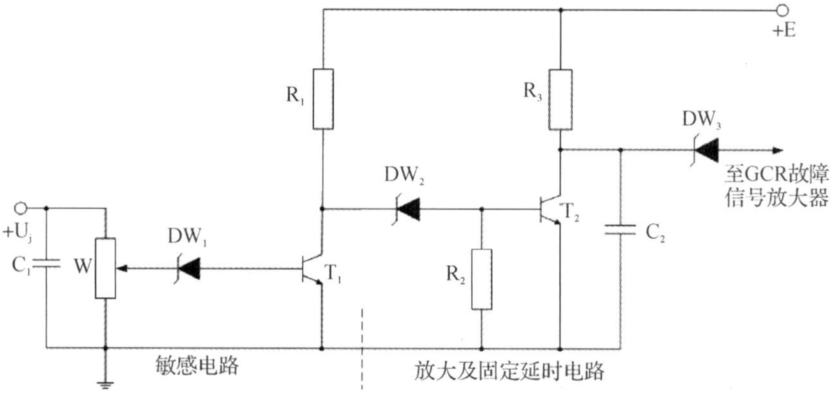

图 2-7-14　励磁高限保护线路原理图

在正常情况下，发单机励磁绕组两端的电压 U_j 经电容器 C_1 滤波、电位器 W 分压后，不足以击穿稳压管 DW_1，因此晶体管 T_1 是截止的。T_1 的集电极输出高电位，将稳压管 DW_2 击穿，DW_2 击穿后，给晶体管 T_1 的基极加上正向偏置，使 T_2 饱和导通，将电容器 C_2 箝位至地电位，线路无信号输出。

当发电机过载时，由于电感性负载的去磁电枢反应，发电机端电压下降，经过调压器的调节，使励磁电流增大，励磁绕组两端的电压也将升高，当 U_j 升高到一定值时，在 W 上取出的电压信号将 DW_1 击穿，此时 T_1 由截止变为导通，其集电极输出低电位。不能将 DW_2 击穿，晶体管 T_2 由于基极电位的降低将由饱和导通变为截止状态，在其集电极输出高电位，解除对电容器 C_2 的箝位，这时电源电压 E 将通过电阻 R_3 给 C_2 充电，电容器 C_2 上的电压按指数规律上升，上升到一定值时，将稳压管 DW_3 击穿，输出故障信号，使 GCR 动作，同时断开 GCB。

对于一些瞬时的冲击电流，由于励磁绕组的惯性，实际上 U_j 并不能反应，即使有所反应，由于有固定延时，也不至引起保护线路的误动作。

2.7.7 电压不稳定故障保护的概念

当发电机正常运行时，输出交流电压的波形应如图 2－7－15(a)所示。当出现不稳定故障时，输出交流电压的幅值将发生波动，如图 2－7－15(b)所示，称为幅值调制。所以，不稳定故障就是发电机输出电压或电网电压出现低频调制的现象。这种故障在单独供电或并联供电系统中都可能产生，产生的原因有很多，可能是发电机或调压器稳定回路的故障，或恒速传动装置的调速器不稳定，或无功、有功均衡环路的参数不协调。它对自动驾驶仪、雷达、导航等设备的工作都会产生不利的影响。

不稳定故障保护线路就是要检测出图 2－7－15 所示电压曲线包络线的调制频率和调制幅值(图中虚线所示)，作为保护的指标；不稳定故障的控制对象是，对并联供电系统应首先断开 BTB，如果不稳定故障是均衡环路引起的，则此时的故障已被隔离，否则就说明是发电机本身的故障，这样就必须断开 GCR，同时也断开 GB。

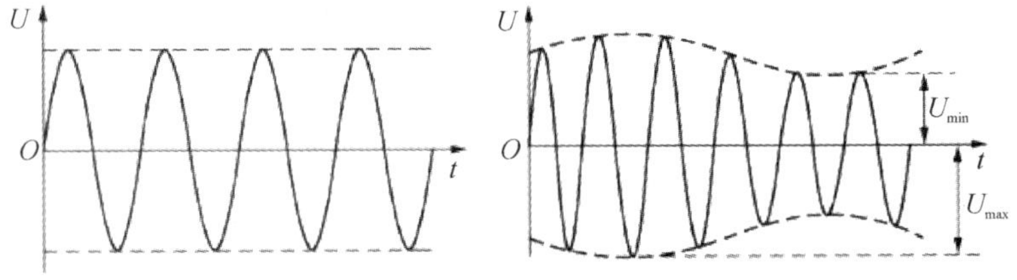

图 2－7－15　不稳定故障时的交流电压波形

2.7.8 同步汇流条短路故障与逆序保护

一、同步汇流条短路故障的危害及保护措施

如前所述，差动保护只能对差动保护的两组电流互感器之间的区域进行有效的保护，对此区域以外是不起作用的。例如在同步汇流条(即连结汇流条)上发生短路，如图 2－7－16 的 a 点，差动保护是不起作用的。这样将导致所有并联在同步汇流条上的发电机产生短路，如果不立即排除故障部分，将使整个供电系统遭到严重的破坏。

同步汇流条的不对称短路故障通常采用逆序保护器进行保护。逆序保护器是通过敏感同步汇流条上线电压的逆序分量来进行保护的，它对同步汇流条对称短路故障是不起作用的。因为在飞机电源系统实际工作中，同步汇流条的三相对称短路故障是极为罕见的，所以逆序保护器只对电源系统中有可能出现的同步汇流条相与相、相与地之间的不对称短路故障进行保护。当同步汇流条上发生相与相、相与地之间的不对称短路故障时，三相线电压将出现严重的不对称，由对称分量法可知，一组不对称的线电压可以分解为两组对称分量，即顺序分量和逆序分量(线电压不存在零序分量)。因此，只要敏感同步汇流条上线电压逆序分量的大小，就可检测同步汇流条的不对称故障。当同步汇流条上线电压的逆序分量达到一定数值时，逆序保护器将发出跳闸信号，使并联供电系统中所有的汇流条连结接触器 BTB 断开，最后使并联供电的发电机转换为单独供电状态，从而提高整个供电系统的能力。

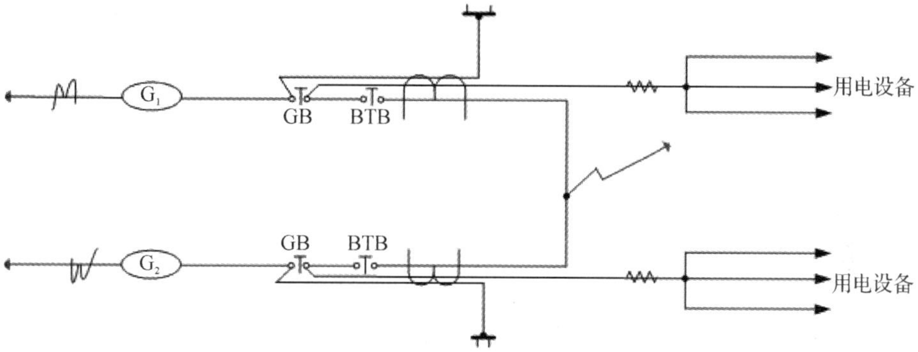

图 2-7-16　同步汇流条短路

二、逆序电压敏感电路

逆序电压敏感电路可以有多种形式。在电压调节器中介绍的 RC 型逆序滤波器只是其中的一种。图 2-7-17 是一种整流桥型逆序电压敏感电路。

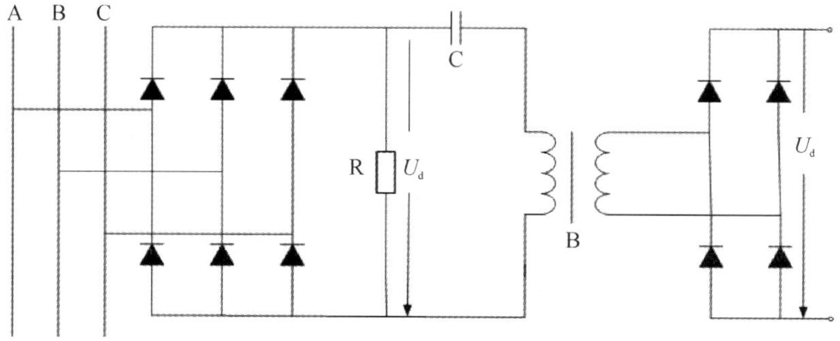

图 2-7-17　整流桥型逆序电压敏感电路

这种整流桥型逆序电压敏感电路，是利用三相电压不对称时，整流桥输出直流电压 u_d 中的脉动分量比三相对称时有明显增加的原理设计的。三相不对称线电压经过全波整流后，u_d 将出现较大的脉动分量，通过隔直电容 C 后，取出脉动分量，经变压整流后，其整流后的平均值 u_m 就反映了三相不对称线电压逆序分量的大小。u_m 输出以后的鉴压及控制执行电路与其他保护电路类似。

2.7.9 飞机电源故障保护和控制电路举例

电源系统的故障保护是通过控制 GCR 和 GCB 的通、断来实现的，飞机型号不同，其控制逻辑也不完全相同。如 B737－200 飞机，在欠压时不断开 GCR，而仅断开 GCB；而在有些飞机上一旦发生 UV 故障则两者都要断开，如 A320 飞机等。各种故障的延时时间也不完全相同，但都要满足国际航空电源标准 ISO 1540 的要求。图 2－7－18 就是 A330 飞机故障保护控制电路的基本逻辑关系图。

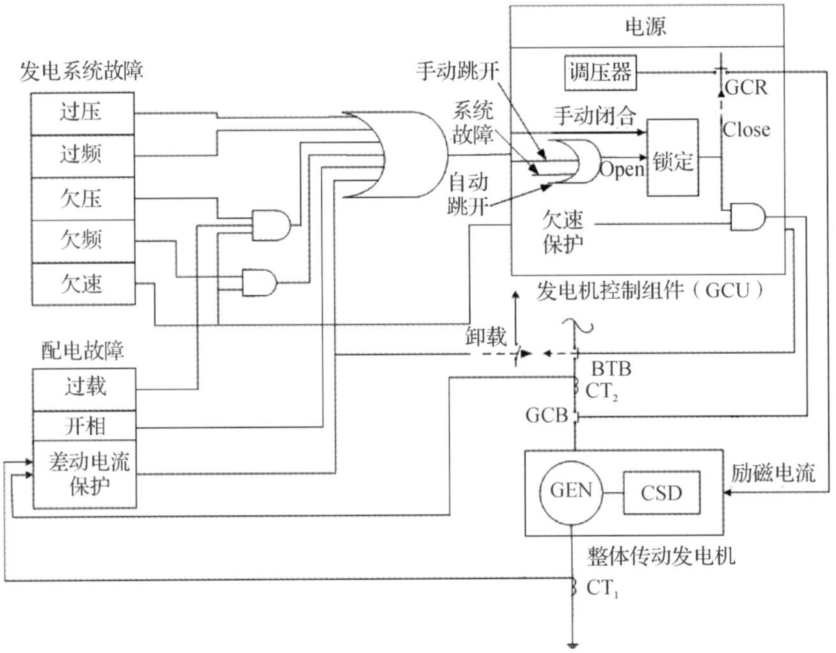

图 2－7－18　空客 A330 飞机故障保护和控制逻辑原理图

图 2－7－18 所示的发电机控制逻辑主要表示出 GCR 和 GCB 的通、断逻辑关系，从图中可以看出，GCR 控制发电机(IDG)的励磁电流，决定发电机是否发电；GCB 控制发电机是否向外输出电能。图中电流互感器 CT_1 和 CT_2 用于差动保护。

(1)当人工合上发电机的控制电门且电源系统无故障时，GCR 触点吸合，调压器工作，发电机正常发电，如没有欠速故障，则 GCB 吸合，发电机向飞机电网供电。

(2)当发生过载故障时，过载故障信号一方面将欠压保护电路封锁，这时不会关断 GCR，以保护发电机正常发电；另一方面使卸载继电器跳开，切除部分不太重要的负载，如厨房、娱乐系统的用电，使发电机不超载。

(3)当发生欠速故障时，欠速故障一方面封锁欠压和欠频保护电路输出故障信号，从而不能关断 GCR；另一方面输出信号去关断 GCB，使发电机不再向外输出电能。

(4)当发生过压(OV)、欠压(UV)、过频(UF)、开相(OP)或差动(DP)任意故障时,GCR跳开,发电机不再发电,同时断开 GCB。

拓展阅读

“三创”熔铸中国大飞机精神

飞龙腾云,骏马奔至。峥嵘的五年岁月中,肩负着中国大飞机梦的商飞人,在一张白纸上,奋勇而努力地描绘着“把大型客机项目建设成为新时期改革开放的标志性工程和建设创新型国家的标志性工程”的宏伟蓝图。

2 000 个日日夜夜,蓝图上的中国民机产业研制平台与基地臻然成形,轰然作响,人才队伍蔚为壮观,阔步前进……

2 000 个日日夜夜,蓝图上的 ARJ21 首架机正在交付运营,C919 首架机即将总装,未来机型预研如火如荼进行……

2 000 个日日夜夜,激情燃烧的商飞人怀抱着“长期奋斗、长期攻关、长期吃苦、长期奉献”的坚强信念,高举着“创新、创业、创造”的奋斗旗帜,用智慧与汗水熔铸出了中国大飞机精神!

精神,是一个民族生生不息、薪火相传的血脉,是一个集体勇于奉献、奋勇拼搏的写照。中华民族五千年形成了团结统一、爱好和平、勤劳勇敢、自强不息的民族精神,党领导人民不断丰富着以爱国主义为核心的伟大民族精神。在这磅礴如海的中华民族精神里,将增添一抹亮丽的与“两弹一星”、“航天精神”同辉的“大飞机精神”。

大飞机精神为实现中国的大飞机梦凝心聚力。创新是进步的灵魂,中国商飞全员的创业精神和创造能力,是实现中国大飞机早日翱翔蓝天这一梦想的不竭动力。风物长宜放眼量,改革开放与创新发展成为时代先进创造力竞相迸发、充分涌流的活力和源泉。民族精神和时代精神相互交融成兴国之魂、强国之魄。大飞机精神生动地弘扬了这一伟大的民族精神和时代精神,汇聚了实现“中国梦”,增强民族团结一心、自强不息,永远朝气蓬勃迈向未来的正能量。

坚持走自主创新的发展道路、弘扬艰苦创业的奋斗精神、坚定创造一流民机产品的决心,这种闪烁着时代与民族精神光芒的大飞机精神,是“大飞机梦”梦想成真的根本保证。面对党的十八大精神激起浩浩荡荡的时代潮流,面对党和人民群众让中国大飞机早日翱翔蓝天的殷切期待,我们只有锐意进取,戮力同心去创新、埋头苦干去创业、攻坚克难去创造,才能为实现中华民族伟大复兴“中国梦”而展翅翱翔!

复习思考题

一、选择题

1.控制与保护装置是飞机交流电源系统的重要组成部分,所谓控制就是(　　)。

A. 和电压调节器组合在一起,共同组成闭环控制系统而进行自动调节的系统

B.给恒速传动装置的转速调节器附加一个有功电流偏差的信号,来实现输出可控的系统

C.根据一定的逻辑控制关系,采用人工或自动方式去通断电源与负载之间的线路连接

D.在交流电源系统发生故障时,正确判断和及时隔离故障,尽量缩小切除部位,保护用电设备,保证系统的生命力

2.飞机交流电源系统的控制和保护装置的主要控制对象中,发电机接触器的作用是(　　)。

A.控制发电机励磁电路的接通与断开,决定发电机是否发电

B.使发电机投入电网向发电机汇流条供电,即决定发电机是否输出功率

C.将各发电机汇流条与连结汇流条(或同步汇流条)接通或断开,决定发电机是否并联供电或发电机汇流条之间是否转换供电

D.决定地面电源是否向飞机上的电网供电

3.电源系统中的差动保护区间是(　　)。

A.所有的短路故障　　B.激磁绕组的短路故障

C.发电机电枢绕组及输出馈线的短路故障　　D.旋转整流器的故障

4. 电源系统中的过激磁故障指的是(　　)。

A.单独供电系统中由于激磁电流太大而使发电机电压升高

B.并联供电系统中由于激磁电流太大而使发电机电压升高

C.单独供电系统中由于激磁电流太大而使发电机承担过多的无功负载

D.并联供电系统中由于激磁电流太大而使发电机承担过多的无功负载

5.故障保护中反延时的含义是(　　)。

A.反向延时　　B.故障越严重,延时越短

C.故障越严重,延时越长　　D.延时时间固定

6.电源系统中对短路故障的差动保护采用(　　)。

A.固定延时　　B.反延时　　C.立即动作　　D.随机延时

7. 在并联供电系统中,过电压与过激磁保护动作的先后次序为(　　)。

A.过电压先于过激磁　　B.过激磁先于过电压

C.两者同时动作　　D.故障严重的先动作

8.交流发电机控制继电器 GCR 的作用是(　　)。

A.控制发电机输出电路的通断

B.控制发电机接到它的负载汇流条

C.控制负载汇流条接到连接汇流条

D.控制发电机激磁电路的通断

9.对于波音 B737 飞机，两台发电机单独供电时，当左发故障后可由右发供电的是(　　)。

A.左发电机汇流条　　B.左转换汇流条

C.左连接汇流条　　D.左通用汇流条

10.交流电源控制中常用的“与”门逻辑相当于(　　)。

A.只要满足其中任何一个条件　　B.串联电路

C.并联电路　　D.串并联电路

二、简答题

1.交流电源系统控制装置的职能是什么?

2.飞机交流电源系统中的主要控制对象是什么？有什么功用?

3.交流电源故障保护装置动作的延时方法有几种？试举例说明。

4.过电压故障的主要危害是什么?

5.什么是差动保护？怎样实现差动保护?

2.8　二次电源及变压整流器

2.8.1　二次电源的概念和对航空变压整流器的要求

一、二次电源的概念

主电源和二次电源是飞机电源系统的主要组成部分，发动机驱动的发电机产生的电源为主电源，从主电源变换而成的电源设备称为二次电源。在现代大中型飞机上，都是以恒频交流电源作为主电源，但是，各种电子电气设备、控制保护装置、继电器、接触器和直流电机等仍然需要直流电源供电，对飞机电瓶充电也需要直流电源，所以飞机上必须有二次电源，即要将交流电变换成直流电(同样道理，在以直流作为主电源的中小型飞机上，将直流电变换成的交流电也是一种二次电源)。

将主电源交流电变换成直流电的二次电源有两种方法，其一是采用交流变直流的旋转电机(交流电动机-直流发电机组)，其二是采用变压整流器。目前飞机上广泛采用的是变压整流器，它与旋转电机相比，由于没有旋转和活动部件，没有电机的换向和火花问题，所以工作可靠性大大地提高了。

二、对航空变压整流器的要求

对航空变压整流器除对航空设备的一般要求外，主要要求是输出电压波形质量高，整流效率足够高。下面来分析变压整流器的主要参数及要求。

1.外特性

外特性是指变压器一次侧加额定电压、二次侧负载功率因数一定时，二次侧输出电压 U_2 与负载电流 I_2 的变化关系，即 $U_2=f(I_2)$。通常用图 2-8-1 所示的曲线表示外特性，图中坐标用相对值 U_2/U_{2N}、I_2/I_{2N} 表示，也称标称值。

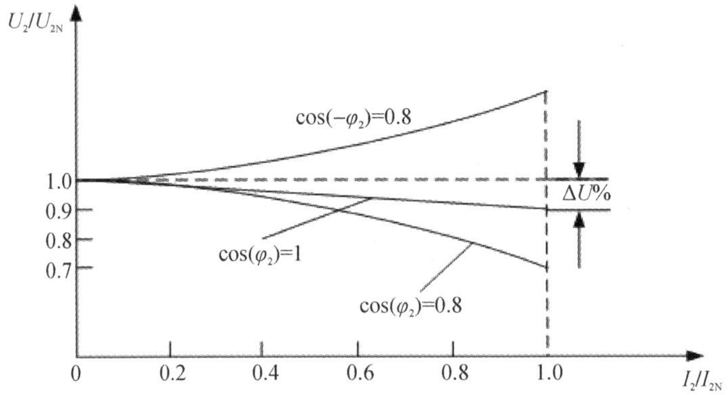

图 2-8-1　变压整流器的外特性

由图 2-8-1 可见，感性负载曲线下降的程度比阻性负载严重，而容性负载的外特性曲线反而上翘，即随着容性负载的增大，输出电压将逐渐升高。因此可以说，容性电流起助磁作用，使 U_2 上升；感性电流具有去磁作用，使 U_2 下降。所以在相同的负载电流下，其输出电压下降的程度取决于负载功率因数的大小，负载功率因数越低，端电压下降越多。

2.电压调整率

航空变压整流器作为一个直流电源，其输出电压必须是可以调节的，但是，目前飞机上的变压整流器的输出电压多采用不可调式，所以其输出特性都是预先设计好的，某些对电压要求更高的设备则在设备内加设稳压装置。

变压整流器输出电压随负载的变化程度用电压调整率表示，它可以用图 2-8-1 所示的变压整流器外特性来衡量。电压调整率 ΔU 为

$$\Delta U=\frac{U_{do}-U_{dN}}{U_{dN}}\times 100\% \tag{2-8-1}$$

式中：U_{do} 为整流器空载输出时的直流电压；U_{dN} 为额定负载 I_{dN} 时整流器输出的直流电压。

电压调整率越小，说明负载电流变化时对整流器输出直流电压的影响越小，供电质量越高。

变压整流器中的电压损失主要发生在变压器绕组漏电抗、整流二极管以及滤波器上，在设计电路时，可以采用增大铁芯截面积、减小绕组匝数的方法来减小漏电抗，从而提高外特性的硬度。

3.整流电压的脉动程度

整流的目的是在负载上得到平滑的直流电压或电流，但实际上整流后的电压或电流是脉动的，其中包含交流成分。通常用纹波因素或脉动系数表示负载电压或电流的脉动程度。

纹波因素 q 是负载电流(或电压)交流分量总有效值与直流分量的比值，即

$$q = I_a / I_d = U_a / U_d \tag{2-8-2}$$

式中：I_a为负载电流交流分量的总有效值；U_a为输出电压交流分量的总有效值。

相数越多，I_a或U_a越小，即纹波因素越小，说明整流器供电质量越高。三相桥式全波整流电路的纹波因素为 4.18% 。

当用脉动系数 S 表示负载电压或电流的脉动程度时，因为负载中的交流分量含有多次谐波，这些谐波中以频率最低次的幅值最大，所以脉动系数就以最低次谐波的幅值 I_{a1M}或U_{a1M}与直流分量的比值来表示，即

$$S = I_{a1M} / I_d = U_{a1M} / U_d \tag{2-8-3}$$

同样，相数越多，脉动系数越小，说明整流器供电质量越高。三相桥式全波整流电路的纹波因素为 5.7% 。

4.变压整流器的整流系数

整流系数 K_z是指整流电压的平均值 U_{dp}与变压器副边绕组交流电压有效值 E_2的比值，即整流器的输出量与输入量的比值。有

$$K_z = U_{dp} / E_2 \tag{2-8-4}$$

在 m 相半波整流电路中，相数 m 与整流系数 K_z的关系见表 2-8-1。

表 2-8-1　不同相数时的整流系数值

m	2	3	6	12
K_z	0.90	1.17	1.35	1.40

表 2-8-1 中的六相半波相当于三相全波整流。由表可知，相数越多，整流系数越高，但当 m 很大时，K_z增加并不多，这说明过多地用增加相数的方法来提高整流系数，意义并不大，而且相数增多后，整流元件用得也多，所以一般不采用以过多地增加相数的方法去提高输出直流电压的质量。

5.变压整流器的效率

飞机上直流用电设备的功率一般占交流电源总功率的 5%～10% 。单台变压整流器的容量(用额定电流表示)一般为数十安到 200 A。例如波音 B757 飞机上有两台主变压整流器，每台的额定电流为 120 A，另外还有一台辅助变压整流器。对于这样大功率的变压整流器，整流效率便成为重要的质量指标之一。变压整流器的总效率 η 就是它直流输出功率与交流输入总功率之比，即

η＝直流输出功率/(直流输出功率＋变压器损耗功率＋整流元件损耗功率＋滤波器损耗功率)

一般来说，变压整流器的效率都在 80%以上，其损耗的功率以发热的形式消耗掉。所以，在飞机上一般以强迫通风进行冷却。此外，航空变压整流器一般还设有过热保护装置。

2.8.2 航空变压整流器的组成与工作原理

一、航空变压整流器的组成

航空变压整流器通常是将机上 115/200 V、400 Hz 的三相交流电变换成 28 V 的直流电。因此,它主要包括把机上交流电压变成适合整流器工作电压的变压器(主变压器)、把交流电能变成直流电能的整流电路(主要是大功率整流二极管)、输入和输出滤波电路以及冷却风扇和热控保护开关等,如图 2-8-2 所示,由它们组装在一起形成的整体就是变压整流器。

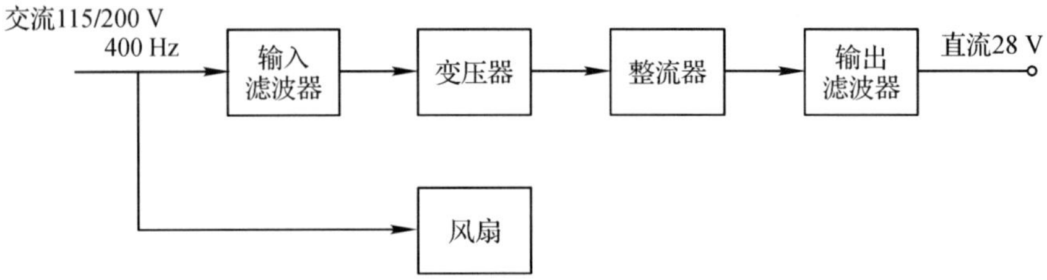

图 2-8-2 变压整流器组成框图

1.主变压器

主变压器的原边绕组可以连接成星形(Y)或三角形(Δ),副边绕组可接成 Y/Y,Y/Δ 等多种形式。

主变压器的重量一般约占整个变压整流器总重量的一半。因此,减轻变压器的重量就等于减轻整个变压整流器的总重量。变压器铁芯的形式对重量影响较大,对航空变压整流器,由于都采用强迫通风冷却,所以常采用 E 形截面的铁芯,使冷却效果更好,如图 2-8-3 所示。

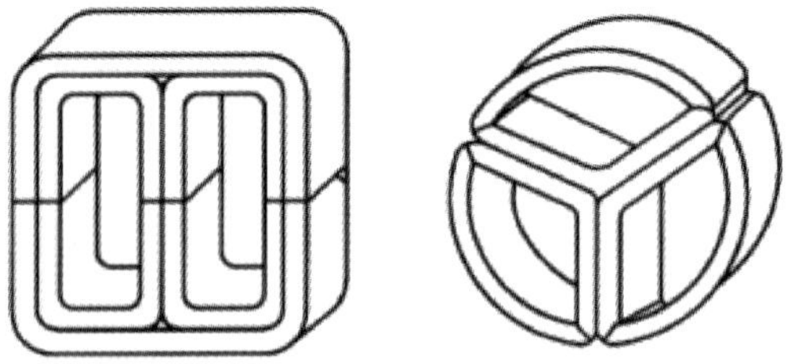

图 2-8-3 变压器铁芯截面形状

在相同的铁芯形状下,提高最大磁通密度,可减少材料用量以减少变压器的重量,但磁通密度的增大,将会引起磁噪声的增大。

其他减轻变压器重量的措施可以从绝缘材料、导电材料和加工方法等方面入手。

2.整流元件

整流元件的作用是将主变压器输出的交流电转变为直流电。整流元件一般采用硅整流二极管,它是变压整流器中的关键元件,它的好坏决定了变压整流器的性能、寿命和工作可靠性,因此整流元件必须经过严格筛选。

有的变压整流器中,为了保护整流元件,可以在二极管两端并联一个电容器或电阻,作为过电压保护之用。

3.滤波电路

图 2-8-4 所示为几种常见的滤波电路示意图。

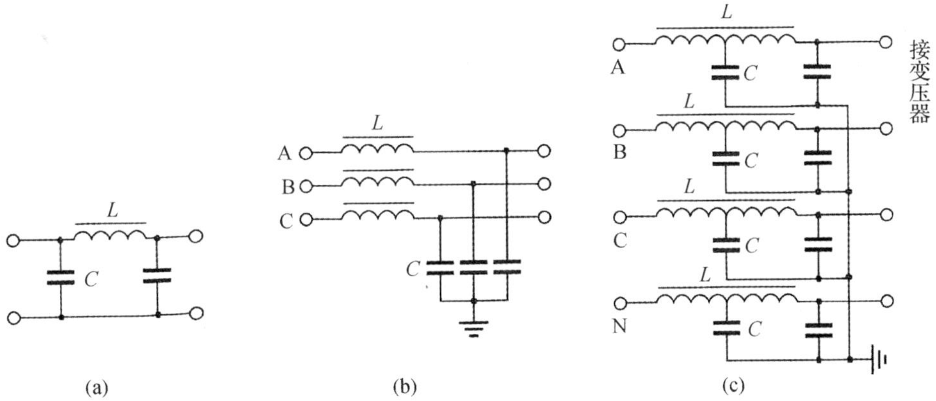

图 2-8-4　滤波电路

(a)Ⅱ形滤波电路；(b)一级 Γ 形滤波电路；(c)二级 Γ 形滤波电路

接在变压整流器输出端的滤波电路的作用是将变压整流器输出的直流电脉动成分滤除,使输出的直流电压变得平滑。另外,由于变压整流器是飞机同步发电机的非线性负载,它会使电源电压的波形发生畸变,为了减小其对电源电压的影响,有的变压整流器在输入端也设有滤波电路。

滤波电路由电感与电容组成,结构形式可分为 Ⅱ形滤波电路、一级 Γ 形滤波电路、二级 Γ 形滤波电路等,如图 2-8-4(a)～(c)所示。

对于滤波器的性能,常用滤波系数来评定。滤波系数 β_S是未加滤波器时输出电压的脉动系数 S'与加入滤波器后输出电压的脉动系数 S 之比。它表明滤波器滤除交流分量的能力。

$$\beta_S = S' / S \qquad (2-8-5)$$

若输出电压的脉动程度用纹波因素表示,则滤波系数 β_q 表示未加滤波器时输出电压的纹波因素 q' 与加入滤波器后输出电压的纹波因素 q 之比,即

$$\beta_q = q' / q \qquad (2-8-6)$$

由上述定义可知,滤波系数越大,表明滤波器的性能越好。

4.冷却风扇

变压整流器的功率损耗一般都以发热的形式消耗掉。飞机上通常采用强迫通风的方式

进行冷却。

冷却风扇是由主电源供电的交流电动机驱动的电风扇，它是变压整流器中唯一的旋转活动部件，因此，在维护工作中，对其工作的可靠性应更加注意。

航空变压整流器的额定电流有 25 A、50 A、75 A、100 A、120 A、150 A、200 A、600 A 等几种，其大小取决于机载直流负载的总容量。

二、航空变压整流器的一般工作原理

根据变压器和整流器线路的连接方式，三相交流变压整流器可分成三相半波整流、三相全波(桥式)整流、六相半波整流及六相全波整流等基本类型。变压整流器中变压器的原边绕组可连接成(Y)或三角形(Δ)，实际上采用何种连接，主要取决于配电电压的数值以及对变压器原边绕组谐波含量的要求。变压器的副边可以连接成三相以及六相半波或全波整流电路。副边相数的选择，主要考虑的是使输出电压的脉动量小，使变压器的利用率要高。

下面是飞机上常见的几种线路。

1.变压器按 Y /Y 连接的三相半波整流电路

图 2-8-5 为变压器按 Y /Y 连接的三相半波整流线路及其输出电压波形。当主电源频率为 400 Hz 时，整流后输出电压每秒脉动 1 200 次，脉动幅值较大，脉动系数或纹波因素较大；变压器的原、副边绕组仅 1/3 周期导电，原、副边绕组的利用率均很低。为了使输出电压平滑，提高供电质量，必须使用强的滤波电路，而且由于脉动分量的最低次谐波频率较低，所以使滤波器的重量较大。

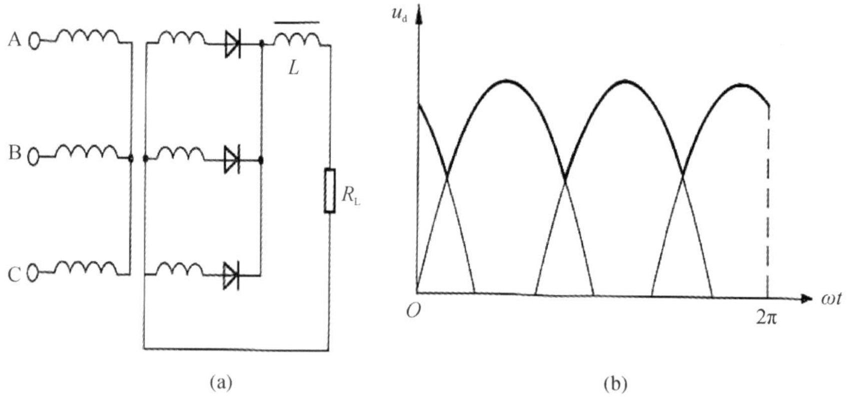

图 2-8-5　Y /Y 连接的三相半波整流线路及输出电压波形

(a)整流电路；　(b)整流输出电压波形

2.变压器按 Y /Y 连接的三相全波整流电路

变压器按 Y /Y 连接的三相全波整流电路及其输出电压波形如图 2-8-6 所示。

该电路又称为三相桥式整流电路，从输出电压波形可见，三相全波整流后输出电压的脉动幅值比三相半波整流显著减小，所以它的脉动系数或纹波因素较三相半波整流也显著减小，整流系数有所提高(参见表 2-8-1)。由于输出电压中的脉动分量的最低次谐波频率为 2 400 次/s,所以可以大大地减轻滤波器的负担,从而减小滤波器的重量。

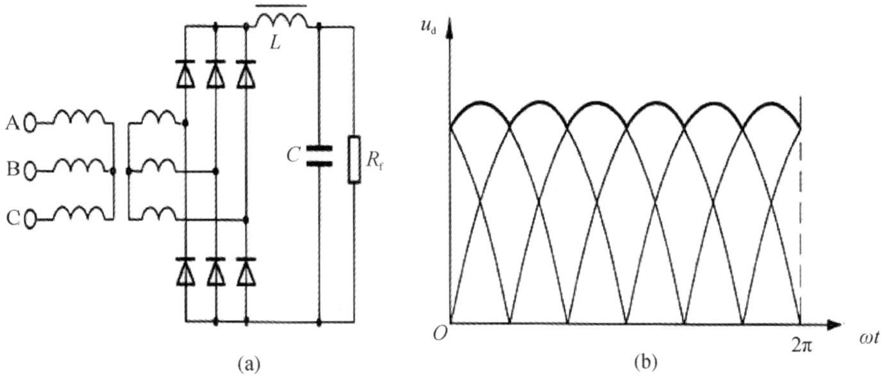

图 2-8-6　变压器按 Y /Y 连接的三相全波整流电路及输出电压波形

(a)电路；(b)输出电压波形

3.变压器按 Y/YY 连接的六相全波整流电路

图 2-8-7 是变压器按 Y/YY 连接的一种线路,其变压器原边绕组为 Y 形连接,并联的两个副边绕组也是 Y 形连接,但首端与末端相反,所以这种接法称为星形-双反星形接法。

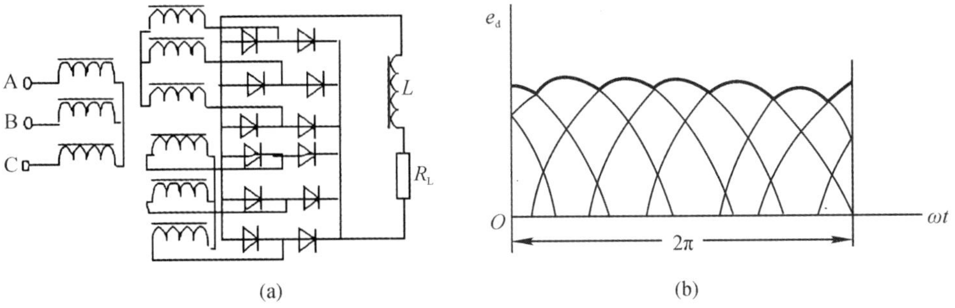

图 2-8-7　变压器按 Y /YY 连接的六相全波整流电路及输出电压波形

(a)电路；(b)输出电压波形

在图 2-8-7 的连接线路中,变压器副边是两组星形,每组星形都是由互差 120°的三相向量组成的。当它们的首端与末端相反时,则各对应相的向量方向是相反的,这样,把这两组向量叠加在一起就构成了六个互差 60°的向量,即为六相整流。但是,在同一时刻,总是相同的某一相电压的数值比其他两相电压的数值高时才使整流管导通,其三相变压器副边就构成了两组星形并联,整流电路的输出电压波形与一组三相全波整流相同,只不过承担负载电流大了一倍。

4.变压器按 Y /ΔY 连接的六相全波整流电路

图 2-8-8 所示为变压器按 Y /ΔY 连接的六相全波整流电路及其输出电压波形。变压器的副边由一组星形绕组和一组三角形绕组构成,相当于两个桥式全波整流电路并联,但

它们的相位差为 30°，使整流后输出电压的脉动为 4 800 次/s。

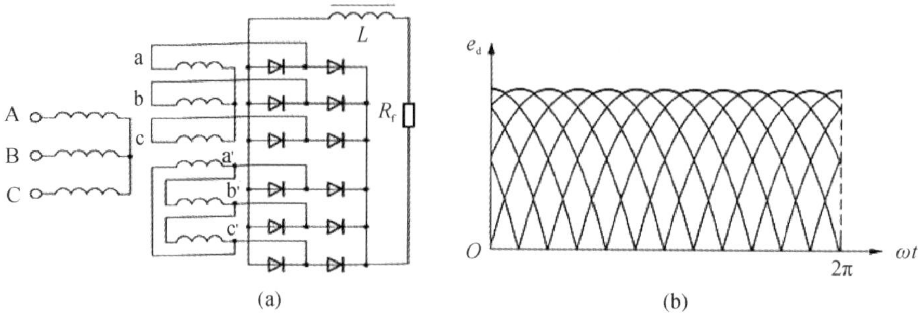

图 2-8-8　变压器按 Y /ΔY 连接的六相全波整流电路及输出电压波形

(a)电路；(b)输出电压波形

从图 2-8-8(b)的输出电压波形可见，这种连接方式，其输出电压的脉动频率增加了，而脉动幅值减小了，因而提高了整流质量，同时使滤波电路的体积和重量进一步减小了。

5.带有均衡电抗器的变压器整流电路

在三相或六相半波整流电路中，由于电流流经副边绕组和二极管的时间仅占整个周期的 1/3 或 1/6，也就是说，在任一时刻只有电压最高的某一相(或线)的绕组和二极管导通，所以变压器绕组和铁芯的利用率都很低。为了改善这种情况，在变压器中加入均衡电抗器。

图 2-8-9 是一种星形-带均衡电抗器的双反星形接法的六相半波整流电路。均衡电抗器(L_j)是一个漏磁很小而且变比等于 1 的变压器，将它连接在变压整流器副边两个反星形的中性点之间，由电抗线圈中点 O 引到外部与负载的负端相连，作为整流器的负极。

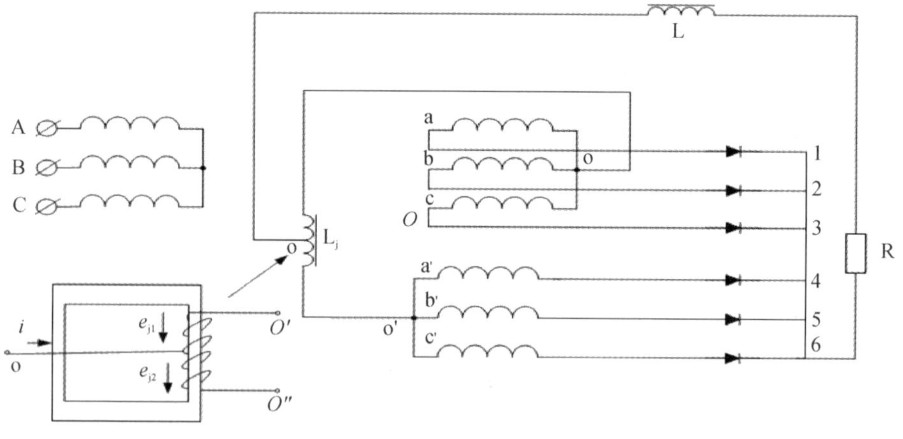

图 2-8-9　星形-带均衡电抗器的双反星形六相半波整流电路

由图 2-8-9 可见，当没有均衡电抗器时，对一般的六相半波整流电路，每一时刻只能有一相导电，每一相副边绕组和整流元件只有 1/6 周期导电，其整流电压波形如图 2-8-10 波形中的实线 e_{oa}、e_{ob}、e_{oc}和虚线 e'_{oa}、e'_{ob}、e'_{oc}的包络线所示。接入均衡电抗器 L_j后，由于均衡电抗器承受了两组三相半波整流电路中点之间的电位差，所以使两组三相半波整流电路都有可能同时导电。

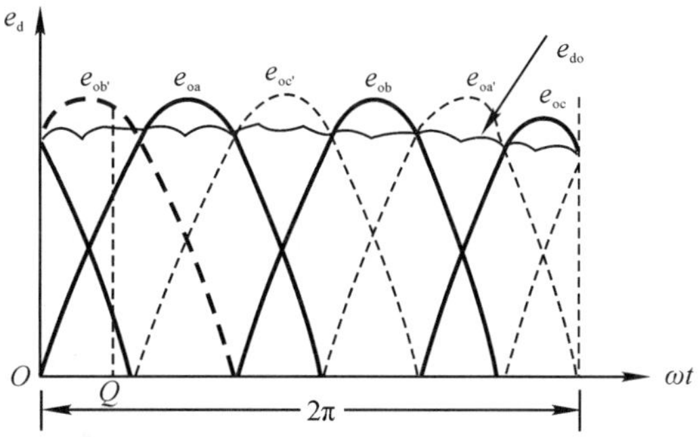

图 2－8－10　双反星形六相半波整流电压波形

如图 2－8－10 中任取某一瞬时 t_1，此时 $e_{ob'}$ 和 e_{oa} 均为正值，但 e_{oa} 的值小于 e_{ob}' 的值；若两组三相半波整流电路之间没有均衡电抗器，而是 O' 和 O'' 都直接与负载相连，则必然只有电压高的 b′相导电，a 相的整流二极管将被加入反向电压而截止。但有了均衡电抗器后，由于各相整流二极管的阴极连在一起且电位相同，所以两组星形之间的电位差均通过 O'、O'' 加在均衡电抗器的两端。当负载电流流经均衡电抗器线圈时，便在其上产生感应电势，设 OO' 中感应电势为 e_{j1}，OO'' 中感应电势为 e_{j2}，根据楞次定律，感应电势的方向总是阻碍原电流的变化（见图 2－8－9 所示方向），所以，均衡电抗器上产生的感应电势便可抵消 b′与 a 相之间的电位差，即

$$e_{ob'} - e_{oa} = e_{j2} + e_{j1} \tag{2-8-7}$$

$$e_{ob'} - e_{j2} = e_{oa} + e_{j1} \tag{2-8-8}$$

这样，在 t_1 瞬时，由于 a 相和 b′相相对于 O 点的电位相等，因此这两相可通过整流二极管 1、4 导电。同理，在其他任何时刻，在两组副边中都有对应的相同时导通。

由此可见，均衡电抗器的存在，使得两组三相半波整流电路都能同时工作，每组中的每一个整流二极管按三相半波整流的导电规律各轮流导电 2π /3。整个整流器的输出电压就是同时导电的两相电压的平均值，所以带均衡电抗器时输出电压的波形如图 2－7－10 中的 e_{do} 所示。

综上分析可知，带均衡电抗器的六相半波整流电路输出电压脉动小，最低次谐波频率高，变压器的利用率好，因此适合于较大电流的输出电路。

三、三相变压器星形和三角形连接中的几个基本关系

在三相变压器中，原边绕组的首端用大写字母 A、B、C 表示，其末端用 X、Y、Z 表示；副边绕组的首端用小写字母 a、b、c 表示，其末端用 x、y、z 表示；星形接法的中点用 O 表示。

变压器连接组别的表示方法是以原边作为分子，以副边作为分母，后面的数字代表变压器的连接组别，即表示变压器原边绕组与副边绕组电势（或电压）的相位关系。变压器连接组别的区分，采用时钟表示法，即把时钟的长针作为原边线电势的相量，并把它放在钟面 12 的位置上，而把时钟的短针作为副边线电势的相量，短针在钟面上所指的数字位置即为变压器的连接组别。

三相变压器的连接组别不仅与绕组在铁芯上的绕向即同名端的标记有关，而且还与三相绕组的接法有关。下面是几种常用的连接方式。

1.Y / Y - 12 连接方式

在图 2 - 8 - 11 中,取原边和副边绕组的同名端作为首端(即原、副边绕组的绕向相同,端点同名端的标记也相同),这时,原边和副边对应各相的相电势同相位,根据电工知识,原边与副边绕组的线电势也同相位,所以变压器连接组别为 12,用 Y / Y - 12 表示。

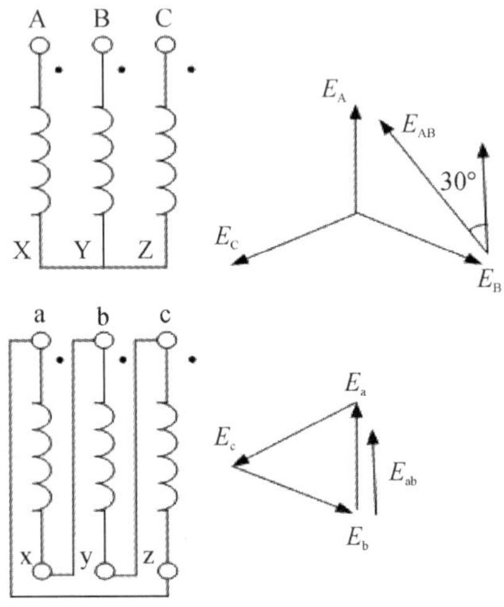

图 2 - 8 - 11　Y / Y - 12 连接组

2.Y / Δ - 11 连接方式

图 2 - 8 - 12 是三相变压器 Y / Δ 接法的一种连接方式。取原边和副边绕组的同名端作为首端,副边绕组按 a - x →c - z →b - y →a 的次序依次连接。这时,原边和副边对应各相的相电势同相位,但原边与副边绕组的线电势 E_{AB}和 E_{ab}的相位差 30°×11 = 330°,故其组别为 11,用 Y / Δ - 11 表示。

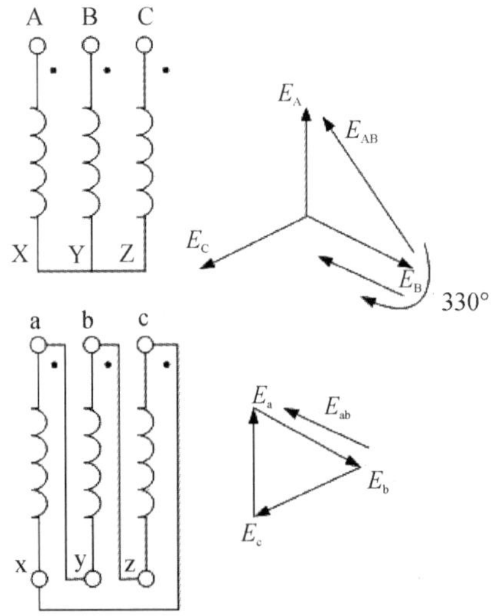

图 2 - 8 - 12　Y / Δ - 11 连接组

3.Y / Δ－1 连接方式

图 2－8－13 是 Y/Δ 接法的另一种连接组别，副边绕组按 a－x →b－y →c－z →a 的次序连接。这时，原边和副边对应各相的相电势同相位，但原边与副边绕组的线电势 E_{AB} 和 E_{ab} 的相位差 30°，故其组别为 1，用 Y / Δ－1 表示。

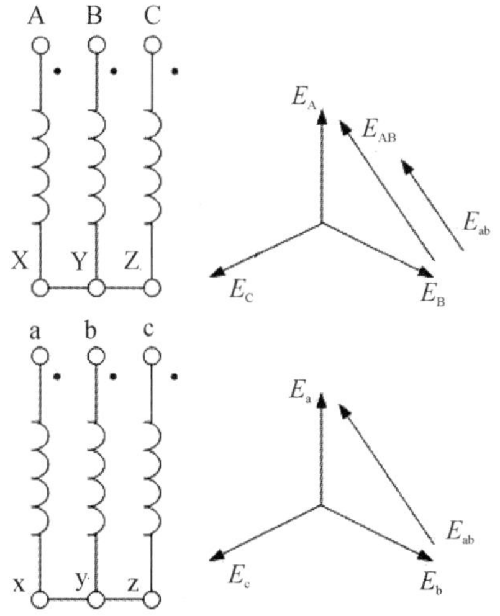

图 2－8－13　Y / Δ－1 连接组

四、典型飞机上的变压整流器概况

1.波音 B757 飞机上变压整流器的原理电路

波音 B757 飞机上变压整流器的原理电路如图 2－8－14 所示。该电路属于 Y / ΔY 连接方式，它的原边为星形连接，带有一组 Γ 形滤波器；副边由两个三角形和两个星形并联而成，即副边为双 ΔY 并联方式。副边输出直流电压经 LC 滤波后，其正电压送到飞机直流汇流条。直流电源为单线制，正电压经过负载后接“地”，从变压整流器的接“地”端经过一个分流器回到整流器组合的负端而构成电流通路。分流器的作用是测量负载电流，把信号送到发动机的指示和机组警戒系统（EICAS）显示负载电流的大小。

2.波音 B757 飞机上变压整流器的工作原理

从上面的相量关系分析可见，变压器副边并联的 YΔ 连接的整流输出，以原边 E_{AB} 为参考量，星形连接的副边为时钟 12 位，三角形连接的副边有时钟的 11 和 1 位，不论哪一种情况，Y、Δ 副边输出的相位总是互差 30°，即 π /6。这样，两个相位互差 30°的全波整流器就构成了一个六相全波整流电路，使输出电压脉动 4 800 次/s，其电压波形与图 2－8－10 的 Y /ΔY连接的波形相同，这就是变压器副边采用一组或者两组星形与三角形并联的工作原理。

Y /ΔY 的连接方式，可以极大地减小输出直流电压的脉动幅度，使整个变压整流器的整流电压质量提高，而且脉动分量的最低次谐波的频率也提高到 4 800 次/s，因此使滤波器的体积和质量都进一步减轻。所以这种类型的变压整流电路在波音等系列的飞机上得到了广泛的应用。

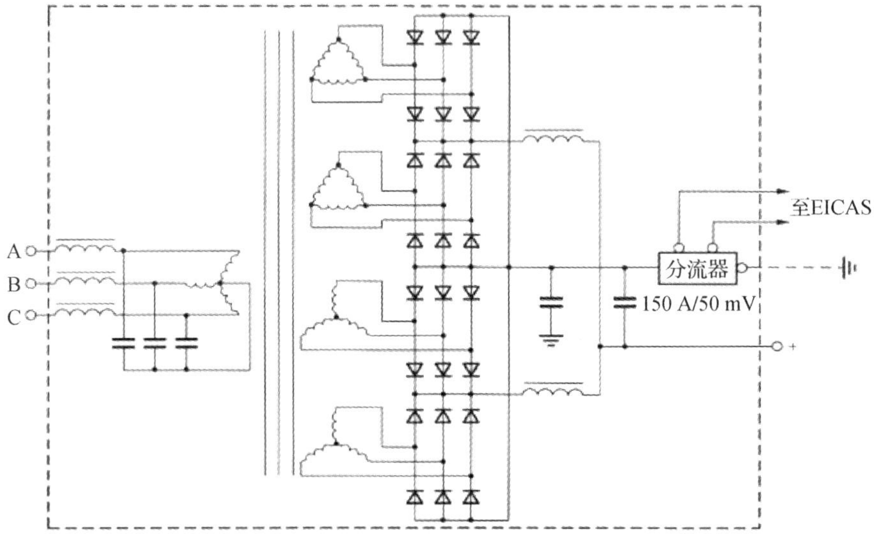

图 2-8-14 B757 飞机变压整流器原理电路

2.8.3 静变流机

飞机上的逆变器通常称为变流机(器),它是一种特殊性质的电器设备。其主要作用是在飞机失去正常交流电源后,变流机把电瓶提供的直流电通过内部的电子电路转化成交流电,供给飞机上必须使用交流电的重要设备,保证应急状态下飞机的飞行安全。变流机有旋转变流机和静止变流机两种。旋转变流机由直流电动机带动交流发电机发出交流电,这种变流机噪声大,转换效率低,维护工作量大,只在早期的飞机上使用。静止变流机(逆变器)采用电力电子技术,将直流电逆变为交流电。这种变流器没有运动部件,转换效率高,维护工作量小,在现代飞机上得到广泛应用。

静止变流器主要用于:在以直流电为主电源的飞机上提供交流电源,即用作二次电源;在以交流电为主电源的飞机上将电瓶的直流电变成交流电,提供应急交流电源;在以变频交流电为主电源的飞机上提供恒频交流电源;为某些机载用电设备提供不间断供电的专用交流电源,如图 2-8-15 所示。例如 B737 飞机的静变流机可以将直流电转换为 115 V、400 Hz的单相交流电,供给飞机的备用交流汇流条,保证飞机的备用交流汇流条不断电。飞机正常飞行时,备用交流汇流条由飞机电网供电,静变流机不工作。飞机失去交流电后,静变流机自动工作,供电给备用交流汇流条。

随着飞机电源系统的不断发展,航空静变流机在拓扑结构及控制策略上也经历了飞速发展。核心的逆变技术经历了由低频隔离逆变到高频隔离逆变,以及由采用硬开关技术到采用软开关技术的发展过程。随着飞机性能的提高和用电设备的不断增加,电能变换的种类要求也由单一的 28 V 直流电变换为 115 V、400 Hz 的单相恒频交流电。此外随着飞机技术的迅速发展，对航空静变流机的要求也越来越高，主要体现在可靠性要高、维护方便、体积重量小、效率高和电气性能优越等方面。

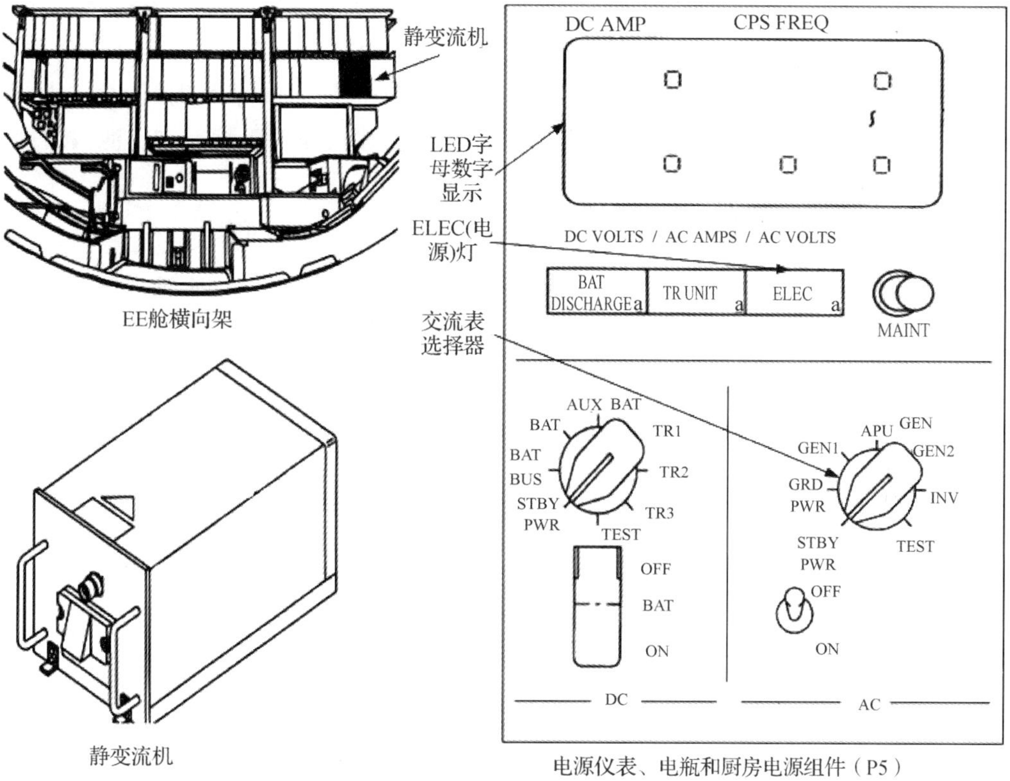

电源仪表、电瓶和厨房电源组件（P5）

图 2－8－15　B737NG 飞机的静变流机

目前，航空静变流机正在向高功率密度、高变换效率、高可靠性和低电磁干扰方面发展。随着微处理器的广泛使用，数字化控制正以控制简单灵活、输出性能更加稳定、各种先进控制策略容易实现等优势而成为静变流机研究领域的又一大热点。

图 2－8－16 所示为静变流机电路模块示意图，静变流机的基本组成包括直流电源、逆变器和滤波网络。

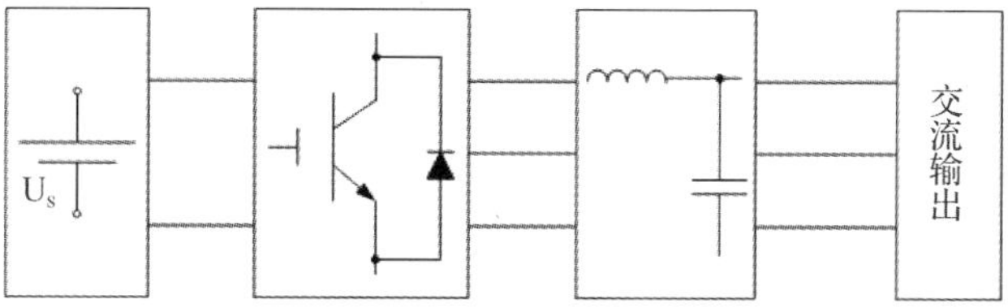

图 2－8－16　静变流机电路模块

图 2－8－16 中，直流电源是静变流机的输入来源，它可以是直流发电机的输出电压、蓄电池电压或者交流电整流后的直流电压。

逆变器为一个能把直流电转换为交流电的逆变电路，是静变流机的核心组件，由控制电路和可以进行能量转换的功率转换电路组成。功率转换电路是进行能量转换的功率部分。一般由大功率晶体管作为功率转换元件，工作在开关状态。主电路可以连接成推挽式、半桥式或者全桥式等结构。控制电路用于为主电路开关提供控制信号，主要包括振荡器、驱动电路、电压调节器和保护电路等。

滤波网络分为输入滤波网络和输出滤波网络。输入滤波网络的功用是隔离输入的直流电电网的瞬变，以及防止逆变器反向可能对直流电网造成的噪声干扰。输出滤波器则用于过滤高频谐波，保证输出正弦波不失真。

1.单相静止变流器

逆变器主电路主要有两种形式：一种是推挽式，如图 2-8-17(a)所示；另一种是桥式，如图 2-8-17(b)所示。为了减小功率管损耗，必须让功率管工作在开关状态。

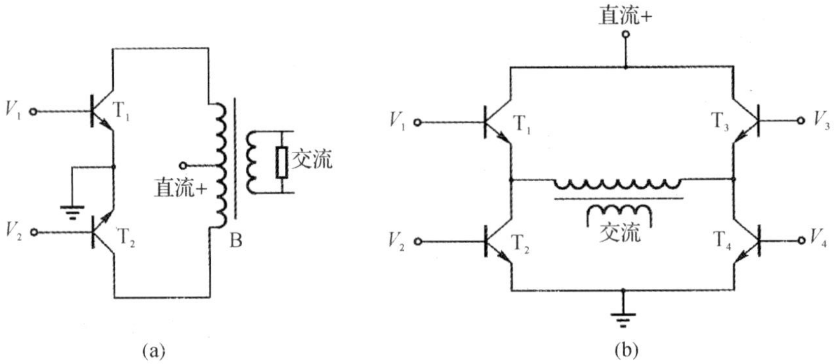

图 2-8-17　逆变器主电路

逆变电路的工作原理比较简单，只要让 T_1、T_2(推挽式)或 T_1T_4、T_2T_3(桥式)轮流导通，在变压器次级就能得到交流输出。以推挽式电路为例，T_1、T_2 的控制信号如图 2-8-18 所示。

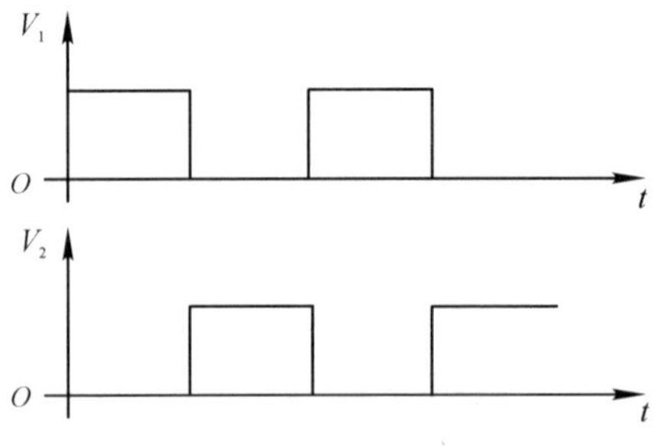

图 2-8-18　推挽式逆变电路控制波形

由于 T_1、T_2 的输出波形为方波，必须经过输出滤波器滤波将其变成正弦波后才能使用。将方波滤波成正弦波能量损失大，转换效率低，滤波器重量大，波形失真大(尤其负载为感性时)。为了提高效率，减轻滤波器重量，降低波形失真度，可以采用图 2-8-19 所示的 3 种控制方法：图 2-8-19(a)为小于 180°的方波，经过计算，180°方波的总谐波含量为 47%，而 120°方波的总谐波含量为 30%，但也不是越小越好。图 2－8－19(b)为开关点预置 SPWM 波，即按正弦规律调制的脉冲调制波，这种方法能有效降低低次谐波含量，提高转换效率，因此在地面电源和飞机上的静变流器中得到了广泛应用。从理论上讲，一个周期内的脉冲越多，总谐波含量就越小。但脉冲越多，功率管的开关损耗也就越大。图 2－8－19(c)为阶梯波，这种方法的优点与 SPWM 波相同，但控制复杂，需要多绕组变压器和多个功率管，应用不太普遍。

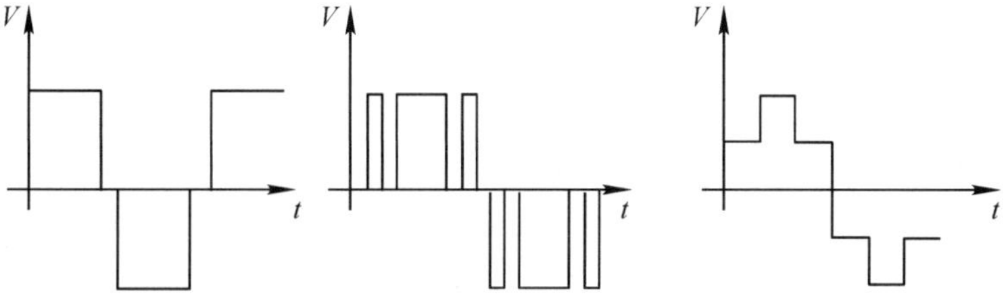

(a)　(b)　(c)

图 2－8－19　逆变器主电路控制方法

2.三相静止变流器

三相静止变流器可由三个输出电压相位差为 120°的单相静止变流器构成，也可采用六只晶体管的三相桥式电路构成，其工作原理与单相静止变流器相同，本书略。

拓展阅读

2020 年度国家最高科学技术奖获得者顾诵芬：用一生践行航空报国

歼教 1、初教 6、歼 8……也许你对这些“明星”飞机早已经耳熟能详，但你可能并不知道它们的设计者名字——顾诵芬。作为新中国航空科技事业奠基人之一，顾诵芬一生默默耕耘，只为做成一件事，那就是“设计中国人自己的飞机”。

从我国自行设计的第一架喷气式教练机歼教 1 一飞冲天，到国产大飞机 C919 翱翔碧空，以顾诵芬为代表的一代又一代航空人奋发图强、自力更生、勇于创新，推动了我国航空技术实现跨越式发展。

顾诵芬出生于江苏苏州一个书香门第，其祖父顾元昌在书法上颇有造诣，其父亲顾廷龙是我国著名的国学大师。大家以为顾诵芬长大后一定会继承父亲的事业，致力于弘扬传承中华文化。然而，一场战争彻底改变了他的人生方向。1937 年，“七七事变”爆发，日本侵略者的飞机在中国国土上狂轰滥炸。当时顾诵芬就暗下决心，“如果没有飞机，我们国家将来还是要受人欺负，我长大要设计飞机，保卫祖国”。

顾诵芬的理想与祖国的发展同频共振。1951 年，他以优异成绩毕业于上海交大航空工程系动力学专业。毕业那年，正是抗美援朝的关键时期，我国急需建立自己的航空工业。航空系毕业生全部分配到中央新组建的航空工业系统。

初创时期，新组建的航空工业局主要任务就是修理、仿制苏联支援的各型飞机，顾诵芬被分配到制图组，每天的工作就是描图、抄数据、翻译苏联图纸……按照当时苏联飞机的设计规范，只有设计局才有权更改飞机设计，而当时中国的工厂充其量为复制厂，无权改动设计。每次遇到这样的问题，他们都会写报告给苏联航空工业部，等待回复，可是常常一等就是大半年。一无所有，一穷二白，受制于人，这样的滋味不好受。从那时起，顾诵芬就认定：航空报国没有捷径可走，只有自力更生。设计中国人自己的飞机，这个目标就像一团火焰照亮了他整个人生。

顾诵芬梦寐以求自行设计制造飞机的理想正与中国航空工业的决策者不谋而合。彼时，刚刚成立的新中国需要建立强大的空军，需要创建强大的航空工业，也需要培育独立自主的航空科研和飞机、发动机研究、设计以及制造的能力。1956 年，沈阳飞机设计室成立，顾诵芬义无反顾地离开了北京，来到沈阳。他接受的第一个任务是设计一种喷气式中级教练机的气动布局。当时，苏联设计的飞机进气道在机头。为了提升性能，顾诵芬大胆打破常规，采用了两侧进气。经过反复试验，飞机用时 1 年零 9 个月就首飞成功，比日本、捷克、波兰等国先于我国设计的同类飞机提前了 1 年多。

在歼 8 飞机的研制中，顾诵芬发现发动机喷流对飞机平尾效率有很大影响。当时，国内尚无喷流试验条件和试验方法，他带领设计部门与风洞试验单位联合攻关，在国内第一次创建了歼击机喷流影响试验方法，发现了喷流影响规律，该试验方法也成为后来确定发动机喷流影响的基本方法。

歼 8 飞机的研制结束了我国歼击机完全依赖引进的历史。歼 8 系列飞机共衍生 16 种型号和技术验证机，一直是我军 20 世纪的主战装备。歼 8 系列飞机的研制，牵引构建了较为完善的航空工业体系，促进了冶金、化工、电子等工业的发展。

办法总比困难多

1969 年 7 月 5 日，歼 8 完成首飞。虽然首飞成功，但在跨声速飞行试验中出现了因气流分离导致的抖振问题。用飞行员的话说，就像一辆破公共汽车，开到了不平坦的马路上。

对于引起振动的原因，专家们看法不一。当时，试飞员鹿鸣东的一句话令顾诵芬大受震动——“你们就大胆试，需要我怎么飞，我就怎么飞。”“试飞员可以为了祖国的战机献出生命，科学家为什么不可以?”顾诵芬做出一个大胆的决定：亲自上天观察歼 8 飞机，找出问题所在。

据飞机空气动力学专家、中国科学院院士李天回忆，由于顾诵芬的另一位师长——歼 8 飞机首任总设计师黄志千不久前因飞机失事不幸遇难，顾诵芬的爱人江泽菲曾和他约定：不再乘坐飞机。

为了心中的理想和信念，顾诵芬无畏生死考验。从未接受过飞行训练的他说服领导、瞒着家人，三上云霄。他后来说，上天的风险确实比较大。为了观察清楚，两架飞机必须保持近距离等速飞行，间距在 10 m 左右甚至更近，稍有不慎，后果不堪设想。但顾诵芬根本没考虑这些，一心只想着解决问题。

在 7 000 m 高空，顾诵芬举着望远镜细细观察，用照相机拍摄飞机的动态，他还创新性地提出在歼 8 飞机后机身和尾翼上贴毛线条，把毛线条的流动情况详细地记录下来，以判断产生振动的原因。

“办法总比困难多，这话到啥时候都没错。”通过仔细观察，他们终于找到了症结所在，改进相关技术，加装了整流罩，解决了歼 8 跨声速飞行时的抖振问题。

向航空科技的巅峰攀登，总是面对一个接一个的困难和挑战。顾诵芬认为，如果说科学家有什么超能力，那就是遇到难题，总是记在心里，反复思考，反复试验，直到最后找到解决问题的方法。

年事已高的顾诵芬一直没有停止思考。“航空工业如何突破‘卡脖子’的关键专业和技术问题，相信一代代科学家直面问题，潜心钻研总能找到答案。”顾诵芬说。

一生以书为伴

顾诵芬一生酷爱读书，认识他的人都知道，除了吃饭、睡觉、工作以外，他唯一的爱好就是读书。

顾诵芬认为，读书是获取知识的重要来源。“好多事情你要做，那就不能凭空想，必须找一些材料，需要认真读书。另外，只读书不去用、不去想，那是空的；不读书，净想事儿也是空的。”

读书还是解决问题的有效方法。一次，为了解决歼教 1 机身两侧进气的难题，顾诵芬专门从沈阳跑到北京找资料。“北航图书馆白天学生在用，所以我只能晚上骑一辆借来的自行车去查资料。”

顾诵芬回忆，为了尽可能准确，他用硫酸纸把图描下来，自己动手“影印”。顾诵芬说，要赶超世界先进水平，必须掌握先进的科学技术知识，不学不行啊。

为了缩小航空技术与其他国家之间的差距，顾诵芬努力学习外语，他英语基础本就很好，加上工作后仍然坚持学习，口语、笔译等方面在全行业内都是首屈一指的。参加工作后，为了更好地开展工作，他又自学了俄语，亲自翻译和校对了大量书籍和资料；为了拓展知识，他还自学了日语和德语。

中国工程院院士杨凤田回忆说：“他的脑子对资料的储存真不亚于一台计算机。每当我在工作中碰到一些技术问题，他都能立即给出 NASA 或 AGARD 报告号，我一查，果然是要参考的内容。”

中国科学院院士李天则赞叹：“他就像一个活图书馆。之所以有这个本领，一是他勤奋学习，抓紧一切时间读书；二是他有惊人的记忆力，看过一遍就记住了。”

直到现在，顾诵芬在北苑陈旧的办公室也仍像一座“书的森林”，而他能清楚地记得每一本书的位置，甚至记得每一本书的内容。如果有人来找他探讨某项技术，他会站起来走向书架，几乎不假思索地抽取一本书或刊物，翻到某一处，指给来者看。就在这样一个狭小简陋的环境里，他敏锐地关注着国际航空前沿科技发展的动态，思考着未来的发展。他说：“现在科技发展快，不学习就跟不上形势的变化。了解航空的进展，就是我的晚年之乐。我现在能做的也就是看一点书，翻译一点资料，尽可能给年轻人一点帮助。”

复习思考题

一、选择题

1.在变压整流器中输入滤波器的作用是（　　）。

A.滤掉整流电压中的交流脉动成分　　B.滤掉输入电压中的交流脉动成分

C.抑制电磁干扰　　D.增大容量

2.将交流电转换成直流电的设备是（　　）。

A.静变流机　　B.旋转变流机

C.变压整流器　　D.逆变器

3.现代飞机上常用于将直流电转换成交流电的备用电源设备是（　　）。

A.静止变流器　　B.变压整流器

C.旋转变流机　　D.旋转整流器

4.变压整流器的功用是把（　　）。

A.三相 115/200 V 交流电变为单相 115 V 交流电

B.28V 直流电变为单相 115 V 交流电

C.三相 115/200 V 交流电变为 28 V 直流电

D.28 V 直流电变为三相 115/200 V 交流电

5.航空变压整流器的电压调整率小，表示（　　）。

A.整流器输出电压随负载变化小

B.整流器空载电压与额定负载时电压差值小

C.整流器外特性比较平

D.以上三种说法都正确

6.对变压整流器的要求是（　　）。

A.整流系数要大，电压调整率大　　B.整流系数要小，电压调整率小

C.整流系数要小，电压调整率大，　　D.整流系数要大，电压调整率小

7.航空变压整流器中滤波电路的组成通常是（　　）。

A.RC　　　B.LC　　　C.L　　　D.LR

8.现代大中型飞机上常用变压整流器容量大小的单位是(　　)。

A.A　　　B.V　　　C.VA　　　D.L

9.为减轻航空变压整流器中滤波器的重量,希望整流后的电压所含脉动频率(　　)。

A.高　　　B.低　　　C.适中　　　D.与频率无关

10.Y/△连接的三相全波变压整流器输出整流电压每秒脉动次数为

A.4 800　　　B.2 400

C.1 200　　　D.3 600

二.简答题

1.什么是变压整流器? 变压整流器由哪几部分组成?

2.像波音 757 飞机的变压整流器那样,为什么变压器副边要设两组星形和两组三角形?(Y / YYΔΔ)

3.飞机地面电源的功能、类型、控制组件、参数分别是什么?

4.三相变压器、整流电路、输入滤波器、输出滤波器各自的功用是什么?

5.静变流机由哪几部分组成? 各部分的功用是什么?

2.9　飞机外部电源系统

2.9.1　飞机外部电源概述

飞机停在地面,若机上无电源(主发电机、APU 发电机都不工作时),由外部交流电源通过外部电源插头供电到地面服务汇流条和地面操纵汇流条,提供 115/200 V、400 Hz 的三相交流电,以满足飞机在地面时交、直流电气设备的用电需要。另外,外部交流电源还可以向机上主负载汇流条提供电能。

下面以波音系列飞机的外部交流电源系统为例,介绍飞机外部电源系统的组成、安装位置等方面的知识。现代大型飞机的外部交流电源系统也是类似的,在学习其他具体机型时可作比较。

波音 B757 飞机的外部交流电源系统由外部交流电源插座、系统组件、控制面板、外部交流电源接触器、地面服务汇流条的选择继电器、转换继电器和地面操纵继电器等组成。

波音 B757 飞机的外部交流电源六钉(四长二短)插座安装在机身前下部,前起落架的后部(P30 外部交流电源面板上)如图 2-9-1 所示。当外部交流电源插头与插座连接好后,白色的“交流连结”灯亮,若此时不向机上供电,则“不使用”灯亮;“不使用”灯在外部交流电源向机上供电时灭。另外,放下支撑杆可支撑电缆线,保证电源插头与插座的可靠连接。

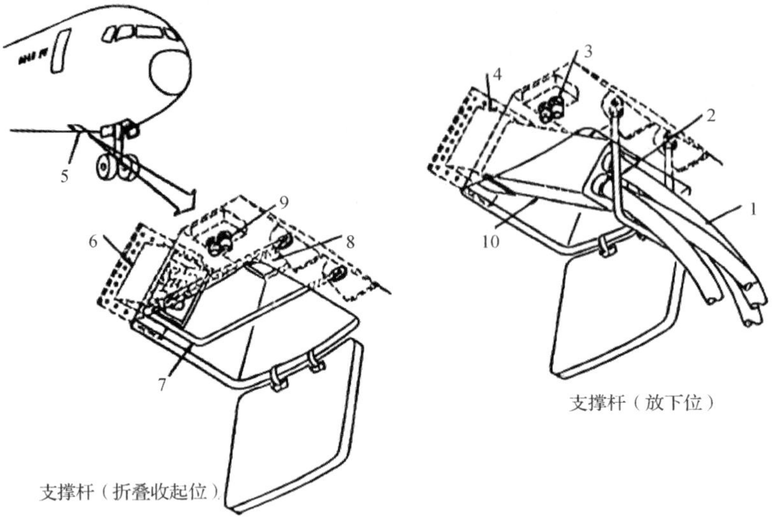

图 2-9-1　B757 外部交流电源插座安装及外部交流电源面板

1—电缆；2—支撑杆；3—指示灯；4—外部电源插座；5—P_{34}外部电源面板；6—外部电源插座；7—支撑杆；8—线路图；9—指示灯；10—外部电源插头

在主设备中心，安装有汇流条电源控制组件（BPCU）和 APU /外部交流电源面板（P_{34}），如图 2-9-2 所示。

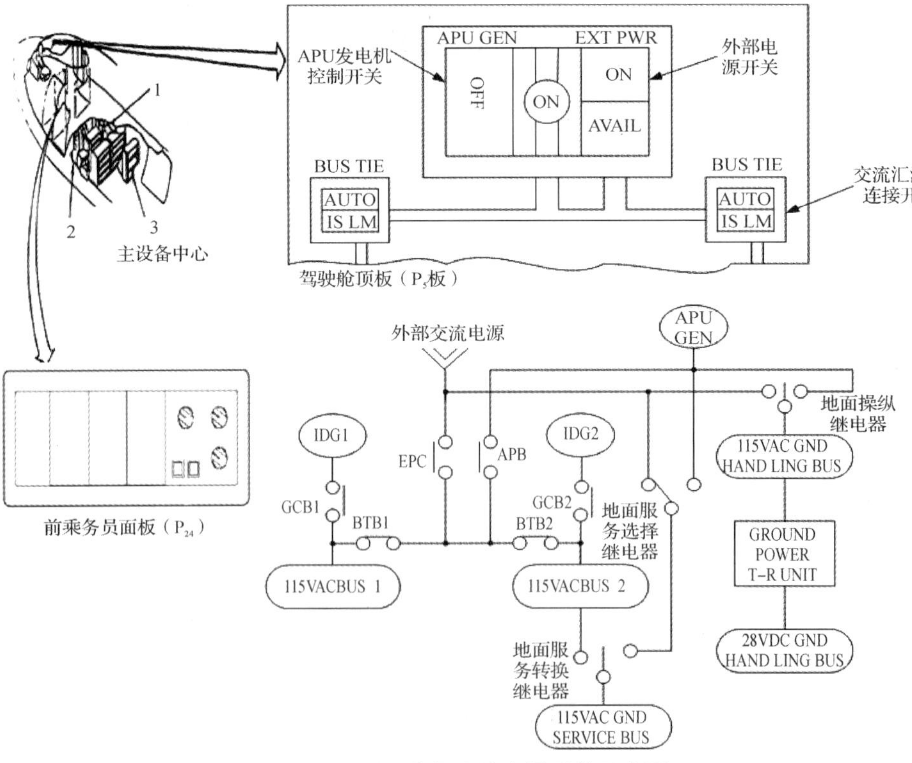

图 2-9-2　外部交流电源系统示意图

1—P_{30}外部电源面板；2—APU 发电机电源/外部电源面板；3—汇流条电源控制组件

BPCU 的作用是：控制外部交流电源接触器（EPC）的通断，决定外部交流电源是否向机上供电；控制地面操纵继电器的通断，使外部交流电源优先于 APU 发电机电源向地面操纵汇流条供电；控制地面服务汇流条的选择继电器和转换继电器的通断，选择主发电机、APU 发电机和外部交流电源的任何一种电源向地面服务汇流条供电。

在 P_{34} 上，安装有外部交流电源接触器、外部交流电源电流互感器、外部交流电源变压整流器、地面服务选择继电器、地面服务转换继电器和地面操纵继电器等，如图 2－9－3 所示。

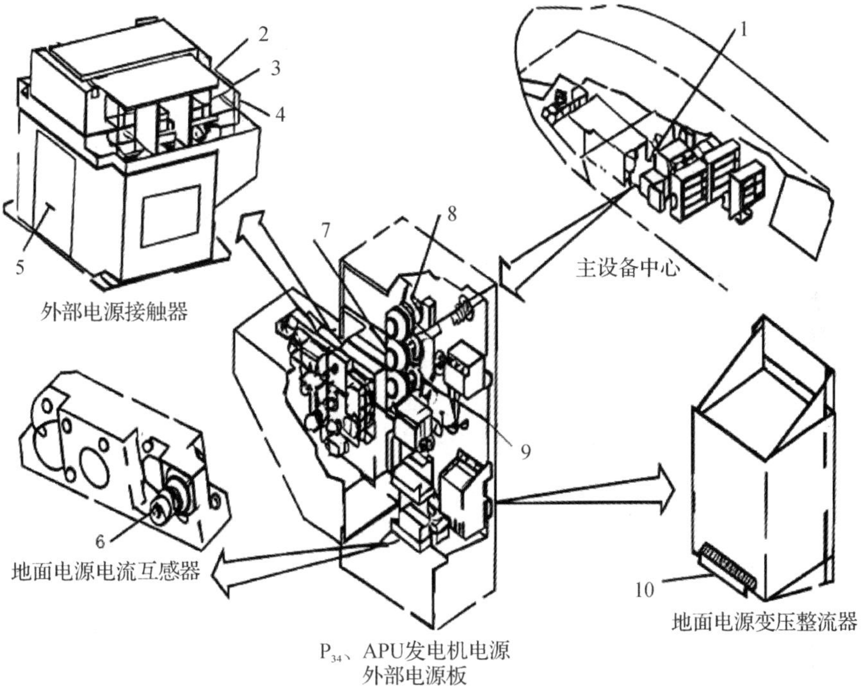

图 2－9－3　外部交流电源设备安装示意图

1—外部电源联锁保险丝；2—接线柱端护板；3—主接线柱；4—辅助连接电气接头；5—线路图斛；6—电气接头；7—地面操纵继电器；8—地面服务选择继电器；9—地面服务转换继电器；10—接线条

外部交流电源有两块控制面板，如图 2－9－2 所示。其一是驾驶舱顶板的 P_5 板，其上有控制外部交流电源是否向机上供电的按压式灯组合开关（"ON"—白色），按压开关，灯亮，表明外部交流电源正在向飞机供电；在"ON"的下方，"有效"（AVAIL—白色）亮时，表明外部交流电源有效可用，它提供给机组人员对外部交流电源质量的判断。其二是前乘务员面板（P_{21}），按压其上的"地面服务"开关，白色灯亮，表明地面服务汇流条已从外部交流电源获取电能。

2.9.2　外部交流电源的供电控制与保护

对于 B737 飞机，外部交流电源向机上供电的控制是由汇流条电源控制组件（BPCU）来完成的，BPCU 还有对其他电源给交流汇流条供电时的控制、保护作用。三叉飞机的地面电源控制盒只具体地完成对地面电源的控制和保护功能。其中外部电源接通控制如图 2－9－

4 所示。

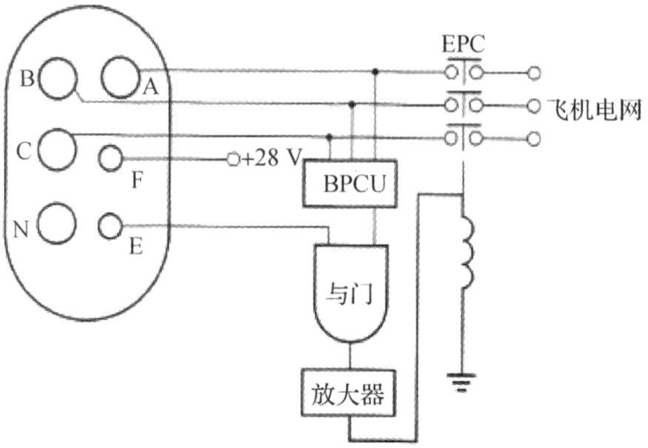

图 2-9-4　外部交流电源系统控制示意图

飞机上装有汇流条电源控制组件 BPCU,用于监控外电源的相序、电压、电流及频率是否符合要求,如果符合要求,由 BPCU 发出使能信号,表明外部电源已经准备好,可以向飞机电网供电。

地面电源向飞机供电后,BPCU 监控地面电源的质量,当发生过流、过压、欠压、过频等故障时,就会断开外电源接触器 EPC。

1.外部交流电源的联锁电路

外部交流电源和 APU 交流发电机及主交流发电机向飞机电网供电是自动联锁的,防止它们相互间有并联供电的可能性。

在 APU 交流发电机已经向连结汇流条供电的情况下,如果再插上外部交流电源,并接通外部交流电源总电门,则此时对连结汇流条的供电将自动转换,即自动切断 APU 交流发电机的供电,转换为外部交流电源供电。

因为接通外部交流电源总电门之后,只有在 APU 交流发电机确实停止了对连结汇流条供电,并有一段延时时间后,外部交流电源才能接通供电。

在外部交流电源已经向交流连结汇流条供电的情况下,如果对主发电机进行故障转换,这时,外部交流电源接触器(EPC)线圈断电而跳开,外部交流电源即停止供电,由正常的主交流发电机通过连结汇流条向失效的交流汇流条供电。

如果连结汇流条已由主交流发电机失效转换而供电,然后再插上外部交流电源插头,接通外部交流电源总电门,则外部交流电源接触器(EPC)不能接通,即外部交流电源不能向连结汇流条供电。

2.外部交流电源插头中两个辅助(短)插钉的作用

当接好外部交流电源插头时,两个辅助(短)插钉被连成通路,直流电就是通过这两个辅助插钉向偏压供给组件供电的。

当外部交流电源正在向飞机上供电时,如果拔掉外部交流电源插头,它就能在三相交流电流断开之前,首先使偏压供给组件停止工作,以关闭接触器控制组件,断开 EPC。因为两个辅助插钉比三相交流电源插钉短,所以在拔插头时,两个辅助插钉先断开,这就防止了带负载拔插头而在插头处引起强烈火花。

2.9.3　外部电源的准备

当外部电源可用时，必须仔细遵循检查工单进行检查，确保所有系统都处于正常的切换状态，然后才能连接电源，以防止意外甚至危险情况的发生。通用的检查工单提示了飞机在地面停放时提供外部电源的必要步骤，如图 2－9－5 所示。

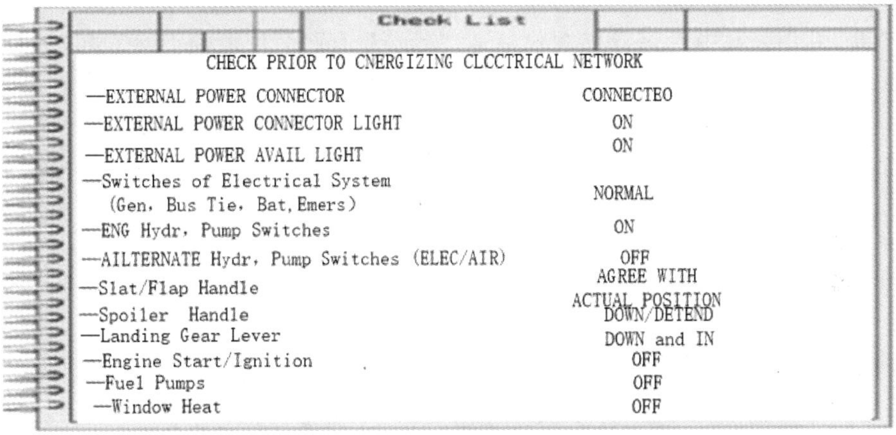

图 2－9－5　外电源准备检查单

(1)外部电源连接后，所有电源系统开关必须处于正常位置，保证正常供电。在一些飞机上，电瓶必须先关闭，然后再打开。

(2)确保液压系统没有被增压，电动泵和发动机驱动泵关断。但是发动机泵的开关电门一般是设置在接通位的，为的是发动机在没有运行的情况下使得卸荷阀门断电。

(3)为了防止飞行控制装置或起落架的意外作动，需确保所有控制手柄的位置正确、手柄位置必须与舵面或系统当前的实际位置一致。

(4)防止触发发动机的点火和启动程序，确保所有燃油泵关闭。这样可以减少电源负载，延长燃油泵的寿命。

(5)空调系统关闭，以防止客舱增压。当电子设备接通时，设备冷却必须开始工作。这是为了防止位于驾驶舱和电子舱的电器部件过热。

(6)氧气开关放在关断位。防止机舱内氧气面罩意外泄漏。

(7)在地面时，关闭所有的电加温系统。因为如果没有气流，设备会因过热而损坏。

(8)风挡玻璃的刮水器必须关掉，以免刮蹭干燥的玻璃表面。

(9)所有的外部灯，特别是大功率的着陆灯和滑行灯都必须关掉。主要原因是如果没有气流，这些灯有可能会损坏，这些灯也可能导致附近工作的人员失明。此外，如果打开所有外部灯光可能会因为高功耗启动而导致外部电源意外掉电。

(10)飞机在地面期间，应急出口灯电门一般保持在 OFF 位。如果在 ARM 位，紧急出口灯可能会自动打开并持续放电，所以必须关闭。

2.9.4 外部电源连接

飞机停在正确的位置并挡好轮档后，此时可以连接一个外部电源。外接电源有两种：①固定电源，主要用于维修机库附近或者靠近廊桥；②移动电源车，用于没有固定电源的停机坪上。

大多数机型飞机的插座位于前轮区域，结合图 2-9-4 和图 2-9-6 可知，插座由 4 个粗大的销钉 A、B、C 、N 和两个较短的销钉 E、F 组成，粗大的销钉为 A、B、C 三相交流电源提供连接，并用公共中性 N 连接提供接地。此外还有两个较短较小的销钉 E、F 用于控制连接。E、F 销钉比粗大的销钉细而短，只有当插头插紧后，E、F 销钉才能和外部电源插头形成通路。

外部电源连接的插头包含与插座本体、与销钉匹配的插销。外部电源的插头连接到飞机外部电源插座上时需将插头完全推入对应的插座，防止电弧和过热。因为不完整的电气连接会产生过热。在一些飞机上，还安装一个支撑电缆重量的电缆固定带，防止电源插头脱落。图 2-9-6 为地面电源的连接示意图。

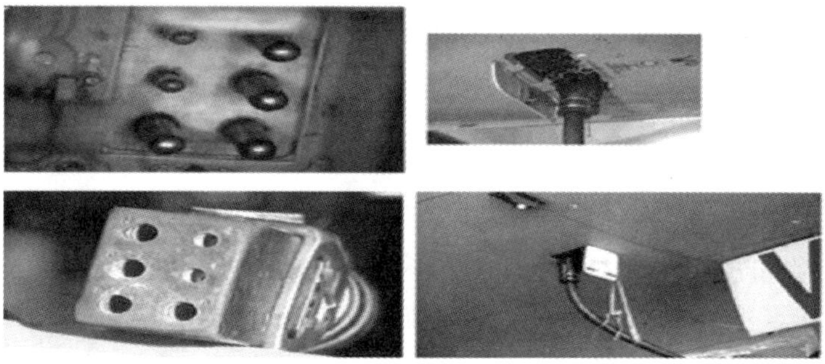

图 2-9-6 地面电源的连接示意图

以波音 B737NG 飞机为例，在地面可不启动发动机和 APU，由外部电源向飞机提供交流电，还能使用电瓶充电机给电瓶充电。外部电源系统部件包括外电源插座、外电源断路器(EPC)和汇流条控制组件(BPCU)。地面电源的电门位于驾驶舱 $P_{5\text{-}4}$ 板，作动该电门到 ON 位时便可将已经连接好的外电源通过 EPC 和 BTB 接入飞机电源系统。前服务员面板上的电门可以使交流和直流地面勤务汇流条从外电源得电。交流电源经过两个地面勤务转换继电器，直流电源经过地面勤务汇流条继电器。BPCU 使用来自前服务员面板的信号来控制这些继电器。打开外电源面板接近盖板可以接近外电源接入面板，该面板主要由一个外电源插座和控制指示灯构成。

(1)外电源插座有 6 根销钉，其中 3 根钉分别连接交流电的三相电(销钉 A、B、C)，1 根钉用于地线(销钉 N)，两根短钉用于给 BPCU 的内锁逻辑(销钉 E、F)。

(2)白色的外电源未使用灯 NOT IN USE 点亮表明地面电源没有接入地面勤务汇流条和转换汇流条。这个指示灯在 E 和 F 销钉被连接好(外电源插头接好)，地面勤务继电器没有闭合并且 EPC 断开时点亮。

(3)琥珀色的外电源连接指示灯 EXTERNAL POWER CONN 在外电源插头插上并且外电源已可以供电时点亮。该灯亮并不表示外电源品质正常。

(4)位于驾驶舱 P_{5-4} 板处的蓝色地面电源可用 GRD POWER AVAILABLE 由 BPCU 向该指示灯提供电源,当插头处的销钉 E、F 连接好和外电源品质正常时该灯点亮。

在外部电源插头中,E、F 端子是短接的。在拔出时,由于 E、F 销钉比主销钉短,因此 E、F 销钉先断开,使外电源接触器跳开,以保证主销钉拔出时外电源空载,从而防止产生火花放电和电弧。

2.9.5　外部电源的断开

图 2-9-7 所示为断开外部电源示意图。给飞机断电之前必须做好相应的检查。一般是按照合适的检查单检查确认完成后才能允许给电路断电。

首先,所有的电源负载应该处于最小值,因为这样可以减少外部电源继电器的损耗。其次,注意必须关掉电源的用电系统。当正常交流电源丢失时,这类系统会自动切换到电瓶电源,这样就会给用电系统或主飞机电瓶放电,必须防止这种情况发生。最后,主电瓶和应急电源开关也必须关闭。

当不再需要外部电源时,可以将外部电源从飞机上断开。这时,外电源面板上的外部电源"NOT IN USE"灯亮。

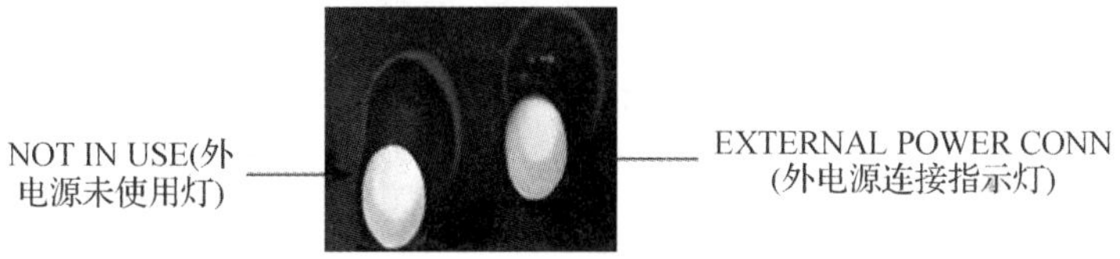

图 2-9-7　断开外部电源示意图

2.9.6　地面勤务汇流条

外部电源除了给飞机整机供电,还可以单独供电给地面勤务汇流条,给飞机的加油和相应的勤务工作提供电源,如给客舱电子舱照明灯光供电、给客舱勤务电插座供电和给货物装卸系统供电。地面勤务汇流条与地面电源相连,通常由正常电源供电。地面勤务汇流条也可以通过地面勤务或维护汇流条开关直接切换到地面电源,这个开关通常安装在舱门附近的一个面板上。

1.地面勤务汇流条的通电

只要外部电源插上飞机并品质良好,就可以接通地面勤务汇流条。当地面勤务开关(在本例中称为维护汇流条开关)扳到 ON 位时(B737NG 飞机前乘务员面板处有地面电源电门),只要外部电源可用,它就会激励地面勤务继电器,并将地面勤务汇流条连接到外部电源。在这种情况下,整个地面勤务系统由外部电源供电,但是要求维护汇流条的开关一直保持在 ON 位,直到外部电源断开。

2.地面勤务汇流条的断开

当外电源面板上的外部电源“NOT IN USE ”灯点亮时，可以从插座断开外部电源插头。图 2－9－8 为外电源未使用示意图。

这将切断外电源插座上的直流电源，使外部电源继电器断电。这确保了在断开外电源之前，电源继电器总是先断开 4 个销钉与插头的接触。

图 2－9－8　外电源未使用示意图

3.地面勤务汇流条的转换

图 2－9－9 为波音 B737NG 外部电源原理图。

在波音飞机上，地面勤务汇流条也有类似的转换，通常由主交流电源供电。当地面勤务按钮/电门被按下时，它被转换到有外部电源的外接电源插头供电。波音 B737NG 飞机的两个地面勤务汇流条由继电器控制电源的选择，当同侧的交流转换汇流条有电或者在有外接电源连接飞机时将前服务员面板的地面勤务电门置于 ON 位，每个地面勤务汇流条便可得电。地面勤务汇流条还给电瓶充电器供电，其中主电瓶充电器充当变压整流器 TR 时为所有连接到电瓶和热电瓶汇流条的用户提供电源，也可以对电瓶充电。

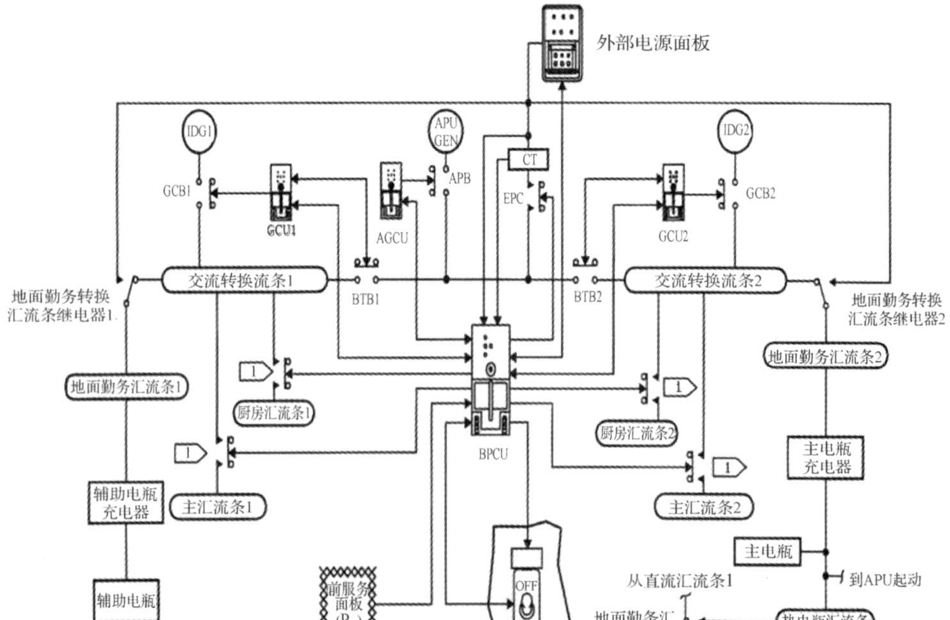

图 2－9－9　波音 B737NG 外部电源原理图

第 3 章　航空蓄电池

3.1　航空蓄电池概述

3.1.1　航空蓄电池的功用

航空蓄电池(又称为航空电瓶)是任何运输类飞机都必须安装的设备。它是一种电化学电池,向机载用电设备供电时,释放出化学能量,将化学能转变为电能,而在充电时又能把电能转换为化学能贮存起来。

具有反复多次使用性能的电池,称为二次电池,简称为电瓶,它的功用主要有:①在直流电源系统中,切换大负载时起到维持系统电压稳定的作用;②用于启动发动机或 APU;③在应急情况下(主电源失效),向重要的飞行仪表和导航等设备供电,保证飞机安全着陆。

飞机电瓶作为时控件,装机一定时间后,必须离位在内场进行检查、充电、容量检测和维护,以消除电瓶固有的记忆特性,恢复其额定容量,要确保飞机飞行安全。当电瓶容量达不到额定容量的 85%时,就不能装机使用,同时电瓶的离位检查的时间间隔与飞机机型及安装电瓶的型号有关。我国航空公司机队所使用的机载电瓶到电瓶维修车间进行检查和测试的时间间隔见表 3-1-1。

表 3-1-1　不同飞机电瓶离位检查的时间间隔

机型	时间间隔 (FH:飞行小时或 Days:天)	机型	时间间隔 (FH:飞行小时或 Days:天)
B737NG	1 000 FH	B777	400 Days
B737CL	750 FH	A319	1 000 FH
B747	1 800 FH	A320	1 000 FH
B757	2 000 FH	A330	365 Days

3.1.2　航空蓄电池的分类

航空蓄电池可分为酸性蓄电池、碱性蓄电池和锂离子电池等。飞机上常用的酸性蓄电池为铅蓄电池，其电解液为稀硫酸，一般在小型飞机和地面使用。碱性蓄电池主要为镍镉蓄电池，其电解液为氢氧化钾溶液，目前大型飞机一般采用碱性蓄电池，这类蓄电池性能好，但造价比较高。

新型锂离子电池具有能量密度高、无污染、寿命长等优点，目前例如多电飞机波音 B787 飞机就使用了锂离子电瓶。

3.2 铅蓄电池的结构和工作原理

3.2.1 铅蓄电池的结构

任何化学电池都是由正负电极、电解液、隔板、电池容器及附件等部分组成。航空铅蓄电池由 12 个单体电池串联组成，每个单体电池的输出电压为 2.1 V。单体电池的极板由铅-锑合金栅架组成。其中锑含量大约在 7%～10%。正极板上涂有糊状的二氧化铅(PbO_2)，负极板上涂有金属铅(Pb)。二氧化铅和铅都是参与化学反应的有效材料，称为活性物质。为充分利用活性物质，极板多为疏松多孔状，以便电解液渗入。正、负极板间的隔板由多孔的高绝缘性能材料制成。电解液为稀硫酸，为减轻重量，航空蓄电池的电解液数量相对比较少，而浓度相应增加，密度为 1.280～1.300 0 g/cm^3(25 ℃)。因为单体电池的内阻随正、负极板的距离变大而迅速变大，为了减小内阻，极板之间的隔隙应尽可能小。单体电池安装在防酸容器中。由于电池工作时有气体逸出，所以每个单体电池上方安装都有排气阀，用于排除气体，但电解液不会因飞机机身飞行而溅出。图 3-2-1 为单体电池的结构示意图。

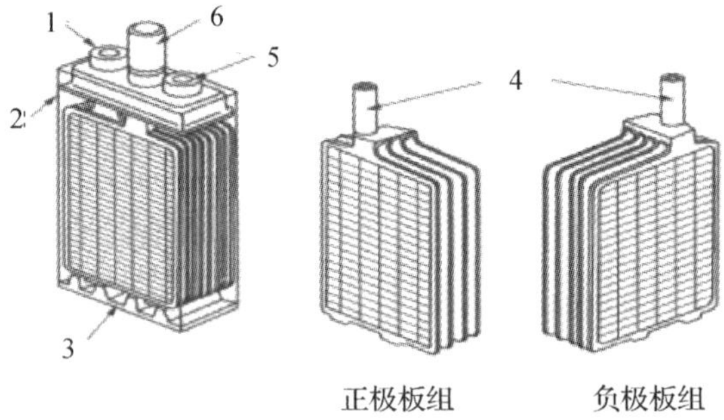

图 3-2-1 单体电池的结构示意图

1—正接线柱；2—蓄电池外壳；3—单个蓄电池表示出了正、负极板的交错设置，极板之间的隔板未画出；4—接线柱；5—负接线柱；6—通气帽

3.2.2 蓄电池双电层的形成和电极电位

电极电位是电极材料与电解液接触后，在接触的界面上形成的。实质上是电极上的金属材料与电解液接触时，在两者之间发生电荷的定向移动，从而使金属电极和电解液接触界

面两侧上分别带有等量异性电荷。

(1)双电层:两极板的电极表面带有等量异性电荷层。

(2)电极电位:两极板上带电的状态,形成各极板与电解液(设电解液电位为参考电位"0" V。)有一定的电位差,也就是形成各电极表面电位的电位差。

铅蓄电池中电极表面等量异性电荷层的产生过程如下。

电解液中 H_2SO_4 发生以下反应:

$$H_2SO_4 \rightarrow 2H^+ + SO_4^{2-} \tag{3-2-1}$$

正、负离子所带电量相等,整体电解液电性为中性,电离与化合处于动态平衡。

上述的动态平衡发生在金属负电极与电解液接触的界面上。

负极板上的金属铅(Pb)与电解液接触时,电极上金属的电子较易成为自由电子,而金属正离子将会被电解液中的负离子吸引到电解液中,使电极与电解液接触界面在电解液一侧带上正电,而电极上带上负电。

负极板上双电层物质　　(Pb^{2+}):(2e)。

　　　　　　　　　　　　　+　:　−

本质上讲双电层是电极与电解液之间形成一定电位差的物质基础。负电极处双电层的正负电荷极电量会在一定条件下处于动态平衡。

正极板上的二氢化铅(PbO_2)与电解液接触时:

① $$PbO_2 + 2H_2SO_4 \rightarrow Pb(SO_4)_2 + 2H_2O \tag{3-2-2}$$

注意:该化学反应没有氧化还原过程发生,只是分子间重新组合成的物质,没有电子得失情况。

② $$Pb(SO_4)_2 \rightarrow (Pb^{4+})\text{和}(SO_4^{2-}) \tag{3-2-3}$$

正四价离子的铅(Pb^{4+}),具有较大得电子的能力,或者称该种离子的电位能较低,不容易使该离子再失去电子。

于是(Pb^{4+})会沉积于正极板上,并吸引着电解液中硫酸根离子靠近正电极形成了正极板上的双电层,使正极板上具有一定的电极电位。

正极板上双电层物质　(Pb^{4+}):(SO_4^{2-})

　　　　　　　　　　　　+　　:　−

值得一提的是,当充足电后的铅蓄电池继续充电时,会导致电解液中水被电解,负极板上附有氢气(H_2),而正极板上附有氧气(O_2)。气体与电解液接触也会有气体的电极电位。

3.2.3　铅酸蓄电池的放电原理

蓄电池和负载接通以后,电池开始放电,电子从负极板流向正极板。图 3-2-2 所示为铅酸蓄电池放电的原理示意图。

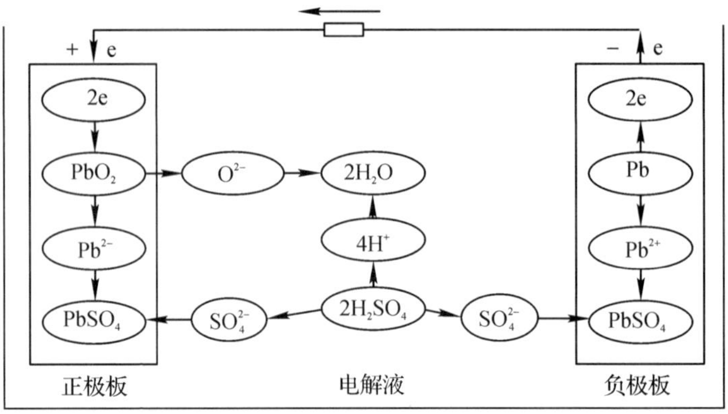

图 3-2-2　铅酸蓄电池放电的原理示意图

在电池电动势 E 的作用下，带电粒子的运动，使正、负电极上发生以下化学反应。

1.负极上

当电子流向正极时，负极上双电层减弱，铅离子与硫酸根离子化合，生成化学性质稳定的酸铅分子，并沉积在负极表面，有

$$Pb^{2+} + SO_4^{2-} \rightarrow PbSO_4(\downarrow) \tag{3-2-4}$$

2.正极上

高价铅离子得到两个电子，变为二价铅离子，该离子与正极表面上的硫酸根结合，也生成硫酸铅分子沉积在正极表面上：

① $$Pb^{4+} + 2e \rightarrow Pb^{2+} \tag{3-2-5}$$

② $$Pb^{2+} + SO_4^{2-} \rightarrow PbSO_4 \quad (\downarrow) \tag{3-2-6}$$

同样，得到电子后的正极双电层会减弱。

上述电化学在反应进行过程中，不断减少离子数量，原有的动态平衡被破坏，因而促使负极上金属会继续有新的铅离子产生，正极上有二氧化铅分子再溶解、电离，阻碍两电极上双电层的减弱，因而形成了双电层上带电粒子的消耗和补充的动态平衡过程，保持了放电过程的持续进行。

3.放电过程中的化学反应方程式

放电过程中的化学反应方程式如下：

$$\underset{\text{正极}}{PbO_2} + \underset{\text{电解液}}{2H_2SO_4} + \underset{\text{负极}}{Pb} \rightarrow \underset{\text{正极}}{PbSO_4\downarrow} + \underset{\text{电解液}}{2H_2O} + \underset{\text{负极}}{PbSO_4\downarrow} \tag{3-2-7}$$

4.放电过程的特点

正极的二氧化铅和负极金属铅逐渐变为硫酸铅，电解液中硫酸被消耗，反应使水不断增加，造成电解液的密度（浓度）不断下降，化学能不断释放转变为负载消耗的电能。

因此，随着能量消耗，双电层总会减弱，电极电位将减少，则电池的电动势也会随放电过程的延续而逐渐减少。

3.2.4　铅酸蓄电池的充电原理

充电是蓄电池贮存能量的过程。充电电路如图 3-2-3 所示。

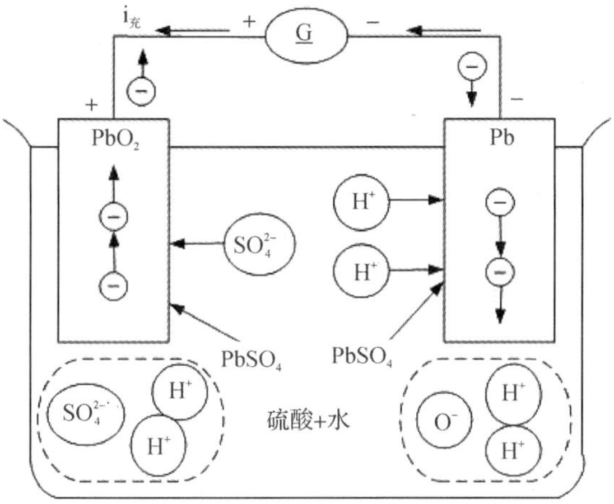

图 3-2-3　铅酸蓄电池充电原理示意图

将充电机与蓄电池电极正确连接：两正极相连，两负极相连。充电机提供直流输入电源，并且输入的电压应高于蓄电池的电动势，电源也可以是直流发电机或整流电源。输入充电电流正好与放电电流相反，是电能转换成化学能的过程。

在整个充电过程中，正、负电极上有

$$PbSO_4 \rightarrow Pb^{2+} + SO_4^{2-} \quad (3-2-8)$$

(1)正电极上

$$Pb^{2+} - 2e \rightarrow Pb^{4+} \quad (3-2-9)$$

$$Pb^{4+} + \ 2SO_4^{2-} \rightarrow Pb(SO_4)_2 \quad (3-2-10)$$

$$Pb(SO_4)_2 + 2H_2O \rightarrow PbO_2 + 2H_2SO_4 \quad (3-2-11)$$

(2)负电极上：铅离子在电极上得到两个电子，还原为铅回到负极板上。

$$Pb^{2+} + 2e \rightarrow Pb \quad (3-2-12)$$

(3)充电过程化学反应总式为

$$\underset{正极}{PbSO_4} + \underset{电解液}{2H_2O} + \underset{负极}{PbSO_4} \rightarrow \underset{正极}{PbO_2} + \underset{电解液}{2H_2SO_4} + \underset{负极}{Pb} \quad (3-2-13)$$

可见充电后：正、负极材料得以还原，电解液中水消耗了，生成的酸根使电解液的密度增大。还原物质(PbO_2)和(Pb)，会在电解液的作用下，增强电极与电解液接触界面的双电层，内电动势逐渐升高，充电的电流将减少。

铅酸蓄电池充放电化学反应方程总式为：

$$PbSO_4 + 2H_2O + PbSO_4 \underset{\text{放电}}{\overset{\text{充电}}{=\!=\!=}} PbO_2 + 2H_2SO_4 + Pb \tag{3-2-14}$$

由式(3－2－14)可知，铅酸蓄电池的充、放电过程的化学反应是可逆的。

3.3 铅蓄电池的特性

3.3.1 放电过程各参数变化规律

铅蓄电池的放电特性主要讨论放电过程中电池的变化规律，有电动势(E)、内电阻(r)、端电压(U)等特性。

1.电动势与电解液密度(d)的关系

在常温下，电动势大小(E)取决于电解液密度。它们在密度取值为 1.05～1.30 g/cm³ 范围内成线性关系，由以下经验公式表示：

$$E = 0.84 + d\,(\mathrm{V}) \tag{3-3-1}$$

式中：电动势单位为 V，密度单位为(g/cm³)。

例如充电后，d＝1.285 g/cm³，单体电池电动势为 E＝2.1 V。

12HK－28 型铅蓄电池总电动势约为 25 V，放电时硫酸被消耗，密度减小，电池电动势逐渐下降，反之，充电时，电池的电动势逐渐增加。

值得提示的是：极板材料是疏松而多孔的结构，化学反应在电极材料表面进行，意味着硫酸密度在极板的孔隙内外是不同的，一般放电反应孔隙的硫酸密度低些。充电时，情况刚好相反。决定电动势大小的密度值应当是孔隙内的硫酸密度值，故测量密度值，都应在充、放电结束一段时间之后进行。

2.内电阻

蓄电池内电阻是电流流过电池内部时受到的阻力，会使蓄电池的电压降低。蓄电池的内电阻不是常数，在放电过程中随时间是不断变化的。不论哪种型号的蓄电池，其内阻一般划分为极板电阻、接触电阻(电解液与电极接触的电阻)、电解液电阻三部分。

1)极板电阻

极板电阻由电极材料导电性能和电极材料多少而定，一般在充、放电过程后，电极电阻变化很小，是内阻很小的一部分。

2)接触电阻

充、放电过程化学反应生成物不同，接触电阻差异较大，总体由极板与电解液接触面积的大小而定。极板数目多，面积大，电极材料疏松、孔隙多，电极材料与电解液接触面积就大，接触电阻就小。例如 2HK－28 型铅蓄电池，如果极板表面被生成的硫酸铅覆盖，将减少极板与电解液接触面积，这种情况下的接触电阻就会变大，而且硫酸铅导电性很差，当有较多的硫酸铅存在时，极板就会出现硬化甚至结晶状的硫酸铅，将导致接触电阻大大增加。

3)电解液电阻

电解液电阻随正、负电极之间距离增大而变大，在结构一定的情况下，电解液电阻与其离子含量有关。温度将影响电解液中离子的浓度。密度一定时，温度上升，电离程度较高，电阻会减少，温度一定时，密度在 1.20～1.24 g/cm^3 之间有一个最小电阻的区域；密度较大，电离程度反而减少，电阻大；温度低，电离量减少，电阻也会变大。

正常放电过程中，密度总是下降的，电阻必增大，并且在较低密度值时，电阻值会大大上升。充足电后，12HK－28 型铅蓄电池(包括连接条)内阻约为 0.02 Ω。一般飞机上常用的酸性蓄电池的内电阻为 30 mΩ 左右，而碱性电瓶的内电阻只有 10 mΩ 左右。

3.输出端电压

电池在放电时，电路上电压平衡方程式为

$$U = E - Ir \tag{3-3-2}$$

4.容量

电瓶的容量是指电瓶从充满电状态以一定电流放电到放电终止电压所放出的电量。一般假设放电电流是恒定的，则容量(Q)等于放电电流(I)与放电时间 t 的乘积：

$$Q = It \tag{3-3-3}$$

放电终止电压是指电瓶以一定电流在 25 ℃环境温度下放电至能反复充电使用的最低电压。铅酸电瓶单体放电终止电压为 1.8 V(5 h 放电)。飞机上使用的铅酸电瓶一般由 12 个单体电池组成，因此铅酸电瓶放电终止电压为 21.6 V；碱性电瓶的终止电压为每单元电池 1 V，碱性电瓶由 19 个或 20 单体电池组成，终止总电压为 19 V 或 20 V。

电瓶的容量用安培小时(A·h)来表示。1 A·h 是指电瓶用 1 A 电流向负载放电可持续放电 1 h。理论上讲，1 个 100 A·h 的电瓶用 100 A 放电能放 1 h，50 A 可以放电 2 h，20 A 可以放电 5 h。实际上，这一结论对于碱性电瓶基本上是正确的(碱性电瓶内阻很小)，而对于酸性电瓶，大电流放电时，由于极板迅速被硫酸铅覆盖，使电瓶内阻增加，电瓶容量会下降，这是酸性电瓶的主要缺点之一。例如，一个 25 A·h 的电瓶用 5 A 放电能放 5 h，48 A 放电只能维持 20 min，容量仅为 16 A·h，如用 140 A 放电仅为 5 min 放完，电瓶的容量下降到 11.7 A·h。

为了准确定义酸性电瓶的容量，一般采用 5 h 放电准则，即让一个充满电的电瓶用 5 h 放完。如一个 40 A·h 的电瓶，用 8 A 放电，应能持续 5 h。

影响电瓶容量的因素主要有以下几个方面：①极板活性物质的多少；②极板面积的大小；③电解液的多少(密度一定时)；④温度的高低。

增加活性物质的数量，增大极板面积并有足够的电解液，电瓶的容量将增加，但是在电瓶生产完成以后，极板面积不能改变，活性物质也不能增加(在电瓶的使用过程中还会逐渐减少)，在电解液密度一定时，电解液必须能覆盖极板，否则会使电瓶容量下降。温度下降时，电瓶的容量也下降。例如，在 50 ℃时，一个充满电的电瓶可以放电 5 h，但在 0 ℃时以同样电流放电只能放电 1 h，因为温度下降时，化学反应的速度变慢。

此外，电瓶的放电方式也会影响容量的大小，间隙放电的总容量大于连续放电的容量，因为在放电间隙,电解液会向极板孔隙里扩散,使密度回升,电瓶电动势会有所升高,再放电时持续时间就会有所延长,因此放出的总电量会有所增大。

总之,输出电流越大,连续放电等方式,蓄电池可释放的容量将会减少。随着充放电次数的增加,电瓶容量也会逐步下降,一般当容量低于额定容量的 85%时,就不能装上飞机使用。

3.3.2 铅蓄电池的放电特性

铅蓄电池放电时的电压变化曲线如图 3-3-1 所示。

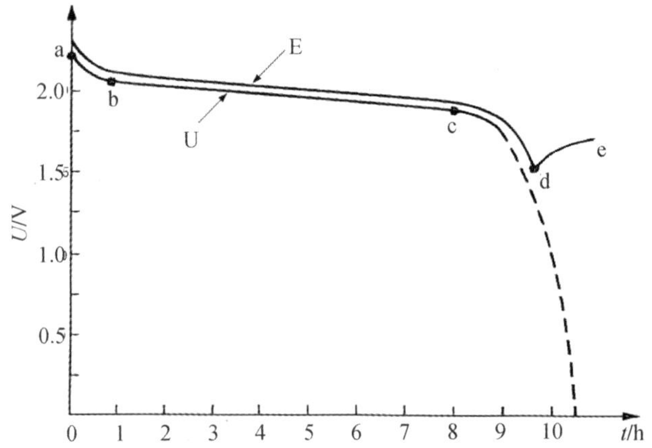

图 3-3-1 铅蓄电池放电时的电压变化曲线

铅酸蓄电池在一定放电电流作用下,首先,活性物质(电解液硫酸)消耗,密度减少,电动势降低,引起输出端电压减少;其次,放电生成物增多,内电阻上升,引起内压降增多,也导致输出端电压进一步下降。

1.刚放电时(ab 段),(消耗>补充)

电极上反应物之间接触面多,使反应过程充分进行,而且生成物不足阻碍反应进行,内阻压降基本不变。而进行反应的电极材料孔隙内外的电解液浓度差不多,硫酸分子扩散运动很慢,使消耗量和扩散补充量不平衡,使进行反应的硫酸浓度下降较快,故电动势和端电压都有较快的下降。

2.随着反应深入到中期过程(bc 段),(消耗=补充)

在反应的孔隙内外的电解液浓度的差值较大,促进补充硫酸的扩散运动速度加快,消耗的硫酸分子得以相应补充。浓密度减少变缓慢,电动势减少缓慢,内电阻变化也不明显,因此,端电压仍随电动势下降较慢。

3.反应加深,进入放电后期时(cd 段),(消耗>补充)

化学反应在孔隙内深处进行,硫酸扩散路径变长,生成物使硫酸扩散通道变窄,甚至被堵塞,处于硫酸消耗多于补充的不平衡状态,电动势下降较快,内阻及降不断增大,造成端电压下降加快,曲线变陡。

单体电池当放电电压达到 d 点时，就是放电的终止电压值。如果在低于终止放电电压值下继续放电，电池电压将迅速变为零。这种超量放电是不允许的。实践中，在终止放电电压值达到后放电，蓄电池已经失去了向负载供电的能力。一般 d 点电压值定为 1.7 V，也就是额定负载下端电压下降到 20 V 时，就应该给电池充电。

停止放电后，硫酸分子经一段时间扩散到电极孔隙内，会使该处电解液的密度回升，而且均匀分布，所以电动势值可回到 1.99 V 左右。

影响放电电压的放电条件如下。

(1)放电电流影响放电电压。

放电电流大小的改变，使化学反应进行的程度不同。增大负载时，能量转换量大，化学反应要求更多、更快，硫酸消耗多，密度下降快，生成物多，内阻增大，影响扩散速度。因此，电动势和端电压下降就快了，达到终止放电的时间会缩短，所以放电电流越大，放电电压下降越快，可放电的时间越短(注意，放电电流较大状态下的放电终止电压值允许低一些)。

其原因是大电流放电时，化学反应较为剧烈，电压降到额定电流放电条件的终止电压值时，还有相当多的电极材料可以参加反应。故 12HK－28 型铅蓄电池以额定电流放电时的终止放电电压为 20 V；而以 170 A 电流放电时，终止放电电压可以低到 15 V。

(2)电解液温度影响放电电压。

环境温度低的电解液，分子和离子自由扩散的能力差些，使化学反应的消耗量不能及时补充而致使密度下降，尤其在反应进行的深层处，密度减少得就更多了。因此，温度越低，端电压下降越快，同理，到达终止放电电压的时间就减少了。要使输出电压的特性好一些，选择温度适当高一些的工作环境是必要的，但是过高的工作温度，又会使蓄电池寿命缩短。

(3)放电方式影响放电电压。

放电方式指蓄电池是连续性放电还是间歇性放电。由于间歇性放电过程中两次放电之间有一定时间间隔，能保证扩散运动及时进行，补充消耗量，反应处密度可获回升，电动势将升高，为再次放电时带来相对较高的端电压。从整个放电过程来分析可得出：放电电流相同时，间歇放电方式要比连续性放电方式电压下降慢，蓄电池内容量释放得充分，可供电时间就长一些。

总之，使电压下降得快的条件是低温、大电流、连续性放电，而温度适中、小电流、间隙性放电，电压下降得慢，可供电时间长。

3.3.3　铅蓄电池的充电特性

蓄电池充电时，能量转换方向恰好与放电方式相反。如前所述，充电电流将从正极流入、负极流出。要有输入电流，就必须使充电输入电压大于蓄电池的电动势。充电过程中，电动势和 Ir 会变化，它取决于还原物及电解质的扩散速度。

以恒定电流输入时，以充电电压的变化规律作为铅蓄电池的充电特性。以单体电池在一定温度环境下恒流充电的电压变化情况来分析充电过程阶段性的变化规律。

1.充电特性

铅蓄电池充电时的电压变化曲线如图 3－3－2 所示。

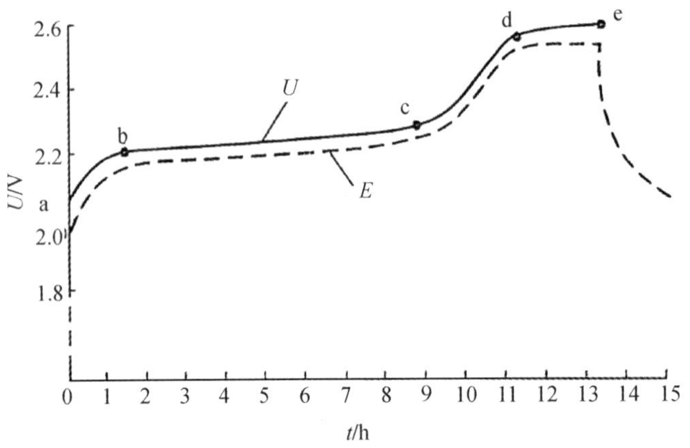

图 3－3－2　铅蓄电池充电时的电压变化曲线

充电过程可划分为以下四个阶段。

(1)第一阶段(ab 段)——充电初期。

大量的反应生成物被还原，在还原物附近的电解质量快速增加，扩散相对较慢，使单体电池的电动势随密度上升而迅速增大，充电电压输入值充电就要求增加速度加快。保证 $U>E$ 的恒流输入。

(2)第二阶段(bc 段)——充电中期。

随还原物增多，原来生成物阻塞的孔隙通道变宽，还原的电解质扩散得到加快，使密度上升速率缓慢，充电电压上升也就变得缓慢，单体电动势缓慢上升。这个充电过程是充电的主要阶段，基本上还原了大部分的反应生成物。

(3)第三阶段(cd 段)——充电后期。

输入的电能除了继续将反应生成物还原外，由于这时还原反应的还原物是剩下较难还原的物质，所以有一部分电流变成电解水，使电极上有气体生成，即正极上生成氧气，负极上生成氢气。电极上的气体物质导致电极产生附加的气体电极电位，使单体电池的电极电位提高，电动势增加。要保证输入恒流状态，充电电压要有一个较大的上升。

(4)第四阶段(de 段)——充电末期。

电流完全作为电解水，相比之下，电极中的附加气体电极电位的增大变得缓慢，充电电压就上升得不多了，此时，应结束充电。

停止充电后，附加气体电极电位就会随气体的逸出而消失，单体电池就只有电极材料产生的电极电位电动势(E)，就回降到 2.1 V。经实践观察，充电结束由以下三个特征决定：

(1)单体电池电压达到最大值(2.1 V)并持续 2 h 不再上升；

(2)电解液密度达到规定值不再增加；

(3)有冒气泡沸腾现象出现。

在操作上应不断调整输入电压，以保证恒流输入，充电后期要多观察，多测取电解液比重。实际上用电解液比重来衡量铅蓄电池充放电状态是比较可靠的方法，因为在一定的温度下，铅蓄电池电动势的大小是电解液密度的函数。在使用比重计来测量电解液密度时，应考虑温度的影响。

2.充电方法

蓄电池的充电一般有以下几种方法：恒流充电方式、恒压充电方式、恒压恒流充电方式、快速充电方式和浮充电法等。

1)恒流充电方式

恒流充电是指在充电过程中，充电电流保持恒定，充电设备的输出电压随电瓶电压的变化而改变。恒流充电曲线如图 3－3－3 所示。

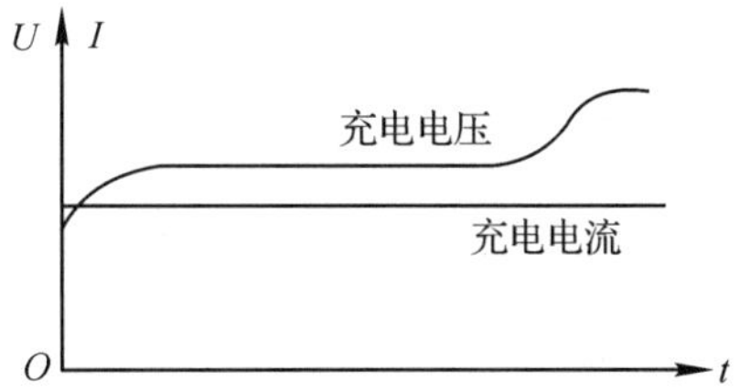

图 3－3－3　恒流充电曲线示意图

这种充电方式的优点：①没有过大的冲击电流；②不会引起单体电池充电不平衡；③容易测量和计算充入电瓶的能量(A・h)。目前电瓶离位充电大多采用这种充电方式。

恒流充电方式的缺点是：第一、开始充电阶段电流过小，在充电后期充电电流又过大，充电时间长；第二、过充电时析出气体多，对极板冲击大，能耗高，电解液水分损失相对要多；第三、充电设备比较复杂。

采用二阶段恒流充电方式可以克服恒流充电时间长的缺点，一般先采用大电流(也称为主充)(C/2)充 2/h，再用小电流(也称为过充)(C/10)充 4/h。这种充电方式有效克服了恒流充电时间长的缺点，并且减小了充电过程中的水分损失。但其充电设备比较复杂，如果充电设备没有大、小电流自动转换功能，还需要人工手动调节。

2)恒压充电方式

恒压充电是指在充电过程中，充电电压恒定不变，同时，充电设备的输出电压应高于电瓶电压。由于充电初期蓄电池电动势比较低，因此恒压充电时初期充电电流很大，随着充电的进行，电流逐步减小。恒压充电曲线如图 3－3－4 所示。

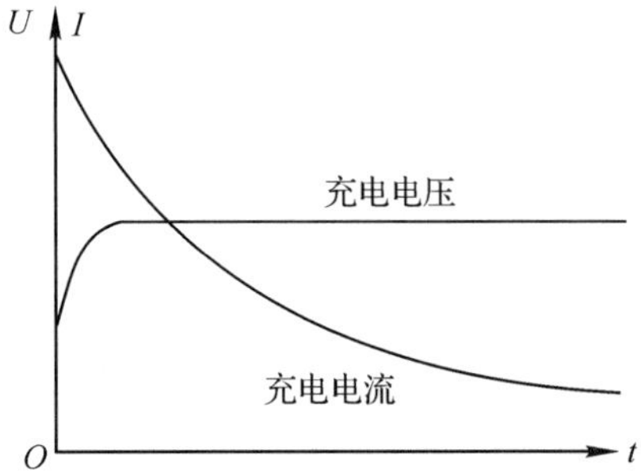

图 3－3－4　恒压充电曲线示意图

恒压充电方式的优点:①在充电设备能提供足够充电电流的情况下(大于 10 C),充电速度快。在开始充电的 30 min 内,就可以将完全放电的电瓶充电到 90%的容量;②充电设备简单;③电解液的水分损失比较小。

恒压充电方式的缺点:①冲击电流大。在电瓶完全放电以后,电压很低,而充电电压保持不变,这时冲击电流很大。如一个 40 A·h 的电瓶,冲击电流可能达到 400 A。随着电瓶电压的上升,充电电流逐步减小。②由于各单体电池的内阻、极板、电解液不能完全一样,恒压充电时,每个单体电池分配的电压不相等,容易造成单体电池充电不平衡,有些单体电池过充,有些单体电池充不满。③当充电设备的电压设定过高或过低时,容易造成电瓶过充或充电不足,对碱性电瓶容易造成"热击穿"和"容量失效"。所谓热击穿是在充电后期,电池温度上升,内阻下降,使用、充电电流增大,导致电瓶温度进一步升高,电池温升与充电电流增大相互加强,最终造成电瓶的热损坏。

为了防止冲击电流过大损伤电瓶和充电设备,有些充电设备采用恒压限流的充电方式,即在电瓶开始充电时进行电流限制。但这种充电方式使充电时间延长。

3)恒流恒压充电方式

恒流恒压充电方式在电瓶充电初期采用恒流充电方式,充电一定时间后自动转换到恒压充电方式。这种充电方式集中了恒压、恒流充电的优点,克服了恒流、恒压充电的不足,但充电设备比较复杂,现代飞机上安装的充电器大多采用恒压恒流的充电方式。当恒电流充电至预定的电压值后,改为恒压充电。

4)快速充电方式

为了能够最大限度地加快电瓶的化学反应速度,缩短电瓶达到满充状态的时间,同时尽量减轻电瓶正负极板的极化现象,提高电瓶的使用效率,可以采用快速充电方式。

快速充电方式主要有脉冲式充电法和 Reflex 快速充电法等。

(1)脉冲式充电法。脉冲式充电法首先是用脉冲电流对电瓶充电,然后让电瓶停充一段时间,如此循环。其充电电流曲线如图 3-3-5 所示。

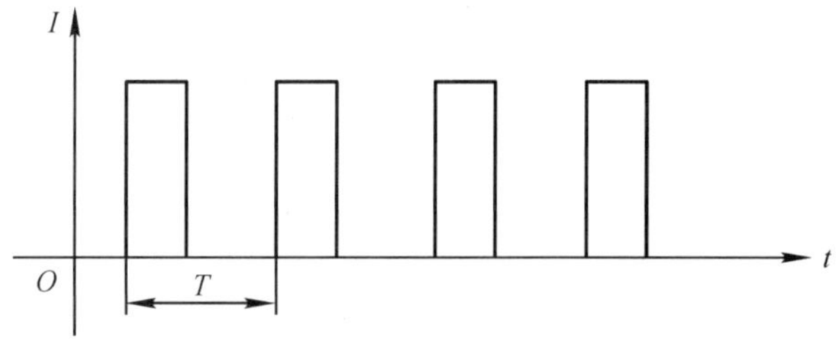

图 3-3-5 脉冲式充电电流曲线示意图

充电脉冲可以使电瓶充满电,而且在间隙期可以使电瓶由化学反应产生的氧气有时间重新化合而被吸收掉,使浓差极化和欧姆极化得到消除,从而使下一轮的恒流充电能够更加顺利地进行,这样可以使电瓶吸收更多的电量。

(2)Reflex 快速充电法。这种技术是美国的一项专利技术,主要用于镍镉蓄电池的充电。其充电曲线如图 3-3-6 所示。

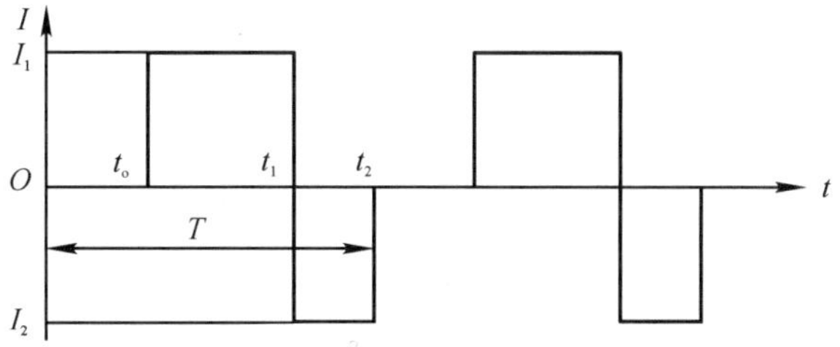

图 3-3-6　Reflex 快速充电曲线示意图

Reflex 充电法的一个工作周期包括正向充电脉冲、反向瞬间放电脉冲、停电维持 3 个阶段。这种充电方式有效减小了浓差极化和欧姆极化，大大缩短了电瓶的充电时间，但充电设备比较复杂，如 BF-80K 型电瓶/分析仪。目前大多数飞机部件维护手册（Component Maintenance Manual，CMM）中还没有推荐这种充电方法。

Reflex 快速充电时，为了缩短充电时间（充电时间为 1 h），一般采用大电流（≥2 h）充电。但是大电流充电会使电流产生极化现象。所谓极化现象是指，电瓶在充（放）电过程中，尤其是大电流充（放）电时，电池的极板电阻增加（欧姆极化）；造成正负极板附近电解液浓度与其他地方不一样（浓度极化），从而使电化学反应速度减慢，导致温度上升，析气增加。为了克服电池极化，可以在充电过程中加入放电脉冲，即采用充电→放电→充电模式。当然是充入电量多，放出电量少。这种充电方式能有效克服电池的极化现象，消除碱性电池的记忆效应，使充电效率高，速度快，因此在航空和地面电瓶充电中得到了广泛应用。

需要注意的是，有些电瓶（尤其是密封式电瓶）不能使用 Reflex™ 快速充电法充电，如 Eagle Picher 密封式电瓶，在厂家电瓶维护手册上有明确的规定，在电瓶维护和充电时必须加以注意。

5）浮充电法

由于电瓶存在自放电现象，所以为了维持电瓶容量不减少，必须对充满的电瓶进行浮充电。在飞机上进行浮充电时，将电瓶连接到比电瓶电压略高的直流电源上，一般直流电压为 28 V。浮充电电流的大小与电瓶的环境温度、清洁程度和容量有关。在 15～33 ℃范围内，对于碱性电瓶来说，1 A·h 需要浮充电电流 3 mA 左右（酸性电瓶略高），一个 40 A·h 的电瓶需要浮充电电流为 120 mA 左右。当温度升高时，浮充电流应有所增加。

多个蓄电池充电时，可采用串联、并联或复联的方法进行。蓄电池连接成并联线路充电时，各蓄电池的额定电压、容量必须要求相等，而且放电程度差不多。如果是各蓄电池串联起来充电，就要求各串联的蓄电池额定容量相等，放电程度接近，允许额定电压值不同。

3.铅蓄电池不同电流条件下的充放电特性曲线

铅蓄电池以一定的电流进行放电时，其端电压、电解液密度随时间变化的曲线称为蓄电池的特性曲线。图 3-3-7 为某型单体铅蓄电池在不同电流条件下的充放电曲线。

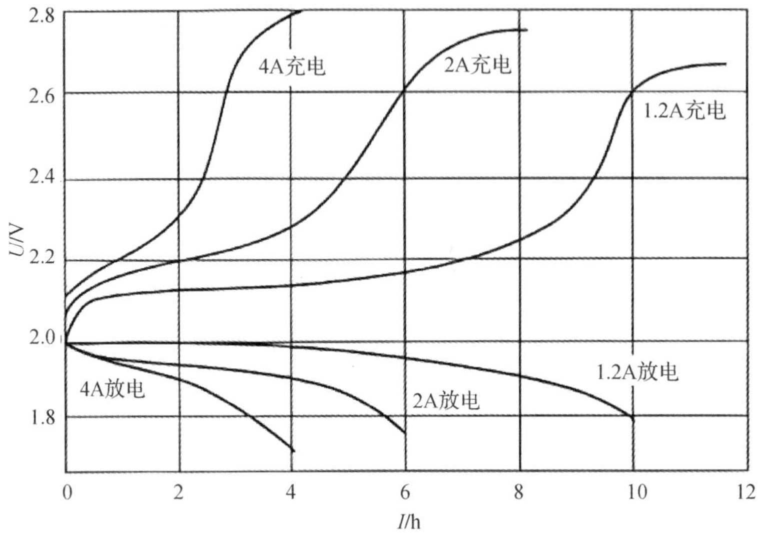

图 3-3-7　铅蓄电池在不同电流条件下的充放电曲线示意图

使用大电流充电时，铅蓄电池电压上升比较快，最终达到比较高的电压，电压上升快的原因是反应生成硫酸的速度快，使极板周围硫酸浓度快速增大，正负极板生成的电极电位迅速升高。一般来说，用比较大的电流充电固然可以加快充电过程，但是能量损失也比较大。在充电后期，大部分充入的能量用于产生热和电解水，同时在电极上电流的分布也更加不均匀，使电流分布较小部分的活性物质转化不充分，所以一般在充电后期要减小电流。在大电流放电时，放电开始后电压下降明显。

3.3.4　铅蓄电池的维护检测

蓄电池是否有足够的实际存在的能量，是可以通过判断其放电程度来确定的。要求机上蓄电池的放电程度在小于 25%时才允许继续使用，否则不准装上飞机，而应及时充电。工作人员通过检查电压、电解液度和电解液高度等参数作为判断的依据。

(1)给蓄电池加两倍额定值电流负载，测量其放电电压，如不小于 24 V，则可继续使用，否则应及时充电，这种检测方法最简便。

(2)在测取电解液密度时，采用物理学检测液体密度值的方法，逐个测取单体电池内的电解液密度值，取其平均值，可以比较准确地反应充放电程度。

(3)电解液高度的测量，作为电瓶维护的方法，要求用不小于 4 mm 的玻璃管插入蓄电池的网状胶片上，吸液于管中，此时必须用食指封堵管口，取出玻璃管测量管中的液体高度。

应当注意电解液内含气体，随飞行高度变化而变化。在低气压下，气体逸出，着陆后，气压升高，气体气泡又被压缩，而且会在 2～4 h 后，气体重新溶解到电解液中。因此，电解液的高度稳定值应在着陆后一段时间进行测量，然后确定是否添加电解液，当电解液需要添加时，要用符合标准的电解液补充至液体高度的6～8 mm。

在使用和维护蓄电池时，还应注意以下几个方面。

(1)保证蓄电池化学反应物质的纯净度。当反应物中含有杂质时，会导致自放电现象产生，消耗电极材料，降低电瓶的实有容量。如电解液或电极上含有铜(Cu)的杂质，铜分子在负极上形成微小的电池放电反应，导致电池内部放电消耗能量。所以，维护时加入电解液，应注意保持电解液纯净度，并防止尘土进入。当然，电极材料在生产制造工艺上要保证质量，除此之外蓄电池表面也应保持清洁。

(2)防止极板上有反应物结晶体硬化现象出现，要在放电结束后及时充电，尤其在较大的放电程度下及时充电。发生自放电时或在备用状态放置时每月充电一次，并且不允许过量放电，注意尽量避免大电流、高温放电。否则容易使生成物结晶难以还原，阻碍或堵塞反应，导致电瓶容量下降，寿命缩短。一旦出现极板硬化，应当用过量充电方法消除，以防止硬化程度进一步加深。

(3)防止过分操作使电极材料脱落，考虑到电极材料结构较为疏松，电解液高温状态下，电解液对电极涌动，外界的猛烈震、撞都会造成极板上的反应物脱离电极，减少反应物数量，使容量下降，严重的会引起电池底部内部短路。

(4)蓄电池的放置环境应在常温下，防热保证上盖密封良好；减少蒸发电解液及表面污染自放电形成。在充电状态下，防冻效果更好些。

(5)放电终了的电瓶必须在24 h内充电，充满电的电瓶每月至少复充一次，以防止极板硬化。

(6)要经常检查电解液是否充足，如果电解液不足，会降低电瓶的容量，极板暴露在空气中也会使极板硬化。如果电解液不足，应加蒸馏水，不能加自来水或矿溶水。

(7)不能将航空电瓶的电解液与其他酸性电瓶电解液混用，因为航空电瓶的电解液比重比其他地面用的酸性电瓶电解液的比重大。

3.4 碱性蓄电池

飞机上常用的碱性蓄电池为镍镉蓄电池(镍镉电瓶)。镍镉蓄电池与铅酸蓄电池相比，具有比能大、低温性能好、耐过充电和耐过放电能力强、寿命长、内阻小、维护性好、能以充电状态或放电状态长期贮存等特点，尤其是大电流放电时，电压平稳，非常适合于起动发电机等短时大电流放电的场合。但镍镉蓄电池也有缺点，如成本高、有记忆效应等。目前大多数运输机上都采用碱性电瓶。

镍镉蓄电池按内部结构是否带有释压阀可分为阀控式和密封式两种。对于阀控式镍镉蓄电池，当电瓶过充电时产生的氧气和氢气从释压阀(排气阀)中排出；而密封式镍镉蓄电池大约在20世纪80年代后期才出现，有些飞机也已采用。目前大多数飞机采用阀控式镍镉蓄电池。

3.4.1 镍镉蓄电池的结构

镍镉蓄电池由19个或20个单体电池串联组成，每个单体电池的输出电压为1.2 V。单体电池的基本结构与铅蓄电池相同，主要由正极板、负极板、隔膜、释压阀、电池盖等组成。单体电池结构如图3-4-1所示。

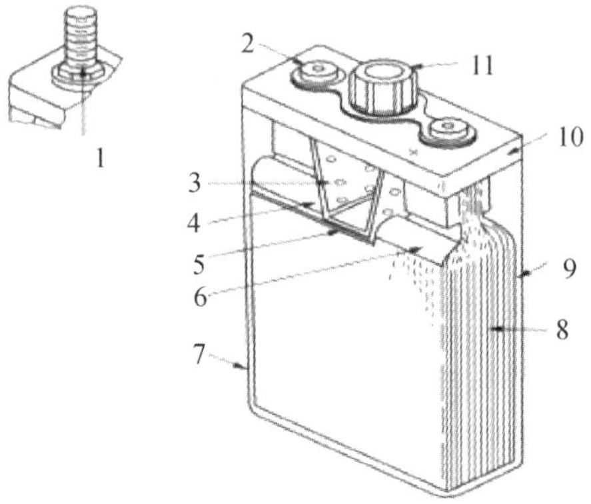

图3-4-1 单体电池的外形结构

1—接线端(内螺纹)；2—接线端(内螺纹)；3—挡板；4—负极板；5—隔膜；6—正极板；7—电池外壳；8—极板组；9—电解液；10—电池盖；11—滤器阀(可以拧出)

1.极板

镍镉单体电池内部有正极板和负极板，两种极板均由多片极板构成极板组，正极板活性物质为三价镍的氢氧化物(NiOOH)，负极板为镉(Cd)。一个单体电池由多个正、负极板组成的极板组构成。

2.隔膜

在正极板和负极板之间有一层隔膜，隔膜由多孔多层的尼龙和中间一层玻璃纸组成，如图3-4-2所示。

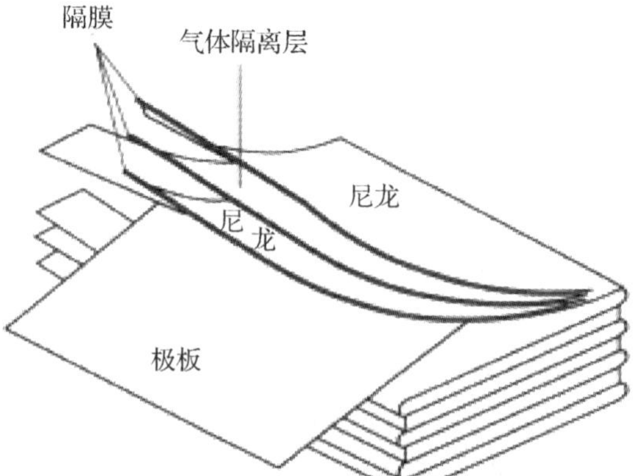

图3-4-2 隔膜的结构示意图

尼龙主要是为了防止正负极板接触造成短路，玻璃纸可以防止正极板化学反应产生的氧气流到负极板与镉反应，如果镉与氧气反应会产生大量的热，造成热击穿。

3.电解液

镍镉电瓶的电解液为 30% 的氢氧化钾（KOH）的碱性水溶液，氢氧化钾的密度为 1.24～1.30 g/cm^3，因此镍镉电瓶也称为碱性电瓶。镍镉电瓶的电解液不参与化学反应，而是作为电离子的载体来传递离子，起到导电的作用，因此，在充放电过程中，电解液的浓度和密度不变，这样就不能像酸性电瓶一样用测量电解液度的方法来判断电瓶的充放电状态。

4.释压阀

释压阀也叫通气阀或排气阀，它的工作原理和高压锅上的压力阀类似，电瓶正常工作时释压阀关闭，避免电解液漏出造成腐蚀，当电瓶内部压力过大时释压阀被顶开，使气体排出，当压力恢复正常后关闭。拧开释压阀后可以添加电解液或蒸馏水。

电瓶的释压阀既可以使单体电池内的气体排出，又可以防止外界物质进入蓄电池内部。其中释压阀开启压力范围为 2～10 psi(13.8～69 kPa)。当电瓶放电时，尤其是过充电时，会产生气体，当气体压力大于 10 psi 时，释压阀必须打开，否则会引起电瓶爆裂。当气压小于 2 psi 时，释压阀关闭，这样可以防止空气中的酸性气体与电瓶中的电解液反应而降低电瓶的容量，并防止飞机颠簸时电解液泄漏溅出。

在飞机的维护手册中规定，如果释压阀在压力大于 10 psi 时不能打开，则必须对释压阀进行清洁和修理；如果释压阀在压力小于 2 psi 时能打开，说明释压阀密封圈已经损坏，必须更换。

此外，有些蓄电池还装有温度保护开关，当电瓶温度高于 65.5 ℃(150 ℉)时会断开电瓶充电电源。由于镍镉电瓶在低温时具有充电不足或放电过快的现象，部分型号的电瓶带有低温敏感开关和加温装置，当温度低于 −2 ℃(30 ℉)时接通加温电路，高于 5 ℃(40 ℉)时断开。各型号电瓶触发超温保护和低温保护的温度值并不完全一样，具体可参考部件维护手册。例如空客 A320 飞机装有电瓶充电限制器(BATTERY CHARGE LIMITER，BCL)，如图 3-4-3 所示。BCL 的主要功能是控制电瓶充电和供电，以及判断电瓶工作状态并保护电瓶。当电源控制面板上的电瓶电门处于按入位时，BCL 首先会判断飞机供电和电瓶的状态，如果电瓶汇流条电压大于 27 V 而电瓶电压低于 26.5 V，BCL 将使电瓶接触器吸合，电瓶连接到电瓶汇流条来进行充电，当电瓶充满电后，BCL 控制电瓶接触器断开；如果电瓶汇流条电压小于 5 V，BCL 也会使电瓶接触器吸合，电瓶连接到电瓶汇流条，此时电瓶给飞机供电；BCL 还通过电流计监控电瓶工作状态，如果电流过大，BCL 会断开电瓶接触器，并点亮电瓶电门上的故障灯。

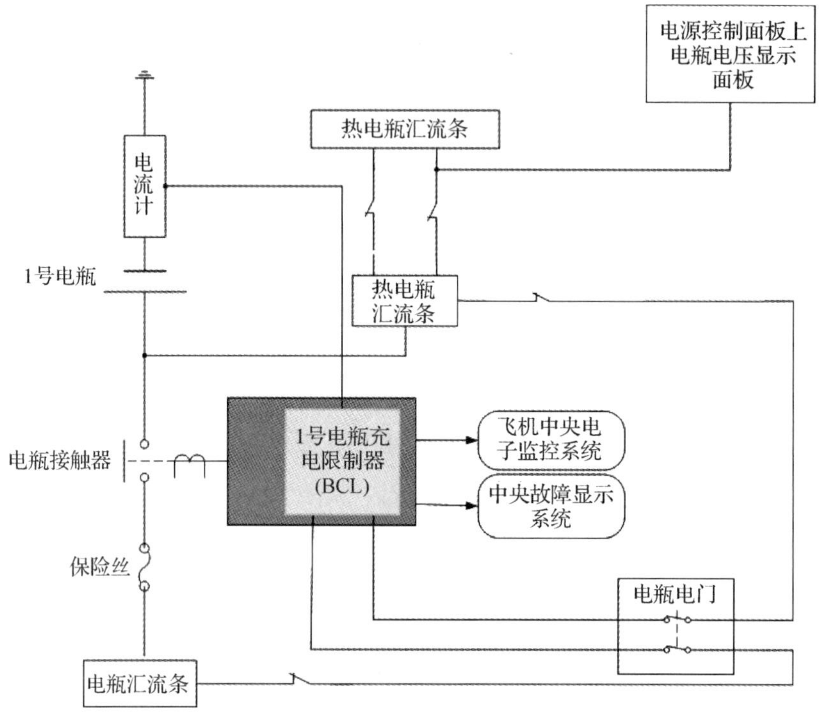

图 3-4-3　空客 A320 电瓶控制和保护

3.4.2　镍镉蓄电池工作原理及特性

1.镍镉蓄电池的充放电效应

蓄电池和负载接通后，电池开始放电，电子从负极板流向正极板，图 3-4-4 所示为镍镉蓄电池放电时化学反应原理图。

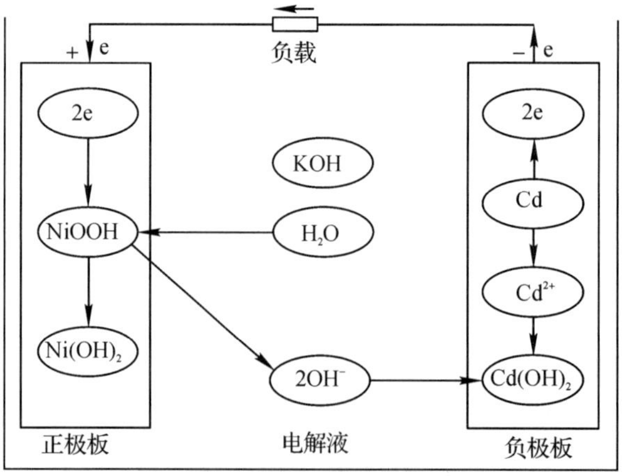

图 3-4-4　镍镉蓄电池放电时化学反应原理图

接通电路后，正极板得到从负极板输入的电子，正极板的活性物质 NiOOH 在水的参与下生成氢氧化亚镍 $Ni(OH)_2$ 和氢氧根离子 OH^-。正、负极板发生的化学反应可以用以下公式表示。

正极板：

$$NiOOH + H_2O + e \rightarrow Ni(OH)_2 + OH^- \qquad (3-4-1)$$

在电解液中，OH^- 自正极板携带负电荷迁移到负极板，完成电荷的传递。

负极板：

$$Cd + 2OH^- \rightarrow Cd(OH)_2 + 2e \qquad (3-4-2)$$

充电过程是放电过程的相反过程。充电时借助外部电源的作用，使电子从电源正极输出，经电池后回到负极，正极板的 $Ni(OH)_2$ 又还原为 NiOOH，负极板的 $Cd(OH)_2$ 也恢复为 Cd 和 OH^-。OH^- 从负极通过电解液迁移至正极，即把负电荷运回正极，完成导电作用。充电时的反应式如下：

负极板：

$$Cd(OH)_2 + 2e \rightarrow Cd + 2OH^- \qquad (3-4-3)$$

正极板：

$$Ni(OH)_2 + OH^- \rightarrow NiOOH + H2O + e \qquad (3-4-4)$$

从以上分析可以看出，电解液 KOH 没有参与化学反应，仅起到了导电作用。由于充电时生成了水，因而电解液面有所升高，但电解液浓度变化不大，所以电解液密度不能作为电池充电状态的判别标准。充、放电总的化学方程式为

$$2NiOOH + 2KOH + Cd \underset{\text{充电}}{\overset{\text{放电}}{\rightleftharpoons}} 2Ni(OH)_2 + 2KOH + Cd(OH) \qquad (3-4-5)$$

在镍镉电瓶的充电、使用和维护（深度放电）过程中，过充电和过放电是不可避免的。

2.有关特性

1）单体电池电动势

由于充放电过程中，电极材料和电解液参数基本不变，电极材料与电解质在化学反应时充分接触，因而电动势值稳定在 1.34～1.36 V 之间。

2）内电阻

放电时，正、负电极上反应生成物造成内电阻增大；充电时情况相反。而电解液的内阻只随温度变化而变化。因为电解液密度选择在常温附近下与对应电解液内阻最小的值上，所以，由电解液形成的内电阻与充、放电程度无关。温度上升使反应过程中电解液内阻减小。

3）放电电压特性

图 3－4－5 所示为单体镍镉蓄电池放电电压特性示意图。正常状态的单体电池放电电压从 1.36 V 开始，而且刚充足电时正极还原物有少量为高价氢氧化镍，从而使电动势约高出 0.12 V。此时，放电电压从 1.48 V 高位开始放电，消耗高价氢氧化镍物质后，放电将在 1.36 V 附近继续进行，生成物不断增加，电阻上升。放电电压是缓慢下降过程，直至生成物完

成并阻隔反应进行。此时可释放的容量已经很少，电压迅速下降，额定电流放电终止电压为 1.1 V。

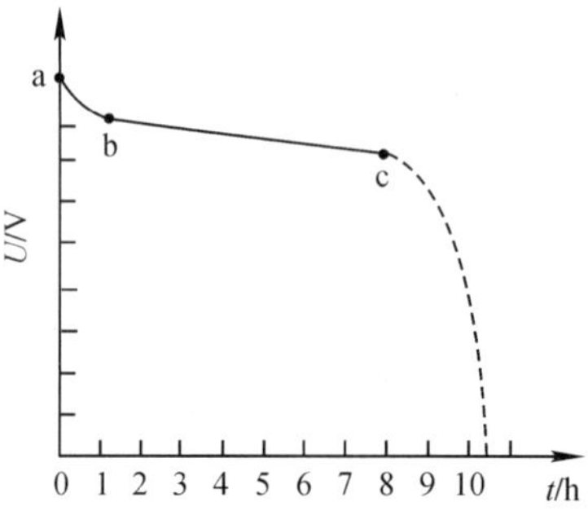

图 3-4-5 单体镍镉蓄电池放电电压特性

4)充电特性

特性曲线如图 3-4-6 所示。充电过程有明显的阶段性，前一阶段是放电反应的逆反应过程，生成物被还原，正极为氢氧化镍，负极为镉，内阻减小，双电层恢复变强，电动势上升，使充电电压上升加快。后续上升减缓，并稳定在单体电池充电电压 1.5 V 上。后续阶段使生成物进一步还原，如正极上的高价氢氧镍 NiOOH 和负极上的氢氧化铁还原为铁。这样，单体电动势由于电极材料变化而上升，在这个阶段充电过程仍带有电解水的情况和附加气体电极电位产生，从电极上电压上升达到 1.8 V。终止充电时，电极电压下降到 1.48 V，当然，后续阶段充电的生成物会在一定时间内因自放电的反应而消失，但自放电造成容量损失较少。所以允许镍镉蓄电池在小电流放电基础或过量放电后进行过量充电。

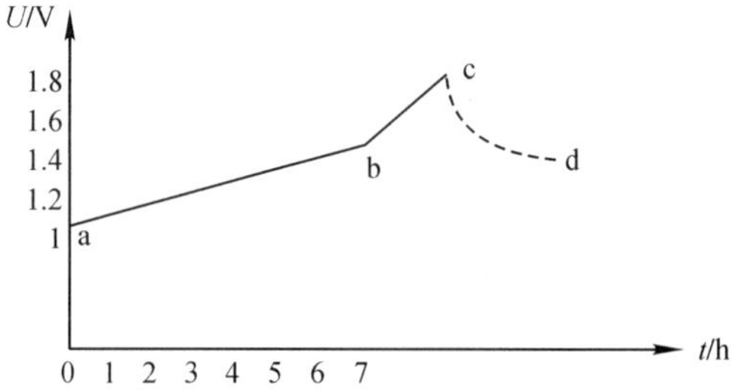

图 3-4-6 单体镍镉蓄电池充电特性

5)充电状态的判断

电瓶放电时，只能放电到终止电压 1 V(单体)，否则将影响电池的容量和寿命。充电(指离位充电)时，为了保证飞机的飞行安全，电瓶必须充足电，但也不能长时间过充。由于碱性电瓶的电解液不参与化学反应，电解液比重基本不变，所以不能像铅蓄电池那样用测量电解液比重的方法来判断充电状态。

在实际使用中，可以利用充电电流和实践来确定电瓶是否充足电。将放完电的电瓶用恒流充电法充电，充电的安时数大约为电瓶额定容量的 140%。大多数碱性电瓶要求采用二阶段恒流充电法。例如，型号为 SAFT40176 的碱性电瓶共有单体电池 20 个，额定容量为 36 A·h。开始充电时用大电流，一般用 C 或 $C/2$(C 为 1 h 放电速率，C=电瓶额定容量/1 h)电流充电，然后用小电流 $C/10$ 充电 4 h 即可。如果时间允许，也可以直接用 $C/10$ 电流充电 14 h，见表 3-4-1。

表 3-4-1　36 A·h 碱性电瓶充电时间

大电流				小电流	
充电电流/A	达到电压/V	充电时间/h		充电电流 ($C\cdot10^{-1}$)/A	充电时间/h
		最小	最大		
36(*C*)	31.4	1	1.25	3.6	4
18(*C*/2)	31	2	2.5	3.6	4
3.6(*C*/10)	30	10	12	3.6	4

表 3-4-1 说明，如果用 36 A 电流充电，则充电 1 h 后，电瓶电压应达到 31.4 V，如达不到，再加充 15 min，如还达不到规定的电压值，说明电瓶的某些单元有问题，应该检修。如能达到，再用小电流 3.6 A 充电 4 h，这时所有单体电池电压都应大于或等于 1.5 V，小于 1.5 V 的单体电池必须修理或更换。用 18 A 或者 3.6 A 电流时充电原理相同。

6)碱性电瓶容量的确定

当电瓶容量低于额定容量的 75%时，电瓶就不能重新装上飞机。碱性电瓶的容量只能用放电的方法来确定，方法如下。

将充满电的电瓶放置 12 h 后，用电流 *C* 或 *C*/2 或 *C*/4 放电，放到电瓶电压为 20 V(20 个单体电池，19 个单体电池为 19 V)或第一个单体电池电压低于 1 V 时停止放电，放电电流乘以放电时间就是该电瓶的容量。例如，上述电瓶的放电容量检测应满足表 3-4-2 的要求。

表 3-4-2　36 A·h 碱性电瓶放电时间要求

放电电流/A	第一个单体电池达到 1 V 的最小时间
9(*C*/A)	3 h 24 min
18(*C*/2)	1 h 42 min
36(*C*)	51 min

3.4.3　使用维护情况简介

(1)保证单体电池内的气密性，防止空气中二氧化碳进入中和电解液。

(2)保持电解液的高度和密度，注意观察检查，及时调整。

(3)进行有效日期的周期性内部清洗及换液，有助容量保持和防止内部短路。

(4)注意表面清洁，确保存放的安全，环境温度为 25 ℃以下的室温。

3.5　飞机电瓶充电器

3.5.1　概述

除了需要在地面上对电瓶进行定期容量检测和维护外，为保证电瓶一直处于充满电的状态，在飞机上都要给电瓶充电。在早期以低压直流电源为主电源的飞机上，大都采用铅酸电池，并将蓄电池直接连接在直流汇流条上给电瓶充电，即采用恒压充电方式充电。在以交流电源为主电源的现代飞机上，一般都采用碱性蓄电池，且都装有专用电瓶充电器。电瓶充电器有两种基本形式，一种是充电器只有恒压充电方式，另一种是充电器具有恒流和恒压两种充电方式。

恒压式电瓶充电器电压在整个充电过程中都保持恒定，但碱性电瓶长期进行恒压充电时，容易造成电瓶热击穿和容量失效，这也是碱性电瓶(主要指镍镉蓄电池)的固有特性。当碱性电瓶长期进行恒压充电时，有时会出现电瓶电压不上升反而下降的情况，使充电电流不断上升，电瓶产生过热而烧坏，甚至发生火灾。因此现代飞机上采用的电瓶充电器一般具有恒流和恒压两种充电方式。

3.5.2 工作原理

电瓶充电器要先充电，充满电后可以将三相 115 V 交流电源变成直流电源。通常，电瓶充电器处于变压整流器模式，此时，电瓶充电器提供恒定电压输出。电瓶充电器工作原理示意图如图 3-5-1 所示。

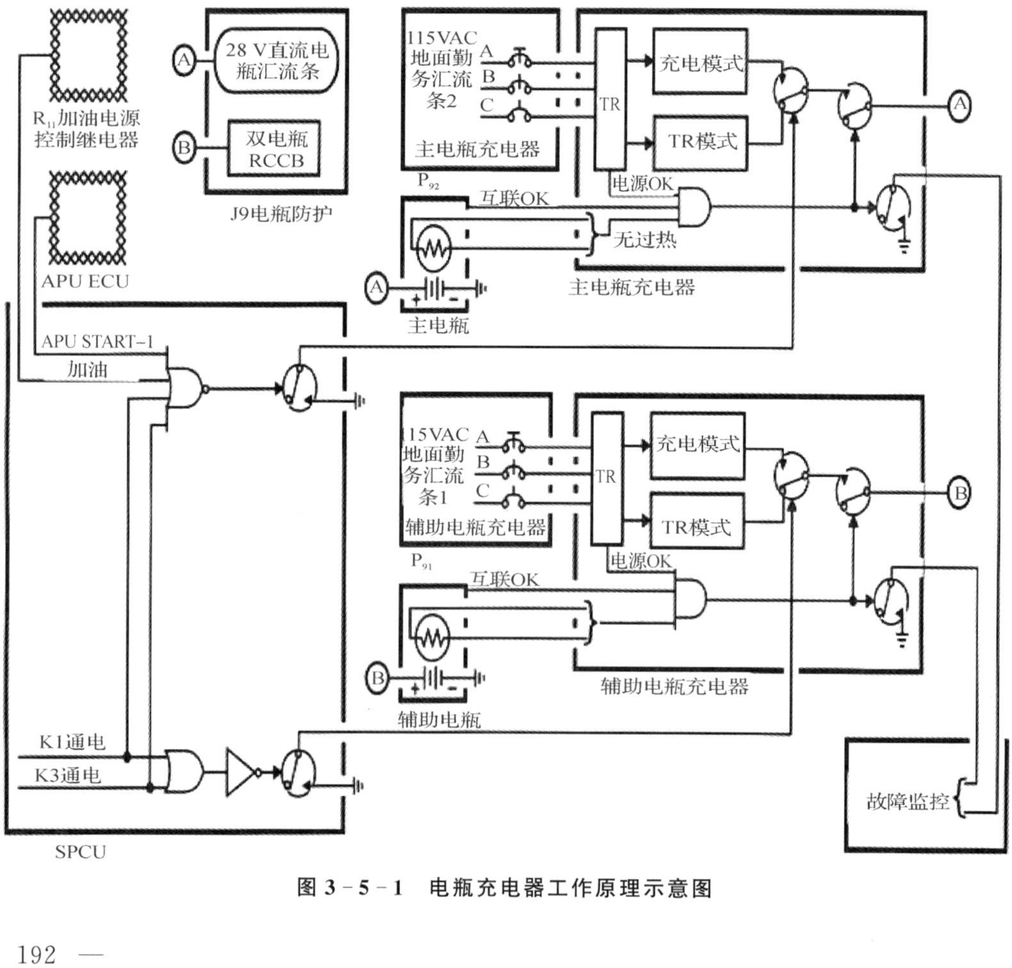

图 3-5-1 电瓶充电器工作原理示意图

由图3-5-1可以知道，电瓶充电器刚起动充电方式时，采用恒流充电方式，当电瓶电压达到转折电压时，充电器自动转换到恒压充电模式。恒压充电模式主要用于给电瓶浮充电，并向热电瓶汇流条供电。

当符合下列情况之一时，电瓶充电器自动进入恒流充电方式：

(1)电瓶电压低于23 V；

(2)电瓶充电器刚通电；

(3)电瓶充电器输入电源中断0.5 s以上。

恒流和恒压充电曲线如图3-5-2所示。

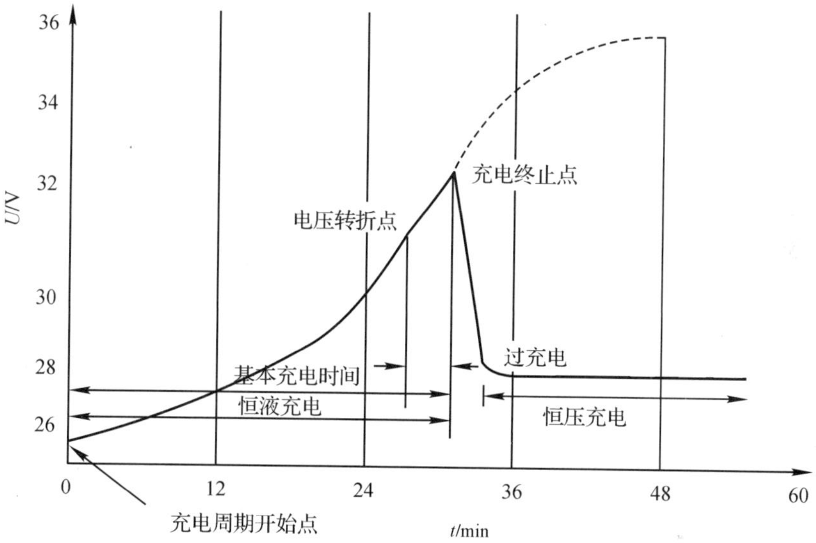

图3-5-2　恒流和恒压充电曲线示意图

开始对电瓶充电时，采用恒流充电方式，充电电流在1C左右，以保证放电后的电瓶能在1 h左右充足。如波音B757飞机主电瓶和APU电瓶为40 A·h，恒流充电电流为38 A。波音B737-800电瓶容量为48 A·h，恒流充电电流为50 A。

随着充电的进行，电瓶电压上升，当升高到一个转折电压值时，进行过量充电，然后自动转换到恒压充电模式，充电电压为27.5 V。这时充电器一方面给电瓶进行浮充电，另一方面给热电瓶汇流条供电。

充电转折电压值随电瓶型号和温度不同而不同，一般在室温下的转折值为31.4 V，当温度降低时，转折电压值升高，转折电压值由电瓶充电器根据电瓶温度计算得出。

电瓶充电机的充电有主充模式和过充模式两种状态。恒流充电时间决定于电瓶状态(如电瓶的电已完全放完或仅放了一部分)和电瓶温度。当电瓶电压达到转折电压值时，为保证电瓶充足电，还需要由主充电模式转为过充电模式，过充电一般采用$C/10$的小电流，过充时间约为基本充电时间的10%。有些充电器的过充时间是一定的，如波音B737-500机型的电瓶充电器，过充时间为8个脉冲。有些充电器在过充时采用恒压方式充电，如波音B737NG等。

电瓶充电机本体有两个绿色的状态灯在其正常工作时点亮，相应的灯在出现部件故障或异常时熄灭。电瓶充电机在有下列任何情况时不能进入充电模式：①加油站盖板打开；②APU起动；③备用电源电门在BAT位；④备用电源电门在AUTO位、电瓶电门在ON位，但直流汇流条1和交流转换汇流条1没有电；⑤电瓶过热。

有些充电器（主电瓶充电器）还具有变压整流[TR(U)]工作模式，TR(U)模式的输出电压是27.75 V，可代替TR(U)向直流汇流条供电。在变压整流[TR(U)]模式（电瓶被充满）下，主电瓶充电器给热电瓶汇流条和转换热电瓶汇流条提供恒压的直流电源，主电瓶也会由主电瓶充电器充电以保持电瓶电量最大。辅助电瓶充电器始终不直接给直流汇流条供电，但当辅助电瓶充电机在TR (U)模式下时辅助电瓶依然接受较小的充电。在这种模式下，每个充电机可提供最大65 A的电源。

用电源仪表、电瓶和厨房电源组件监控电瓶的使用。

当直流仪表选择器在BAT位置，而看到正的直流安培指示时，电瓶充电器处于充电模式。

3.6 锂离子电池

3.6.1 概述

锂电池的开发始于20世纪60年代。早期锂电池的负极材料是单质锂，由于锂相当活跃，遇水会剧烈反应生成LiOH，甚至燃烧或者爆炸，所以一般采用非水电解液，如无机的亚硫酰氯($SOCl_2$)及有机的四氢呋喃等。虽然如此，由于锂的强活性，安全问题仍然很难解决。反复的充放电使得高活性的粉状锂单质积累得越来越多；在充电过程中形成的锂晶体可能结成枝状，引起短路等严重问题。

目前使用的锂电池实际上是锂离子(Li－ion)电池（简称锂电池），正负电极材料由两种不同的锂离子嵌入化合物组成，没有金属锂存在，只有锂离子。锂离子电池较好地解决了安全问题。由于锂电池具有优越的性能，目前已经在民用领域得到应用。最近几年，锂电池开始安装在飞机上，如波音B787飞机上就安装了锂电池。

为了保证航空锂电池的安全运行，锂电池本身自带监控保护电路。在地面维护时，锂电池与传统的碱性或酸性电瓶有所不同。

与目前的机载碱性电池相比，锂电池主要有以下优点：

(1)能量比比较高，具有高储存能量密度，目前已经达到460～600 W·h/kg，是镍镉电瓶的2倍，约为酸性蓄电池的4倍；

(2)采用密封电池，不需要像镍镉电瓶一样加蒸馏水，维护工作量小；

(3)单格电池额定电压高（单体电池工作电压为3.6 V），约等于3只镍镉或者镍氢充电电池的串联电压，便于组成电池电源组；

(4)自放电率比较低，不到碱性电池的一半，这是该电池最突出的优越性之一；

(5)重量轻、体积小，约为同容量镍镉电瓶的一半；

(6)没有记忆效应,可随时补充充电,不需要深度放电;

(7)不含汞、镉、铅等有毒元素,是绿色环保电池。

当然,锂电池也有比较明显的缺点。例如:安全性相对比较差,但目前已经达到航空电瓶的安全要求;在大电流放电的情况下,锂电池充电性能尚不及镍镉电池及银锌蓄电池;锂离子电池均需要设置过充放电路和过温保护电路,以防止电池被过充和过放电。过充电和过放电或超温,将对锂离子电池的正负极造成永久损坏。由于锂电池的金属稀有及结构复杂,其生产成本比较高。

3.6.2 锂电池的结构和基本工作原理

1.锂电池的基本结构

锂电池的基本结构和镍镉电池相同,也是由正极、负极、能传导锂离子的电解质以及把正负极隔开的隔膜组成。但锂电池本身还需要设置过充、过放电限制电路和过温保护电路。

锂电池的正极板材料由锂离子嵌入化合物组成,正极材料主要有锂钴氧化物($LiCoO_2$)、锂镍氧化物($LiNiO_2$)、锂锰氧化物($LiMnO_2$)等。

锂电池的负极板采用碳素材料,主要分为石墨与非石墨两大类。目前主要用石墨材料,石墨具有良好的层状结构,锂离子可填充其中。

电解液是锂离子电池的重要组成部分,对电池的性能有很大的影响。目前使用的液体电解液主要由有机溶剂(如碳酸酯)和锂盐(如六氟磷酸盐($LiPF_6$))组成,航空锂电池电解液采用碳酸盐。

为了提高锂电池的安全性,锂电池本身(作为电池的一部分)必须设置过充和过放限制电路和过温保护线路,以防止电池被过充和过放。从分子层面看,可以直观地理解为过度放电将导致负极碳过度释出锂离子而使得其片层结构出现塌陷,过度充电将把太多的锂离子硬塞进负极碳结构中去,而使得其中一些锂离子再也无法释放出来,这也是锂离子电池通常配有充放电控制电路的原因。

某型号的锂电池其保护电路由 4 个电瓶监控组件(Battery Monitoring Unit,BMU)、2 个温度传感器、1 个霍尔电流传感器和 1 个内置接触器组成。当电瓶出现异常,如电瓶过充、过压、充电电流过大、低压、过热、单格电压不平衡时,上述控制保护电路使内置接触器跳开,或禁止充电或放电,以保护电瓶不被损坏。

2.锂电池的基本工作原理

锂离子电池的正极材料通常由锂的活性化合物组成,负极则是特殊分子结构的碳。充电时,加在电池两极的电动势迫使正极的化合物释放出锂离子,使其嵌入负极分子排列且呈片层结构的碳中。放电时,锂离子从片层结构的碳中析出,这一过程称为脱嵌,析出的锂离子重新和正极的化合物结合。在这一过程中,锂离子的移动产生了电流。锂离子电流的充放电过程就是锂离子的嵌入和脱嵌过程,锂离子的正、负极之间往返嵌入/脱嵌,这一过程如图 3-6-1 所示。

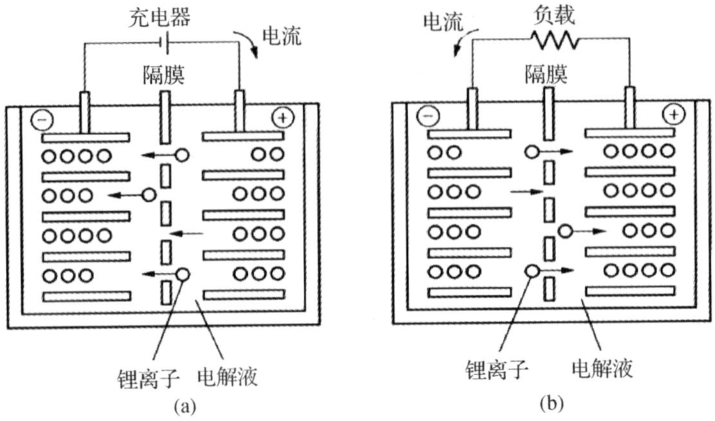

图 3-6-1 锂离子电池的充放电过程原理图

(a)充电；(b)放电

在充电时，正极部分的锂离子脱嵌，离开含锂化合物，透过隔膜向负极移动，并嵌入负极的层状结构中；反之，在放电时，锂离子在负极脱嵌，移向正极结合于正极化合物之中。

与传统锂电池不同的是，被氧化还原的物质不再是金属锂和锂离子(Li^+)，锂离子只是伴随着两极材料本身发生的放电过程而产生氧化态的变化而反复脱嵌与嵌入，往返于两极之间，所以锂电池又被称为摇椅电池(rocking chair battery)。

正极：

$$CoO_2+Li^+ +e \rightarrow LiCoO_2 \quad (3-6-1)$$

负极：

$$LiC_6-e \rightarrow 6C+Li^+ \quad (3-6-2)$$

总反应：

$$CoO_2+LiC_6 \rightleftharpoons LiCoO_2+6C \quad (3-6-3)$$

式中：从左到右为放电反应，从右到左为充电反应。

3.6.3 典型锂电池充放电和容量检测方法

下面以某航空公司波音 B787 飞机上安装的 THALES 锂离子电池(部件号：B3856-901)为例，说明航空锂电池的充放电和容量检测方法。锂电池的充放电必须用专用充电设备，电池本身的监控组件输出必须与充电设备连接起来，以保证电池的安全。

1.THALES 锂离子电池的主要技术数据

额定电压：28.8 VDC。

开路电压(充满时)：(32.2±0.35)VDC。

额定容量：65 A·h(1 h 放电率)。

到寿容量：50 A·h(1 h 放电率)。

单格数：8 个。

电解液：碳酸盐。

2.锂电池的充放电方法

锂电池的充电采用恒流恒压充电方式，先恒流 50 A 充电，然后恒压 32.2 VDC 充电；或恒压限流充电方式，即用 32.2 VDC、限流 50 A 充电，直到充电电流下降至 5 A 为止。

锂电池的放电采用恒电阻方式（电流约为 50 A），放电至电瓶电压为 22 V 时为止。根据这个要求可计算出放电电阻为 0.576 Ω。

3.锂电池的容量测试方法

由于锂电池采用恒电阻放电，所以电流不是恒定的，计算电瓶容量时，可以采用积分或者秒脉冲对（I/3 600）（I 为放电电流）进行累加。

充足电的锂电池开始放电的电流为（28.8/R）A，当电池电压达到 22 V 时停止放电，则放电结束时的电流为（22/R）A。假设放电时间为 T，则容量 C 为图 3－6－2 中线段所围成的面积。

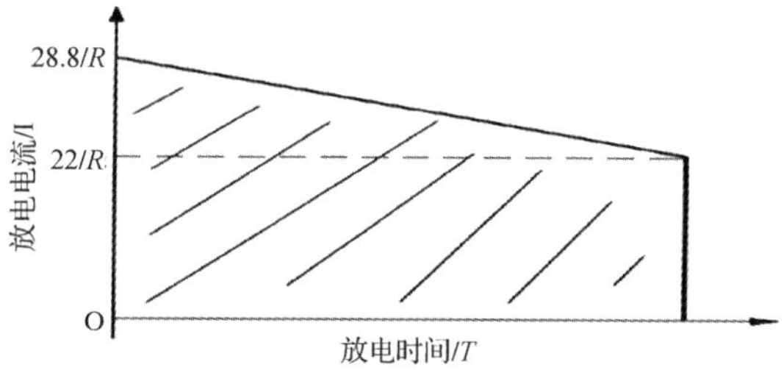

图 3－6－2　简单的容量计算方法示意图

通过计算可得容量为 C＝（25.4/R）T（A·h），当放电电阻为 0.576 Ω 时，容量 C＝44.1T（A·h）。

4.锂电池的容量测试时间间隔要求

对锂电池进行容量测试的时间要求与传统的航空碱性电瓶的要求有所不同，碱性电瓶一般是固定的时间间隔，而锂电池作容量测试的时间间隔要按图 3－6－3 所示的要求进行。

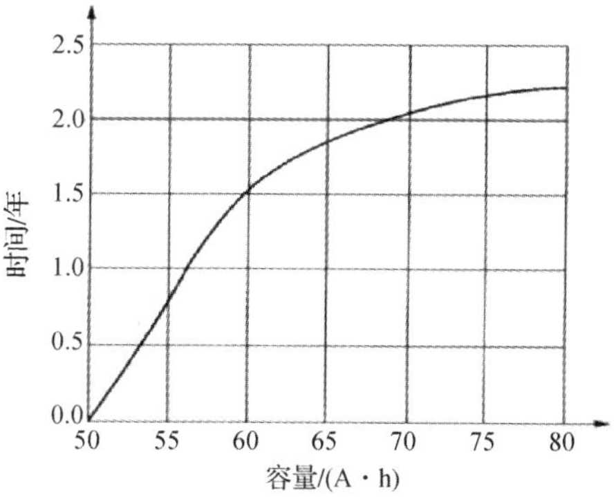

图 3－6－3　容量测试的时间间隔与容量的关系示意图

对于额定容量为 65 A·h 的锂电池，可以按如下方法较为简单地判定容量测试的间隔时间：当测试的电瓶容量在 69～80 A·h 时，2 年做一次容量检测；当电瓶容量在 60～68 A·h时，1.5 年做一次容量检测；当电瓶容量在 57～59 A·h 时，1 年做一次容量检测；当电瓶容量在 54～56 A·h 时，半年做一次容量检测；当电瓶容量在 50 A·h 以下时，该电瓶报废。

当锂电池需要存储时，必须在带电情况下存储，电压不能太高也不能太低，应在 29.6～30 V 范围内。如电瓶电压小于 29.6 V，则需要用 50 A 的电流恒流充电到 30 V 存储；如果电瓶电压高于 30 V，则需要通过恒电阻（50 A）放电到 29.6 V 再存储。

3.7 应急电源系统

适航条例规定，当正常飞机电源不能给飞机电网供电时，应该由应急电源向飞机重要设备供电，并保证飞机就近安全着陆。

航空蓄电池是飞机上常用的和最重要的应急直流电源，为了保证蓄电池起到应急电源的功效，要求航空蓄电池的装机容量不低于额定容量的 85%。但航空蓄电池的使用时间一般不超过 30 min，已经不能满足大型远程运输机的要求，因此除了航空蓄电池外，现代飞机还装有以下类型的应急电源。

3.7.1 冲压空气涡轮发电机(RAT)

对于远程飞行中无法快速备降的飞机来说，额外的应急发电机是非常必要的。这种情况下的航路运行称为延程飞行或 ETOPS(Extended Range Operation with Airplane)。应急发电机必须由独立于发动机的电源驱动。

当正常电源不能给飞机电网供电时，由应急电源向飞机重要用电设备供电。冲压空气涡轮（RAT）发电机就是一种重要的应急电源，它主要安装在现代大、中型飞机上，如波音 B777、空客 320/330/340 等飞机上都装有冲压空气涡轮发电机。当正常电源失效时，放出 RAT，由飞机前进的气流推动 RAT 转动，从而驱动发电机向飞机提供交流电源。图 3-7-1 为波音飞机冲压空气涡轮发电机示意图，其额定容量为 7.5 kV·A。

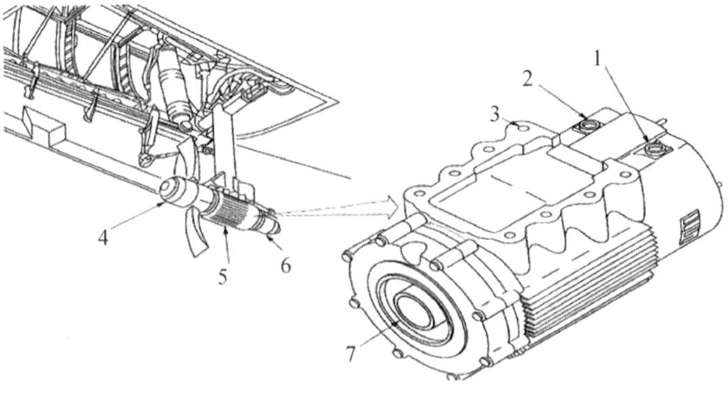

图 3-7-1 波音飞机冲压空气涡轮发电机示意图

1—电气接头 GCU 信号和电源；2—发电机输出；3—安装孔；4—螺旋桨调速器；5—冲压空气涡轮发电机；6—液压泵；7—输入轴

冲压空气涡轮发电机的使用不受时间限制，但受飞机空速限制，只有当空速大于一定值时才能正常使用。同时，RAT 对空速的要求还与发电机的功率有关，发电机的功率越大，能使 RAT 正常工作所需要的空速也就越大。

飞机的应急发电机可直接供 115 V 交流电到交流基本汇流条和应急汇流条，并通过基本变压整流器(Essential TR)供 28 V 直流电到直流汇流条。其发电原理跟前面所述发电机基本相同。

3.7.2　液压马达驱动发电机(HMG)

液压马达驱动发电机(HMG)作为一种应急发电机，是一个独立的、无时间限制的备份电源。飞机在空中时，当两侧主交流汇流条均失效时，液压马达驱动发电机自动工作，液压马达的动力源为飞机的液压系统。液压马达发电机用来给左、右 115 V 交流转换汇流条供电，还可以向热电瓶汇流条提供直流电源。液压马达驱动发电机的应用使应急电源的使用不受飞行时间限制，为远程飞机必需，如波音 B757/767 等远程飞机上就采用了液压马达驱动发电机。

液压马达发电机系统的组成部件包括液压马达、发电机、液压关断活门、发电机控制组件、测试电门等。图 3－7－2 为波音 B757/767 飞机液压马达驱动发电机示意图。

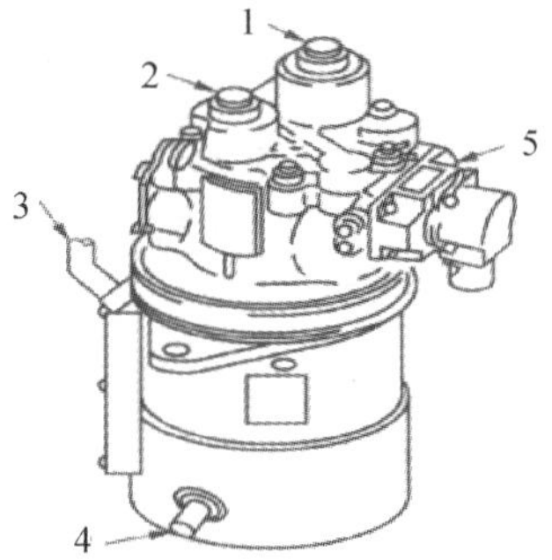

图 3－7－2　波音飞机液压马达驱动发电机示意图

1—液压回路接头；2—液压管路接头；3—马达/发电机电缆；4—液压油泄放口；5—液压伺服阀

当飞机的主发电机失效，液压系统正常工作时，飞机就可以由 HMG 提供应急电源。HMG 发电机可同时提供交流和直流输出。交流输出容量为 5 kV·A，经变压整流后输出直流电源，其额定值为 28 V、50 A。

液压马达上装有一个电动液压伺服活门，该活门由发电机控制组件控制，以便使输出频率在稳态工作条件下能维持在(400±2)Hz。当伺服控制系统失效时，由机械超速调节器使发电机输出频率维持在(430±10)Hz。

飞行中当敏感到两侧主交流汇流条无电时，HMG 启动。经 5.5 s 的延时，HMG 关断活门打开，发电机开始工作。飞行中，若正常电源系统又恢复供电，HMG 自动停止工作。

3.7.3 应急照明电源

应急照明是在主电源断电和主电瓶失效、飞机处于应急状态，机组人员完成迫降以及飞机迫降后机上人员进行紧急撤离时，为飞机提供的内部和外部照明，并为释放逃生设备提供的直流电源。因此，应急照明电源应独立于机上正常的照明系统，由独立于主电源的应急电源供电。在应急情况下，该电源是否正常工作，直接影响到旅客的生命安全。应急照明电源通常使用自备小型电池。在一架飞机上，由安装在不同位置的几个应急照明电源组件供电，即使机体断成两段，也能提供应急照明。

图 3-7-3 为飞机应急照明电源组件示意图。电源组件包括电瓶组、测试电门、电缆头、控制与充电电路等。电源组件上的测试电门可对该电源组件范围内的所有应急灯进行测试，按压测试电门，应急灯接通电源，工作 1 min。

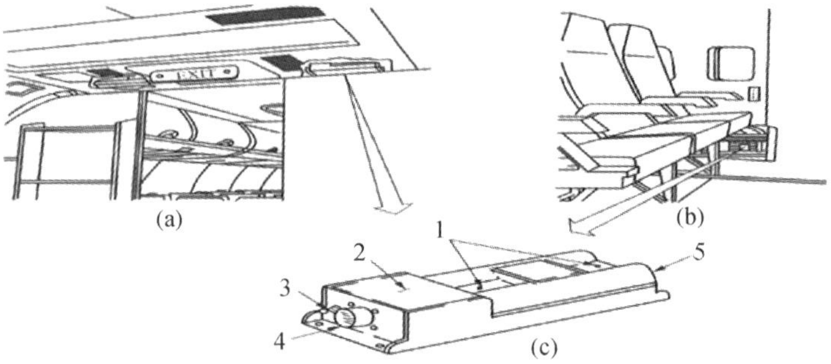

图 3-7-3 飞机应急照明电源组件示意图

(a)电池组(后天花板上)； (b)电池组(地板下)； (c)供电电源

1—电池拆装扣；2—控制和充电模块；3—测试开关；4—电气接头；5—电池组

驾驶舱 P_5 板上的应急电门是三位置电门，包括“接通”位(ON)、“预位”位(ARM)和“关断”位(OFF)。当电门在“接通”位时，不管汇流条有无电压，应急灯点亮；在“关断”位时，应急灯灭，阻止系统自动工作；在“预位”位时，系统被设定为自动工作，只有当汇流条无电或电压低于 12V 时，应急灯才亮。飞机在正常飞行时，控制电门放在“预位”位。只要前顶板上的应急灯电门未置于“预位”位，则“未预位”灯和“主告诫”灯点亮。乘务员面板上的应急出口灯电门有两个位置：“接通”位(使应急灯点亮)和“正常”位(使应急灯设定为自动工作)。即使 P_5 板上的应急灯置于“关断”位，乘务员面板上的电门也可在应急时接通应急灯。

正常情况下，即当 P_5 板上的应急灯电门置于“预位”或“断开”位，且乘务员面板上的应急灯电门在“正常”位时，飞机直流汇流条给应急照明电源的电池充电。

如果断开飞机上的所有电源，则 P_5 板上的应急灯电门必须置于“断开”位，且乘务员面板上的电门必须置于“正常”位，以防止应急灯工作而使电池放电。

典型应急照明电源电路原理框图如图 3-7-4 所示，该电路由充电电路、输出控制及调压电路、低压检测及锁定电路、汇流条电压敏感电路、测试控制电路、逻辑控制电路及软启动电路等组成。

在正常情况下，飞机直流汇流条上的 28 V 直流电向应急照明电源的电池充电，该电池是额定电压为 1.2 V、容量为 3.5 A·h 的 6 节镍镉充电电池。电池串联成 7.2 V，由内部调压电路调至 6.1～6.5 V 输出，其容量可在 7 A 输出电流的情况下，使应急照明灯工作 15 min。

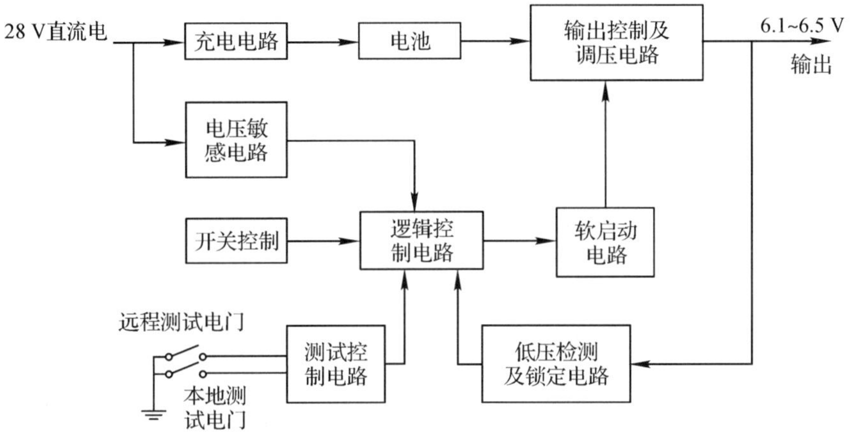

图 3-7-4　BPS7-3 应急照明电源原理框图

应急照明电源系统中的输出控制及调压电路可进行调压和输出控制。

汇流条电压敏感电路的作用是检测飞机直流汇流条是否正常供电。由于该汇流条是由变压整流器或主电瓶供电，在供电电源转换时，会产生小于 1 s 的供电中断，这时如果应急照明控制电门置"预位"，将自动点亮应急照明灯。为防止这种情况发生，在敏感电路中设计了 1 s 延时电路。

应急照明电源电池放电时，为了防止电池由于深度放电而发生永久性损坏，设计了低压检测及锁定电路。当低压检测电路输出低电位时，低压锁定电路锁定输出。只有飞机供电正常时，才能解除锁定。

测试控制电路用于测试应急照明电源是否正常工作。测试电门有两个，一个是装在机舱里的远程测试电门，另一个是装在应急电源组件上的本地测试电门(两个电门均为瞬时接触式电门)。当任一电门合上时，逻辑控制电路使应急照明灯亮，(60±10)s 后灭。

逻辑控制电路及软启动电路可以减轻对灯泡的电流冲击，延长灯泡寿命。

当飞机发生事故时，应急电源直接影响到旅客的生命安全，因此，必须定期在内场进行功能性检查和校验。在内场校验时，应采取静电保护措施，并按要求定期进行电池容量测试。如果电池容量达不到要求，应更换同型号新电池，以保证应急照明电源可靠工作。

拓展阅读

助力大飞机腾飞的翱翔之道

航空百年，科技推陈出新，市场风云诡谲。百年间，多少风流总被雨打风吹去。百年间，科技在变，市场在变，波音、空客本身也在变。但在诸多神秘莫测的变幻中，总有一些横亘于历史和现实之间的“不变”。这种“不变”，当是经过时光筛选、沉淀的企业文化和企业精神。正是以优秀的企业文化为支撑，一些企业才能渡劫波而不倒，最终成为基业长青的百年老店。

作为实施国家大型飞机重大专项中大型客机项目的主体，以及统筹干线飞机和支线飞机发展、实现我国民用飞机产业化的主要载体，中国商飞公司从诞生的第一天起，因其所担负的不凡使命，注定拥有了不凡的基因和要求。因此，打造一种与民机产业发展相适应的企业文化，在飞机型号研制实践中锻造出具有中国特色的“翱翔之道”，关系着大飞机事业的发展和未来。

与一般的产业相比，民机产业具有投资大、周期长、技术门槛高、市场竞争激烈等特点，这些特点决定了大型客机事业的发展不会一帆风顺，不可能一蹴而就。习近平总书记在视察中国商飞公司时指出，我国的民用航空工业起步很早，但经历了一个非常艰难、坎坷、曲折的过程。从20世纪70年代的运10研制，到20世纪90年代中美合作组装麦道飞机，再到新时期自主研制ARJ21新支线客机和C919大型客机，我国民用航空工业历经半个世纪的艰辛探索，经过一代代航空人的不懈追求，才有了今天的局面。

在半个世纪“中国大飞机梦”的追逐和坎坷中，一代代中国航空人历百折而不悔，遇万难而不弃，始终心系祖国、胸怀蓝天，这种薪火相传、专注梦想、奋力前行、航空报国的精神，无论过去、现在还是未来，都是我国航空工业攻坚克难、持续发展的强大动力。无数的历史事实和实践经验告诉我们：一支有理想、敢担当、具有钢铁般的意志和百折不挠的精神的队伍是大飞机事业获得成功并实现可持续发展的重要支柱。为此，中国商飞公司成立伊始就把“坚持以人为本、实现文化凝聚”确定为公司发展的重要指导思想，把企业文化战略确定为公司的四大支撑战略之一，致力于打造具有中国民机产业特色的企业文化体系，为推动项目研制和公司发展建设提供强大的思想保证和文化支撑。

2008年以来，中国商飞公司认真总结提炼型号研制和公司发展建设实践经验，在学习、继承和发扬“两弹一星”精神、载人航天精神和航空报国精神，借鉴国内外优秀企业文化，广泛调研、深入研讨、凝聚共识的基础上，逐渐培育形成以“长期奋斗、长期攻关、长期吃苦、长期奉献”（“四个长期”）和弘扬“工匠精神”，坚持“精湛设计、精细制造、精诚服务、精益求精”（“四精”）等为内容的大飞机精神，为大飞机圆梦蓝天插上了腾飞的翅膀。

2010年12月30日，在中国商飞上海飞机造有限公司总装车间，“翱翔之道——中国商飞公司理念发布仪式”隆重举行。中国商飞公司干部职工齐聚一堂，见证了这一重要时刻。中国商飞公司的理念识别系统由核心理念体系和管理理念体系组成，这是公司发展实践的高度概括和公司全体员工共同意志和价值追求的凝结。

优秀文化的培育、积累和传承不是一蹴而就的事情，也没有终南捷径，坚持不懈、润物无声、久久为功才是企业文化建设的真谛。企业文化建设要从每个人做起，从日常一言一行做起，从每一个细节做起，自上而下一层层深入传达、领悟、贯彻、落实。只有每一名商飞人真正将“翱翔之道”作为投身民机事业、发展民机事业、繁荣民机事业的精神信仰、坚定信念和行动指南，才能让中国商飞公司的企业文化生根发芽，生机勃勃，才能真正铸就引领中国民机产业不断发展的“民机魂”。

也许，前进的道路上还有坎坷，未来的日子依旧风雨相随，但中国商飞人不忘初心，将始终坚守自己最初的梦想，牢记对祖国大飞机事业的铮铮誓言，用自己的实际行动去诠释、弘扬中国大飞机的“翱翔之道”。

复习思考题

一、选择题

1.铅蓄电池的容量与(　　)有关。

A.极板上的活性物质的种类　　B.极板之间的距离

C.板面积的大小　　D.电解液的种类

2.蓄电池在飞机上的功能是(　　)。

A.用作主电源　　B.用作辅助电源

C.用作二次电源　　D.用作辅助或应急电源

3.蓄电池的正、负极板之间加装隔板的作用是(　　)。

A.防止电解液流动　　B.防止正、负极板短路

C.防止活性物质脱落　　D.增大容量

4.铅蓄电池电动势的大小，主要取决于(　　)。

A.电解液的种类　　B.电解液的密度

C.极板间的距离　　D.极板面积

5.蓄电池低温放电，对电压和容量的影响是(　　)。

A.电压下降快，容量大　　B.电压下降快，容量小

C.电压下降慢，容量小　　D.电压下降慢，容量大

6.在制作酸性电解液时，应按下述方法操作：(　　)。

A.将浓硫酸慢慢倒在蒸馏水中

B.将蒸馏水慢慢倒入浓硫酸中

C.将浓硫酸迅速倒在蒸馏水中

D.将蒸馏水迅速倒入浓硫酸中

7.铅蓄电池正、负极板的活性物质分别是(　　)。

A.二氧化铅和铅　　B.铅和二氧化铅

C.氧化铅和铅　　D.铅和氧化铅

8.铅蓄电池的电解液中含有(　　)。

A.氢氧化钾　　B.氢氧化钠　　C.硫酸　　D.盐酸

9.铅蓄电池充电时，(　　)。

A.正极板还原为铅，负极板还原为二氧化铅

B.正极板还原为二氧化铅，负极板还原为铅

C.正、负极板都还原为铅

D.正、负极板都还原为二氧化铅

10.铅蓄电池在充、放电过程中,电解液密度的变化情况是(　　)。

A.充电时增大,放电时减小　　B.充电时减小,放电时增大

C.充、放电时都增大　　D.充、放电时都减小

11.镍镉蓄电池属于(　　)。

A.酸性蓄电池　　B.碱性蓄电池

C.中性蓄电池　　D.锂离子电池

12.镍镉蓄电池的放电特点是(　　)。

A.电压下降平稳　　B.电压上升平稳

C.电压下降迅速　　D.电压上升迅速

13.镍镉蓄电池的主要故障是(　　)。

A.自放电　　B.极板硬化

C.内部短路　　D.外部短路

14.电瓶充电器通过(　　)实现恒流充电。

A.改变输出电压　　B.保持输出电压恒定

C.改变输入电压　　D.保持输入电压恒定

15.发动机电源系统向电瓶充电是使用(　　)。

A.恒定电流与变动电压　　B.恒定电压与变动电流

C.恒定电压与恒定电流　　D.变动电流与变动电压

16.镍镉蓄电池放电时,正、负极板分别有下列物质生成:(　　)。

A.镍和镉　　B .镉和镍

C.氢氧化亚镍和氢氧化镉　　D.氢氧化镉和氢氧化亚镍

17.镍镉蓄电池电解液的成分是(　　)。

A.硫酸和水　　B.盐酸和水

C.氢氧化钾和水　　D.过氧化钾和水

18.镍镉蓄电池电解液的密度(　　)。

A.充电时增大　　B.放电时减小

C.放电时先增大,后减小　　D.充电和放电时均无变化

19.蓄电池的容量 $Q=It$,式中(　　)。

A.I 为充电电流,t 为充电时间　　B.I 为放电电流,t 为充电时间

C.I 为充电电流,t 为放电时间　　D.I 为放电电流,t 为放电时间

20.90 A·h 的电瓶,使用 15 A 的电流,能用多长时间?(　　)

A.10 h　　B.6 h　　C.12 h　　D.60 h

21.蓄电池正、负极板的活性物质浸在电解液中,发生化学反应,产生电极电位:(　　)。

A.正极板的电极电位为“正”,负极板的电极电位为“负”

B.正极板的电极电位为“负”,负极板的电极电位为“正”

C.正、负极板的电极电位均为“正”

D.正、负极板的电极电位均为“负”

22.铅蓄电池极板的活性物质，浸在电解液中发生化学反应，结果使(　　)。

A.正极板有高价铅离子沉积，负极板有铅离子溶解

B.正极板有铅离子沉积，负极板有高价铅离子溶解

C.正极板有高价铅离子溶解，负极板有铅离子沉积

D.正极板有铅离子溶解，负极板有高价铅离子沉积

23.铅蓄电池放电的化学反应程式是(　　)。

A.$PbO_2+Pb+2H_2SO_4 \rightarrow 2PbSO_4+2H_2O$

B.$PbO_2+Pb+H_2SO_4 \rightarrow PbSO_4+H_2O$

C.$2PbSO_4+2H_2O \rightarrow PbO_2+Pb+2H_2SO_4$

D.$PbSO_4+H_2O \rightarrow PbO_2+Pb+H_2SO_4$

24.铅蓄电池在放电过程中(　　)。

A.消耗水，有硫酸生成　　B.消耗硫酸，有水生成

C.不消耗水，有硫酸生成　　D.不消耗硫酸，有水生成

25.以下表示铅酸电瓶完成充电特征的是(　　)。

A.液面上升到规定值　　B.电解液密度保持不变

C.温度达到电解液沸腾　　D.充电电流、电压变为零

26.电瓶产生大量气体发生在(　　)。

A.放电初期、末期　　B.充电初期、末期

C.过放电　　D.过充电

27.铅蓄电池放电中期电压下降缓慢，原因是(　　)。

A.极板孔隙内外电解液密度差大，扩散速度快

B.极板孔隙内外电解液密度差小，扩散速度慢

C.反应深入极板内部，电解液扩散路程长

D.极板沉积很多硫酸铅，使孔隙减小

28.铅蓄电池充电后期电压上升很快，主要原因是(　　)。

A.电解液密度差大，扩散快　　B.电解液密度差小，扩散慢

C.产生气体电极电位，形成附加的电动势　　D.电解液密度增大

29.镍镉蓄电池主要放电阶段电压平稳，原因是(　　)。

A.正极板放电反应分两个阶段完成　　B.放电时不消耗氢氧化钾

C.极板活性物质孔隙大　　D.放电过程中内阻减小

30.判断镍镉蓄电池的放电程度，可以测量(　　)。

A.电解液的密度　　B.电解液的高度

C.放电电压　　D.放电电流

二、简答题

1.简述航空蓄电池(电瓶)的概念？其有几大类？

2.航空蓄电池有哪些功用？

3.简述单体电池的主要构造，并说明电瓶容量是由什么决定的？其容量单位是什么。

4.铅蓄电池的工作特性是怎样的?

5.蓄电池的电动势与哪些因素有关?

6.说明铅蓄电池放电时的化学反应过程。

7.画出铅蓄电池的放电特性曲线,说明放电时电压变化的规律。

8.画出铅蓄电池的充电特性曲线,指出充电时电压变化的规律。

9.铅蓄电池充电后期电压为什么上升很快?

10.如何判断铅蓄电池的放电程度?

11.放电温度对蓄电池的电压和容量有什么影响?为什么?

12.放电电流对蓄电池的电压和容量有什么影响?为什么?

13.放电方式对蓄电池的电压和容量有什么影响?为什么?

14. 引起铅蓄电池自放电过度的原因是什么?

15.什么是铅蓄电池极板硬化?造成极板硬化的原因是什么?

16.说明铅蓄电池的主要故障及故障产生的原因。

17.镍镉蓄电池的工作特性是怎样的?放电后有什么现象?

18.说明镍镉蓄电池的放电特点。

19.镍镉蓄电池极板的活性物质是什么?放电时怎样变化?

20.如何判断镍镉蓄电池的放电程度?

21.电瓶常用的充电方式有几种?有什么特点?铅蓄电池充满电的标志是什么?

22.说明锂离子电瓶的结构和基本工作原理。与铅酸蓄电池和镍镉蓄电池相比,这类蓄电池的最大缺点是什么?

第4章　飞机直流供电系统

4.1　概　　述

在早期的飞机以及轻型飞机上，大都采用 14 V 或者 28 V 低压直流电源系统作为主电源。与大型运输机上的交流主电源相比，直流电源系统具有以下优点：

(1)直流电源系统电网结构简单，只需要一根馈线，电源的负极接在机体上；

(2)容易实现并联供电，提高供电质量和可靠性；

(3)直流电源的控制和保护设备简单；

(4)有刷直流发电机可以工作在“电动”和“发电”两种状态下，实现起动机和发电机合二为一，有效减轻机载设备的重量；

(5)对于小型飞机来说，电源系统的质量相对比较轻。

鉴于以上优点，在小型飞机上，14 V 及 28 V 低压直流电源系统得到了广泛应用。随着飞机电源容量的增加和飞机飞行高度的增加，低压直流电源系统主要存在以下缺点：

(1)有刷直流发电机高空换向困难，还会产生电磁干扰；

(2)对于较大容量的发电机来说，由于电压低，发电机及配电导线质量重，发电机的功率质量比比较小，如某型号直流启动/发电机的功率质量比仅为 0.7，而变频交流发电机为 2.5，恒速恒频交流电源为 1.9；

(3)当采用低压直流电源作为主电源时，直流-交流或者直流-直流的变换设备复杂，成本高。

因此，在大、中型运输机上，普遍采用交流电源系统作为主电源。

4.2　飞机直流发电机

直流发电机是将机械能转换为直流电能的电磁设备。低压直流电源的额定电压为 28 V，单台发电机的额定功率有 6 kW、9 kW、12 kW、18 kW 等多种。发电机的额定输出电压为 30 V，因此发电机的额定电流分别为 200 A、300 A、400 A 和 600 A。

4.2.1 直流发电机的结构

典型的有刷直流发电机的结构如图 4-2-1 所示，其主要由定子、转子、换向器、电刷组件等部分组成。

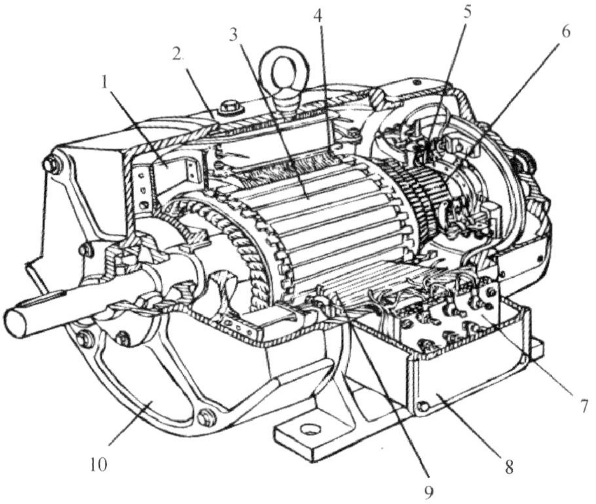

图 4-2-1 直流发电机的结构

1—风扇；2—机座；3—电枢；4—主磁极；5—电刷架；
6—换向器；7—接线板；8—出线盒；9—换向极；10—端盖

直流电机的定子用于安放磁极和电刷，并作为机械支撑，它包括主磁极、磁场绕组、换向极、换向极绕组、电刷装置、机座、前后端盖、轴承等部分，主要是用来产生磁场和支持转子运转。

转子一般称为电枢，主要包括电枢铁芯、电枢绕组、换向器、轴及通风扇等部分，如图 4-2-2 所示。

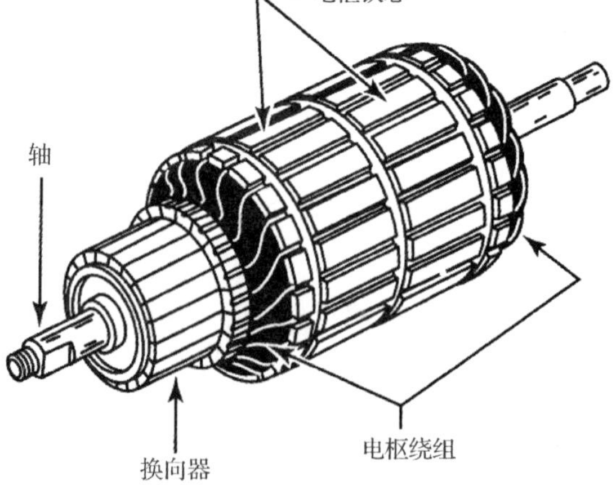

图 4-2-2 直流发电机的鼓形电枢

电枢铁芯和磁轭的作用一样，用以构成磁路。目前大部分发电机使用的是鼓形电枢，如图 4－2－2 所示。为了减少涡流损耗，电枢铁芯一般用厚 0.35～0.5 mm 的涂有绝缘漆的硅钢片叠压而成。对于小容量电机，铁芯叠片（也叫冲片）尽可能采用整形圆片，如图 4－2－3 所示；而大容量电机则可能要多片拼接。

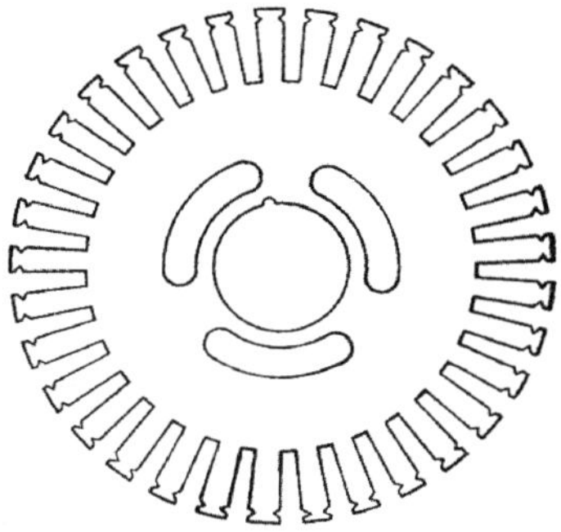

图 4－2－3　直流发电机的电枢铁芯冲片

电枢绕组随转子的转动切割定子磁场磁力线，产生交流电动势。

换向器和电刷组件的作用是将电枢绕组产生的交流电转换成直流电，由电刷输出。换向器由多片彼此绝缘的铜制换向片构成，外形呈圆柱形，片与片之间用云母绝缘。换向器有多种结构形式，图 4－2－4 为最常见的一种。

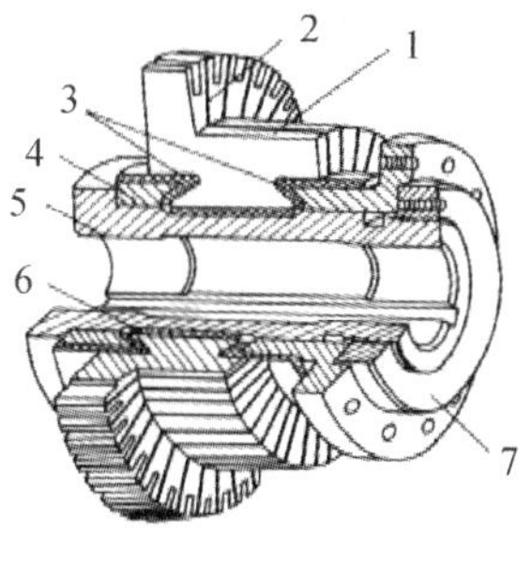

图 4－2－4　电枢绕组在槽中的绝缘情况

1—换向片；2—云母片；3—V 形云母环；4—V 形铜环；5—钢套；6—绝缘套筒；7—螺旋压圈

4.2.2　直流发电机的励磁方式

由直流发电机的结构可以知道，定子磁极上的励磁绕组中必须接入直流电，才能产生恒定磁场。根据励磁线圈的不同接线方式，直流发电机可以分为他励式和自励式两种。

1.他励式直流发电机

他励式直流发电机励磁绕组由其他直流电源单独供电。励磁线圈不消耗发电机电枢所产生的电能，励磁回路和电枢回路没有直接电的联系，励磁电路和电枢回路是分开各自独立的。图 4-2-5 为他励式直流发电机励磁绕组的接线方式示意图以及各绕组之间的电流关系。其中 U 为发电机输出端电压，I 为发电机端电流，U_f 为励磁电压，I_a 为电枢电流，I_f 为励磁电流。

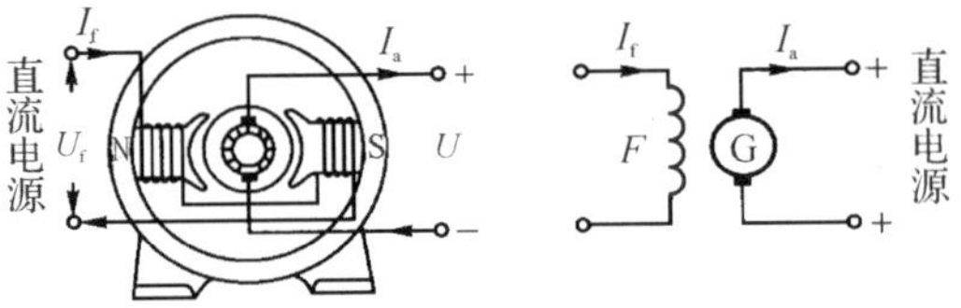

图 4-2-5　他励式直流发电机

2.自励式直流发电机

自励式直流发电机的励磁电路和电枢回路并联或者串联。励磁电流来自于发电机电枢，励磁消耗发电机电枢所产生的电能。自励式直流发电机按照励磁绕组的组合和连接方式又可分为并励式、串励式、复励式等三种。

1)并励式直流发电机

图 4-2-6 所示为并励式直流发电机结构示意图。励磁绕组与电枢绕组并联，电枢电压即励磁电压。励磁绕组又称并励绕组。励磁电流 I_f 不仅与励磁回路的电阻有关，而且还受电枢两端电压的影响，承受电枢两端的较高电压。为了减小励磁电流及损耗，接有变阻器调节 I_f。励磁绕组必须具有较大的电阻，因此，励磁绕组的匝数较多，且用较细的导线绕制。励磁电流虽小，但绕组匝数较多，仍能使磁极产生一定的磁通。

并励发电机的电枢电流 I_a、励磁电流 I_f、负载电流 I 的关系为

$$I_a = I + I_f \tag{4-2-1}$$

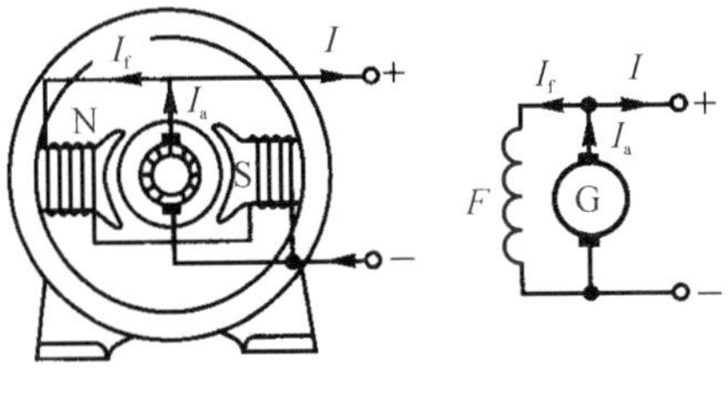

图 4-2-6　并励式直流发电机

并联发电机的励磁电流小，电压调整相对容易，一般小型飞机都采用这种发电机。

2)串励式直流发电机

图 4-2-7 所示为串励式发电机结构示意图。励磁绕组与电枢绕组串联，励磁绕组又称串励绕组。由于串励绕组电流较大，因此要求串励绕组具有较小的电阻。为此，所用导线要粗且匝数较小，但由于流过的电流较大，故磁极仍能产生一定的磁通。

串励发电机的电枢电流 I_a、励磁电流 I_f、负载电流 I 的关系为

$$I = I_a = I_f \tag{4-2-2}$$

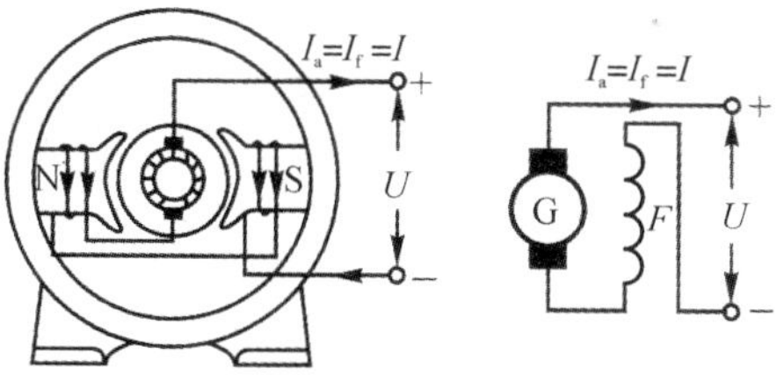

图 4-2-7　串励式发电机

这种发电机多用在恒速恒定功率负载情况下，由于其电压调整困难，因此飞机上一般不使用。

3)复励式直流发电机

主磁极上有两个励磁绕组，一个同电枢绕组并联，另一个同电枢绕组串联，故名复励直流发电机。复励直流发电机可进一步细分为短复励和长复励：短复励发电机的串励绕组中的电流与负载相同，长复励发电机的串励绕组中的电流与电枢相同。图 4-2-8 和图 4-2-9所示为两类复励直流发电机的结构示意图。

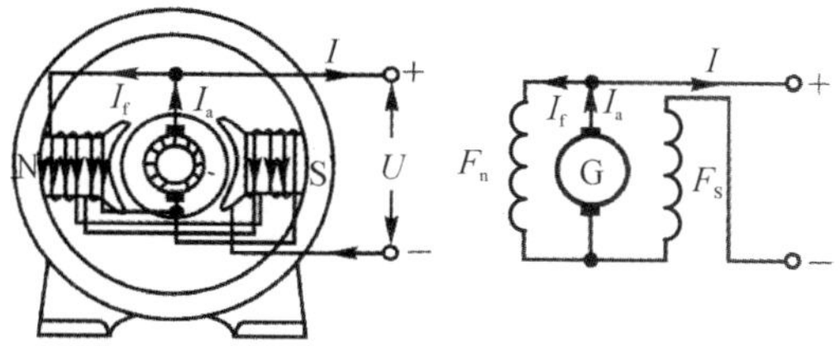

图 4-2-8　短复励直流发电机

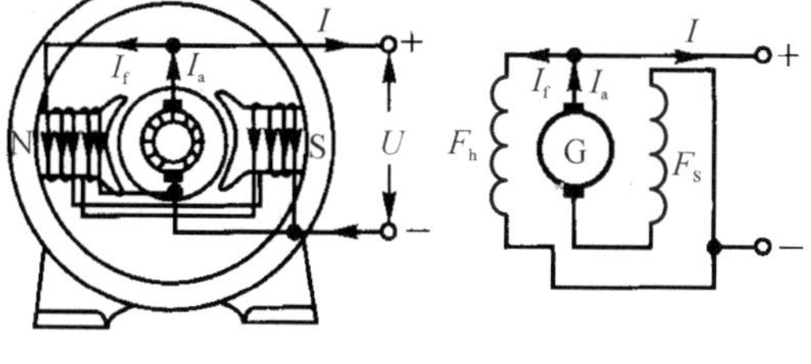

图 4-2-9　长复励直流发电机

复励直流发电机依据串励绕组和并励绕组的磁势方向是否相同又可分为积复励和差复励两部分。绕组产生的磁场相消为差复励，相长则为积复励。

通过改变复励发电机中两组励磁绕组中磁势的相对大小，可以方便地调整发电机外特性的硬度，因此复励发电机主要用于对端电压要求高的场合。

4.3 飞机直流起动发电机

为了减轻机载设备的重量,飞机上大部分小功率发动机都采用直流起动发电机代替分离的起动机和发电机。

飞机直流起动发电机是其电源系统直流电的供电设备,正常飞行时由发动机驱动其处于发电工作模式并向用电设备供电。在飞机起动时,由直流电供电使它工作在电动机模式带动飞机发动机的转动。直流起动发电机用于负载相对较小的飞机。其工作简图如图4-3-1所示。

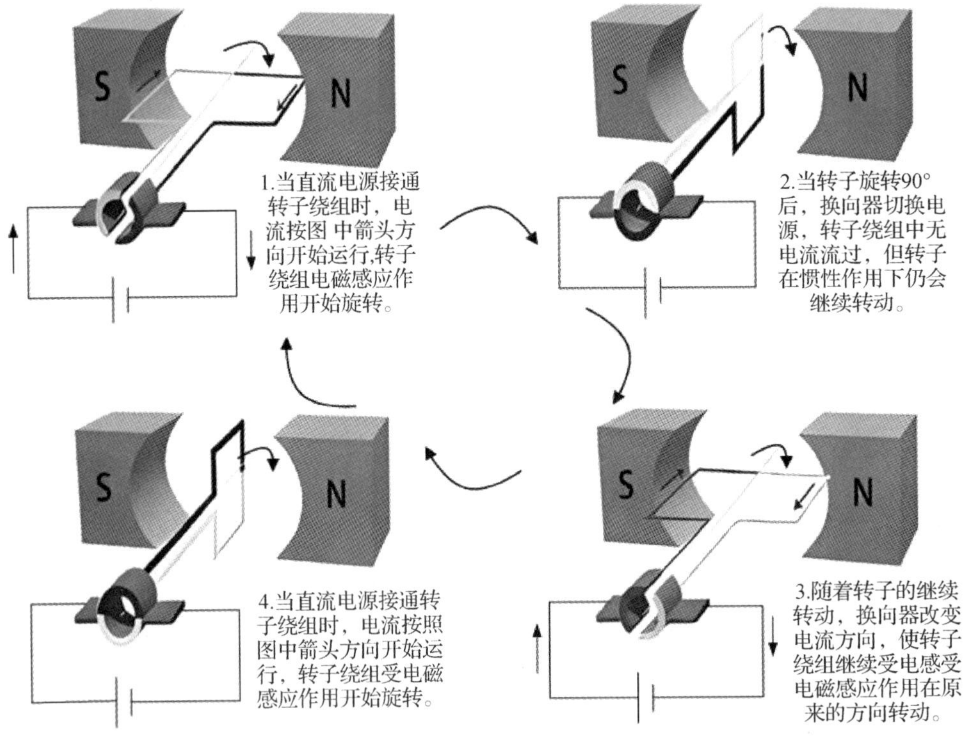

图4-3-1 直流起动发电机工作简图

实际上,一台直流起动发电机和并励式发电机、串励式发电机、复励式发电机并无本质上的区别,只是在接线及工作方式上略有差异。起动发电机带有两组或三组励磁线圈。图4-3-2为起动发电机内部接线示意图。其中换向极绕组用于改善换向。起动时,电瓶的正、负接线柱接图中的C、E端子,电流从电瓶或地面直流电源线圈流过串励绕组(起动绕组)和电枢绕组,这时发电机是一台串励电动机,其起动转矩与电枢电流的二次方成正比,可以带动发动机开始运转。在发动机起动完成后,起动继电器将串励绕组断开,即C端开路,并将电机接成并联发电机,即把A、B短接,D、E短接,然后再接到飞机电网上,完成由起动机向发电机的转换。

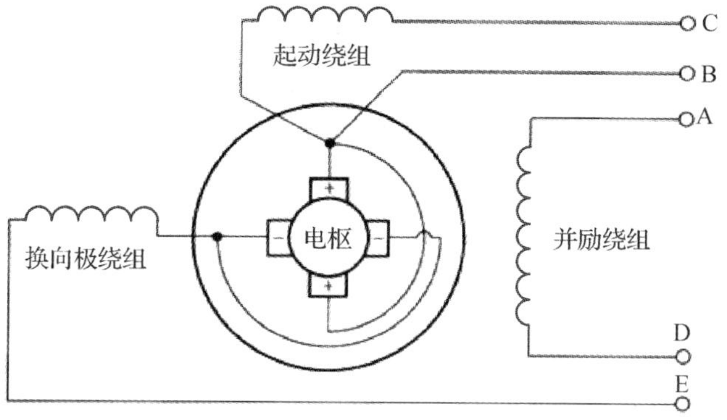

图 4-3-2　起动发电机内部接线示意图

4.4　直流电压调节器

4.4.1　概述

飞机低压直流电源的额定电压为 14 V 或 28 V，但当负载变化或发电机转速改变时，电压将偏离额定值，因此，必须由调压器来自动调节发电机发励磁电流，以保持输出电压恒定。如果增大发电机的励磁电流，则发电机的输出电压会增大，反之则减小。

直流供电系统中，直流发电机都有自动电压调节器配合工作，确保发电机输出的电压不随转速和负载的变化而改变。机上用电设备也要求有一个基本恒定的电压，过高或过低都会使用电设备不能正常工作。

一般电压调节器可以使检测点处的电压满足输出要求，而通常都采用改变励磁线路上电阻来实现。常见的有两种：一种是使电阻平滑连续地变化——炭片式电压调节器；另一种是使电阻呈现脉冲式的变化——晶体管式电压调节器或振动(接触)式电压调节器。两种都相对地使励磁电阻周期变化在最大、最小值上，但等效电阻仍可视为连续变化。

4.4.2　振动式调压器

在早期的小型飞机上，小功率直流发电机常采用振动式调压器，其结构示意图如图 4-4-1所示。

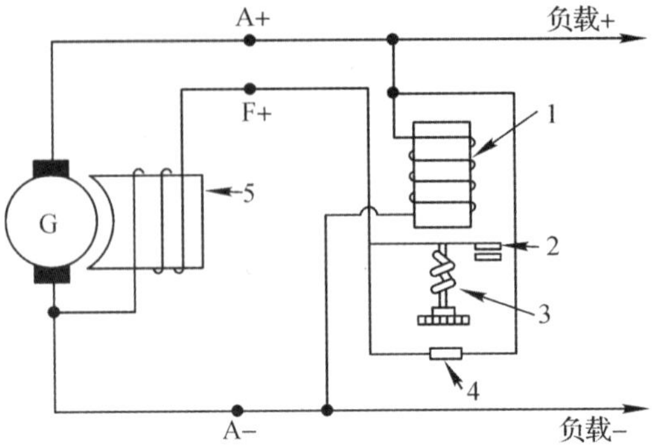

图 4-4-1　振动式调压器结构示意图

1—电磁铁；2—触点；3—弹簧；4—电阻；5—励磁线圈

振动式调压器主要由以下几部分组成：

(1)电磁铁。它用于敏感发电机的端电压，并起到拉开触点的作用。电磁线圈并联在发电机输出端，电压越高，电磁铁产生的电磁吸力越大。

(2)弹簧。它的作用是使触点闭合。

(3)触点。它用于控制串联于励磁绕组中的电阻的接入或者短路，当触点闭合时，电阻被短路，励磁电流增大，发电机电压升高。

(4)电阻。它用于调节励磁电流的大小，当触点断开时，将电阻串入励磁线圈，使励磁电流减小，发电机电压下降。

当发电机开始转动时，发电机自励发电，此时由于发电机电压低，电磁铁吸力小，弹簧的拉力大于电磁铁的吸力，使触点闭合，将电阻短接，励磁电流上升，发电机输出电压上升；当发电机电压上升到一定值(大于额定值)时，电磁铁吸力大于弹簧拉力，触点断开，这时电阻串入到励磁线圈中，使励磁电流下降，发电机输出电压下降。当发电机输出电压下降到一定值(小于额定电压)时，弹簧拉力又大于电磁铁吸力，使触点吸合，发电机电压上升，如此循环，使发电机电压在额定电压上下波动。调整弹簧拉力，就可以调整发电机输出的电压值。发电机输出的电压波形如图 4-4-2 所示。

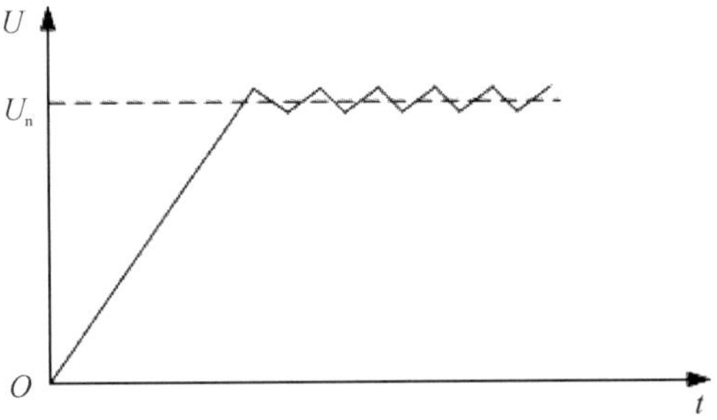

图 4-4-2　振动式调压器的工作波形

这种调压器触点的通断频率为 50～200 次/s，即 50～200 Hz，可以使调节点电压在(28±1) V左右波动。

振动式调压器只能用于小功率直流发电机，此时的发电机励磁电流比较小，否则调压器的触点可能产生电弧或造成熔焊故障。这种调压器的优点是结构简单，重量轻；缺点是触点频繁开合，容易产生磨损和电磁干扰，且发电机输出电压波动比较大。

4.4.3　晶体管调压器

为克服振动式调压器机械触点频繁通断引起的问题，可以采用没有机械触点的固态开关，即用大功率晶体管代替机械触点，这类调压器统称为电子式调压器。电子式调压器的具体电路有多种结构，但其基本组成和工作原理都相似。一种典型的晶体管调压器原理电路如图4-4-3所示。

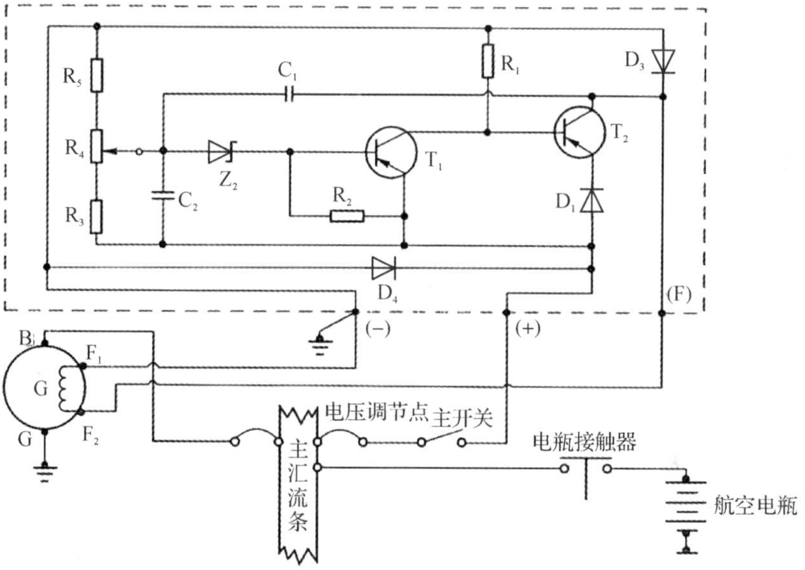

图4-4-3　一种典型的晶体管调压器原理电路图

该电路主要由以下几部分组成：①电压敏感电路，由电阻 R_1、R_2、R_3 等元件组成，用于敏感发电机的输出电压；②电压鉴别电路，由稳压管 Z_2 组成，用于比较发电机的实际电压与设定电压的相对大小；③开关放大电路，由三极管 T_1、T_2 和二极管 D_1 及电阻 R_1、R_2 组成，用于功率放大，同时实现对励磁电流的调节。

晶体管调压器的工作原理与振动式调压器基本相同。当发电机电压低于一定电压时，稳压管 Z_2 截止→T_2 导通，电源"＋"端通过 D_1、T_2 加到励磁绕组的 F_2 端，再回到电源的"－"端，使发电机电压上升。当电压上升到一定值时，Z_2 被击穿导通→T_1 导通→T_2 截止，励磁绕组断电，发电机的输出电压下降。当电压下降到一定值时，Z_2 又截止，如此循环，使发电机的输出电压保持在额定值上。当发电机的负载增大时，输出电压下降，因此 T_2 的导通时间变长，截止时间变短，励磁电流的平均值增大，以维持输出电压不变。调整电阻 R_4，就能调定发电机的输出电压值。

并联在励磁绕组两端的二极管 D_3 称为续流二极管，当晶体管 T_2 截止时，储存在励磁绕

组中的磁场能通过 D_3 释放，减小了励磁绕组上产生的感应电动势，以防止击穿晶体管 T_2。

图 4-4-3 中的电容器 C_1 为负反馈电容，用于提高调压的稳定性。二极管 D_4 的作用是防止发电机极性接反，起到保护调压器的作用。

可见，晶体管调压器没有运动部件，不会产生电弧和火花，没有机械磨损及电磁干扰，而且晶体管的开关频率高，可以有效减小发电机输出电压的波动，提高调压精度。此外，晶体管调压器还具有体积小、重量轻、工作可靠等优点，目前已经被广泛使用。

4.4.4 炭片式调压器

振动式电压调节器采用接通和断开固定电阻来控制励磁电流，晶体管调压器采用通、断励磁电流，从而控制发电机的电压。在这两种调压器中，励磁电流都是脉动变化的，都会引起发电机电压在小范围内波动。为了使发电机输出电压更加平稳，在励磁电路中串联一个可变电阻，并通过改变可变电阻值来改变励磁电流，这也就是炭片式调压器的工作原理，如图 4-4-4 所示。

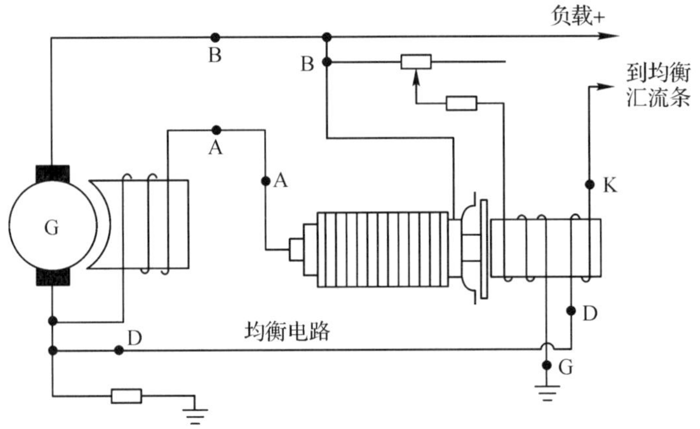

图 4-4-4 炭片式调压器原理电路图

1.基本组成

炭片式调压器的组成部分及各部分功能如下：

(1)炭柱。炭柱由一片一片炭片叠成，炭柱电阻由炭片电阻和接触电阻两部分组成。炭片电阻基本保持不变(不考虑温度影响)，而炭片之间的接触电阻受炭柱上的压力控制，压力越大，接触电阻就越小。炭柱上所受的压力等于弹簧压力减去电磁吸力。

(2)弹簧衔铁组件。弹簧的作用是压紧炭柱，使炭柱电阻减小；衔铁受电磁力控制，其作用是拉松炭柱，使电阻增大。

(3)电磁铁。电磁铁上的工作线圈通过电阻并联在发电机输出端，用于敏感电压的大小，电磁铁的电磁力的作用是拉松炭柱，使炭柱电阻增大。

(4)调节电位器。调节电位器用于调整电磁铁中的电流，从而整定发电机的额定输出电压。

2.受力分析

静态时，作用在衔铁上的力有三个：

电磁力 F_e

弹簧力 F_s

炭柱反力 F_c

3.基本工作原理

在发电机供电回路中，存在以下关系：

$$U = C\Phi n - I_a R$$

式中：C 为发电机结构常数；Φ 为每磁极下有效磁通量；I_a 为发电机枢绕组输出电流，包含负载电流和励磁电流两部分；R 为发电机电枢绕组内部线路电阻。

当电压升高时，电磁拉力增大，炭柱被拉松，电阻增大，励磁电流减小，电压下降，将会引起衔铁在小于变化前的气隙位置上达到新的平衡。相反，则在 δ 变大后的位置上达到新的平衡。

当电压下降时，电磁拉力下降，炭柱被压紧，电阻减小，励磁电流增大，电压升高，这样就可以使发电机输出电压保持基本恒定。

如果工作线圈两端的电压等于零，则线圈中没有电流，弹簧将炭柱压紧，炭柱电阻最小，便于发电机自励。

总之，调节前和调节结束后，衔铁均处于平衡状态，调节的过程是短暂的。工作状态的改变，使衔铁原有的平衡遭破坏后，会在新的位置重新达到平衡，引起气隙改变，并使电压调节在额定值附近。

根据炭片调压器的连接线路，发电机在初始建压阶段，调节器工作线圈两端电压为零，电磁力接近于零，使气隙较大，炭柱反力较大，炭柱压紧，励磁线路电阻最小，有助于励磁电流为最大，强励磁作用使电压迅速上升，起到促进电压建立或自励起激的作用。

炭片式调压器由于有铁芯和运动部件衔铁，因此在调节过程中存在调节滞后、调压误差大、稳定性差、体积大、功耗大等一系列缺点，目前已经很少采用，其已基本被电子式调压器取代。

4.5　直流发电机的并联供电

4.5.1　概述

在飞机上，对于多台直流发电机供电系统，每台发电机可以单独向各自的用电设备供电，也可以并联起来向用电设备供电。在单独供电的情况下，如果某台发电机有故障并从电网上切除后，原来由故障发电机供电的负载要转由正常发电机供电，这就需要一定的转换时间，造成暂时供电中断。在并联供电的情况下，个别发电机有故障并从电网上切除后，电网上的负载仍可不中断地获得电能供应，提高供电的可靠性。此外，并联供电方式由于电网容量增大，在负载突变时，可以减小电网电压的波动，改善供电质量。正因为并联供电存在着这些优点，在低压直流供电系统中，广泛采用并联供电的方式。

直流发电机并联供电的控制和保护电路比较简单，因此飞机直流电源系统大多采用并联供电方式。

发电机并联供电时，主要有两个问题：一是各台发电机负载分配的均衡性；二是供电系统的稳定性。本节以两台发电机为例讨论并联供电的均衡性和稳定性问题，对其进行的分析，也适用于多台发电机的并联供电系统。

4.5.2　负载分配的均衡性

通常都采用两台同型号的发电机并联供电，所谓负载分配的均衡性问题，就是两台发电机分担的负载不是平均的。如果两台发电机输出的电流相等，各为总负载的一半，负载的分配就是均衡的；如果输出的电流不相等，负载的分配就是不均衡的，输出的电流相差越大，越不均衡。

供电系统要求两台发电机的负载分配，在总负载接近两台发电机额定负载总和时，能够趋于均衡状态。否则，两台发电机输出电流相差过大，一台发电机输出的电流超过了它的额定值，严重时容易烧坏发电机，而另一台发电机输出电流太小又不能充分发挥它的供电能力。

然而，由于受许多因素的影响，实际上负载的分配往往是不均衡的。下面将重点讨论负载均衡分配的条件、影响分配均衡性的因素，以及提高分配均衡性的方法等。

一、并联供电负载均衡分配的条件

发电机并联供电的原理电路如图 4－5－1 所示。

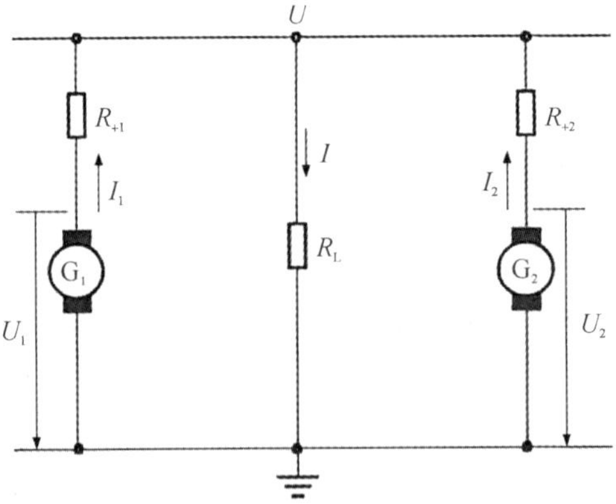

图 4－5－1　发电机并联供电的原理图

图 4－5－1 中，U_1、U_2是发电机 G_1、G_2的电压；U 表示汇流条的电压，R 为负载电阻；R_{+1}，R_{+2}是发电机 G_1、G_2的正线电阻；I_1、I_2是发电机 G_1、G_2的输出电流；I 是负载总电流。

由图 4-5-1 可得如下两个方程式：

$$U=U_1-I_1R_{+1}=U_2-I_2R_{+2} \tag{4-5-1}$$

$$I=I_1+I_2 \tag{4-5-2}$$

由此可得 I_1 和 I_2 的表达式：

$$I_1=\frac{U_1-U_2}{R_{+1}+R_{+2}}+\frac{R_{+2}}{R_{+1}+R_{+2}}I \tag{4-5-3}$$

$$I_2=-\frac{U_1-U_2}{R_{+1}+R_{+2}}+\frac{R_{+1}}{R_{+1}+R_{+2}}I \tag{4-5-4}$$

两台发电机负载分配的均衡程度，可用两台发电机的电流差表示，即

$$\Delta I=I_1-I_2=\frac{2(U_1-U_2)}{R_{+1}+R_{+2}}+\frac{R_{+2}-R_{+1}}{R_{+1}+R_{+2}}I \tag{4-5-5}$$

式(4-5-3)～式(4-5-5)三式是发电机负载分配的基本表达式，从这三个公式可以看出，只有在 $U_1=U_2$ 和 $R_1=R_2$ 的条件下，两台发电机的负载分配才是均衡的，无论负载电流 I 怎样变化，两台发电机输出的电流 I_1 和 I_2 始终相等，各为总负载电流的一半，即

$$I_1=I_2=\frac{1}{2}I \tag{4-5-6}$$

或者说两台发电机的电流差 ΔI 总等于 0。

如果把调压器对负载分配的影响考虑进去，那么发电机电压随负载变化的情形，将由调压器调节下的发电机外特性决定。由于调压器的坡率性不可能完全相同，所以在调压器调节下，两台发电机的外特性也不相同。假定两台发电机 G_1 与 G_2 的调压器都是正差调节，并且 G_1 的调压器坡率小，G_2 的调压器坡率大，那么在空载电压相同的条件下，发电机 G_1 的外特性曲线将高于发电机 G_2 的外特性曲线，如图 4-5-2 所示。

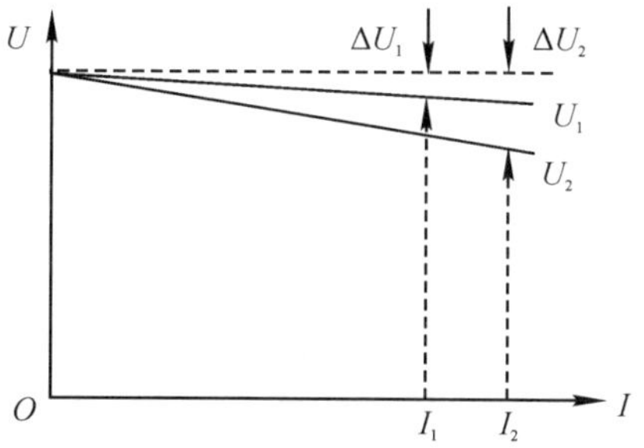

图 4-5-2　带调压器的发电机的外特性曲线示意图

在调压器为坡率调节时，两台发电机 G_1 和 G_2 的电压由下式表示：

$$U_1=U_{10}-\Delta U_1 \tag{4-5-7}$$

$$U_2=U_{20}-\Delta U_2 \tag{4-5-8}$$

式中：U_{10} 为 G_1 的空载电压；U_{20} 为 G_2 的空载电压；ΔU_1 为 G_1 在输出电流为 I_1 时的电压变化量，ΔU_2 为 G_2 在输出电流为 I_2 时的电压变化量。

假定在调压器调节下，发电机的外特性 $U=f(I)$ 是线性的，则

$$\Delta U_1 = K_1 I_1 \tag{4-5-9}$$

$$\Delta U_2 = K_2 I_2 \tag{4-5-10}$$

K_1和K_2是发电机G_1和G_2调压器的坡率系数，单位为欧姆，它们表示调压器坡率的大小。其含义是发电机在一定的转速下，负载电流每变化 1 A 时，所引起的发电机电压的变化量。

将式(4－5－8)、式(4－5－9)分别代入式(4－5－7)，则有

$$U_1 = U_{10} - K_1 I_1 \tag{4-5-11}$$

$$U_2 = U_{20} - K_2 I_2 \tag{4-5-12}$$

将式(4－5－11)、式(4－5－12)代入式(4－5－3)、式(4－5－4)，然后再将

$$I_1 = I - I_2, I_2 = I - I_1$$

代入，整理后得

$$I_1 = \frac{U_{10} - U_{20}}{R_{+1} + R_{+2} + K_1 + K_2} + \frac{R_{+2} + K_2}{R_{+1} + R_{+2} + K_1 + K_2} I \tag{4-5-13}$$

$$I_2 = \frac{-(U_{10} - U_2)}{R_{+1} + R_{+2} + K_1 + K_2} + \frac{R_{+1} + K_1}{R_{+1} + R_{+2} + K_1 + K_2} I \tag{4-5-14}$$

式(4－5－13)和式(4－5－14)相减得

$$\Delta I = I_1 - I_2 = \frac{2(U_{10} - U_{20})}{R_{+1} + R_{+2} + K_1 + K_2} + \frac{R_{+2} - R_{+1}}{R_{+1} + R_{+2} + K_1 + K_2} I + \frac{K_2 - K_1}{R_{+1} + R_{+2} + K_1 + K_2} I \tag{4-5-15}$$

由式(4－5－13)～式(4－5－15)知道，调压器在有差调节情况下，两台发电机的负载分配表达式，要使两台发电机负载分配均衡，必须同时具备下面三个条件：

(1)两台发电机的空载电压相等，即$U_{10} = U_{20}$；

(2)两台调压器的坡率系数相等，即$K_1 = K_2$；

(3)两台发电机的正线电阻相等，即$R_{+1} = R_{+2} = R_{+}$。

二、提高负载分配均衡性的措施

并联供电系统即便是在空载电压、坡率系数和正线电阻的差值不是太大的情况下工作，电流差也是很大的，远不能满足负载分配均衡的要求。为了提高负载分配的均衡性，应在调压器中增设均衡元件。均衡电路作为调压器的一个附加电路，常和调压器组合在一起。根据所采用调压器的不同，可以采用不同的均衡措施。例如对于炭片式电压调节器，可以在调压器工作铁芯上附加均衡线圈，并在发电机负极性端接入负线电阻。

1.炭片式调压器采用均衡线圈提高负载分配的均衡性

带炭片式调压器的并联供电系统，通过调压器铁芯上的均衡线圈W_{eq}与接在发电机负极电路中的负极电阻R_{-}构成均衡电路，如图 4－5－3 所示。

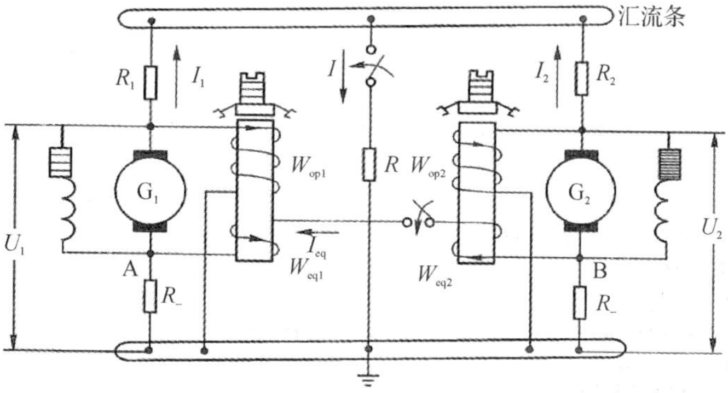

图 4-5-3　炭片调压器的均衡电路

负极电阻是由电阻温度系数很小的镍铬合金制成的，阻值很小，通常两个负极电阻的阻值相等，即 $R_{-1}=R_{-2}$，两个均衡线圈的匝数相等，即 $W_{eq1}=W_{eq2}$，阻值也相等。

如果负载分配不均衡，设 $I_1>I_2$，则 A、B 两点电位不相等，$\varphi_A<\varphi_B$，于是就有电流自 B 点经过 W_{eq2} 和 W_{eq1} 流向 A 点，产生相应的磁势。在输出电流大的发电机调压器中，均衡线圈磁势与工作线圈磁势方向相同，使调压器铁芯合成磁势增强，调节点电压 U_1 降低：输出电流小的发电机调压器，均衡线圈磁势与工作线圈磁势方向相反，使铁芯合成磁势减弱，调节点电压 U_2 升高。结果原来输出电流大的发电机输出电流 I_1 减小，原输出电流小的发电机输出电流 I_2 增大，使负载分配趋于均衡。

可见，均衡线圈减小电流差的实质是将与电流差有关的信号反馈到调压器的检测电路，借以改变调节点的电压，从而提高负载分配的均衡性。

2.晶体管调压器采用均衡电阻提高负载分配的均衡性

以 JTY-12 型晶体管调压器为例，调压器电路中，R_{24} 为均衡电阻，阻值较小为 10 Ω。均衡电阻的接法如图 4-5-4 所示，两个均衡电阻的一端接于发电机负端 A、B 两点，为了取出电流差信号，发电机负端是通过负极电阻 R_- 接地的。

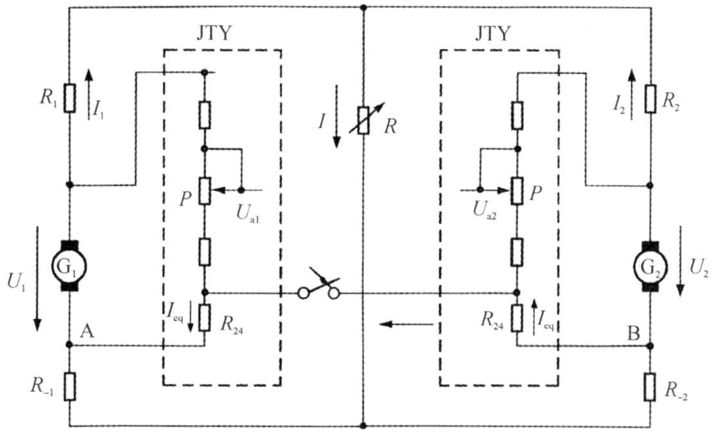

图 4-5-4　晶体管调压器的均衡电路

设由于某种原因造成发电机负载不平衡且 $I_1 > I_2$，此时 $\varphi_A < \varphi_B$，若均衡电路接通，均衡电阻上的压降 $I_{eq}R_{24}$ 使第一台发电机的调压器敏感点的电压 U_a 升高，励磁控制电路晶体管的导通比减小，平均励磁电流减小，发电机电压 U_1 降低，输出电流 I_1 减小；第二台发电机的调压器敏感点的电压 U_{a2} 降低，励磁控制电路晶体管的导通比增大，平均励磁电流增大，发电机电压 U_2 升高，输出电流 I_2 增大，最终使得电流差 $\Delta I = I_1 - I_2$ 减小。

可见均衡电阻均衡负载的基本原理是：将敏感到的电流差信号反馈到调压器的检测电路，借以改变检比电路输出的偏差信号，使功率管的导通比改变，发电机调节点电压改变，从而使电流差减小，达到均衡负载的目的。这与炭片式调压器中均衡线圈均衡负载的原理是相似的。

上述发电机的空载电压 U_0、正线电阻 R_+ 和调压器的坡率系数 K 直接影响着负载的分配。此外，还有一些因素则是通过以上几种参数间接影响负载分配的，如激磁电路电阻、发电机正极至反流割断器"F"之间的线路电阻等，这里不再详述。

综上所述，由于多种参数和因素直接或间接地影响着负载分配，所以很难使并联供电的发电机负载均衡，但在采取均衡措施后，电流差值常可限制在规定范围内。

由于除发电机空载电压不等产生的电流差不随负载变化外，其他诸参数不等产生的电流差都随负载增大而增大，所以对负载均衡性的要求主要着眼点是：在接近额定负载时，两台发电机输出的电流不能相差太大，以免使输出电流大的发电机因过载烧毁。

4.6 直流电源的控制与保护

飞机直流电源的控制与保护包括主电源、应急电源和地面电源的控制与保护。由于后两者比较简单，本章重点讨论主电源发电机的控制与保护。控制与保护装置是实现电源正常供电的重要设备，用以保证发电机与汇流条可靠地接通、断开或转换；当电源系统发生故障时，保证故障部分能与电网可靠地分离。

目前，低压直流电源的保护项目主要有发电机反流保护、过电压与过激磁保护、过载保护和短路保护等。控制保护装置有电磁继电器式、晶体管式及混合式等几类。由于是用大容量、高可靠性的晶体元件制成，新型飞机的电源系统多采用组合式的调压、控制、保护装置。

本节主要讨论发电机的控制与反流保护、发电机的励磁故障及其保护、直流供电系统的短路与短路保护。

4.6.1 发电机的输出控制与反流保护

发电机的控制装置通常是接触器，用以接通或断开发电机输出电路。正常工作时，供电系统各种设备可以在需要时由飞行员或维修人员接通或断开。故障时，控制装置又可作为保护装置的执行机构使发电机脱离电网。

由于发电机或调压器有故障以及其他原因，发电机电压会低于电网电压，电网上其他电源将向该发电机输送电流，称为反流。反流太大将损坏发电机或其他电源。此时，应使发电机控制装置断开，这就是反流保护装置的职能。

在飞机上，发电机与应急电源、地面电源要协调地工作。因此，发电机控制装置（GC）的动作，必需符合规定的逻辑关系。

1.限流控制器

在某些直流发电机系统中配置有电流限制器，当发电机过载时，通过限制发电机的电压来限制其输出电流，以防止发电机过热或烧毁。电磁式电流限制器原理如图 4－6－1 所示。

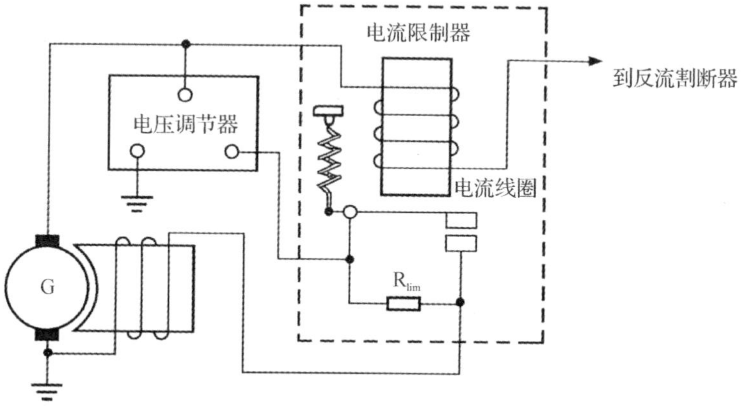

图 4－6－1　电磁式电流限制器原理示意图

限流控制器主要由电磁铁、触点、弹簧和电阻组成。电磁体上的电流线圈与负载电路相串联，与触点并联的电阻 R_{lim} 用于调节励磁电流。当负载电流过大时，电流线圈产生的电磁力将触点拉开，并把电阻串入到发电机的励磁线圈中，使发电机电压下降，因此发电机的输出电流相应减小。当电压过低时，电磁铁线圈中的电流减小，电磁力下降，在弹簧的作用下触点又闭合，把串联于励磁电路中的电阻短接，这样发电机电压又升高。

如果发电机持续过载，则限流控制器触点将连续振动，这样就可以将发电机的输出电流保持在安全值之内。限流器的参数设置为当发电机输出电流大于额定值的 10% 时触点断开。

2.反流割断器

当直流发电机与蓄电池并联供电时，发电机输出电压高于飞机电瓶电动势，这时发电机在向负载供电的同时为电瓶充电。但由于某些原因发电机电压低于电瓶电动势时，电瓶电流就会倒流向发电机，使发电机变成负载而吸收功率，这样就会导致电瓶电量在很短的时间内耗尽，失去应急电源的功能，给民航客机的飞行带来安全隐患。因此直流电源系统一般都安装有反流割断器，当出现反流时，及时将发电机输出端与电网隔离，此时电瓶为关键负载供电。图 4－6－2 为反流割断器原理示意图。

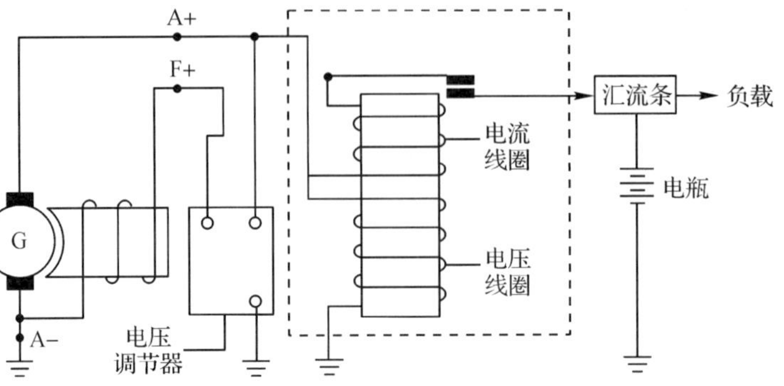

图 4-6-2　反流割断器原理示意图

电磁式反流割断器主要由电磁铁和一个触点组成。电磁铁上绕有一个电压线圈和一个电流线圈。电流线圈中流过负载电流，用于检测电流的方向，导线粗而匝数少；电压线圈导线细而匝数多，其作用是检测发电机的输出电压。

当发电机输出电压高于电瓶电动势时，电压线圈产生的电磁力使触点吸合，发电机通过电流线圈向负载输出电流，并同时给电瓶充电。电流线圈中产生的磁通与电压线圈中的磁通方向相同，两个线圈的电磁合力使触点闭合得更紧密。

当发电机输出电压低于电瓶电动势时，电瓶放电，则放电电流反向流动，这时电流线圈中的磁通与电压线圈中的磁通方向相反，使电磁力相互抵消。当电瓶放电电流达到 30 A 时，触点在弹簧作用下断开，从而实施反流保护。

一般情况下，发电机输出电压在 26.6～27 V 时触点吸合。

如果采用硅整流发电机与蓄电池并联，则由于整流二极管的单向导电性，无需设置反流保护。

4.6.2　发电机激磁控制与过电压保护

若电源电压超过标准所规定的稳态电压极值的上限，则称为过电压。由于产生过电压的具体原因和条件不同，过电压的数值和持续时间也不同。为了针对不同情况实施有效的保护，可将过电压作如下区分。

在突卸负载，尤其是切断大的感性负载时，会产生尖峰和浪涌电压，这种电压会超过稳态电压极限的上限值，但持续时间很短，称为瞬时过电压。瞬时过电压对于一般用电设备没有危害，但对晶体管设备来讲是应该考虑的，一般在设备内部设置抑制电路加以保护。对于一般用电设备的瞬时过电压则不必采取保护措施。

由发电机激磁电路或调压器的故障造成的过电压，持续时间长，称为持续过电压。持续过电压分失调性过电压和超调性过电压两类。若发电机激磁电流完全失去控制，磁场电阻很小，激磁电流很大，过电压值很高，则这种过电压为失调性过电压。若由于调压器调整不当或调压器个别元件有故障，但激磁电流仍能受控，过电压数值不高，则这种过电压称为超调性过电压。无论是失调性过电压还是超调性过电压，都是供电系统的故障状态，它们长时间加于用电设备端时会对用电设备造成危害。例如蓄电池对过电压很敏感，有33 V的电压加在12HK－28型蓄电池两端，立即会引起电解液大量外溢。因此必须采取有效措施，迅速消除或削弱发电机磁场，并使产生过电压的发电机与电网脱离。

在两台以上发电机的并联系统中，若某台发电机产生超调性过电压，则大部分负载将转到这台发电机上，其输出电流将转到这台发电机上，其电压将降低。若过电压保护装置只检测电网电压，它可能不会动作。若过压保护器同时检测电网电压和电机激磁线圈端电压或过载电流信号，便能实现保护，这种保护又称过激磁或过载保护。某些新型保护装置就是同时检测两种信号的。

在实际保护电路中，一般通过设置延时来区分两种不同的过电压，使保护电路在瞬时过电压时不动作，而在持续过电压时输出故障信号。按照航空电源的标准，过电压和过载故障采用反延时，即故障越严重，延时时间就越短，这样做是为了防止造成严重后果。

对过电压保护装置的要求是：电网上出现瞬时过电压，保护装置不应动作，否则称为误动作；电网上出现持续过电压时，保护装置应按反延时特性准确动作，否则称为拒动作。保护装置的保护动作应包括切断或削弱故障发电机的磁场、使故障发电机脱离电网、保护装置自锁等。保护装置应准确辨别哪台发电机有故障，不应使无故障的发电机断开，同时应保证电网不产生短时断电的现象。

4.6.3 直流供电系统的短路与短路保护

飞机直流供电系统，由于导线绝缘损坏，可能造成发电机输出端短路。短路电流的峰值常达到发电机额定负载的3.5～8倍，其稳定值也能达到1.5～2.5倍。这样大的短路电流不仅会损坏发电机和供电系统，对飞机本身也非常危险，因此必须采取有效的保护措施。

发电机在低转速、大负荷状态下短路，而且短路电阻越小，短路电流的峰值就越大；反之，短路电流的峰值就越小。

对短路保护的要求是：某个电源输出端短路，既不应造成其他电源损坏，也不应损坏短路电源本身；保护装置本身的损坏，不应造成电源中断供电。

设计完全达到上述要求的保护装置是比较困难的。目前飞机直流电源系统多采用熔断器实现短路保护，过电压保护器中的过载保护功能，也能对短路故障起到一定的保护作用。

在图4－6－3所示的电源系统中，安装了3个难熔保险丝，其中两个为NB－200，一个为NB－400。

若在第二台发电机的输出端A点短路，流过右保险丝NB－200的短路电流最大，它将迅速熔断，第一台发电机和蓄电池得到了保护，但第二台发电机得不到保护，右汇流条将中断供电。若注意到右反流保护器的作用，A点短路时，它能切断第二台发电机的输出电路，则右保险丝NB－200也可能不熔断，右汇流条就不会中断供电。

若在图4－6－3中的B点短路，3个NB型保险丝都将熔断，这时除蓄电池中断供电外，两台发电机各自向自已的汇流条供电。

由此可见，保护装置在电路中的位置非常重要，若将两个NB－200保险丝改装在电流表分流器附近，在B点发生短路时，3个保险丝也会熔断，虽然保护了发电机和蓄电池，但全部汇流条都将中断供电，这样配置是不合理的。

通过以上分析知道，熔断器保护电路具有结构简单、成本低等优点。

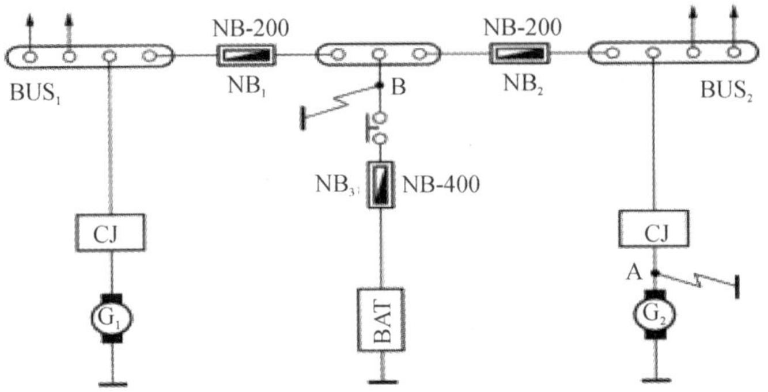

图 4-6-3 直流电源系统简化电路图

拓展阅读

弘扬航空报国精神　航空人责无旁贷

“航空报国”是党领导下新中国航空事业发展 70 多年来，深深根植于几代航空人的红色血脉和基因，是中国航空工业生命力、创造力和凝聚力的源泉，也是以爱国主义为核心的民族精神和以改革创新为核心的时代精神的生动体现，是社会主义核心价值观的具体体现。

航空报国精神是全体航空人的精神血脉，也是航空工业全国两会代表委员的共同关切。在党的领导下，新中国航空工业走过 70 多年发展历程，实现了与国际先进航空工业从望尘莫及、望其项背到同台竞技、同台打擂的历史性跨越，培育和积淀了厚重的航空报国精神。航空报国精神是中国共产党人的精神谱系的一部分，它的萌生发展与中国共产党的精神演进一脉相承。

党中央高度重视新中国航空事业发展和航空报国精神的传承。特别是党的十八大以来，以习近平同志为核心的党中央多次强调秉持和传承“航空报国”精神。2022 年 11 月 12 日，习近平总书记给中国航空工业集团沈飞“罗阳青年突击队”的队员们回信，勉励继续弘扬航空报国精神，为全面建设社会主义现代化国家、全面推进中华民族伟大复兴作出新贡献。

党的二十大报告提出，弘扬以伟大建党精神为源头的中国共产党人精神谱系，用好红色资源，深入开展社会主义核心价值观宣传教育，深化爱国主义、集体主义、社会主义教育，着力培养担当民族复兴大任的时代新人。

将航空报国精神纳入共产党人的精神谱系、建设中国航空工业博物馆，从政协委员到人大代表，他们都希望航空报国的故事和精神能够汇聚起改革发展的磅礴力量，使之成为全面建设社会主义现代化国家、以中国式现代化推进中华民族伟大复兴的强大动力。

复习思考题

1.飞机直流电源系统的连接方式是什么？多电源直流电源的供电方式是什么？
2.低压直流电源系统的主要优缺点有哪些？
3.直流发电机调压的原则是什么？
4.试说明炭片调压器怎样实现调压工作。其有什么缺点？
5.直流电源系统的并联条件是什么？
6.并联供电的两台直流发电机，具备哪些条件负载分配才是均衡的？
7.说明均衡线圈电路的连接情况。
8.在飞机直流电源系统中，主要设有哪些故障保护项目？
9.什么是反流故障？其有哪些危害？
10.振动式调压器由哪几部分组成？各自有什么特点？

第5章　飞机电网及配电系统

电网的配电和供电是电源系统实现其良好性能所依赖的，是将电能传输到用电设备的环节。从电源到负载的输电网络上必须考虑电网内导体的各方面性能，并包括导线连接的器件及基本安装操作的方法和要求。另外，为有效防止或者消除短路故障的出现及其对电网的威胁，需要在电网中配置大量的保护器，以防止故障的进一步扩大。同时，电网应考虑抑制输电线路电流产生的电磁干扰。

5.1　飞机电网概述

5.1.1　飞机电网基本知识

飞机电网包括以下几个方面：

(1)传输电能的导线或电缆，如电源到汇流条的电缆、汇流条到各负载的电缆或导线，及其他连接导线；

(2)导线或电缆的连接装置，如控制供电线路通断的接触器、开关、连接器等器件；

(3)防止导线和设备受短路或过载危害的保护装置，包括接触器、继电器、保险丝、保险电门等；

(4)控制用电设备工作和电源运行的配电装置，如控制(人工/自动)远近输电线路通断的装置，完成电源到负载的连接电路；

(5)检测指示、电源参数、电网工作状态的仪表指示和有关状态警告(灯光或音响)信号。

一、机上导线与电缆

机上导线由金属材料制造的线芯外包绝缘材料构成。电缆由多根导线组合而成。导线的线芯形状一般可分为单根实心导体线或多股导体组合成束两类。以多股导体扭绞的线芯柔韧性好，比较常见。有的线芯还涂有锡、银或镍等金属保护层。导线外层为绝缘层部分。绝缘材料决定了导线的型号类别，以适合不同环境下的工作需要。如要求绝缘层适应高温环境、耐寒、耐高压；有时在绝缘层中添加其他材料以提高导线的机械性能；有时在绝缘层内加入一编织金属网作为外层导体，多用作屏蔽，以抑制电磁干扰。另外，在实际应用中，有些导线或电缆考虑到铺设经过的区域环境特殊，还采用套层保护。

1.导线的尺寸——线规

导线的尺寸是以线芯中导体的截面积来确定的。尺寸大小可以用线规来量度，线规上的号码数字越小，导线尺寸越大。测量时，应将裸线（即线芯）放入线规槽口，与其直径刚好适应的最小槽口对应线规号码，就是相应导体的尺寸。对于多股导体绞合的线芯，其总截面面积是由一根实心导线的截面面积与导线或电缆扭绞导线根数乘积来确定的。

1）导体尺寸选择的影响因素

第一，电路中允许传输电能时的功率损耗。功率损耗（I^2R）表现为电能变为热能的量，它是电网导线中内阻功率损耗之和。粗的导线，内阻小损耗少，但使用材料多，也带来重量上的问题，包括需要较牢固的支撑，增大机身重量等。

第二，电源到负载之间连接线路上的电压降（IR）。由于电网的电压在负载变化时，保持恒定负载电流的改变，线路上的压降也变化。要考虑线路压降在允许范围内，承担大负载时，导线尺寸大些，才可以减少线路压降。实际做法是容许负载上的电压在限定范围内变化，而导线重量不超出要求范围。

第三，电网线路载荷能力。电流流过导体必有发热，发热量与电流二次方成正比。绝缘层的效果受温度影响，并影响散热效果。

另外，导线电缆外部温度环境也要考虑。

因此不同的绝缘材料，导线承载的电流受限制不同。过载过热下绝缘性能下降，因而导线的尺寸选择也受限制。总的看来，粗导线输电量比细导线要大。

2）导线材料选择的影响因素

影响导线材料选择的因素主要是导线材料的成本和机械性能及导电性能。银金属导线成本高，适用于需要高电导率材料的电路中。常用的导体是以铜或铝为主的导体。两者相比较：铜材料价格高，重量大，导电性能好，机械强度和柔韧性高，易焊接；铝材料则相反，相同的截面面积下，铝导电性差些；相同线路参数要求下，铝导线较粗，适应长跨距设计，却可以减少电晕放电和高压下导线的静电释放。裸线状态制成汇流条有益散热。总得来说，导体材料性能各有千秋，要因地制宜地选择。

2.导线和电缆的选择

1）电压降要求

在选择导线过程中，电压降为主要考虑条件。确保负载设备供电，电压降不应超过额定值。根据供电网络上的负载电压要求，负载电路中最大允许电压降有以下数据，如：28 V 电压下，传输 200 A 的负载电流，则电源到负载的传输电路中，线路的电阻总和不得超过0.005 Ω。

2）尺寸要求

要选择好导线，其尺寸方面必须满足：具备足够的导线尺寸，防止传输需要的电流时电缆过热。因此尺寸与下列条件有关：导线长度；传输额定电流的数值；容许电压降的数值；工作状态（间歇工作状态和连续工作状态不同）；连接传输电流还要考虑导线是单根的还是线束的，并且是处于大气中还是处于套管中。

一般来说，在某一电网电压系统上，传输距离一定以已知的允许电压降为准，那么由曲线图 5－1－1 可以确定传输一定电流及最大允许压降的最长尺数下导线的尺寸(导线号码)。例如,28 V 系统中,电源到负载的传输距离为 50 ft(1 ft=0.305 m),电流流量为20 A,整个线路允许电压降定为 1 V(连续工作条件),那么在导线参数的线圈下可以查出需要导线尺寸在 8 号和 10 号之间,为防止超出要求,因此应选择较粗的 8 号线。这样避免电压降超过规定值可使用的最小导线尺寸,实质作适当的预留,有意选择粗一些的导线,提高可靠性。

假定要避免过热而选取导线尺寸,那么只要找出相应导线的放置状态环境曲线(曲线 1 或曲线 2),然后与相应传输电流值导线参数曲线相交之处,确定尺寸大小范围并选取较大尺寸的导线号码。这样就可以确保在传输规定电流下导线不至于过热,同上例,单根导线在大气中工作,要求导线不过热,导线选择在 16 号至 18 号之间,取较大(16 号)导线即可(但相应允许压降的最长尺数只为 9 ft)。假如安装的设备间歇工作(最大 2 min),可按相同的方法使用图 5－1－1 曲线选择 4 号导线。

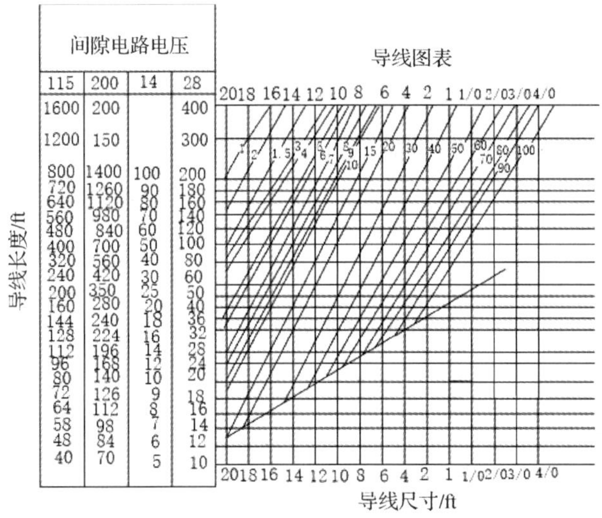

图 5－1－1　曲线选择导线图表

3)绝缘性能要求

绝缘层材料性能指绝缘电阻与绝缘强度。绝缘电阻是指对穿透和越过绝缘层表面漏电的阻力,可用兆欧表测量。注意,绝缘层如发现有裂纹或其他缺陷,虽然在其清洁干燥的表面上测得的绝缘层电阻很高,但是,这样的导线仍必须及时更换。绝缘强度是绝缘层耐电差的能力和对电压的限度。在该电压下绝缘层会由于静电场作用强而损坏。最大的绝缘强度可用升压测试方法测量,即升高电压直至绝缘层击穿。设计导线承受某种特殊工作的绝缘值时,以最小值为使用标准,高出该标准,就要重新选用高标准的材料。

3.导线的标记

飞机上所有导线电缆均有标记,目的是便于导线和电缆的试验和修理,可采用字母和数字组合来标记导线和电缆所属的电路线号以及所需的其他与接线图有关的内容。如用字母 Y 表示电源系统的导线,用“B”表示起动系统的导线,用数字表示导线所属的电路顺序,用“一”或“0”表示负线或中线。另外,导线表皮的颜色可作为分系统的标记。

在任何系统中，标记都应该清晰，标记的参数颜色与绝缘颜色都应区别开来。但通常各个厂家有各自拟定的标记。在终端接线柱或接线盒上的导线接头上应有方便连接的标记，以防接错。标记方式除上述形式外，也可以采用其他牢固的标记形式，如标记印在导线的套管上。

4.电器导线的安装

导线辅设安装时，导线与导线间的组合可分为以下几种：①未装入导管中的导线、线组或线束的开导线形式；②两根或多根导线放在相同位置而捆在一起成为一组的导线组形式；③两个或多个导线组捆在一起，捆扎带与其方向相同的导线束形式。以上三种形式用以提高机械强度和便于安装。

所有辅设安装的导线和线组，都要求安装得完整、整齐，呈平衡状铺放，沿导线长度必须有足够的支承，两支承点间的导线手压最大垂度小于 1/2 ft。足够数量的支承点必须能防止非支承长度的过度振荡，如同轴电缆两支承点间距为 0.6 m。支承导线束的支承点上，夹子固定安装位置总是在导线的上部，以防止应力对夹子造成损坏。确切地说，应避免垂度过大而导致振荡时导线束表面有任何接触面摩擦磨损。同理，导线通过隔框圆孔时也应避免碰撞磨损。在经过高温区时，电缆常用套管加以保护，如耐热、耐腐蚀的硅橡胶管或硬铝管。导线转弯处，线组或线束弯曲半径不小于线组或线束外圆直径的 10 倍；接线片上的导线端头，最小的转弯半径为导线或线束外圆直径的 3 倍。但同轴电缆就决不应该使其弯曲半径小于外圆直径的 6 倍。还应避免溶剂和液体对导线的侵蚀，套有保护管导线的区域，要封好保护管两端。有必要的话，保护管最低处应开孔排液。当铺线路必须经过油管时，导线应在管上方通过，并尽量让其分开。

二、线路连接

1.接线片与接线柱的连接

每个接线柱最多可以有四个接线片，相同的接线片之间不放任何垫片，其他应有垫片，接线片用螺帽栓紧在接线柱上。注意，单个铝接线片应先用两个镀铜的平垫片上下放置，然后紧固。另外，一个铝接线片与铜接线片连接时，先按要求放入铝接线片，后放铜接线片，然后才固紧，紧固螺帽放入前应先放开口锁紧钢垫片。

2. 搭接与接地

搭接是把两个或两个以上不相连接的导电物件连接起来。接地是把导电物件连接到基本结构上构成电流回路。其中，基本结构为飞机的主框架：机身或机翼结构。对飞机电器系统搭接和接地的目的是：提供电流的回路节省回路铺线，减轻重量，减少静电放电的危害性；抑制感应无线电频率电位的产生；保护人员免受电压冲击的伤害；防止静电积聚。

搭接与接地通常应保证连接的电阻最小而可靠，尽可能分散连接，安装物件要牢固，防止电化学腐蚀的产生，连接好以后，连接点进行防护处理，防止锈蚀，连接接头数一般限制在四个以内。

3.连接器

经常需要拆卸的地点应采用插头，插座连接器的连接方式应便于维护。电缆中各导线头是焊到连接器的输入端的，因此接合点应单独安装，并且线束应该牢固地支承以避免由于振动而损坏。需要更换连接器时，应使用同一型号的连接器。在连接器集中的地方，各连接器的形态结构及颜色都应有区别，甚至还应有更多的区别因素，这样才能防止连接错误而造成事故。实际操作时，首先应对连接器加以识别，便于正确地更换和维护；其次是操作分离或装合动作恰到好处，以避免带来故障的隐患，如松动产生的接触不良。

从电网整体的连接上看，应尽可能减少导线的连接点，提高线路连接的可靠性，正确选用合适的连接器，还要注意连接器安装位置处的特殊要求，如通过增压舱的电路要用密封插销连接器。

5.1.2 飞机保护电器

飞机电网中有大量的保护器，以消除短路故障和防止故障扩大。常用的保护器都是按电流大小动作的，称为电流保护器，其实际上属于热保护器范畴，如保险丝、自动保险开关等。保险丝的主要特性是安秒特性，其特点是通过电流越大，熔断时间越短。

在电源干线上采用难熔保险丝，可通过 200 A、400 A 或更大的电流，如 NB－200、NB－400 等。难熔保险丝的熔片用铜制成，为了降低熔片的熔点并使熔片的热惯性符合要求，在熔片中锻焊有锡。在熔断过程中，由于锡的熔点比较低，在较低的温度下即能熔化并与铜组成易熔合金，这种合金的电阻又比较大，可使合金发热量增加，从而使铜片能较快地熔断。

对于电动机电路必须使用 GB 型惯性保险丝，因为电动机起动电流大，起动时间长，在选择保护器时，如果选用与电机额定电流较接近的普通保险丝，则在电机起动过程中将会熔断，如果选用电流大的普通保险丝，则不能对电机过载进行保护，因此发展了惯性保险丝。它由两部分构成：一部分是普通金属丝，作短路保护用，短路时电流大，很快熔断；另一部分由粗铜片和低熔点的焊料构成，它有较大的热惯性，长期有过载电流流过时才能将它熔化，起过载保护作用。这种保险丝在两倍额定电流下工作，熔断时间约 40 s，比普通保险丝熔断时间长十余倍。

保险丝熔断后要更换，但是在飞机上更换保险丝很不方便，甚至是不可能的。另外，保险丝熔断后不易被发现，并且保险丝的熔断时间与周围环境、接触状态及老化程度有很大关系，于是又发展了自动保险开关。自动保险开关既有开关作用，又有过流保护作用，动作后手柄处于断开位置，便于飞行员及其他有关人员了解开关位置的变化，从而可发现故障。这类开关的主要功能元件是双金属片，双金属片有电流通过就发热，当通过的电流达到动作电流时，双金属片就会产生一定程度的变形，使触点断开。自动保险开关有 ZKC 型和 ZKP 型两种，后者有自脱扣机构，在断开电路后不能强迫接通，适用于在强迫接通后会造成严重后果的电路。

5.1.3 飞机电网的配电装置

飞机电网中需要大量的按钮开关、转换开关、继电器和接触器等装置来完成电流的分配。这些用来使线路“通”“断”状态改变的装置，可使各种各样的输电线路具有“接通”、“断开”或“转换”的功能。配电装置按用途可划分为以下三类。

第一类，用于直接接通、断开和转换电路，如按钮开关、转换开关等。可由人直接操纵，并安装在人易于接近之处，开关“接通”控制位的安装为由向上或向前移动板钮来实现。

对于开关用作操纵移动飞机的部件时，扳钮扳动的方向应与所要求的飞机运动方向相同，有的重要开关还应配有护罩，防止因不注意而偶然触动开关。

第二类，远距离接通、断开和转换电路用的配电装置，如继电器和接触器等。继电器用于控制小电流电路，接触器用于控制大电流电路。但是它们通常仍要通过按钮开关、转换开关等，由空勤人员控制或由逻辑关系电路、定时机构控制。

第三类，终点开关或微动电门，它们是反映设备具体位置的传感方式，其通、断形式可以对设备位置状态转换产生控制和位置指示信号，一般安装在设备内部或设备附近，装配时必须注意位置正确和固定，不会造成严重后果，如起落架收、放控制。

所有各类配电装置的触点都应在相当的通、断操纵后，很快地闭合或断开，变路过程越迅速，产生的火花越小。对于电动机，感性负载等的通、断瞬间，还应考虑触点在换路过程对冲击电流的承受能力，以保证触点的寿命。一般来说，触点承受过流能力是额定电流传输的一定倍数。

5.1.4　对飞机电网的要求

飞机电网的分布取决于机载用电设备的分布，供电网络几乎遍布飞机全身。因此，飞机电网非常复杂，容易发生短路、断路等故障。为了保证飞行安全，飞机电网必须有较高的可靠性和较强的生命力，这就要求在正常工作和各种故障状态下，保证用电设备正常供电，特别要保证飞机安全返航用的重要用电设备连续供电。

(1)飞机电网必须具有高可靠性，即在飞机正常和应急工作状态下，都能保证关键负载的连续可靠供电。

(2)飞机电网供电质量要高。供电质量的高低直接影响用电设备的性能和仪表设备的精确度，特别要保证电网在局部故障状态下仍能向用电设备提供较高质量的电能。

(3)飞机电网质量要轻。在特定的电源电压和功率条件下，通过合理布局，应尽量减轻电网的总质量。

(4)飞机电网维护性要好。飞机电网的布线要易于安装、检查、维修和改装。

(5)减少电磁干扰。要采取必要的屏蔽措施，减少对电子通信设备的干扰。

5.1.5　飞机电网的类型

飞机电网有直流电网和交、直流混合电网两种典型的结构。

1.直流电网

在以直流电为主电源的小型飞机上，其供电网络比较简单，图 5－1－2 是直流发电机和蓄电池的并联供电图。发电机的输出经过反流割断器与蓄电池并联，两者的电能都输送到汇流条上，电能从汇流条通过跳开关、控制开关或者继电器等送到机载用电设备。跳开关起过载和短路保护作用，控制开关或继电器完成机载用电设备的通断控制。

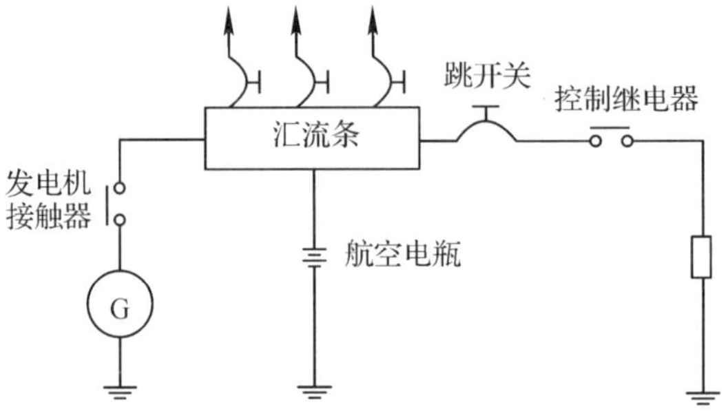

图 5-1-2 直流发电机和蓄电池的并联供电图

因为直流电网的并联很容易实现，所以多发电机直流供电系统一般都采用并联供电方式。并联后的电网容量增大，可以提高供电质量和供电可靠性。

2.交、直流混合电网

大型运输机的电网容量大，用电设备多，多采用交流电源作为主电源。但根据适航要求，必须同时具备直流电源系统，因为只有直流电能可以通过电瓶储存，以便在发电机失效时向飞机提供应急电能。同时，继电器、接触器、电磁阀等都需要直流电提供工作电源。因此，总的供电网络比较复杂。交、直流混合电网的关系示意图如图 5-1-3 所示。

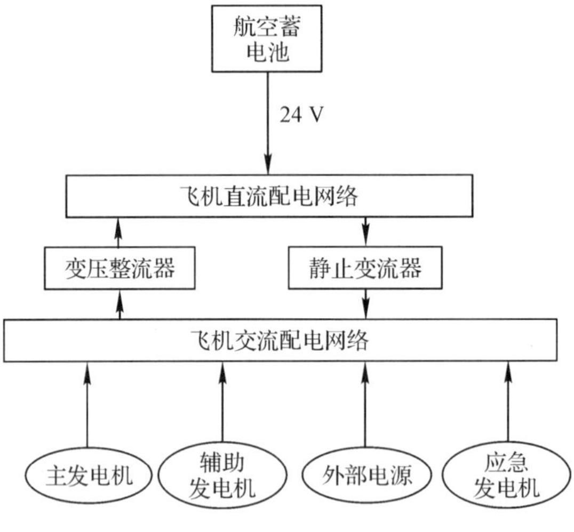

图 5-1-3 交、直流混合电网的关系示意图

由图 5-1-3 可知，交流电源系统由主发电机、APU 发电机、应急发电机（如 RAT）和外部电源等部分组成，上述电源按照一定的逻辑关系把交流电源提供给交流电源配电网络。当交流电源正常供电时，通过变压整流器（TRU）提供直流电源给直流电源配电网络。当飞机上无交流电源时，由飞机电瓶提供直流电源，并通过静止变流器提供应急交流电源。

5.1.6　飞机电网的配电方式

飞机上用于把电能输送到各种负载的公共点称为汇流条(BUS),飞机配电系统就是以多个汇流条为基础,采用导线及电缆等将电能按照规定的路径分配到飞机的各个部位。

根据供电设备的重要性,飞机上的汇流条分为正常汇流条(有些飞机称为发电机汇流条或主汇流条)、重要汇流条(有些飞机称为转换汇流条)和应急汇流条(有些飞机称为备用汇流条)三个级别。一些不会对飞行安全造成影响的设备由正常汇流条供电,如厨房用电设备、自动驾驶仪、侧面风挡玻璃加温等。对飞行安全有重要影响的设备由重要汇流条(转换汇流条)供电,如发动机仪表、防撞灯、惯导平台等。直接关系到飞行安全的设备由应急汇流条供电,如广播、电瓶指示仪、发动机火警、灭火设备、飞行警告计算机等。

根据功能的不同,有些飞机设备有不同的汇流条,如有些飞机有厨房汇流条、地面服务汇流条、地面操作汇流条、中央汇流条、综合汇流条、仪表汇流条等。

飞机上有两种典型的配电方法,一种是飞机只有一个电源中心的中央集中配电方式,另一种是有几个电源中心的分布(散)管理配电方式。前者是目前大多数飞机采用的配电方式,后者为现代大型飞机所采用。

1.中央集中配电方式

在这种配电方式中,飞机只有一个电源中心,每个负载都有专用的供电导线和控制导线,用跳开关作为保护器件,用继电器或接触器控制负载的工作。图 5-1-4 所示为中央集中配电方式示意图。

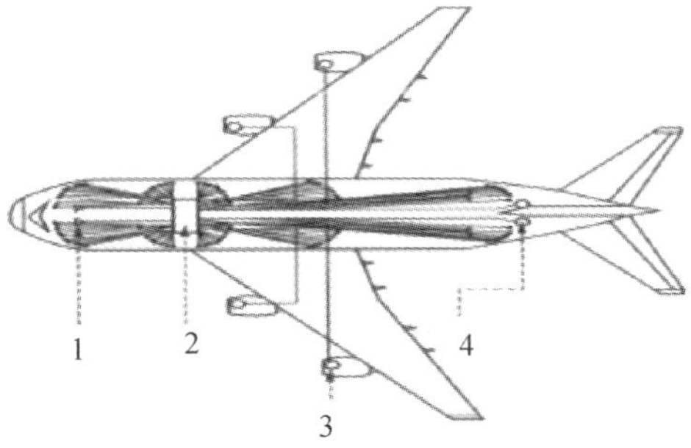

图 5-1-4　中央集中配电方式示意图

1—外电源;2—供电中心;3—主发电机;4—APU 发电机

这种电源分配方式结构简单、可靠,但配电导线重量比较大。安装于驾驶舱的中心配电装置集中了所有的控制开关和保护电器,几乎所有配电导线都要经过驾驶舱,复杂而笨重。

目前大、中型飞机普遍采用这种配电方式,但随着航空技术的发展,固态功率控制(Solid State Power Controller,SSPC)、电子跳开关(Electronic Circuit Breaker,ECB)和自动配电技术得到应用，新型飞机已经开始逐步使用分布式配电方式。

2.分布(散)管理配电方式

这种配电方式是除一个电源中心以外，还有若干个分中心，每个电源分中心由电源二次分配组件(SPDA)进行控制，图 5-1-5 所示为分布式管理配电方式示意图。

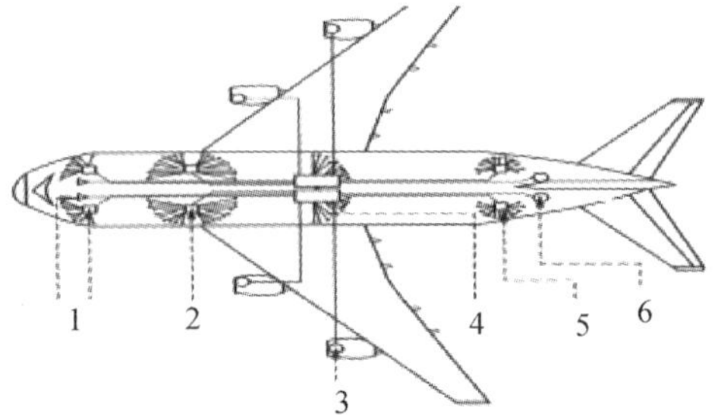

图 5-1-5 分布式管理配电方式示意图

1—外电源；2—二次电源分配组件(SPDA)；3—主发电机；4—综合控制中心；5—SPDA；6—APU 发电机

负载的通断用固态电源控制器(SSPC)进行远程控制，一般采用远程控制跳开关(RCCB)作为保护器件。这种配电方式控制设备复杂，但可以大大减轻配电导线的重量。目前一些现代的大型飞机多采用这种配电方式，例如波音 B787 飞机。

5.2 飞机电源供电方式

飞机电源系统的供电有单独供电和并联供电两种主要形式。

5.2.1 飞机发电机单独供电

目前，大多数飞机发电机不采用并联供电，而采用单独供电。典型的双发单独供电电源分配网络示意图如图 5-2-1 所示。

当两台发电机正常工作时，发电机接触器 GCB1 和 GCB2 吸合，发电机向各自的正常汇流条、转换汇流条(重要汇流条)和应急汇流条供电，并通过变压整流器 1、变压整流器 2 向直流汇流条供电，1 号转换汇流条向交流应急汇流条供电，1 号直流汇流条向直流应急汇流条(也称为备用汇流条)供电。

当 1 号发电机失效，且无 APU 发电机时，1 号正常汇流条停电，1 号转换汇流条由 2 号发电机供电。直流连接继电器 DCTR 吸合，1 号直流汇流条由 TR2 供电。同理，当 2 号发电机失效时，2 号正常汇流条停电，2 号转换汇流条转由 1 号发电机供电，2 号直流汇流条由 TR1 供电。

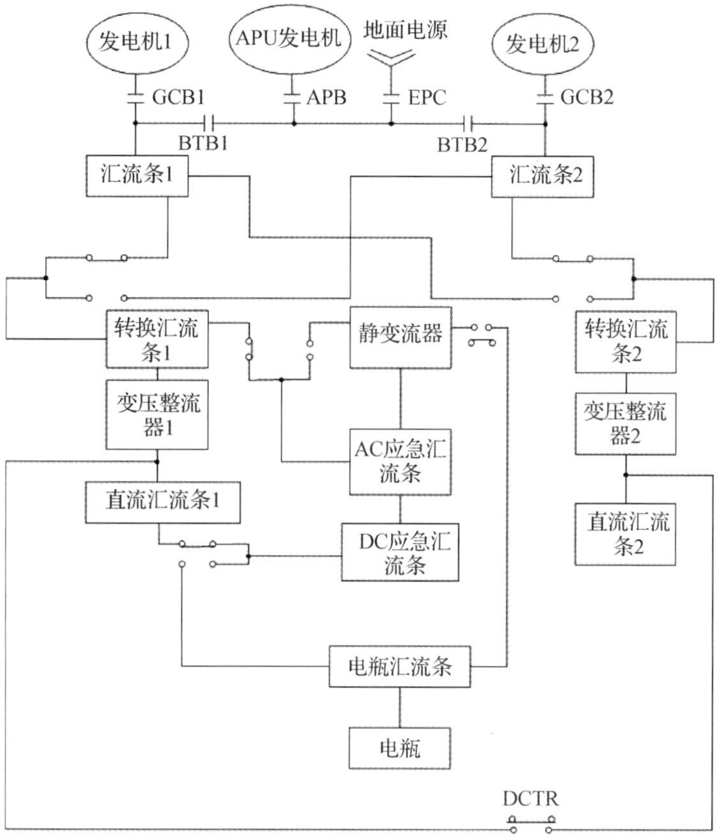

图 5-2-1　典型的双发单独供电电源分配网络示意图

当两个发电机都失效时，所有正常汇流条、转换汇流条均无电。直流应急汇流条由电瓶供电，交流应急汇流条由静变流器（逆变器）供电。静变流器将电瓶的直流电变成交流电。一般情况下，电瓶只能供电 0.5 h（双发延程飞行 ETOP 除外），以保证飞机就近着陆。

有些飞机装有冲压空气涡轮发电机（RAT）或液压驱动发电机（HMG）作为应急电源。

在空中接通 APB 和 BTB，APU 发电机可向其中一个系统供电，在地面时可向两个系统供电（如波音 737）。

在地面时，EPC 和 BTB 接通，地面电源可向飞机上所有汇流条供电。

现代运输飞机的供电系统都具有自动卸载功能，以防止发电机过载，提高供电可靠性。图 5-2-2 为波音 B737-900 的电源分配网络示意图。

这种供电网络与前面的有所不同，主要区别是发电机直接向最重要的汇流条（转换汇流条）供电，当发电机超载或有一台发电机失效时，自动卸载，停止向主汇流条和厨房汇流条供电。当有一台发电机失效时，两个重要汇流条通过 BTB1 和 BTB2 相连。

热电瓶汇流条（HOT BAT BUS）和电瓶相连，主要向不能断电的重要负载（如航空时钟、灭火器等）供电。变压整流器 TR3 主要向电瓶汇流条供电，但当 TR2 失效时，也可以向 2 号直流汇流条供电。

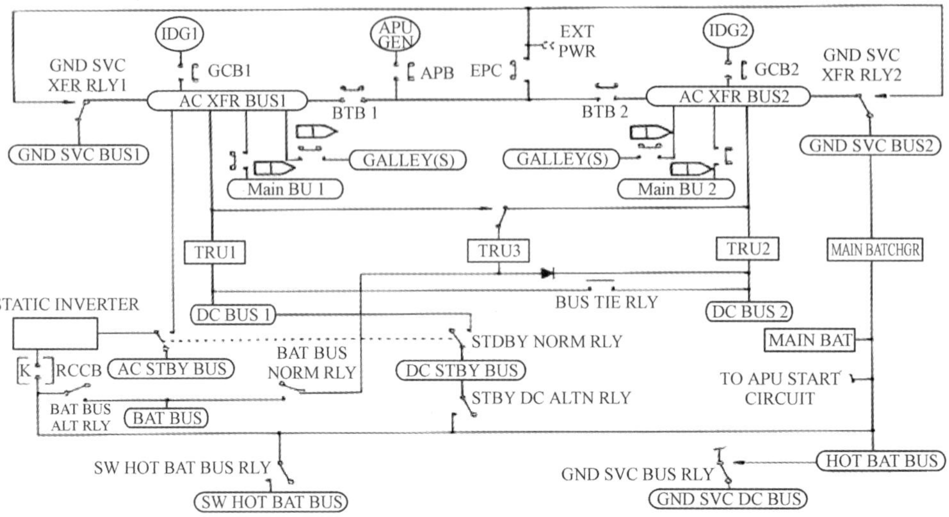

图 5－2－2　波音 B737－900 的电源分配网络示意图

5.2.2　飞机发电机并联供电

采用并联供电的飞机一般有四台发电机，如波音 B747 飞机。典型的四发飞机并联供电电源分配网络示意图如图 5－2－3 所示。

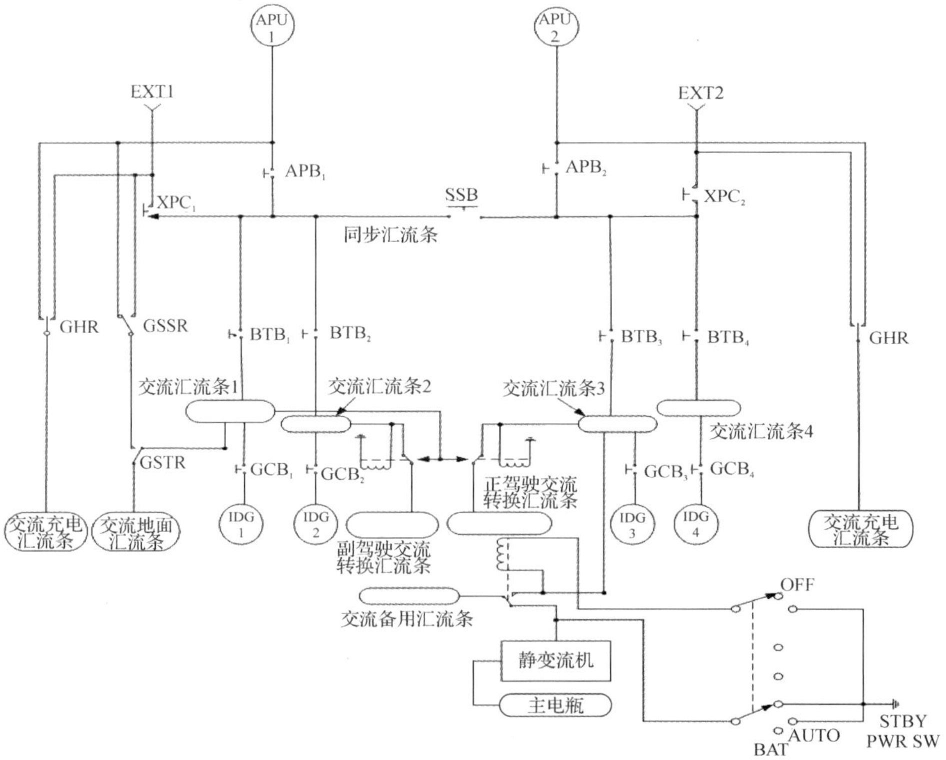

图 5－2－3　典型的四发飞机并联供电电源分配网络示意图

1.四发飞机的主配电系统

发电机电路断路器(GCB)的工作情况基本与双发飞机一样,但汇流条连接断路器(BTB)的工作情况是完全不同的。

在四发飞机上,BTB1～BTB4 和系统分离断路器(SSB)通常是闭合的,因此,GCB1 闭合后,IDG1 就为整个配电系统供电。因此,当地面操作第一台发电机向电网供电时,应关掉一些大的用电负载,保证发电机不过载。

如果 IDG1 与 IDG2 的电压、频率、相序和相位相同,则 GCB2 接通,两台发电机并联运行,这是因为 BTB1、BTB2 和 SSB 是闭合的。IDG1 与 IDG2 的上述参数由发电机控制组件(GCU)自动控制和监视。同理,当 IDG3、IDG4 发电机满足并联条件时,也向电网并联供电。当发生故障时,相应的 BTB 断开,可以实现单独供电或部分发电机并联供电。

在波音 B747 飞机上,因为用电负载很大,需要两部外部电源或两台 APU 发电机一起向飞机供电。由于外部电源或 APU 发电机不能并联,所以在使用它们向飞机供电时,SSB 断开,从而将主配电系统分为两部分,就像双发飞机一样单独供电。

2.重要配电系统

重要配电系统由正驾驶(机长)转换汇流条(CAPT XFR BUS)、副驾驶转换汇流条(F/O XFR BUS)和相应的开关组成。

CAPT XFR BUS 为机长的设备提供电源,如机长的仪表、导航和通信设备。F/O XFR BUS 为副驾驶的设备供电。两个驾驶员的电源通常是独立的,它们分别由 AC BUS3(IDG3 发电机对应的汇流条)和 AC BUS2(IDG2 发电机对应的汇流条)供电。

当 AC BUS2 和 AC BUS3 故障时,两个驾驶员才使用 AC BUS1(IDG1 发电机对应的汇流条)作为公共的备用电源。

5.3　飞机直流配电系统

主直流配电系统由直流汇流条 DC BUS1～DC BUS4 和主直流电源开关组成。每个直流汇流条由相应的主交流汇流条通过变压整流器提供电能。主直流汇流条通常在直流汇流条隔离继电器(DCIR)的控制下并联运行。当发生故障时,相应的 DCIR 断开,可以实现单独供电或部分并联供电。有些情况下需要主直流汇流条单独供电,以提高可靠性。如波音 B747 飞机上,当自动着陆开始时,DCIR 开关自动断开,从而避免短路故障影响整个系统的工作。

5.3.1　飞机直流供电系统的基本组成

大多数飞机的直流电源系统的供电来自于飞机的交流供电系统。直流电源配电系统的基本组成示意图如图 5-3-1 所示。

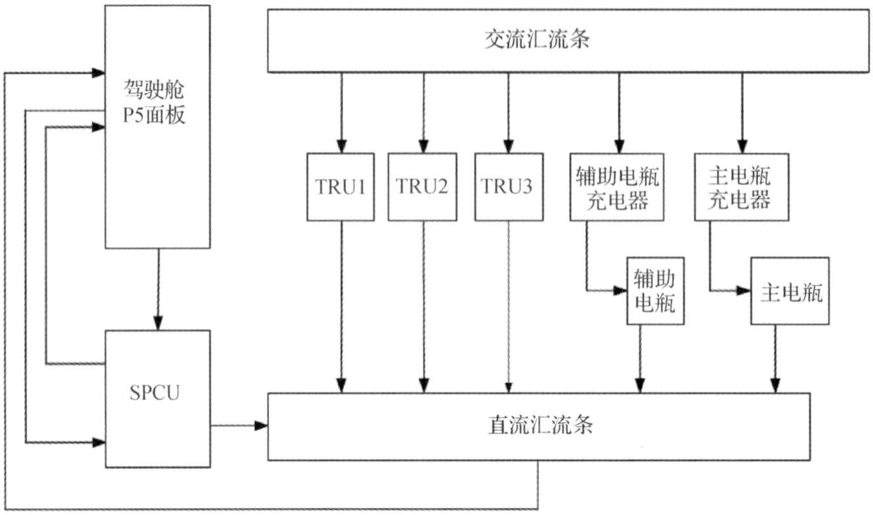

图 5-3-1 直流电源配电系统的基本组成示意图

由图 5-3-1 可以知道，直流电源系统给不同的负载提供正常 28 V 的直流电。直流系统的电源正常通常是由交流系统提供的。如果交流系统不适用，则电瓶提供电源；直流系统使用变压整流器组件(TRU)将 115 V 交流经过降压(变压)，并整流到正常 28 V 直流电。

主电瓶充电器和辅助电瓶充电器产生直流电输出，并给相应电瓶充电。在电瓶充电器得到完全充电后，每个充电器都可当 TRU 使用。主电瓶充电器给电瓶和热电瓶及转换热电瓶汇流条提供正常直流电压。只有在非正常情况下，辅助电瓶和辅助电瓶充电器才给直流汇流条供电。

每个电瓶可以提供容量 48 A·h、正常 24 V 的直流电源。如果所有其他电源不工作，主电瓶给 APU 起动供电并作为备用电源。辅助电瓶只作为主电瓶备用电源。

备用电源控制组件(SPCU)、电瓶电门以及备用电源电门给直流系统提供主控制功能。电瓶电门和备用电源电门对某些直流汇流条的电源进行人工控制。同时，SPCU 自动控制并保护直流汇流条，使用驾驶舱和系统监控的输入控制直流电源和分配。

直流电源分配系统在配电板(PDP)和 SPCU 上。

5.3.2 飞机直流配电网络

典型的飞机直流配电系统基本配电网络示意图如图 5-3-2 所示。直流配电系统主要由热电瓶汇流条、开关热电瓶汇流条、电瓶汇流条、直流备用汇流条和直流汇流条等共同组成。

1.热电瓶汇流条

热电瓶汇流条直接和电瓶相连，所有飞机上不能断电的设备均由热电瓶汇流条供电。常见的不能断电的设备有时钟、爆炸帽电路等。

2.开关热电瓶汇流条

开关热电瓶汇流条的通断受驾驶舱电瓶电门的控制，当电瓶电门处于 ON 位时，K8 继电器闭合。当飞机交流配电系统有电时，开关热电瓶汇流条从电瓶充电机得电；当飞机交流配电系统没有电时，开关热电瓶汇流条由电瓶供电。

3.电瓶汇流条

电瓶汇流条既可以由变压整流器 2 供电，也可以由电瓶供电。如图 5－3－2 所示，K3 继电器闭合后，电瓶汇流条由变压整流器 2 供电，K1 继电器闭合后，电瓶汇流条由电瓶供电。电瓶汇流条是飞机上重要的直流汇流条。

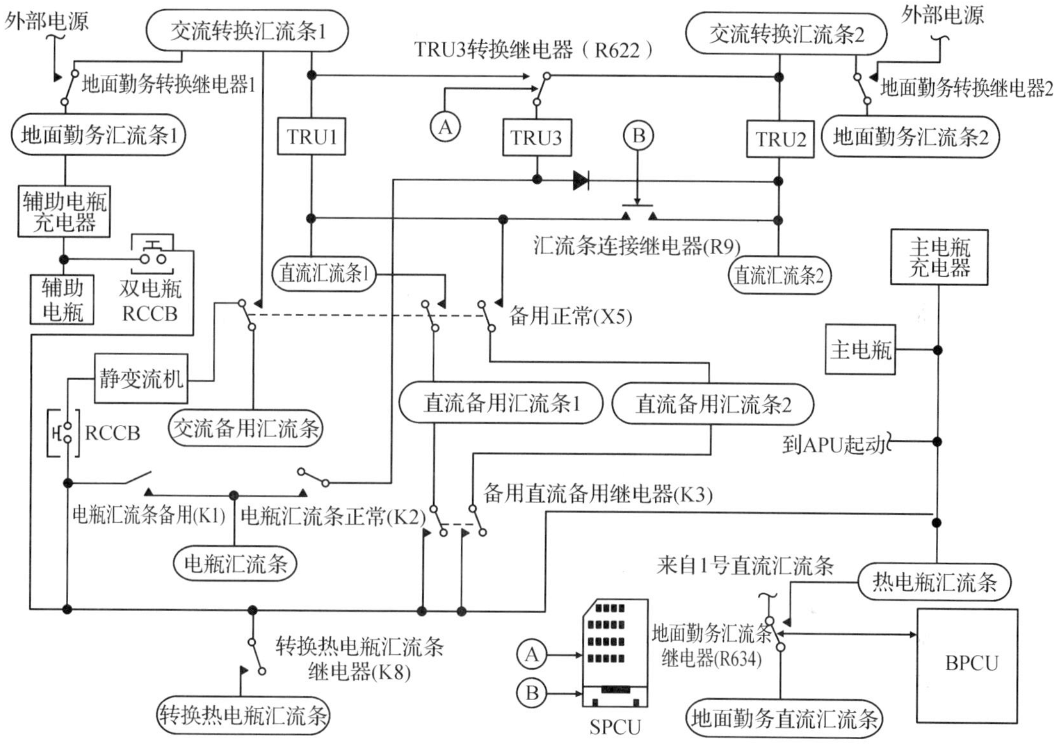

图 5－3－2　典型的飞机直流配电系统基本配电网络示意图

4.直流备用汇流条

直流备用汇流条是飞机上最重要的汇流条之一。直流备用汇流条既可以由直流汇流条 1 供电，也可以由电瓶供电。

5.直流汇流条

当飞机交流配电系统有电时，直流汇流条 1 和 2 通过变压整流器获得交流电。当飞机交流配电系统没有电时，直流汇流条 1 和 2 断电。直流汇流条 1 和 2 通常供电给客舱等不重要的设备。

6.静变流机

当遥控电路断路器(RCCB)闭合时，静变流机电瓶得到输入电源。正常情况下 RCCB 应是闭合的。

7.直流汇流条连接继电器(R9)

直流汇流条连接继电器接通,将1号直流汇流条和2号直流汇流条并联连接,当满足所有以下条件时,R9继电器将接通:① 汇流条转换电门在AUTO(自动)位置;②1号或2号交流转换汇流条有电;③ 自动驾驶系统不在下滑道截获的进近模式。

当上述任一条件不满足时,R9继电器断开。

8.地面勤务汇流条继电器(R634)

地面勤务汇流条继电器(R634)控制地面勤务直流汇流条的电源的选择,当按压位于前服务面板上的地面勤务电门时,BPCU接通R634。而R634继电器断电,让该汇流条从1号直流汇流条供电。

5.4 飞机交流配电系统

5.4.1 概述

交流配电系统由交流电源、交流汇流条和电路断路器共同组成。飞机上交流系统的主要电源有发动机驱动发电机、APU发电机和外部电源等。汇流条的主要作用是给用电设备供电,汇流条在飞机上是个虚拟的名称,实际在飞机上根本就没有汇流条这个设备。根据重要程度的不同,电网的汇流条分为转换交流汇流条、主交流汇流条和备用交流汇流条,有一些飞机还会有厨房汇流条来给客舱的厨房设备供电。主要电源把交流电直接供给到转换交流汇流条,然后飞机其他汇流条再从转换交流汇流条取电,转换交流汇流条就像发电厂输出的主电网。主交流汇流条从转换交流汇流条得电,主交流汇流条一般给飞机一些大负载设备或重要性相对较低的系统设备供电,如液压电动泵、客舱娱乐系统等。备用交流汇流条在飞机由主要电源供电时,从转换交流汇流条得电,在主要电源无电或处于应急构型时,备用交流汇流条可以由飞机的静变流机或应急发电机供电,一般飞机一些重要的系统设备由备用交流汇流条供电,如驾驶舱备用仪表、大气惯导计算机等。因此,在飞机由主要电源供电的时候,转换交流汇流条、主交流汇流条和备用交流汇流条都会得电,但在飞机失去主要电源供电的情况下,只有备用交流汇流条可能有电。

5.4.2 供电构型

交流电源系统的供电可以分为单电源供电和多电源并联供电这两种形式,多电源并联供电需要复杂的调节和保护设备,因此大多数双发动机的飞机使用单独供电的方式进行供电,飞机电网主要通过断路器来实现单电源供电。

典型的单电源供电的交流电源分配系统网络示意图如图5-4-1所示。发动机驱动的主发电机、APU发电机和外部电源为交流分配系统供电,飞机电网的主要汇流条有转换交流汇流条、主交流汇流条、厨房汇流条和备用交流汇流条。汇流条控制组件通过控制电路断路器 GCB、APB、EPC、BTB 的通断来构型电网，防止并联供电。

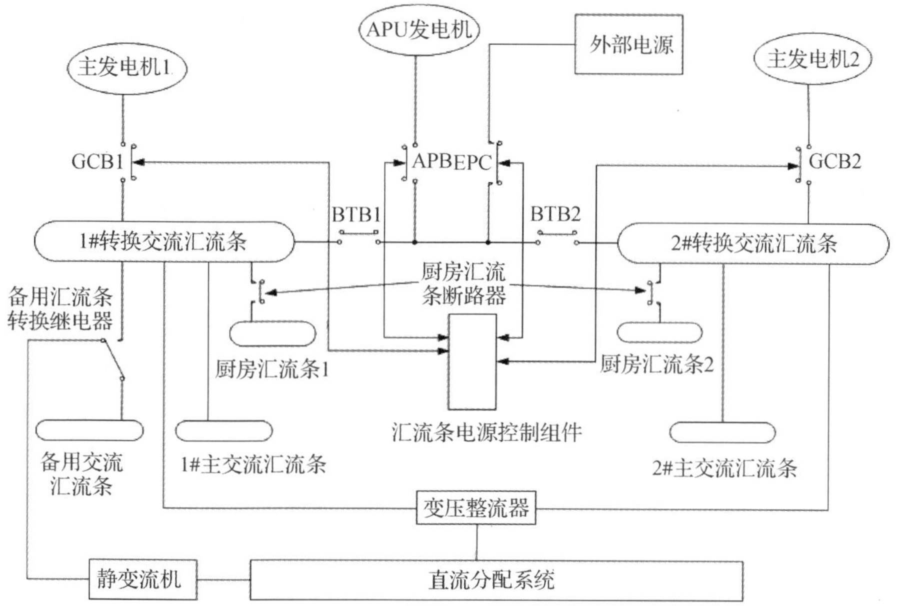

图 5-4-1　典型的单电源供电的交流电源分配配电系统网络示意图

1.外部电源供电构型

当外电源供电时，汇流条控制组件首先断开 GCB1、GCB1 和 APB，防止并联供电。汇流条控制组件闭合 EPC、BTB1 和 BTB2，外部电源供电给 1 号转换汇流条和 2 号转换汇流条。转换汇流条得电后，分配电到主交流汇流条、厨房汇流条和备用交流汇流条，转换汇流条通过变压整流器给直流分配系统供电，飞机电网全部得电。

2.APU 发电机供电构型

当 APU 发电机供电时，汇流条控制组件首先断开 GCB1、GCB2 和 EPC，防止交流电源并联供电；然后闭合 APB、BTB1 和 BTB2，APU 发电机供电给 1 号转换汇流条和 2 号转换汇流条；转换汇流条得电后，分配电到主交流汇流条、厨房汇流条和备用交流汇流条，转换汇流条通过变压整流器给直流分配系统供电，飞机电网全部得电。

3.1 台发动机驱动主发电机供电构型

1 台发动机起动好后，汇流条控制组件首先断开 APB、EPC 和对侧发动机的 GCB，防止交流电源并联供电。其次，汇流条控制组件闭合 BTB1 和 BTB2。由起动好的发动机同时给两个转换交流汇流条供电，然后整个飞机电网得电。

4. 2 台发动机驱动主发电机供电构型

2 台发动机起动成功后，汇流条控制组件关断 BTB1 和 BTB2，2 台发动机驱动发电机分别给 2 个转换汇流条供电。飞机电网被分割为两部分，一部分由 1 号转换汇流条供电，另一部分由 2 号转换汇流条供电。这种供电构型是飞机在空中最常见的构型，也就是所谓的单独供电构型。

5.备用交流汇流条的供电

当飞机交流电网正常工作时，备用汇流条转换继电器处于断开的状态，备用交流汇流条从 1 号转换汇流条得电。当飞机交流电网供电异常时，备用汇流条转换继电器接通，备用交流汇流条通过静变流机获得由飞机电瓶转换的交流电。不管飞机处于何种供电构型，备用交流汇流条都一直有电。因此，飞机上使用交流电的重要设备都连接在备用交流汇流条上。

6.厨房汇流条的卸载

厨房汇流条通过厨房汇流条断路器由转换汇流条供电。厨房汇流条上连接的都是大功率的厨房用电设备(如烤箱、热水器、咖啡壶等)，若这些设备不工作对飞行安全没有任何影响。因此，当飞机电网供电不足以维持正常用电时(如过载)，汇流条控制组件会断开厨房汇流条断路器以切断厨房的供电；如果仍然存在过载，过载发电机的 GCB 将断开，并且相应的汇流条断路器(BTB)锁定在断开位置，这将使过载发电机的交流转换汇流条断电，保证飞行安全。

另外，大多数飞机的电源控制面板上安装有厨房汇流条的切断开关，驾驶员也可以选择人工方式切断厨房汇流条的供电。波音 B787 飞机的厨房汇流条切断电门如图 5-4-2 所示。

图 5-4-2　波音 B787 飞机的厨房汇流条切断电门

5.5　飞机应急配电系统

5.5.1　概述

飞机的应急配电系统主要由应急电源和应急汇流条组成。常见的大型飞机的应急电源主要有两种：第一种是电瓶，第二种是冲压空气涡轮驱动的应急发电机。飞机应急供电系统由电瓶供电时，可以为飞机提供 28 V 的直流电和 115 V 的单相交流电。在飞机电源系统正常构型下，应急直流汇流条由直流主汇流条供电，应急交流汇流条由转换交流汇流条供电。当飞机电源系统处于应急构型时，应急直流汇流条直接由电瓶供电，而应急交流汇流条则通过静变流机将电瓶直流电转换为交流电给飞机应急交流汇流条供电。

5.5.2　冲压空气涡轮应急供电系统

正常状态下，冲压空气涡轮处于收上状态。当飞机在空中处于应急构型(飞机主电网失电或飞机主液压系统故障等)时，冲压空气涡轮会自动放出，空气流驱动涡轮叶片转动，应急发电机直接产生交流电供给飞机的交流应急汇流条使用；同时，应急发电机产生的交流电通过变压整流器转换为直流电供应给应急直流汇流条使用，保证应急状态下飞机应急电网的供电。

对于不同的飞机，冲压空气涡轮驱动应急发电机有两种方式：一种是直接驱动应急发电机发电，称之为空气驱动发电机(Air Driven Generator，ADG)；另一种是冲压空气涡轮驱动应急液压泵产生液压，然后由液压去驱动应急发电机，这样就可以通过控制进入应急发电机的液压流量来控制应急发电机的转速，从而达到控制应急发电机发电频率的目的，称之为恒速电机发电机(Constant Speed Motor/Generator，CSMG)。应急发电机发出的交流电供给应急变压整流组件，应急变压整流组件把交流电转换成直流电供给应急直流汇流条。冲压空气涡轮驱动应急发电机受飞机空速的影响，当冲压空气涡轮无法驱动应急发电机发电的时候，应急直流汇流条和应急交流汇流条分别由电瓶和静变流机供电。

拓展阅读

向马凤山等设计师学习，弘扬大飞机精神

“一个有希望的民族不能没有英雄，一个有前途的国家不能没有先锋。”马凤山，就是正在实现伟大复兴的中华民族驾驭蓝天的创业英雄，是崛起的中国发展大型民用飞机产业和空中战略打击力量的开路先锋。

他航空报国、不负使命，先后担任中国第一架战略轰炸机轰 6 的技术负责人、中国第一款中型运输机运 8 的首任总设计师、中国第一架大型喷气客机运 10 的总设计师。他响应国家号召，一生为落实国家战略部署转战四方。

他自强自信、锲而不舍，创建了中国第一支大型民用飞机设计国家队，组织实施了中国第一次民用飞机研制大型系统工程，领导编制了中国第一部民用航空规章和适航标准。他一生呕心沥血，为“关山千万重”的中国大飞机事业跑出了至为艰难的第一棒。

他忠诚无私、鞠躬尽粹，以“宝剑锋从磨砺出，梅花香自苦寒来”为座右铭，从不被难以想象的压力吓倒，从不受外界歪风邪气、横炮竖枪的干扰，从不为生活的清苦、家庭的困难和身体的病痛拖累。他一生耐得住寂寞，经得起磨难，为今日大飞机人留下了无价的精神力量。

“云山苍苍，江水泱泱，先生之风，山高水长。”在中国乃至世界商用飞机格局发生巨大而深刻变化的今天，马凤山精神依然闪烁着耀眼的光芒，它激励着一代又一代中国大飞机人披肝沥胆、勇往直前，支撑着一代又一代中国大飞机人越雄关、跨天堑，实现让中国的大飞机翱

翔蓝天的伟大梦想。

向马凤山等设计师学习，弘扬大飞机精神，就要坚持不忘初心、牢记使命、砥砺前行。中国的大飞机事业走过了一段艰难、坎坷、曲折的历程，“而今迈步从头越”，新时代的大飞机人要始终牢记让中国的大飞机翱翔蓝天的初心和使命，珍惜时代机遇，把责任扛在肩头、把担当化作行动，不畏艰险、奋勇向前，自觉将个人理想同大飞机事业紧密相连。

要坚持一以贯之、锲而不舍、扎扎实实、脚踏实地。中国的大飞机事业取得了一系列阶段性成就，但这只是万里长征走出的又一步，前面的路还很长，大飞机人要一以贯之、锲而不舍、扎扎实实、脚踏实地、心无旁骛、团结奋进，奋力走好新时代大飞机事业新的长征路。

要坚持自主创新、自力更生，努力实现关键核心技术自主可控。实践一再证明，关键核心技术是要不来、买不来的，新时代的大飞机人要以自主创新、自力更生为己任，发扬科学求实的工作作风，发扬科学技术民主集中制，激发科技创新活力，加快追赶国际先进水平，尽快实现商用飞机关键核心技术自主可控。

要坚持“航空强国、四个长期、永不放弃”的大飞机创业精神。大飞机之路充满艰辛坎坷，不会一帆风顺，也不会一蹴而就，新时代的大飞机人要将航空强国作为价值追求，接过老一辈航空人的薪火，传承老一辈航空人的精神，长期奋斗、长期吃苦、长期攻关、长期奉献，耐得住寂寞，顶得住诱惑，永不放弃，继续创造无愧于时代、无愧于人民、无愧于国家的新业绩。

复习思考题

1.飞机的电网构型有哪几种？

2.电网的控制与保护由哪些部件执行？

3.飞机电网有哪几种配电方式？各有什么特点？

4.单电源供电的交流电源分配系统供电构型有哪几种形式？

5.现代飞机直流配电系统主要由哪几部分组成？

第6章　飞机BITE自测试技术

6.1　BITE技术概述

现代飞机电源系统采用了大量先进技术，研制出了多种工程化的装机产品，包括喷油冷却式发电机、机械液压式恒速传动装置(CSD)、微处理机型发电机控制装置(GCU)、基于先进大功率电力电子技术的功率变换器(VSCF)、微处理机型汇流条功率控制器等。这些功能全面、技术先进的航空电源部件带来了电路及结构的复杂化，使电源系统在生产和外场使用中的排故变得更加困难，在某种程度上这一缺点抵消了其自身的优势。因此，电源系统的可靠性、维护性及可测试性都成了人们关注的目标。为了判定电源系统是否处于正常工作状态，发现并隔离故障，BITE技术已经成为无可替代的选择。

6.1.1　BITE的作用

BITE技术是复杂系统整体设计、分系统设计、状态监测、故障诊断、维修决策等方面的关键性共性技术。BITE(Built-In-Test)技术在以下几方面具有重要作用：①提高诊断能力，具有良好层次性设计的BITE可测试芯片、电路板、系统各级故障，实现故障检测、故障隔离自动化；②简化设备维修，BITE的应用可以大量减少维修资料、通用测试设备、备件补给库存量和维修人员数量；③降低总体费用，BITE虽在一定程度上增加了产品设计难度和生产成本，但从综合试验、维修、检测和提高设备可靠性等各个方面来看，其能显著降低产品全寿命周期费用。没有有效的BITE技术，要想找出故障，需要的时间要比维修周期中完成其他任何作业所需的时间都要长，而且不正确的故障诊断会造成可用零部件不必要的拆卸和重复的维修工作，这两者都将增加地面维护费用，减少系统可用性。例如，人们发现，在直升机上的重复维修活动以每飞行小时0.32次的比率发生，而且50%以上的重复维修活动被确定为是由错误诊断造成的，包括测试设备、检测和标准维修工作。如果用BITE自动检测诊断替代操作人员的直觉判断，估计每次活动由于维修造成的设备不可用性可以减少25%。由于技术问题造成的延迟交付，对于民航客机，一般来说每架飞机每个小时要多花费200美元，而且也会使维护费用增加，每个小时的直接花费为280美元。可见，有效的故障检测手段不仅可以延长系统的可用性，在节约经费方面也有很大的潜在效益。

6.1.2 国内外BITE技术的发展动态

国外BITE技术研究主要由大型航空公司和军火生产企业发起。大型航空公司(例如波音公司、休斯公司、霍尼韦尔公司及哈密尔顿公司)在BITE自动化设计和BITE的应用研究等方面都发挥了重要的领导作用,并且成功地把最先进的BITE理论、技术和方法应用到他们生产的各种军、民用飞机中,其理论和技术都代表了世界领先水平。在国外BITE技术在航空电源系统的使用是从20世纪70年代开始的,对飞机电源系统的控制和保护,经历了从分立式、模拟电路的继电监控发展成了今天的智能化、多任务设备的过程。它的发展大致经历了四个阶段。

第一阶段:以空客A300、DC-10等飞机为代表,采用分立元件、模拟电路进行监控保护,它们只对过压、欠压、短路等几个故障采用专门的敏感电路进行在线监测,故障诊断能力十分有限。例如:在早期的波音B747飞机中有20个系统或设备采用了BITE技术;L-1011飞机中有65个系统或设备采用了BITE技术,其中49个具有手动测试能力,6个具有自动测试能力,10个具有故障隔离监控能力。

第二阶段:以波音B757/767、空客A310等为代表,它们在设计时对测试性、维护性已进行了考虑,设计更加规范化。由于微处理器的使用,数据处理、传输更加方便快捷,而且采用了编码显示,可以给飞行员提供比以前更多的故障信息。同时还采用了故障信息存储技术,为飞行后的视情维修提供了强有力的参考依据。例如波音B757飞机的发动机指示和机内告警系统(EICAS)完全按照ARINC423《机内测试设备的设计和使用指南》进行设计,故障检测和隔离能力都有了提高,标志着BITE技术进入了第二阶段。

第三阶段:以波音B747-400、空客A320、F/A-18为代表,实施了新的ARINC604规范,对全机数字化BITE技术通过中央维护计算机进行了综合化集中管理,因此显示信息的可读性大大提高,存储信息的可用性更强,降低了检测系统的复杂性,提高了BITE的标准化程度。这一代BITE有如下优点:故障显示一致性好;数据相关性好;数据集中显示和控制,分散存储;可达性好;兼容性好;扩大故障检测范围。随着BITE应用范围不断扩大,越来越多的飞机结构、发动机、飞行控制、液压、空调和电气等系统的故障可由BITE进行检测和隔离。

第四阶段:以波音B777等飞机为代表,设计更加规范,采用了双向高速数据总线,实现了高度的综合化与自动化,具有更大更强的信息处理能力,提高了系统的平均故障间隔时间,延长了非计划维修间隔时间。所有计算机都由中央飞行信息管理系统统一管理,它达到了较高的智能管理水平,无须驾驶员进行干预。波音B777飞机上的机载维修系统(OMS)就是负责收集处理飞机系统内各外场可更换单元(LRU)的机内检测信息。它除了采用中央维修计算机外,还具有状态监控、机载数据装载、维修功能测试等功能。波音B777的中央维护计算机(CMC)收集、处理、存储的信息涉及87个系统/子系统和200个内装BITE的LRU,波音B747-400 CMC则只涉及14个系统/子系统和90个LRU。

在我国,飞机电源系统BITE技术的使用始于20世纪70年代,且只限于过压保护电路的检查。我国从80年代开始进行微处理器机型发电机控制装置的研究,至今已拥有

6 kV·A、15 kV·A 的 VSCF 系统装机产品、数字式汇流条功率控制器、CSCF 系统数字控制器等微处理机型电源系统控制器，虽然对 BITE 技术的应用日趋完善，但与国外相比仍有一定的差距。

BITE 作为系统测试和故障诊断与隔离的新技术，是一种重要的系统故障检测方法，是提高系统的可测试性和诊断能力的重要途径，在航空电子设备可靠性与可维护性设计中日益受到重视。

6.2　飞机发电机控制器(GCU)工作原理

发电机控制器组件(GCU)是飞机电源系统的控制中心，它与系统间的连接关系如图 6-2-1 所示。

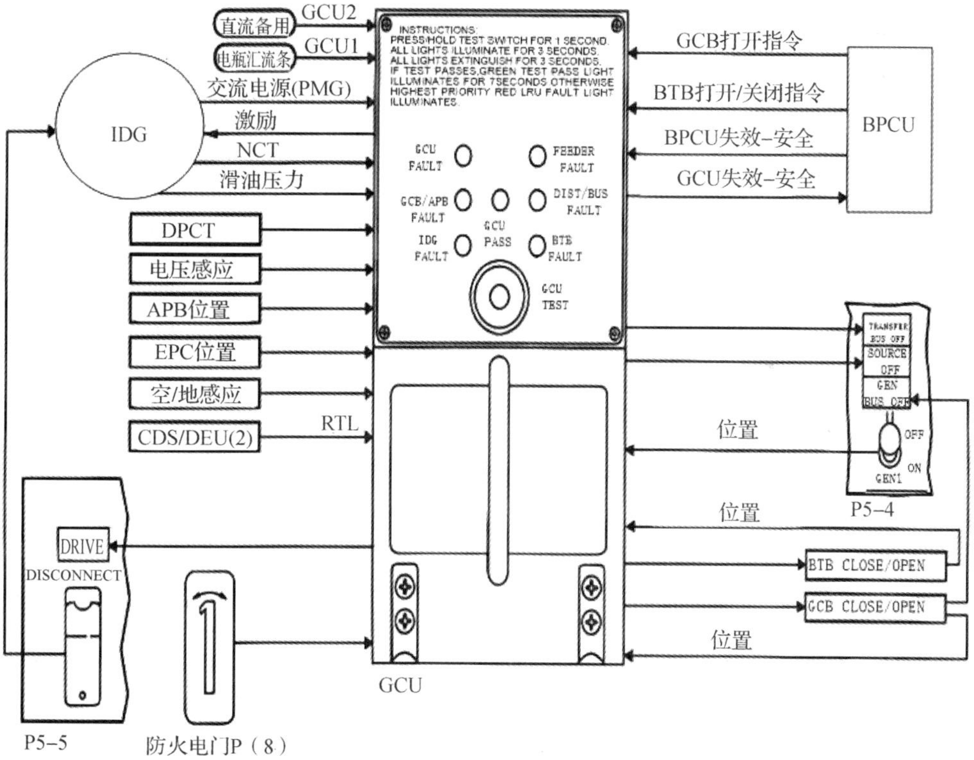

图 6-2-1　主电源(IDG)通道框图

6.2.1　GCU 的作用

GCU 具有控制、保护及 BITE 功能，它能确保 POR 处的电源品质在规定的范围内。其内部调压器保证了系统在电压调节点处的电压稳定在(115±1.25)VAC。GCU 的异步通信适配器(ACIA)完成 BPCU 和 GCU 之间的通信。GCU 还具有 BITE 功能，基于微处理器的测试 BITE 系统能有效地进行故障查找和故障隔离。

一、控制功能

GCU 的电压调节器能保证系统在电压调节点处的电压稳定在(115±1.25)VAC。电压调节器位于 GCU 内,其功能是保持调节点(POR)电压在如下范围内:当负载功率为 90 kV·A时,电压为 112.5~114.5 V;当功率为 150 kV·A 时,电压为 112~115 V;当功率在 112.5~150 kV·A 范围内时,电压为 111.5~115.5 V。电压调节器也能将瞬时电压调节到要求范围。GCU 内部还有一个限流电路,限流电路能够限制故障电流,对 IDG 供电电路,故障电流值最大为 625 A。在所有因素综合作用下,如 IDG 冷却油温,在 40~71 ℃的外围环境温度下,电压调节器均能对电压进行控制使得电压瞬时值及电流在要求的范围内。GCU 也能根据 POR 处的电源质量及电源的可靠性,直接或通过相关的 GCR、GCB 和 BTB 对发电机进行控制和自动保护,或依据人工命令执行闭合或跳闸动作。

二、保护功能

GCU 的保护功能主要是对发电系统设备和负载设备的保护。为了防止无效跳闸动作,必须选择合适的跳闸门限值和延时时间。当保护延时时间到时,相应接触器断开,将由故障发电机供电的负载切换给正常工作的发电机。

1.欠速(US)保护

在发动机制动时,当 IDG 输入速度下降到(4 320±30)r/min 并保持在该转速以下,延时时间达到 0.1 s 时,欠速保护使 GCR 断开。如果输入速度大于(4 320±30)r/min,GCR 自动关闭。在欠速(US)保护延时开始之前,欠压(UV)和欠频(UF)保护功能关闭并被锁定。

2.电磁式继电器(MPU)故障保护

如果 GCU 检测到 MPU 故障,即频率正常但 MPU 转速低,则一个 RAM 变量被设置并锁定,该通道 GCR 断开。RAM 变量保持其所指的通道离线,直到 GCS 循环动作或电源重启。这种保护功能避免了 MPU 速度信号中断时接触器频繁开关。

3.过频和欠频保护

当欠频和过频保护启动时,发电机控制继电器和发电机线路接触器动作,并关闭电压调节器。在 3~5 s 之后动作,过频最小频率为 430~436 Hz(1 290~1 308 HzPMG),欠频为 360~366 Hz(1 080~1 098 HzPMG)。欠频会提供信号锁定欠压保护。

4.相序保护

相序保护功能监测发电机 A 和 B 相相序。如果相序不是 A－B－C,则 GCR 断开。

5.防火

防火功能由飞行舱板上的 FIRE 操纵杆来执行。此时,GCR 动作,电压调节器被关闭。

6.旋转二极管短路(SRD)保护

当 SRD 被检测到时,在(3±0.5)s 之内 GCR 动作,并关闭电压调节器。

7.过载保护

过载保护功能监控发电机输出负载电流，当电流超过 264～290 A 并持续 10～16 s 时驾驶舱内报警灯闪烁。

8.永磁发电机(PMG)短路保护

GCU 有一个电路专用于检测 PMG 是否短路从而保护 PMG 的 3 相变压器。PMG 短路故障发生时，GCR 在 1.5～2.5 s 之内动作，电压调节器被关闭。

9.模拟/数字电路保护

GCU 监测输入到 A/D 转换器的＋5 V 和地状态信号以进行 A/D 转换器故障保护。如果在 30 ms 之内＋5 V 输入小于 4.5 V 或地输入大于 4 V，GCR 和 GLC 打开，电压调节器关闭。

三、BITE 功能

除了具有控制和保护功能以外，GCU 还有 BITE 功能。飞机 GCU 具有完善的 BITE 系统。这个 BITE 系统可以帮助完成电源系统的故障检测和故障外场可更换部件(LRU)的鉴别，提高了飞机电源系统的可维修性。

6.2.2　GCU 的组成

GCU 的电压调节是模拟电路，由微处理器对其进行控制、保护和自检测。GCU 就是以微处理器为核心的输入/输出单元的集成。GCU 按功能可划分为四部分：微处理器、输入接口、输出接口、电源组件。

1.微处理器

GCU 微处理器是一个 8 位 NMOS 器件，最大时钟运行为 3 MHz，基本的指令执行时间为 1.3 μs。微处理器的时钟频率是 2.5 MHz，循环周期是以最快大约 1.6 μs 完成的指令，由独立的＋5V 电源供电。集成芯片上共有 5 级中断，16 位地址可寻址 64 K 的存储器空间，包含 6 个 8 位的通用工作寄存器和一个累加器。

输入和输出接口由 RAM 板或独立的可编程外围接口板组成，是一个通用 I/O 器件，包含 24 脚，可被编程为 4 组或 8 组输入或输出端口。可编程定时/计数器共包含三个相互独立的 16 位计数器。每一个计数器都是可编程的，在初始化时由微处理器设定。定时/计数器能对 CSD 转速和 PMG 频率数据进行频率到数据的转换。A/D 是 10 位连续型转换器。8 位 D/A 转换器给温度计提供驱动信号。NVM 能够保存 BITE 数据。当电压去掉时，写进 NVM 中的数据不会丢失。异步通信适配器(ACIA)是一个数据格式的通信芯片，用于在 GPCU 和 GCU 之间进行通信。ACIA 也可进行奇偶校验、溢出校验和结构错误校验，并当数据有效时，向微处理器申请中断。Watchdog 电路能对微处理器进行监控以确保其正常运行。如果微处理器系统故障，发电通道则在安全模式下关闭。电源重起复位电路由两个比较器组成，它确保只有在 30～50 ms 之内电源电压达到 4.7 V 时，微处理器才开始工作。

2.输入接口

GCU 输入接口能提供开关和继电器需要的数字信号和输入到 A/D 转换器的模拟量。这些信号经调理、滤波后转换成与微处理器输入匹配的 0～+5 V 信号，再送至微处理器。

模拟电压调节器检测调节点 POR 处的三相电压，依此电压值来给励磁电路提供驱动信号。此信号可以改变励磁电流从而调节 POR 处电压到 113.5 VAC。POR 处的三个电压被独立地检测，电压峰值则提供给模拟输入的多路转换器。

发电机电流被采样并取平均值再输入到模拟输入转换器，此信号代表平均发电机电流。此信号也可以经缓冲并用于直接驱动飞行板上的负载指示表。发电机电流可以提供输入信号给电压调节器并且可用来驱动限流电路。如果发电机过载，通过减小励磁驱动信号，限流电路控制激励电流达到最大值。线路电流被平均后与发电机电流相比较，开路电流互感器(CT)故障保护。差动电流保护电路(DPCT)的电流采样信号来自发电机和线路电流互感器。该电流差值作为峰值检测信号并输入到模拟转换器。此信号的幅值与系统的差分电流成比例。

直流激励电压和电流经检测和调理后输入到模拟转换器。通过检测励磁电压和平均发电机电流能判断是否发生发电机二极管短路故障或 PMG 对地短路故障。

输入和输出油温表给模拟多路转换器提供 0～10 V 电压信号。输入和输出油温信号由独立的电路控制并提供给 CRT 接口。来自磁性传感单元(MPU)的信号用来感应 CSD 的转速，PMG 变压器(频率)被调理成方波脉冲输出，再由 PWB A1 上的可编程定时/计数器转换成数字量。

串行通信线驱动/接收(DRIVER/RECEIVER)器将来自 ACIA 的发送(TX)/接收(RX)信号变换，再连接到 BPCU 的输入输出。

3.输出接口

GCU 的输出接口电路板主要是一些变压整流(TRU)单元。这些单元给 PMG 输出、继电器、灯、励磁电路提供驱动信号，为飞机的开关和继电器/断路器等提供 28 VDC 电源。

PMG 输出经三相全波桥式整流器整流到 120 VDC 信号输入励磁电路，或通过变压器和整流器转换为 28 VDC 信号提供给电源和继电器线圈。此 28 VDC 信号和飞机备份 28 V 电源经过二极管逻辑或，并在 PMG 输出故障或发动机停止工作时提供给 GCU。

励磁驱动器控制励磁绕组电流。该电路的电源来自 120 VDC PMG 整流器和 12 V 直流板上调节电源。继电器和驱动器电路也位于该板。继电器驱动电路给继电器线圈提供驱动电流信号。继电器驱动信号能直接驱动 GCR、PR、DP 和油冷却阀继电器。GCR 和 BTB 由飞行板上的控制继电器直接驱动。灯的驱动和继电器驱动器是完全相同的，驱动信号来自于微处理器输出端口。这些驱动信号经放大就可以打开飞行舱上的指示灯。

4.电源供应板

GCU 的电源是一个 DC - DC 转换器。转换器输入是 28 VDC，由飞机的两路 TRU 中任一路提供，或将 PMG 输出经二极管整流后供给。该 28 VDC 电源输入到一个高性能的开关调节器，然后经过一个固态变换器以提供多种输出电压。这些电压经过整流滤波提供如下电源：+5 VDC、−5 VDC、+15 VDC、−15 VDC、−28 VDC 电源。

6.3　常规 BITE 技术及智能 BITE 技术

6.3.1　常规 BITE 技术

1.余度 BITE 技术

BITE 技术可以通过在设计中重复被测的功能电路(产生余度)来实现。余度单元和被测电路接受相同的功能输入信号。这样就有了两个被测电路,通过比较这两个电路的输出即可了解电路的工作状态:如果输出值不同并且其差别超过某一阈值,那么就说明发生了故障。图 6-3-1 所示就是余度 BITE 的例子,图中模拟电路被重复,输出间的差别可以进行比较。如果差别超过了预先确定的门限,那么就会产生故障信号并锁定故障。

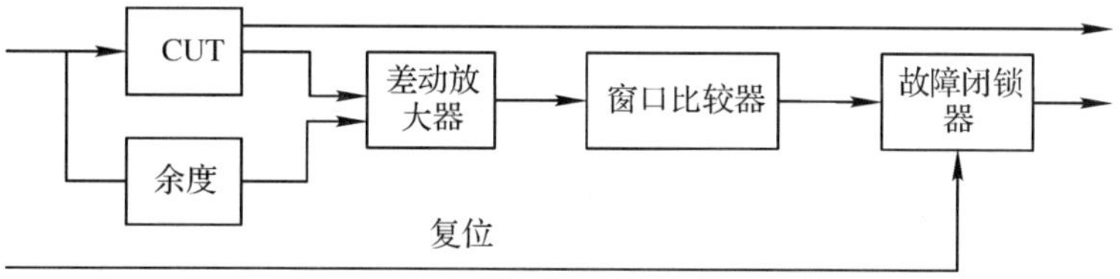

图 6-3-1　余度 BITE 原理图

2.环绕 BITE 技术

环绕技术是目前测试微处理机系统的一种标准方法。环绕技术主要对微处理机及其输入输出器件进行测试。

测试开始时首先确定以微处理机为基础的芯片是否可用,微处理机芯片、ROM、RAM 检查通过后,下一步就是检查电路的其他部分。为了完成此项工作,必须构建一个闭环系统以便系统微处理机利用储存在 ROM 区中的测试矢量激励其他部分的运算电路。在该系统中包含处理机控制的选通以便循环使用数据。这样所得测试响应通过与输出线有关电路返回,保证微处理机可以将实际测试响应与储存在 ROM 中的已知正确的测试响应相比较。

图 6-3-2 所示就是用于测试模拟和数字器件的环绕 BITE。在该图中,正常使用期间,微处理机输出从数字信号变换成模拟信号,输入从模拟信号变换成数字信号。当 BITE 启动时,模拟输出被连接到模拟输入,由微处理机进行信号检查。

3.并行测试技术

并行测试技术是当实施测试时,能同时执行主系统功能的技术。从特性上讲,并行测试可以是无源的,也可以是有源的。无源方法仅利用监控电路确定各级信号是否正确,有源方法则要求施加一个激励,然后进行测量,要求其在分时基础上进行,以便不会干扰系统工作。

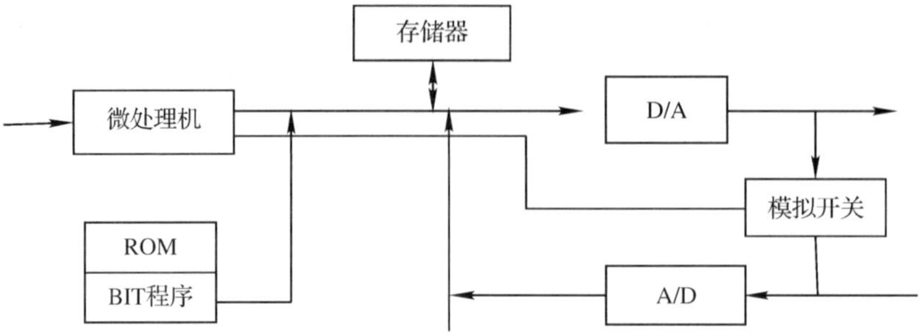

图 6-3-2 环绕 BITE 原理示意图

6.3.2 智能 BITE 技术

1.智能 BITE 的提出

20 世纪 80 年代中后期,神经网络、专家系统等智能理论和方法相继在故障诊断、模式识别、状态监测、自动控制等多个领域获得成功应用,展现了其巨大的实用价值和发展潜力。一方面,常规 BITE 性能存在很多问题,尤其是 BITE 的虚警问题严重影响了 BITE 的应用前景。因此美国于 20 世纪 80 年代后期开始把神经网络、专家系统、模糊逻辑等智能理论和方法应用于 BITE 的故障诊断之中,希望将其与计算机技术、大规模集成电路技术相结合,从根本上提高 BITE 的诊断能力、解决 BITE 的虚警问题,并取得了阶段性成果。美军 20 世纪 80 年代后期提出和引入智能 BITE 的概念最初的着眼点在于把智能理论和方法应用于 BITE 故障诊断当中以提高 BITE 诊断能力,降低 BITE 虚警率,但是后来逐步把专家系统、神经网络、模糊理论等智能理论和方法拓展到 BITE 故障诊断之外的其他应用领域。例如利用专家系统进行 BITE 系统设计、利用计算机辅助设计技术自动生成 BITE 系统检测方案、利用信息融合技术进行 BITE 综合决策等。随着专家系统、神经网络等智能理论和方法在应用中逐步成熟,从 20 世纪 90 年代初开始,智能理论和方法就开始逐渐渗入 BITE 应用的方方面面,在提高 BITE 综合性能、降低设备维修成本、改善设备测试性等方面都起到了重要作用。

2.智能 BITE 关键技术

智能 BITE 就是将包括专家系统、神经网络、模糊理论、信息融合等在内的智能理论应用到 BITE 技术的设计、检测、诊断、决策等方面,提高 BITE 综合效能,从而降低设备全寿命周期费用的理论、技术和方法。智能 BITE 技术主要包含 BITE 的智能设计、智能检测、智能诊断、智能决策四个方面的内容。在这四个方面当中,BITE 的智能诊断是提高 BITE 性能、降低 BITE 虚警的关键,这四个方面之间是相互补充、相互融合的关系。

1)BITE 智能检测

准确地采集和测量被测对象的各种信号和参数(如电压、电流、温度等),关键在于提高检测精度和简化检测方法,针对不同测试对象,合理应用各种新型智能传感器,减少体积、功耗,提高精度和稳定性,减少后端数据处理难度;针对基于边界扫描机制的电路板日益增多的情况,研究基于边界扫描机制的智能电路板级 BITE 检测方案;对检测过程中得到的原始状态数据进行必要的滤波处理，以减少由检测噪声和干扰造成的 BITE 虚警；为了提高检测的有效性，在 BITE 状态检测过程中，对不同测点得到的数据信息进行融合处理。

2)BITE 智能诊断

根据掌握的被测对象故障模式和特征参量，结合检测得到的系统状态信息，判断被测对象是否处于故障状态，并找出故障位置和故障原因。近年来智能故障诊断领域的研究成果中，大多数相关理论和技术都可以应用于 BITE 的智能诊断。其中应用神经网络技术进行故障模式的分类，将专家系统理论和技术应用于大型复杂系统的 BITE 中，通过后方设计专家和前方维修专家建立的知识库和规则库，维修人员可以很容易地进行故障诊断和隔离；由于大型复杂机电系统存在一定程度的不确定性，故可以应用模糊理论和技术对被测对象进行模糊故障诊断，以提高诊断能力；应用信息融合技术综合各种不同渠道来源的数据对被测对象进行综合的故障诊断，提高诊断的可靠性。

3)BITE 智能决策

BITE 智能决策包括故障发展和设备剩余寿命预测技术，以及针对各种故障采取应对措施的策略。决策的主要依据是故障危害度分析；决策的内容主要有降级运行、跳闸保护、余度供电等多种备选的处理方案；决策的方式可分为现场决策和远程支持决策。所谓远程支持决策是指在报警的同时，通过快速远程通信与后方基地的专家取得联系，以确定最佳的故障排除和处理方案。

6.3.3　飞机智能 BITE 实现方式

BITE 技术最初产生于航空电子领域，在改善产品维修性能、降低产品全寿命周期费用方面有着非常显著的作用。传感器技术、计算机技术和微电子技术的发展，使得在机械、电子、液压等复杂机电设备中实现 BITE 成为可能。而这种复杂机电设备中智能 BITE 实现方式最具代表性的结构就是被称为中央故障显示系统(CFDS)的结构。图 6-3-3 所示为飞机 BITE 系统 CFDS 结构示意图。

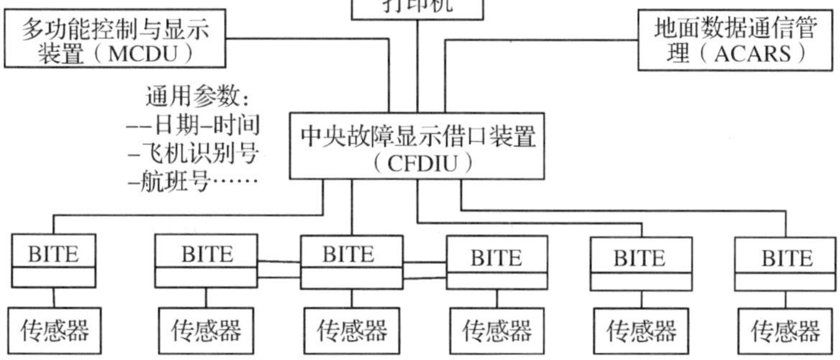

图 6-3-3　飞机 BITE 系统 CFDS 结构示意图

CFDS 又称为集中式故障显示系统。CFDS 能显示和存储装有 BITE 的所有外场可更换单元(LRU)、发动机关键部件、液压系统、电气设备传感器传送出来的故障数据，能记录设备中接收到的所有故障及相应的时间、测试位置、相关的环境辅助参数等原始数据，它的显示器置于中心操作室，对于在线操作和离线维修，CFDS能分别提供浅显易懂的指示信息和深度分析的详尽数据。采用CFDS来控制及显示飞机上所有装备BITE的LRU的故障数据，减少了检测系统的复杂性，提高了BITE的标准化程度。这种CFDS代表了BITE的发展趋势，人工智能研究的进展使专家系统可以用于维修诊断，维修专家系统的应用将进一步提高维修精确性。这种CFDS的BITE系统结构形式可以有效地提高BITE效率、降低BITE虚警，是未来大型复杂机电系统BITE的主要结构形式。

6.4 BITE中各种检测技术基础

BITE系统中，获取被测对象足够而准确的测试信息是对被测对象进行故障诊断的基础，测试信息获取是否准确与完备直接影响BITE的故障诊断能力。因此，一方面，BITE智能检测需要研究新型检测技术，以获取传统方法难以获取的信息；另一方面，为了实现系统测试的整体目标，通常需采取智能传感器技术、自适应滤波技术和信息融合技术等多种检测手段进行测试信息的获取和分析。

6.4.1 智能传感器技术

智能传感器是由传统的传感器和微处理器（或计算机）相结合构成的。它充分利用微处理器的计算和存储能力，对传感器的数据进行处理，并对其内部行为进行调节，使采集的数据最佳。智能传感器则包括测量信号调理（如滤波、放大、A/D转换等）、数据处理、数据显示以及自校、自检、自补偿、自诊断等功能。智能传感器的原理框图如图6-4-1所示。

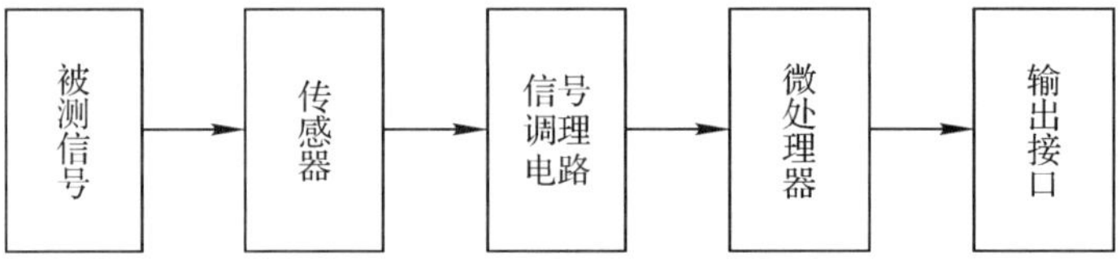

图6-4-1 智能传感器的原理框图

智能传感器可以将处理得到的精确检测信息传送给BITE的中央单元，该中央单元主要对信息进行总体诊断、决策与协调。这样，智能传感器既提高了BITE系统的检测能力，又减轻了BITE中央单元的负荷和压力，对于大型系统的BITE具有重要意义。

6.4.2 自适应滤波技术

BITE系统虚警的原因之一是BITE系统传感器采集通路中的噪声污染，使得采集的数据不能反映系统的真实状态。除采取一定的采集通路抗干扰措施外，一个重要的解决方法是进行BITE检测通路的自适应滤波，滤除噪声和干扰的影响，这是保证BITE系统性能、降低虚警的一个重要措施。

自适应滤波的基本原理为：利用前一时刻已获得的滤波器参数等结果，通过估计输入信号和噪声的统计特性，自动调整滤波器本身的响应，以适应信号和噪声未知的或时变的统计特性，从而实现最佳滤波。在很多 BITE 系统中，由于无法得到检测信息和噪声统计特性的先验知识，或统计特性存在时变行为，维纳滤波或卡尔曼滤波等滤波技术实现不了最佳滤波，不能有效消除 BITE 检测通路中噪声和干扰的影响。自适应滤波则可以用来有效解决 BITE 系统中存在的此类问题，其框图如图 6-4-2 所示。

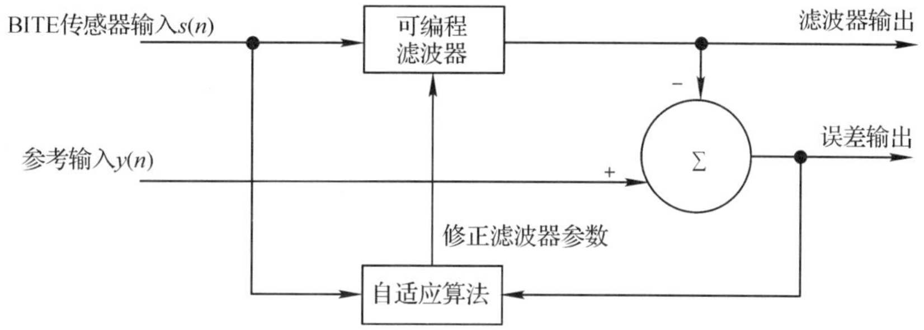

图 6-4-2　智能 BITE 中的自适应滤波实现框图

6.4.3　数据信息融合技术

数据信息融合技术是一种多层次、多方面的处理过程，它对多源数据进行检测、结合、相关、估计和组合，以达到精确的状态估计，以及完整及时的态势估计和威胁估计。根据多传感器信息融合的层次化结构，智能 BITE 中的信息融合可分为 BITE 智能检测中的数据层融合、BITE 智能诊断中的特征层融合和 BITE 智能决策中的决策层信息融合。其中，BITE 智能检测中的数据层信息融合的基本工作为：首先对 BITE 传感器得到的信号进行必要的预处理或分析等(如信号滤波、谱分析和小波分析等)，其次把观测空间划分为不同的特征区域(每一个故障模式对应一个区域)，按特征区域将 BITE 测试信息进行综合，最后形成无冗余的、全面的数据信息。该信息既可以直接用于 BITE 的故障检测，又可为 BITE 的准确诊断和决策提供良好的数据基础。

6.4.4　边界扫描技术

边界扫描技术的主要思想是通过在芯片管脚和芯片内部逻辑电路之间(即芯片的边界上)增加由移位寄存器构成的边界扫描单元，实现对芯片管脚状态的串行设定和读取，从而提供芯片级、电路板级以至系统级的标准测试框架。各边界扫描单元以串行方式连接成扫描链，既可以通过扫描输入端将测试矢量以串行扫描的方式输入，对相应的管脚状态进行设定，实现测试矢量的加载，也可以通过扫描输出端将系统的测试响应串行输出，进行数据分析与处理。

基于边界扫描的板级 BITE 结构的研究取得了一定进展，如 1991 年 Najmi Jarwala 提出的分布式 BITE 下基于边界扫描的板级 BITE 结构等。随着系统维修体制的革新，要求

BITE 的智能化水平越来越高。基于边界扫描的板极 BITE 已不能满足这种需要，其主要原因是：BITE 控制和信息处理中心由专用控制单元构造，控制和信息处理能力较差、智能化水平较低。因此，必须发展基于边界扫描的智能板极 BITE 技术，从根本上提高 BITE 控制单元的控制和信息处理能力。以微处理器为核心构造 BITE 控制和信息处理单元，则可以利用其强大的数据处理能力和编程灵活性，实现 BITE 的智能测试与诊断等工作，从而提高 BITE 的智能化水平，增强 BITE 的测试与诊断能力。

另外，实际系统中，单纯由数字电路组装的电路板比较少见，多数电路板会包括其他种类的电路，如普通模拟电路、数模混合电路、高频电路、高功率电路或光电部分等电路。板级 BITE 不仅需要实现数字电路的测试与诊断，而且需要对模拟电路进行测试和诊断。因此，基于边界扫描的智能板级 BITE 兼容模拟电路的 BITE 技术，较为理想的方法为：将模拟电路的 BITE 中反映被测电路状态的、适于处理的普通模拟信号，通过模数转换转化为数字信息，并送至微处理器，由微处理器完成故障诊断等工作。采用这种方法构造的新型 BITE，不仅能够实现数字电路的测试与诊断，而且支持模拟电路的测试与诊断。

6.5 BITE 中的智能故障诊断技术

BITE 的故障诊断性能是影响 BITE 整体性能的重要因素，因此，如何提高 BITE 故障诊断的性能（包含诊断精度、诊断准确性、诊断速度等）成为 BITE 应用研究的关键所在。智能故障诊断的目的是保证设备在允许的工作条件下和规定的时间内，完成预期的功能。因此，智能诊断系统应能有效地获取、传递、处理、再生和利用设备诊断信息，正确地识别设备工作状态，找出设备可能存在的故障或故障生成的原因，甚至还应能预测设备状态的发展趋势。下面将分析 BITE 中的各种智能故障诊断技术。

智能故障诊断在众多领域的成功应用使 BITE 领域的专家确信：智能理论应用于 BITE 故障诊断之中，必然能够显著提高 BITE 故障诊断的准确性、适应性，使其具有能够连续监控、自动重构、知识多余度、分散式自动测试和学习机制等特点。通过增加 BITE 的智能化和自动化程度，减少虚警，并与计算机技术、VLSI 技术等相关技术结合，有望从根本上改善常规 BITE 中由诊断算法落后造成的虚警率高的问题。因此，BITE 的智能故障诊断研究是新一代 BITE 技术的研究重点之一。BITE 的智能故障诊断研究涉及很多理论、技术与方法，其中主要有 BITE 诊断专家系统、基于信息融合的 BITE 智能诊断、BITE 模糊故障诊断、基于神经网络的 BITE 故障诊断等方面的研究内容。

6.5.1 BITE 故障诊断专家系统

在故障诊断过程中，领域专家往往可以凭借通过视觉、听觉、嗅觉或触觉得到的一些难以用数据描述的事实，以及对系统故障历史和系统结构的深入理解等直接作出判断，并很快地找到故障源。

对智能诊断方法研究的目的之一就是试图以计算机模拟人类专家对复杂系统进行故障

诊断，不仅要实现充分利用专家经验进行自动化的快速推理诊断，而且要将这一类基于专家经验的自动判别推理方法进行归纳、整理，以便将其推广应用于各种不同的诊断对象。比如：F-22 战斗机上的“综合诊断专家系统”便能提供系统级和分系统级的专家诊断，通过记录时间应力测量模块的数据，可将故障隔离到外场可更换模块；第三代电子设备的“宝石柱”规划中研制的新型 BITE 系统就包含了综合诊断专家系统、时间应力测量模块和维修接口系统，该综合诊断专家系统通过记录时间应力测量模块的数据，综合各种因素进行综合决策，能提供较强的机内故障测试和隔离能力，并可将故障隔离到 LRU。

6.5.2　基于信息融合的 BITE 故障诊断

复杂对象在信息种类、形式、容量及速度等方面的发展远远超出人脑的信息综合能力，由此在 20 世纪 70 年代末期产生了信息融合(IF)技术。信息融合的基本原理是充分利用多个传感器信息资源，对其进行合理支配和使用，把它们在时间、空间上的冗余或互补信息依据某种准则来进行组合以获取被测对象的一致性解释，由此得到比单个子系统更优越的性能。信息融合通常分为数据层直接融合、特征层关联融合、决策层推理融合三个层次。

由于复杂设备 BITE 系统中测试点多、传感器数据量大、信息种类丰富、信息之间差异较大，所以，运用信息融合技术对这些信息进行整合很有必要。根据 BITE 系统特点和各个层次信息融合策略得到具有通用意义的 BITE 系统故障诊断信息融合模型如图 6-5-1 所示。现在信息融合的热点方向——决策层融合在基于层次性结构和分布机制的 BITE 系统决策中有很大的应用潜力，主要方法有贝叶斯推断、D-S 证据理论和模糊集理论。

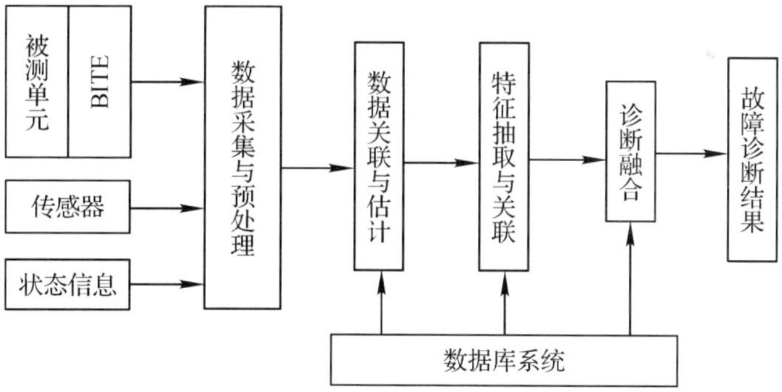

图 6-5-1　基于信息融合的 BITE 智能诊断系统

6.5.3　BITE 模糊故障诊断

在复杂设备 BITE 系统的内部，不仅存在随机性意义下的不确定性，而且还存在系统内涵和外延上的不确定性，即模糊性。其状态形成的原因与征兆的因果关系错综复杂，状态信息用测试手段不易分离，征兆与状态之间无法建立确定的数学模型，这时只有在获取系统状态的综合效应、积累维修经验和专家知识的基础上，用模糊的方法进行状态监测与诊断。系统的复杂度越高，模糊性越强，就越需用到模糊数学这一工具对其进行科学的定量处理。例如，电子设备 BITE 中由于环境应力、电子干扰、电源冲击等引起的电子元件状态不确定，用传统的确定性数据处理方法来处理可靠性领域各变量间的复杂关系必然会带来较大误差，用模糊理论进行模糊诊断和模糊决策不仅更为合适，而且更易理解。在 BITE 故障诊断中，模糊理论更多地是与其他方法(例如模糊神经网络、模糊专家系统等)结合起来进行研究。在国外，模糊理论用于故障诊断已经有较为成熟的芯片级产品——模糊集成电路，并且已经将其应用于实际 BITE 系统的故障诊断之中，较为成功地解决了 BITE 诊断对象的不确定性问题，模糊集成电路的应用可以很大程度地减轻 BITE 设计中的面积、容量、计算能力等方面的限制。

6.5.4 基于神经网络的 BITE 故障诊断

利用神经网络的学习、联想记忆、分布式并行信息处理以及极强的非线性映射能力，解决诊断系统的知识表示、获取和并行推理等问题，为智能诊断技术的发展开辟了新的途径。总的来看，神经网络在设备故障诊断领域的应用研究主要集中在三个方面：一是从模式识别角度应用神经网络作为分类器进行故障诊断；二是从预测角度应用神经网络作为动态预测模型进行故障预测；三是从知识处理角度建立基于神经网络的诊断专家系统。

6.6 BITE 自测技术应用

BITE 系统包含两个部分：运行 BITE 和维护 BITE。运行 BITE 存贮系统临时动作信息、系统运行中产生的故障标志及系统保护性动作的执行结果，需要时，存贮信息可被读出。维护 BITE 进行 GCU 的自检测以提供系统整体性能指示。

BITE 系统设计的目的：①检测并隔离 EPGS 中的故障；②将故障隔离信息记录在 NVM；③BITE 数据文件由飞机“FLIGHT LEG”在 NVM 中编码；④给电功率发生系统(EPGS)故障隔离提供英文格式的 BITE 数据；⑤在控制单元内运行电路测试程序并按要求显示结果。

6.6.1 运行 BITE

运行 BITE 响应两类事件：保护跳闸和发出命令操纵断路器。运行 BITE 还有状态监控器能对 GCU 内部的运行状态是否正确进行监控。在保护跳闸中运行 BITE 识别发生了何种跳闸，并隔离引起跳闸的 LRU 故障。如果 LRU 不能被识别，则指向系统某个区域的信息会帮助确定是何种故障引起的跳闸。GCU 的保护跳闸如下：过频(OF)、欠频(UF)、过压(OV)、欠压(UV)、相序、差分电流保护、PMG 短路、防火开关、GLC 失效、旋转二极管短路、A/D 电路保护、MPU 信号保护故障、微处理器保护、预警电路保护。

运行 BITE 的状态控制器持续分析 EPGS 的没有引起保护跳闸的故障。状态控制器监测 GCU 内部电路的电流以保证其值在要求范围内。如果运行超出范围，执行故障隔离程序以确认 LRU 故障。

6.6.2　维护 BITE

在接收到串行数据总线上 GPCU 的循环测试要求之前，维护 BITE 运行 GCU 的首尾相联检测。维护 BITE 检测的电路如下：数字量输入电路、电压输入、频率检测电路、速度检测电路。

6.7　BITE 自测技术举例

6.7.1　油温检测和调理 BITE 自测技术

1.电路结构及原理

IDG 进出油温测试电路如图 6－7－1 所示。

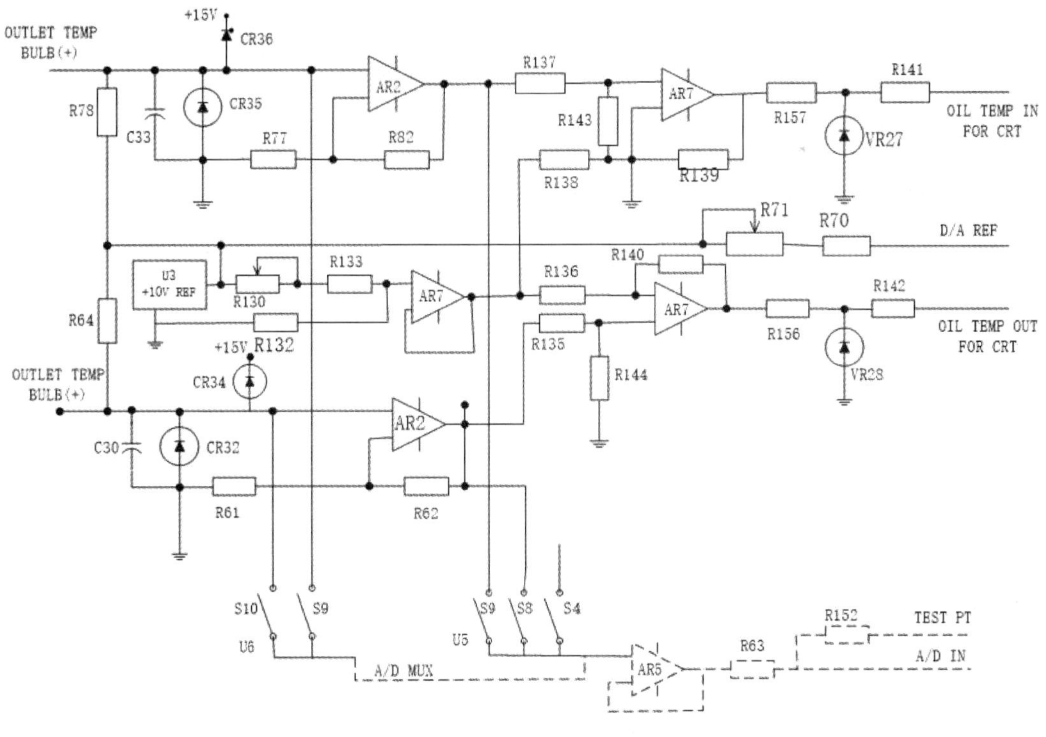

图 6－7－1　油温检测及调理电路

该电路用温度传感器产生相对于温度呈线性关系的电阻。放大电路产生与电阻呈现比例关系的电压供 A/D 转换器检测。精密电阻设置放大器增益为 1 并加上其比率(21)。这些电路中所有电阻的容差都是 0.1%。分压电路连接到运放的输入端,由 10 V 参考电源和电阻组成。用 RTB 代表温度传感器电阻,每一个电路的电压输出表示如下:

$$V_{out}(\text{到 A/D})=21\times10.0\times RTB\div(3\ 570+RTB) \tag{6-6-1}$$

温度传感器和运放的输出由多路转换器相连接。多路转换器可与微处理器的 A/D 转换器的任一输出连接。油温运放输出连接到由放大器组成的一个 CRT 显示器接口。此接口驱动飞机舱 CRT 显示器,在此接口电路中,每一个被放大的油温信号被电压分配器衰减并输入到下一个运放的非转换输入口。第二级运放按温度和参考电压放大输入并转换模拟温度信号到飞行舱内的 CRT 显示屏。参考电压输入电路由 10 V 参考电压源、运放和电阻组成。此参考电压放大器提供相当于 −50 ℃ 的偏移量。温度范围显示为 −50～250 ℃。每一个 CRT 接口电路输出由齐纳二极管和限流电阻进行保护。

2.运行 BITE

运行 BITE 产生的信息代码为:字符 AA(GCU 进油温度传感器为低电平)、字符 AB(GCU 进油温度传感器检测电路/多路传感器为低电平)、字符 AC(GCU 进油温度传感器/放大器故障高电平)、字符 AD(GCU 进油温度传感器检测电路/多路转换器故障高电平)、字符 AE(GCU 出油温度传感器为低电平)、字符 AF(GCU 出油温度传感器感应电路/多路传感器为低电平)、字符 B0(GCU 出油温度传感器失效高电平)、字符 B1(GCU 出油温度传感器感应电路/多路转换器失效高电平)、字符 D1(进油传感器/线路开路或短路)、字符 D2(出油传感器/线路开路或短路)、字符 D3(油冷系统失效)、字符 D4、字符 D5、字符 D6。

运行 BITE 软件通过 A/D 转换器读取进油、出油温度传感器的电压。TMPCON 软件模块分别读取温度传感器的电压值。BITE 软件通过进出口电压相减计算出一个正比于温度的值。通过比较放大的温度传感器电压和代表预定或最大极限的存储值,当一定的条件满足时,比较结果会产生如下代码。

字符 D1:BITE 软件已确认进油温度传感器指示了不正常的低电压。引起此低电压的原因可能是温度传感器线路接地或自身短路。如果进油温度传感器指示出不正常的高电压和温度,此代码也可能产生。引起高电平指示的原因可能是连接到温度传感器的线路开路或温度传感器本身开路。

字符 D2:BITE 软件已确认出油温度传感器指示非正常的低电压。引起此低电压的原因可能是温度传感器线路接地或温度传感器自身短路。如果出油温度传感器指示非正常的高电压和温度,此代码也会产生。引起此高电平指示的原因可能是连接到温度传感器的线路开路或温度传感器本身开路。

字符 D3:过温调节有相对较小温度差,大多是由油冷却系统故障引起的。

字符 D4:当系统高温但没有过温,而指示出存在较大的温差时,可能是 IDG 故障。IDG 故障使冷却器保持适中温度时产生大的温差。

字符 D5：当出油口温度传感器指示低温时产生此代码。这可能是由一个温度传感器超出容限但没有完全开路或短路而引起的。

字符 D6：当过温值超过允许值一段时间，且温差大到可排除冷却系统原因时产生此字符。

字符 D7：与字符 D2 相同。

字符 D8：与字符 D6 相同。当 APU 过温 8 s 且温度传感器没有开路时产生。

字符 AA：当温度传感器指示输出电压过低但温度传感器自身电压正常时产生此字符。

字符 AB：此字符产生在当温度传感器放大器指示正常温度，而相关温度传感器电压采集电路电压是不正常的低电平时。

字符 AC：此字符产生在当温度传感器指示出很大的输出电压，而通过温度传感器自身的电压正常时。

字符 AD：此字符产生在当温度传感器指示正常温度，而相关温度传感器电压的采集电路是不正常的高电平时。

字符 AE：此字符产生在当温度传感器指示极大的低输出电压，但温度传感器自身的电压正常时。

字符 AF：此字符产生在当温度传感器指示正常温度，而相关温度传感器电压检测电路是不正常的低电平时。

字符 B0：此字符产生在当 IDG 温度传感器指示很大的高输出电压，而通过温度传感器自身的电压正常时。对 APU 的 GCU，当对于 APU 温度传感器同样的情况存在时，此字符也会产生。

字符 B1：此字符产生在当温度传感器指示正常温度，而相关温度传感器电压采集电路是不正常的高电压时。

6.7.2　速度和频率感应/控制电路 BITE 自测技术

1.电路原理

速度及频率检测电路如图 6－7－2 所示。由两个相似电路给磁传感器(MPU)和永磁发电机(PMG)提供检测和控制信号。MPU 信号由靠近 IDG 输入轴的感应线圈产生。PMG 变压器 A5T1 的次级线圈产生 PMG 信号。

每一个检测/调理电路将低电平、正弦波信号转换为与输入频率相同的数字信号输出。连接到 5 V 的电压分配器通过对地偏移输入信号为 2.5 V。信号的滤波和保护由电容和齐纳二极管完成。再通过一个过零检测电路，此电路由一个运放和反馈电阻组成。对于每一个零输入，检测电路在运放的两个电压输入之间转换其输出。当放大器的(＋)输入稍微高于其(－)输入时，输出转换到 15 V，当放大器的(＋)输入稍微低于其(－)输入时，输出转换到-5 V。转换器 U1B 和 U1C 限制放大器 AR6A 和 AR6B 输出 5 V 电平，使之与微处理器相一致。两个电路在运放的(-)端都有 BITE 超控连接。在故障隔离中 MPU 含有两个附加线以检测到运放的(+)输入。

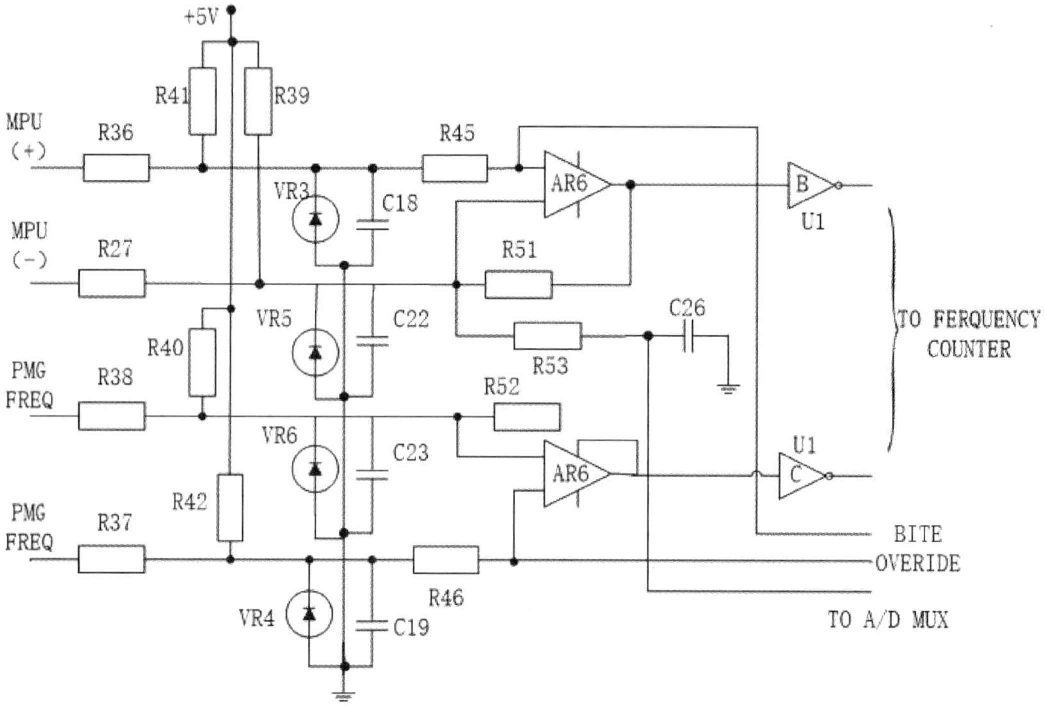

图 6-7-2　速度及频率检测调理电路

2.维护 BITE

频率和速度电路通过 BITE 超控电路在特定时间将电路转换到适当的状态来检测。检测频率(625 kHz)以确定其值是否等于预期值。如果检测的频率不在预定范围内，则字符 8F(频率检测)或 90(速度检测)被发送到 NVM。维护 BITE 产生的信息为：字符 8F(频率检测)、字符 90(速度检测)

3.运行 BITE

运行 BITE 产生的信息代码为：字符 CA(MPU/线路)、字符 97(速度传感)。

1)IDG 欠速监控

BSIDUS 软件模块监控 IDG 输入速度、PMG 频率和电压信息，以判断输入速度是否低于正常的 PMG 和电压运行参数值。如果软件已确认输入速度低，则运行隔离程序确定是何处故障，同时相应的字符被发送到 NVM。故障字符被发送到 NVM 后，设置 UNSPF 标志直到电路复位。为真的 UNSPF 标志能识别其他的 BITE 支路的 MPU 电路故障，并阻止模块 BSIDUS 进一步对故障进行监控。

如果 PMG 频率和电压在正常范围之内，输入速度指示低于最小值，要保持频率和电压在正常范围内，运行其隔离程序。在隔离过程开始之前，此状态持续 2 s。在程序开始时，

MPU 计数电路被检测，由 BITE 超控硬件对进入 MPU 电路的信号进行控制。BITE 超控硬件转换产生测试计数。此测试计数器被检测以确定其是否能确认电路运行。如果测试计数器超限，UNSPF 标志被设置，字符 97（速度检测）被发送到 NVM，BSIDUS 程序退出运行。如果测试计数在要求的范围内，隔离程序继续执行。如果测试计数在要求的范围内，程序通过 A/D 多路转换器 A2U11 检测 MPU 电路输入电压。在测试控制的 2 s 间隙，通过要求其电压在特定的范围内持续 20 ms，保持电压稳定在要求的范围内，同时检测电压值。如果电压小于 1.5 V 或大于 6.5 V，则指示 MPU 短路或开路。如果电压在接近 3 V 的范围内，表示有外围 MPU 电路接地故障。电压不稳定或在任一范围内，字符 CA（MPU/线路）被发送到 NVM。

2）调整 APU 欠速

在 MPU 信号处，APU READY 信号被监控。

4. 隔离程序

隔离程序产生的信息代码为 BE（频率传感）、BF（MPU 速度传感）、E7（IDG/PMG 线路）。

1）过频隔离

当过频故障发生时，模块 ISOOFF 被调用，以隔离实际的过频调理电路和 PMG 检测/调节电路。因为模块 UFOFPR 会干扰对频率检测/调理电路的置信度测试，所以软件模块 ISOOFF 不会在模块 UFOFPR（欠频/过频保护）执行的周期内立即执行。

模块 ISOOFF 检测微处理器的频率计数器电路以确定所有的 0 或 1 可以被正确地写入或读出频率计数器电路。如果电路通过此测试，BITE 电路调整 PMG 控制电路在频率计数器中产生测试计数。如果频率计数器或调理电路测试到故障，字符 BE（频率感应）被发送到 NVM 以指出 GCU 电路故障。如果两个测试都通过，则认定故障是 GCU 之外的，发送到字符 E7 到 NVM。

2）欠频隔离

当欠频动作发生时，执行模块 ISOUFF 以隔离故障。如果欠频状态已被检测到，UNSPF 标志被设置且 ISOUFF 被锁定。ISOUFF 软件模块通过检测欠速（US）标志以确定欠频状态是否存在并执行其故障隔离程序。如果 US 标志不真，软件继续测试微处理器的频率计数电路。如果计数器电路测试失效，字符 BF 被送到 NVM，并且终止故障隔离程序。如果 MPU 检测电路测试无故障，过频隔离模块 ISOOFF 被执行以检测 PMG 频率电路故障。

5.保护访问

保护性动作产生的代码：E5、E6。MPU 和 PMG 频率由相应的 USINTR 和 FRQINT 中断服务模块读入。USPORT 模块通过在适当的延时时间内比较其门限值来检测 MPU 频率。UFOFPR 模块在适当的延时时间内比较实际的发电机频率（PMG 数据）和其门限值，并设定欠频及过频延时时间。如果过频延时（OFTD）或欠频延时（UFTD）标志为真，模块 LOGICC 将在下一次执行时初始化。模块 BPORTT 产生相应的字符 E5（过频访问）或 E6（欠频访问）并发送至 NVM。

6.7.3 电流互感器检测 BITE 自测技术

1.电路原理

在每一个 GCU 中,电流互感器感应电路接收来自 EPGS 中的电流互感器(CT)的信号。发电机电流互感器(GEN CT)的信号来自发电机中线 CT。线路差分保护电流互感器(DPCT)信号来自负载检测汇流条电流的电流互感器。这些电流互感器信号表示 EPGS 中的发电机和负载的电流。此电流 1 A 表示输入到 GCU 的是 1 mA。发电机和负载电流互感器的负载是与隔离变压器并联的负载电阻(R1～R4,R6,R8)。发电机的每一相和负载电流互感器的电流通过通用隔离变压器并联的电阻(A2R5,A2R7,A2R9)传输。发电机和负载电流极性相反,相加后形成通过负载电阻(A2R5,A2R7,A2R9)的差分电流。在每一个电流互感器感应电路,负载电阻分去大部分的输入电流并在互感器次级产生与输入电流成正比的隔离电压。

通用的连接检测电路由两个电阻、5 V 电压源和 CT 环组成。电压在电阻(A2R21 和 A2R25)的连接点被检测,检测点处有一个 2.5 V 的地故障寄存器和电流互感器环 5 V 寄存器。检测点通过多路转换器 A2U5 连接到微处理器的 A/D 转换器。齐纳二极管 A2VR1 为检测电路提供瞬态保护。电流互感器感应电路如图 6-7-3 所示。

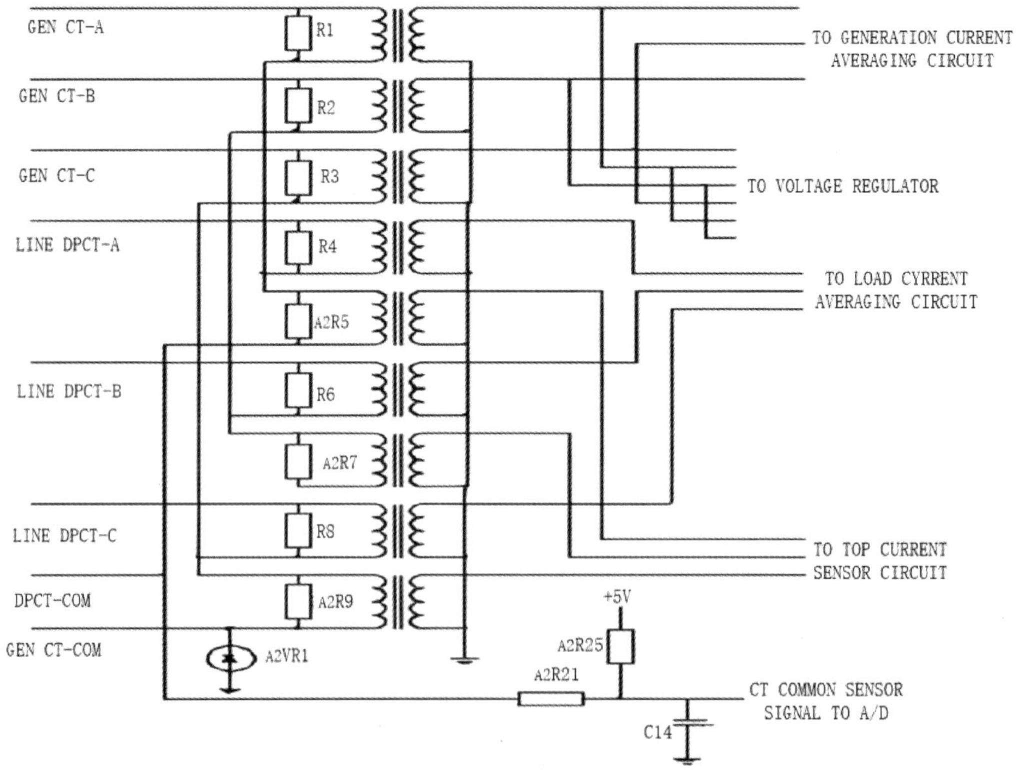

图 6-7-3 电流互感器感应电路

2.运行 BITE

运行 BITE 产生代码：字符 A6(CT 环通用电压感应)、字符 CF(CT 环地故障)。BSCTLP 软件模块通过 A/D 转换器读入通用连接的电压值。如果经过一定的延时时间检测到的电压值在 1.5～6.0 V 之外，则检测电路故障，字符 A6(CT 环通用电压检测)发送到 NVM。如果在同样的延时时间内感应电压在 1.5～3.5 V 之内，表示在电流环中存在接地故障，字符 CF(CT 环地故障)发送到 NVM。

6.7.4　电压调节器 BITE 自测技术

1.电路原理

每一相的 POR 电压由发电机侧的 GLC 进行控制，将电压控制到(113.5±1)V、400 Hz 的范围内。电压调节器由比较器 AR4A、放大器 AR4B、晶体管 Q1 和 Q2、齐纳二极管 VR7 及相关附件组成，如图 6－7－4 所示。

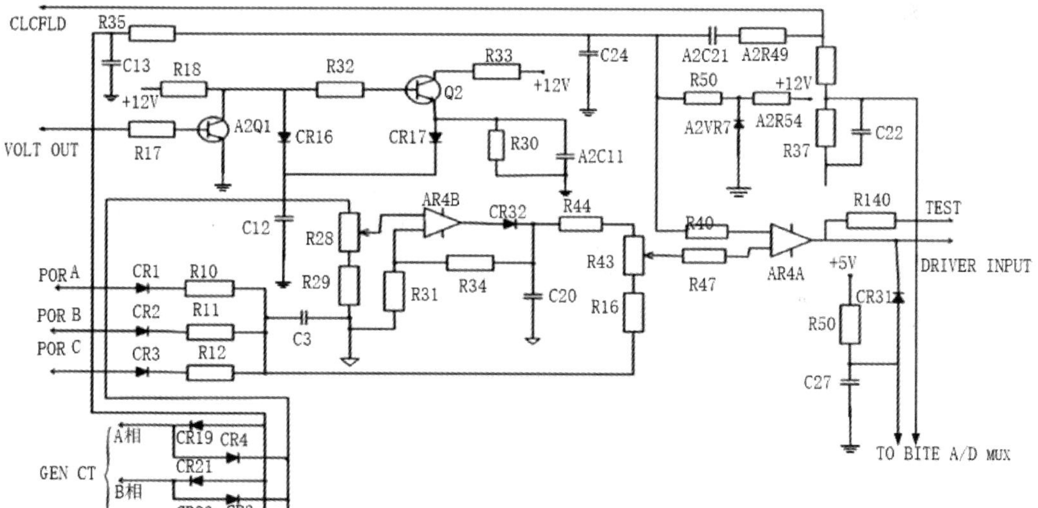

图 6－7－4　电压调节器电路原理图

POR 电压是经二极管 CR1、CR2、CR3 半波整流，被电阻 R10、R11 拉低，再经附加电阻 R16 和电容 C3 滤波整形为锯齿电压，通过电位计 R43 和电阻 R47 输入到比较器 AR4A，再与来自齐纳二极管 A2VR7 和电阻 A2R54 的 6.2 V 精确参考电压做比较。由于混合的锯齿峰值达到了大于参考电压的直流等效电压，比较器输出为最大正输出。

由于 POR 电压降到参考电压以下，比较器输出电压转换到最大负输出。主电源来自印刷电路板调节器晶体管选择器的负反馈信号。此信号通过电阻 A2R49 和电容 A2C21 滤波，在电压调节器内产生一个偏置以稳定 PWM 信号。第二个稳定信号来自发电机电流。GEN CT 每一相的电流采样信号经二极管 CR19、CR21、CR23 半波整流后再相加。此相加后的电流采样信号经滤波通过一个电阻和齐纳二极管相连。由于采样的是发电机电流的负半波，发电机上的负载增加会使参考电压低于正常的 6.2 V。

参考电压由齐纳二极管及电阻 R50、电容 C24 滤波电路产生。由于电压源的高阻抗，在比较器的输入端，其电压通常保持在 6.2 V。只要发电机输出 220％的电压最大值，限流电路启动。当发电机输出 220％的输出电流时，电位计 R28 调整其动头使电压为 2.7 V。通过 POR 分压网络，电阻 R31 上电压应为 2.7 V。在低的输入速度时，调节器故障电路包括允许调节器 PWM 驱动控制。通过二极管 CR16 连接 12 V 到限流求和节点，来自微处理器外围端口的逻辑 0 关断晶体管 A2Q1，并允许晶体管 Q2 被打开，使电容 A2C11 被充电到大约 11.3 V 并保持此状态。输入到晶体管 A_2Q1 的逻辑 1 将其转换至相反的状态并关断晶体管 Q2。然后电容 A_2C11 逐渐放电，只要其放电，它会驱动通过二极管 CR17 的电流打开放大器 AR4B 并抬高连接到 PWM 驱动放大器的输入值。

2. BITE 的运行

运行 BITE 产生字符 9A 模块 BSEXFD 检测存贮的励磁电流值(被模块 MISCPR 读入并存贮)防止电流超过其最大的运行值。如果励磁电流超过其最大值并经过一定的延时时间，字符 9A 被发送到 NVM。如果发现如下故障，BSEXFD 模块将不执行任何操作：电压调节器故障、永磁发电机短路、电流保护故障、发电机控制继电器故障、过频。

3.隔离程序运行

隔离程序产生信息：字符 B8、字符 BA。过压保护动作之后，软件模块 ISOOVV 读入并检测励磁电流值。如果激磁电流值大于 300 mA，励磁电流检测电路或电压调节器有故障，字符 B8 被发送到 NVM。如果已发现电压调节器或电流保护故障，模块 ISOOVV 不执行任何操作。

欠压动作之后，软件模块检测励磁电流和电压值。将励磁电压与预定值比较以确认电压峰值保持电路工作是否正常。如果该电路工作正常且负的励磁电压超过 60 V，励磁电流小于最小值(由软件模块 CLCFLD 计算而得到)，而后电压调节器故障，字符 BA(电压调节器故障位)被送到 NVM。

6.7.5 发电机平均电流及负载线路电流感应 BITE 自测技术

1.电路原理

图 6-7-5 和图 6-7-6 所示为电流检测电路图，其中发电机相电流信号来自三个发电机隔离互感器 GEN CT。每个相电流信号输入到由运放和整流二极管组成的理想二极管电路。在理想二极管电路中，每一相电流输入信号都要经过半波整流及电阻限流。三相信号相加组成一个没有 AC 成分的平均电流信号。平均电流值等于输入波形的峰值除以 0.707。此信号被放大器 AR1D 放大转换产生正输入给微处理器的 A/D 转换器和负载检测驱动电路。负载测量由运放 AR2B 驱动。齐纳二极管 VR2 保护放大器 AR2B 的电压传输。发电机电流检测和负载检测驱动电路共同执行放大和衰减功能。

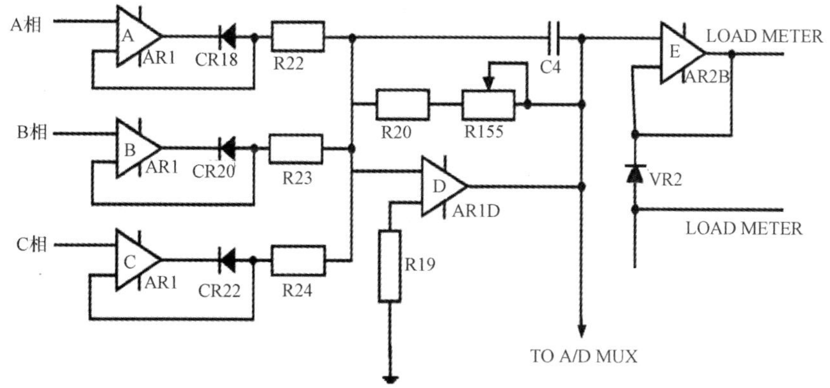

图 6-7-5　发电机电流检测

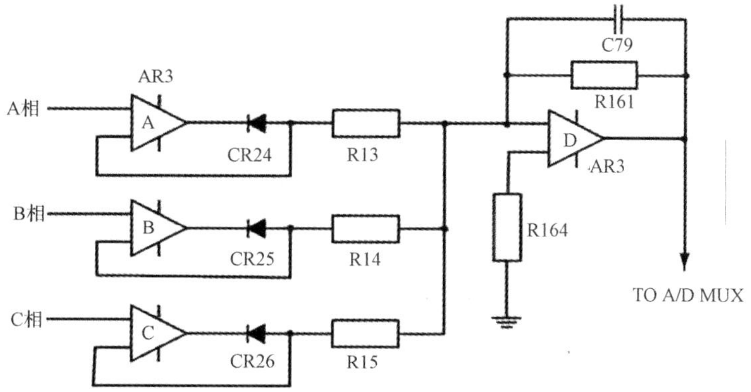

图 6-7-6　负载线路电流检测

2.运行 BITE

运行 BITE 产生字符 BC(电流/DP 检测故障)。软件模块 BSCURR 通过比较平均发电机电流(由 GEN CT 电路检测)和平均线电流(由 DPCT 电路检测)来检测 GCU 的故障。如果其差值绝对值大于 18 A,则保护软件应该已经检测到差分电流故障存在。如果保护软件没有检测此故障(DP 标志不为真值),则 GCU 存在故障。GCU 故障是实际的差分电流故障没有被正常检测到或平均电流检测电路指示出实际并不存在的差分电流。如果此状态保持一定的延时,则字符 BC 被发送到 NVM 以指示有一个电流检测故障存在。

6.7.6　励磁电流和电压感应电路 BITE 自测技术

1.电路原理

励磁电流和电压检测电路如图 6-7-7 所示。在励磁电流和电压检测电路中,励磁电压被微处理器 A/D 转换器采样调理。此信号取自于提供励磁电流的达林顿输出晶体管 E 极的电阻。励磁信号通过由电阻 R29 和电容 C28 组成的 RC 网络耦合到运放 AR6 的非转换输入。放大器输出在保持电容 C42 上存储一定的正比于 IFLD 输入信号的电荷。此电容电量可通过多路转换器被微处理器的 A/D 转换器读取。二极管 CR46 阻止电荷从电容 C42 反流回放大器。此电路不需要复位功能，因为电容 C42 是慢慢通过电阻 R104 和 R102 放电的。

磁场电压在励磁电压线圈的两端都采样。两个检测电路是一样的，除了返回电路，FLD(-)，有一个附加连接以提供负反馈到电压调节器。检测电压通过电阻 R55 限流并由 R55 和 R57 组成的电阻网络分压。电容 C28 对输入到 A/D 多路转换器的信号进行滤波整形。

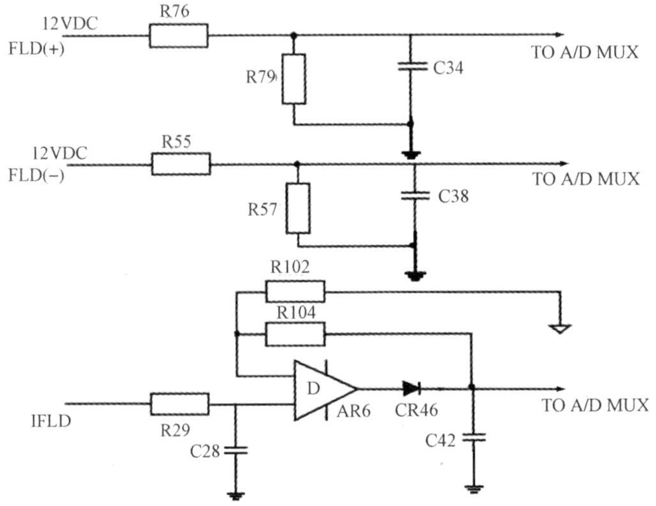

图 6-7-7　励磁电流及电压检测电路

2.运行 BITE

运行 BITE 产生的信息为字符 98、字符 99、字符 9A、字符 9B、字符 9C 及字符 A0。模块 BSEXFD 对检测到的电压和电流值做比较并与其合理的限定值进行比较。当欠频时，短路 PMG，电流检测，GCR，或电压调节器故障已被发现时，BSEXFD 检测忽略。

3.隔离程序

隔离程序产生的为字符 B9、字符 E1 及字符 E3。随着欠压保护动作，模块 ISOUVV 被执行以隔离引起动作的故障部件。

4.继电器动作

保护动作产生字符 E0 和字符 E2。励磁电流和电压检测电路故障会引起保护软件初始化字符 E0(过压动作)或 E2(欠压动作)的产生。

6.7.7　短路 PMG 检测电路 BITE 自测技术

1.电路原理

PMG 短路检测电路原理如图 6-7-8 所示。此电路用于检测 PMG 单相绕组的对地短路故障。电路输入信号是来自 PMG 的衰减的全波整流输出电压。此信号由电阻 R112 限流经电容 C48 交流耦合。通过电容 C48 的信号是 PMG 的脉动分量，信号再经二极管 CR48 半波整流。对于正常工作的 PMG，交流分量是 3～4 V 的峰峰电压，这个电压不足以高到击穿齐纳二极管 VR26，此状态产生逻辑 0 给微处理器输入端口。

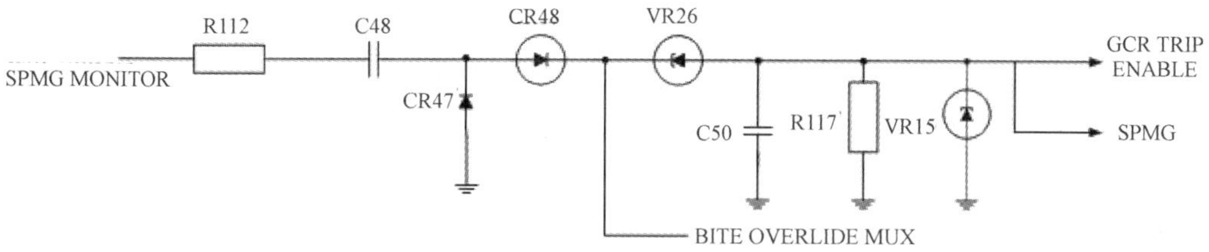

图 6-7-8　短路 PMG 检测电路

短路 PMG 有一个大于 5 V 峰峰电压的交流分量，它能击穿齐纳二极管。由电阻 R117 和电容 C50 组成的 RC 滤波网络对电压滤波并在远大于 PMG 周期的 RC 充电时间内保持此峰值。因此，被整流和钳位（齐纳二极管 VR15）的 DC 电压作为逻辑 1 出现在微处理器输入端口。

2.运行 BITE

运行 BITE 产生字符 8B（SPMG 检测）。MDIGIT 软件模块在三个循环周期内检测 SPMG 电路。首先，电路已有的输出值被读取和存储。BITE 超控硬件用触发电路的输入状态来产生相反的输出电平。然后，电路输出再次被读取。如果电路没有进行正常的输出转换，字符 8B（SPMG 检测）被送到 NVM。

3.隔离程序

隔离程序产生的信息为字符 BD（SPMG 感应）、字符 EC（发电机二极管）、字符 ED、字符 E3。当有明显的旋转二极管短路（SRD）或 PMG 短路（SPMG）引起 GCR 动作时，ISDPMG 软件模块重复执行直至故障完全隔离。第一次执行时，模块检测短路二极管标志 SRDTD 是否为真值。如果是真，比较励磁电流值及其相应的门限，表示发电机二极管短路，字符 EC（发电机二极管）被发送到 NVM。如果励磁电流小于门限值，则表示 GCU、励磁电路或相关的电路存在其他故障，字符 E3 被发送到 NVM。如果 SRDTD 标志为假，ISDPMG 的子程序执行在预设的时间间隔内检测短路 PMG 标志 SPMGTD。在间隔时间内，由于 GCR 动作，SPMGTD 标志应为假。如果标志是假，则 PMG、磁场电路或连接线故障，字符 ED 被发送到 NVM。

6.7.8　POR 相序感应电路 BITE 自测技术

1.电路原理

POR A 相和 B 相接到相序检测电路的输入端。如图 6-7-9 所示，当两输入相加时电容 C29 转换 B 相输入以提供“零响应”。相加的电压经半波整流、过滤后提供给比较器 AR6 的非转换输入端，和 15 V 电源比较，分压到大约 3.35 V。如果相序正确，非转换输入大于参考电压，则由施密特触发器 U1D 给出一个正的比较器输出和逻辑 0 电平输出。错误的相序导致一个负的比较器输出并被施密特触器 U1D 转换为逻辑 1 电平，提供给 I/O 端口。

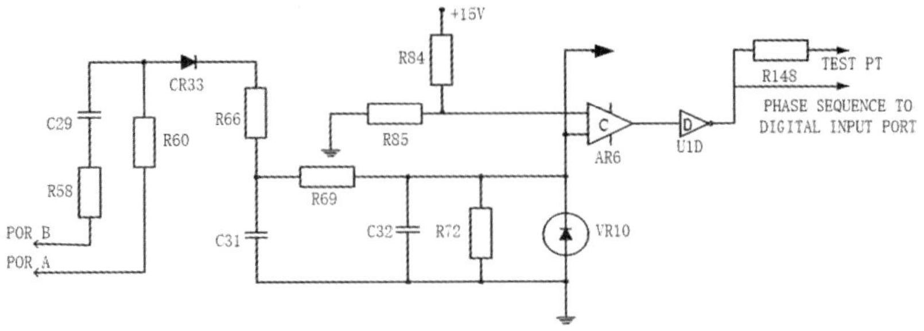

6－7－9　相序检测电路

2.维护 BITE 的运行

维护 BITE 产生字符 8A。当 BITE 超控连接到放大器 AR6C 的非转换输入端并转换到低逻辑状态时，维护 BITE 运行。施密特触发器 U1D 被检测以确定其是否为高电平。在下一个软件周期放大器 AR6C 的输入转换到高电平，U1D 的输出被检测。如果输出不正确，字符 8A(相序检测)被送到 NVM。

3. 运行 BITE

运行 BITE 产生字符 CC 和字符 96。每 65 ms 模块 BSEXEC 调用模块 BSPSEQ 来检测相序和相序检测电路。故障隔离程序要求该二者都通过此模块的检测。当 POR 电压在要求范围内而相序故障发生时故障检测程序开始执行。如果此状况不满足，相序计时器重新初始化到 1 s，同时模块退出运行。如果故障延续 1 s，故障测试开始。如果小于 1s，故障定时器继续计数，直到下一个软件周期，模块退出运行。如果在下一个软件循环，故障持续 1 s 或更多，则相序电路超控为高，且下一个通路超控标志被设为真。如果在下一个通路超控逻辑和通过模块的相序逻辑状态相同，则电路没有故障，字符 CC 被发送到 NVM。

总之，机内自检测 BITE 技术的应用使复杂的航空电源系统的使用维护变得快捷、方便，最大程度地减少了机载电源的排故和维护时间，提高了飞机的再次出航能力。

拓展阅读

为建设创新型国家和制造强国贡献大飞机力量

大飞机梦是中国梦的重要组成部分。习近平总书记视察中国商飞公司时指出，搞大飞机和实现“两个一百年”的目标、实现中国梦的目标是一致的，强调要做一个强国，就一定要把装备制造业搞上去，把大飞机搞上去。由于历史原因，我国大型客机研制几起几落，始终没有走完一个完整的研制过程，没能形成真正的民机产业，与大国地位很不相称。大国要有大飞机，中国商飞公司作为国家大型飞机重大专项中大型客机项目的实施主体，作为统筹干线飞机和支线飞机发展、实现我国民用飞机产业化的主要载体，始终以习近平总书记重要指示为科学指南和根本遵循，深刻领会大飞机梦是中国梦的重要组成部分，深刻认识大飞机在新时代国家富强和民族复兴中的重要历史使命，忠诚大飞机事业，秉持大飞机情怀，肩负大飞机担当，凝聚大飞机力量，立志“让中国的大飞机翱翔蓝天”。

积极探索具有中国特色、符合国际标准的民机发展道路。民用航空工业经过几十年的发展，已成为典型的全球市场、全球合作、国际标准的全球性产业，越晚进入行业，壁垒就越高。与欧美发达国家相比，我国大型客机研制起步较晚，技术积累不足，产业基础薄弱，标准规范不够，面临适航审定、国际合作、市场竞争等诸多挑战。中国商飞公司借鉴国际经验，结合我国航空工业特点，依托重大科技专项，充分发挥社会主义市场经济条件下的举国体制优势，确立了“自主创新、重点突破、支撑发展、带动产业”的发展方针和“中国设计、系统集成、全球招标，逐步提升国产化”的发展原则，坚持“自主研制、国际合作、国际标准”的技术路线，采用国际通用的“主制造商－供应商”模式，努力为客户提供安全、经济、舒适、环保的民用飞机。

初步形成干支结合、面向未来的国产喷气客机产品谱系。大型客机是典型的高技术、高附加值的高端装备，需要满足严苛的适航审查和商业运营要求，被称为“现代工业的皇冠”。中国商飞公司按照“研制一代、生产一代、预研一代”的产品发展思路，统筹力量，稳步推进，实现了C919大型客机成功首飞、ARJ21新支线飞机批产运营、CR929宽体客机开始研制等历史性突破，初步形成了从支线飞机到中短程窄体客机到中远程宽体客机的产品谱系。通过大型客机项目实施，突破了一大批新技术、新材料、新工艺，填补了一系列空白，初步掌握了大飞机研制规律、研制方法和核心关键技术，初步形成了设计研发、总装制造、客户服务、适航取证、供应商管理、市场营销等主制造商核心能力，为我国民用航空工业可持续发展奠定了坚实基础。

着力锻造一支高素质、专业化的大飞机人才队伍。大飞机研制靠国家实力，靠科技的综合能力，归根结底要靠人。一个国家的实力是有限的，但人的创造力是无限的。中国商飞公司深刻认识人才作为大飞机事业“第一资源”的重要性和紧迫性，通过择优选调一批、大胆使用一批、重点培养一批、海外引进一批，大力推进领军人才工程、人才聚集工程、青年英才工程等重大人才工程，逐步建立了以中国工程院院士吴光辉，试飞员赵鹏、蔡俊，“大国工匠”胡双钱等为代表的一万多人的大飞机人才队伍，生动诠释了“广纳天下英才，共创民机伟业，成就精彩人生”的人才观和“依靠人才发展项目，依托项目培养人才”的人才理念，形成了人才支撑项目、项目造就人才的生动局面。

加快建设对标国际一流、坚持开放合作、带动产业发展的民机龙头企业。历史和实践一再证明，一个国家飞机制造业的发展，需要强大的工业和科技基础，需要相关行业强有力的保障，只有少数国家和大企业有能力进入。当前，全球喷气客机市场基本被欧美发达国家垄断，以美国为代表的西方国家为强化和巩固其领先地位，正在通过贸易保护、知识产权、减税等措施，推动包括大飞机在内的高端制造业加速回流。面对激烈的国际竞争和潜在的国际合作风险，中国商飞公司以提升主制造商实力为核心，创建了“以客户为中心，围绕产品实现和产品经营过程，坚持自主创新，整合全球资源，协同高效运行，持续为利益相关方创造价值”的COMAC(中国商飞公司)管理体系，催化聚合政府支持力、供应商合力和客户信任力，打造互利共赢、休戚与共的民机产业发展“生命共同体”。以项目为牵引，与全球15个国家和地区的304家供应商紧密协作，与国外16家教育培训机构开展合作，与波音公司合资的737飞机完工中心落户浙江舟山，积极参与“一带一路”“高端装备制造走出去”等国家战略实施，充分利用全球工业、科技、人才资源，打造中国商用飞机自主品牌。以产业为导向，构建了“以中国商飞为主体，以市场为导向，政产学研相结合”的民机技术创新体系，基本建成“以中国商飞公司为核心，联合中航工业，辐射全国，面向全球”的我国民机产业体系，带动全国22个省市、47所高校、200多家企业、近20万人参与大型客机研制，有效提升了我国民机产业配套能级。

饮水思源，我国大飞机事业取得的阶段性成就，最根本的就在于有以习近平同志为核心的党中央的坚强领导，在于有习近平新时代中国特色社会主义思想的正确指引，在于有社会主义集中力量办大事的独特优势，在于有“两弹一星”、载人航天和航空报国等民族精神的伟大凝聚。实践证明，中央发展大型客机的重大战略决策是正确的，组建中国商飞公司、采取“主制造商－供应商”研制模式是正确的，实践中探索形成的发展战略、发展理念、发展模式是行之有效的，大型客机的带动作用是明显的，中国人完全有能力在这样的世界高科技制造领域占据一席之地。

始终把大飞机事业扛在肩上。党的十九大提出，要决胜全面建成小康社会，开启全面建设社会主义现代化国家新征程，确定了到“2020年全面建成小康社会，2035年基本实现社会主义现代化，本世纪中叶建成社会主义现代化强国”的奋斗目标。社会主义现代化强国需要强大的航空工业，中国商飞公司作为国家使命的承担者，将牢记国家意志，牢记习近平总书记嘱托，自强不息，只争朝夕：到2021年建党百年，实现“三个一”目标；到2035年，把商用飞机项目建设成为新时代改革开放的标志性工程、创新型国家和制造强国的标志性工程，把公司建设成为世界一流航空企业；到建国一百周年，把商用飞机项目建设成为社会主义现代化强国的标志性工程，把公司建设成为“四个世界级”的航空强企，即研发世界级产品，拥有世界级品牌，成为世界级企业，形成世界级能力。

打造新时代改革开放的标志性工程。习近平总书记强调，改革开放是决定当代中国命运的关键一招，一个国家、一个民族要振兴，就必须在历史前进的逻辑中前进、在时代发展的潮流中发展。我国大飞机事业因改革开放而生，也必将因改革开放而兴：坚持稳中求进，践行新发展理念，落实高质量发展要求，以产品研制和产品经营为主线，统筹推进企业管理、专业能力建设、全面深化改革等任务，在新的起点上实现更高水平发展；把全面深化改革放到更加突出的位置，聚焦公司新阶段奋斗目标，推动资金与损益、人才吸引稳定与活力、产品实现与市场拓展、质量安全、产业能力、效率改进、竞争对策等“5＋2”专项改革计划实施，以改革促管理、促创新、促效益、促发展；探索新型国际竞争与合作策略，一方面严格按照“主制造商－供应商”模式和国际产业标准、产业规律办事，另一方面，努力消除贸易、知识产权、绿色环保、适航等非技术性壁垒，通过开放合作，增强自身实力，集聚全球智慧，保持创新活力。

打造创新型国家和制造强国的标志性工程。党的十九大报告指出，新时代我国社会主要矛盾是，人民日益增长的美好生活需要与不平衡、不充分的发展之间的矛盾。未来 20 年，我国将交付喷气客机 8 575 架，价值 12 104 亿美元，全球将交付 43 013 架，价值 57 878 亿美元，市场潜力巨大、产业空间广阔。面对党和国家赋予的光荣使命，中国商飞公司将深入实施创新驱动发展战略，在经济全球化洪流中，主动迎接新一轮科技革命和产业变革，面向世界科技前沿，面向经济主战场，面向国家重大需求，加快推进科技创新、产品创新、产业模式创新，积极探索面向未来的产品和技术，把核心技术、核心能力牢牢掌握在自己手中；在确保质量和安全的前提下，加快产品实现，加强市场开拓，做好产品经营和产业化发展，抓住难得的历史机遇期和市场窗口期，努力提供更多更好的有市场竞争力的国产飞机，让人民出行更加便捷、更加高效、更有尊严感。

坚定不移全面从严治党。大飞机事业是党的事业、国家的事业、人民的事业，坚持党的领导、加强党的建设是国有企业的“根”和“魂”。中国商飞公司深入贯彻落实新时代党的建设总要求，旗帜鲜明讲政治，牢固树立“四个意识”，坚定“四个自信”，做到“四个服从”，坚决维护习近平总书记在党中央和全党的核心地位，在政治立场、政治方向、政治原则、政治道路上同以习近平同志为核心的党中央保持高度一致，确保大飞机始终成为党和国家最可信赖的重要依靠力量。坚持和加强党的全面领导，精准定位、精准聚焦、精准施策、精准服务，把方向、管大局、保落实，推进“两学一做”学习教育常态化制度化，开展“不忘初心、牢记使命”主题教育，凝心聚力，航空报国。严党建、强支部、大监督、聚群团，突出创新发展靠班子、凝神聚气靠支部、攻坚克难靠党员，深入开展党员“闪光”行动，发挥支部“灯塔”效应，打造“廉洁商飞”，建设新时代大飞机党建领航工程、引擎工程、标杆工程、幸福工程。

建设大飞机事业共同体。落实党管干部、党管人才原则，打好人才吸引、人才稳定、人才活力组合拳，使全体干部职工共享利益、共享成就、共享荣耀。树立正确选人用人导向，突出政治标准和专业能力，以事择人、依事择人，抓住“关键少数”，提升“八项本领”，做到“五个过硬”，确保对党忠诚、勇于创新、治企有方、兴企有为、清正廉洁。深化人才强企战略，实施万人精兵工程，盘点千人骨干，配齐专业总师队伍，筹建商飞大学，大力培养锻炼年轻干部，凝聚一支压不垮、打不散、知难而进、迎难而上、忠诚于大飞机事业的铁杆核心队伍。畅通人才成长渠道，让员工在纵向可发展、横向可转化中拓宽职业发展路径，实现人尽其才，人尽其用，保持核心队伍的稳定性和竞争性。

培育弘扬大飞机创业精神。积极践行社会主义核心价值观，大力弘扬“两弹一星”精神、载人航天精神和航空报国精神，发扬劳模精神、工匠精神，遵循“精湛设计、精细制造、精诚服务、精益求精”的质量方针，强化“勤俭研制大飞机”的思想认同，凝聚“长期奋斗、长期攻关、长期吃苦、长期奉献”的大飞机创业精神。聚焦意识形态领域主导权和话语权，记录创新发展史、讲好商飞好故事、传播强大正能量，强化我国民机研制发展模式和道路的宣传，树立国产民机高端科技产品形象。在实现伟大梦想、推进伟大事业的过程中，与员工共享人生出彩的机会、梦想成真的机会、与祖国和时代一同成长与进步的机会，让奋斗充满快乐，让长期充满荣耀，让未来充满希望！

复习思考题

1.BITE 的作用主要有哪些?

2.BITE 技术的发展大致经历了哪几个阶段?

3.GCU 的作用主要有哪些?

4.GCU 主要由哪几部分组成?

5.BITE 系统包含哪几部分?

第 7 章　典型机型排故及维护

对民用航空而言，航班安全、正点是其追求的首要目标，这不仅影响企业的形象及经济效益，也是保障旅客与机组人员人事安全及保证公私财产不受损害的重要前提。虽然影响航班安全、正点的因素很多，诸如飞行员操作能力、飞机系统故障、维修质量、机场设施、交通管理、天气、油料、旅客等，但飞机系统故障是其中的主要影响因素。

7.1　排故及测试

检修前要了解集成电路及其相关电路的工作原理，检查或修理集成电路前要首先熟悉所用集成块的功能、内部电路、主要电参数、各引出脚的作用以及引脚的正常电压、波形与外围元件组成电路的工作原理。

7.1.1　排故一般原则与方法

一、排故的一般原则

胆大心细、不钻牛角尖、“三个臭皮匠顶个诸葛亮”。先排除外围电路、测试盒和接插件的故障，最忌一上来就拆核心部件。

排故流程一般是按照信号流程从前往后或者从后往前，对于不懂的地方可以暂时当作黑匣子处理，跳过，分析其他地方。

排故的另一个流程是分模块排故，一般流程是外围电路、电源模块、执行模块、驱动模块、信号采集模块、信号处理模块、控制模块。

二、各功能模块发生故障表现及其概率

电源模块：整机不工作，80％概率。

执行、驱动模块：设备有反应或显示，但不执行操作指令，50％概率。

信号采集、处理模块：设备有反应，但是某些功能、细微指令、精度等测试不合格；或者某种环境下工作正常，换另外环境工作不正常，70％概率。

三、常用的排故方法

软替代法:包括电压替代、电流替代、信号替代、外围传感器替代、开关信号替代、数字信号替代。注意信号的共地问题,防止短路、过流、过压和超频。

硬替代法:包括元器件替代、电路板替代。

软替代的优先顺序:无电、有电、低压、高压、直流、交流。

硬替代的优先顺序:先易拆不易损,后不易拆易损。先分立件,IC。先管角少的 IC,后管角多的 IC。先数字 IC,后模拟 IC。先外围 IC,后中控 IC。

通电前一定要三思并仔细检查,做好人、件和设备的防护工作。

注意整个维修过程中的防静电问题。

养成良好的工作习惯,比如及时关电、不带电工作、红接正黑接负、每次用万用表前扫一眼挡位开关、每次插电前看一眼是交流电还是直流电,是中频 115 V、400 Hz 还是 220 V/380 V、50 Hz 等。

电子设备在运行过程中,除了因人为因素发生一些偶然故障外,还常常因环境影响、运行条件的突变以及元器件电性能的老化等原因产生各种故障。

四、测试时不要使引脚间造成短路

测量电压或者使用示波器探头测试波形时,表笔或者探头不要由于滑动而造成集成电路引脚间短路,最好在与引脚直接连通的外围印刷电路上进行测量,任何瞬间的短路都容易损坏集成电路,在测试扁平型封装 MOS 集成电路时要加倍小心。

1)严禁在无隔离变压器的情况下,用已接地的测试设备去接触底板带电的电子电气设备

严禁用外壳已接地的仪器设备直接测试无电源隔离变压器的电子设备。飞机用的许多设备都不具有电源变压器,当接触到较特殊的尤其是输出功率较大或者对采用的电源性质不太了解的设备时,应首先弄清楚该机底板是否带电,否则极易与底板带电的设备造成电源短路,波及集成电路,造成故障进一步扩大。测试前人体先对大地放掉静电,IC 不能放在易带静电的物体上。

2)要注意电烙铁的绝缘性能

不允许电路带电使用烙铁焊接,要确认烙铁不漏电,最好把烙铁外壳接地,对 MOS 电路要更加小心,采用 6～8 V 低压电烙铁更安全。

3)要保证焊接质量

焊点要确实焊牢,焊锡的堆积、气孔容易造成虚焊,焊接时间一般不超过 3 s,烙铁功率应用内热式 20 W 左右。已焊接好的集成电路要仔细查看,最好用欧姆表测量各引脚间有否短路,确认无焊接粘连现象再接通电源。

4)不要轻易判定集成电路的损坏

不要轻易判定集成电路已经损坏。因为集成电路绝大多数为直接耦合,一旦某一电路不正常,可能会导致多处电压变化,而这些变化不一定是集成电路损坏引起的。另外,在有些情况下测得各引脚电压与正常值相符或者接近,也不一定都能说明集成电路是好的,因为

有些软故障不会引起引脚直流电压的变化。

5)测试仪表内阻要大

测量集成电路引脚直流电压时,应选用表头内阻大于 20 kΩ/V 的万用表,否则对某些引脚电压会有较大的测量误差。

6)要注意功率表集成电路的散热

功率集成电路应散热良好,不允许不带散热器而在大功率状态下工作。

7)引线要合理

如需要加接外围元件代替集成电路内部已经损坏部分,应选用小型元器件,且接线要合理以免造成不必要的寄生耦合,尤其要处理好高频、弱信号、控制级集成电路和放大电路之间的接地端。

7.1.2　排故及测试的具体方法

一、直观检查法

1.了解故障情况

检修电气部件设备时,不要急于通电检查,首先应向使用者了解设备故障前后的使用情况(故障是发生在开机时还是在工作中,是突然发生还是逐渐发生的,有无冒烟、焦味、闪光、发热等现象;故障前是否动过开关、旋钮、按键、插件等)及气候等环境情况。

2.外观检查

通电前进行外观检查。检查按键、开关、旋钮放置是否正确;检查电缆、电线插头有无松动;检查印刷电路板铜箔有无断裂、短路、霉烂、断路、虚焊、打火痕迹,元器件有无变形、脱焊、互碰、烧焦、漏液、胀裂等现象,保险丝是否熔断或者松动,电机、变压器、导线等有无焦味、断线、打火痕迹;检查继电器线圈是否良好、触点是否烧蚀等。

二、电阻测量法

一般在不通电的情况下用万用表的电阻档进行测量,注意事项:①测量与其他电路有联系的元器件或者电路时,需要注意电路的并联效应,必要时断开被测电路一端测量;②测量回路中有电表表头时,应将表头短路,以免损坏表头;③如果被测电路中有大电容,应首先放电;④应根据被测电阻阻值的大小,选用适当量程;⑤电机、变压器的绝缘测量应使用兆欧表。

三、电压测量法

电压测量法是用万用表直流电压挡检测电源部分输出的各种直流电压、晶体管各极对地直流电压、集成电路各引脚对地直流电压、关键点的直流电压等。

注意事项:①正确选择参考点,一般情况下参考点以地端为标准,但某些特殊电路的电源负端、正端都不接地,参考点应以该局部电路的电源负端为参考点;②注意电路的并联效应及电表对电路的影响，有时某一元件电压失常，并不一定是这个元件损坏，有可能是相邻元器件发生故障引起的。

四、电流测量法

电流测量法主要用于测量电子设备整机工作电流或者某一电路中的工作电流。电流检查往往比电阻检查更能反映出各电路静态工作是否正常，测量整机工作电流时，必须将电路断开（或取下直流保险丝），将万用表电流挡（选择最大量程）串入电路中（应将万用表接好后再通电）。另外，还可以测量电子设备插孔电流、晶体管和集成电路的工作电流、电源负载电流、电容器漏电电流、空载变压器电流、过荷继电器动作电流等。

五、波形测量法

用示波器测量波形，能比较直观地检查电路动态工作状况，这是其他方法无法比拟的。

注意事项：①选择公共点作为示波器地线，地线必须接触良好，否则波形不稳或看不到波形；②被测设备的地线必须是“冷”地（即与电网是隔离的）；③示波器探头输入阻抗要高，否则对被测电路有影响；④示波器输入信号应在量程范围内，否则易损坏示波器。

六、干扰法

干扰法主要检查电子设备在输入适当的信号时才表现出来的故障。该方法是用镊子、螺丝刀、表笔等简单工具碰触某部分电路的输入端，利用人体感应或者碰触中的杂波作为干扰信号，输入到各级电路；或者用短路法使晶体管基极对地（连续或者瞬间）短路，在给电路输入端加入这些干扰信号的同时，可用万用表或者示波器在电路的输出端进行测量；应注意荧光屏上是否有噪波干扰、喇叭中是否有噪声干扰，以判断被检查部位能否传输信号进而判断故障部位，最好从最后以及开始逐渐向前检查。

七、等效替换法

等效替换法是在大致判断故障部位但还不能确定造成故障的原因时，对某些不易判断的元器件（如电感局部短路、集成电路性能变差等）用同型号或者能互换的其他型号的元器件或者部件代换。

在缺少测量仪器仪表时，往往用替换法排除故障，尤其是对插入式安装的元器件更是简单可行。

注意事项：①替换的元器件应确认是好的，否则将会造成误判而走弯路；②对于因过载而产生的故障，不宜用替换法，只有在确信不会再次损坏新元器件或已采取保护措施的前提下才能替换。

八、比较法

维修有故障的电子设备时，若有两台电子设备，可以用另一台好的电子设备作比较。分别测量出两台电子设备同一部位的电压、工作波形、对地电阻、元器件参数等来相互比较，可以方便地判断故障部位。另外，平时应多收集一些电子设备的各种数据，以便检修时作比较。

九、隔离法

隔离法适用于各部分既能独立工作，又可能相互影响的电路，如多负载并联排列电路、分叉电路。这时可将某电路各个部分一个一个地断开，一步一步地去缩小故障范围。

十、故障恶化法

对间歇性或随机性故障，为了使故障暴露出来，可以采用故障恶化法，如振动、边缘校验(如施加极限电源电压)、加热(如用电烙铁烘烤集成电路)、冷却(如用酒精棉球擦拭集成电路外壳)方法，对连接器、电缆、插头、插入式单元等进行扭转、拨动等，但应注意避免造成永久性破坏。

十一、信号追踪法

信号追踪法是用示波器、逻辑探头或者万用表，按信号、流程选择正确的检测点，检测电阻、电压、电流、信号波形、逻辑电平等是否正常。

测试要点：①由不正常的检测点开始沿信号通路往回测试；②先大范围寻找故障源，再小范围仔细测试(对于串联电路，可以从中间插入进行检测)。

7.1.3　排故手法的综合运用与灵活使用

一位经验丰富的电气维修人员，可以通过观察故障现象判断出故障的部位或是哪个元件损坏。对于初学者要做到这一点是很不容易的，初学时我们要遵循“逐步分析法”这一维修原则，掌握好“问、看、听、测、断”这几个方面来检修机载电气设备。同一故障表现因机型不同，所损坏的部位也不尽相同，因此，我们必须掌握维修的基本原则，才能应对日新月异、千变万化的机载电气设备。

(1)初步检查。初步检查是指不必对设备作彻底了解的检查，这种检查看起来无关紧要，然而却是不可忽视的。经验证明，在这点上多花些时间，在处理故障时就少些麻烦。

(2)在接到故障件后应做到三点：问、听、看。问：主要是问用户，组件的故障是在什么情况下发生的，以及组件损坏的前后过程；听：主要是接通电源，听一下声音有何异常；看：主要是看一下外表现象。

(3)熟悉整机，找出所需要的资料。打开机壳厚应仔细观察待修设备，然后找出准备维修的参考资料——维修手册(CMM)。这是因为各级关系、输入输出电压波形以及测试点电压值等一般标注在 CMM 中。

(4)参考一些故障现象与维修方法的书籍，以便于帮助分析故障。如有可能，可以参照一台机型相同、工作正常的整机，它可以向用户提供一些图纸上没有的测试数据。

(5)请教有经验的维修人员，让其帮助分析故障可能出现在哪里。

(6)缩小故障范围到某一级。通过观察分析有关每一级的作用和各级之间的关系，确定从哪一级开始下手，先测这级的输入，看其是否正常。如果不正常，应检查前一级，如果正常再测输出;如果输出不正常,则故障就在这一级,反之就按此方法继续测下一级,直到找到“故障级”。然后缩小故障范围到某一元件,确定故障在某一级后,开始寻找故障的具体元件是哪个。应以三极管、功放管、IC、运算放大器、大功率器件等为核心元件进行查找。在维修中,三级管、二极管、功放管、集成电路等是最容易损坏的,如上述元件没有问题,再分别查找电阻、电容、电感等其他元件。

(7)替换损坏元件,检查整机恢复工作的情况。故障元件换好后,应进一步对整机进行检查,看是否有因焊接造成的短路或虚焊的地方,如有应马上处理。然后接通电源,开机观察故障是否排除。如果没有出现故障,应使机器工作一段时间,看故障是否重新出现;如果机器工作正常,说明故障排除。

更换元件时应注意的事项:①在更换元件之前,应找出造成损坏的原因;②替换元件最好使用规格相同、大小相等的元件;③必须对新元件进行检查,以免换一个坏元件,造成不必要的麻烦。

7.1.4 注意事项和安全防护

一、排故中的短路防护

短路的定义:短路就是电源未经过负载而直接由导线接通成闭合回路。短路电流是指不接用电器时的电流,相当于直接找个导线把电池的正负极相连接时的电流(通常这是一种严重且应该尽可能避免的故障电路,其会导致电路因电流过大而烧毁并发生火灾)。

在并联电路中,用导线或者开关直接将某电路元件或者负载的两端连接起来。这是并不会导致因电流过大而发生烧毁现象的安全连接,是一种局部或者部分的短路。如用几十只小灯泡串联而成的节日小彩灯,为了延长它的使用寿命,当其中某只灯丝断开而损坏后,其内部的特别结构会自动将其两端连接而使其他小灯泡正常工作。

短路在物理学的解释:电力系统在运行中,相与相之间或者相与地(或中性线)之间发生非正常连接(即短路)时而流过非常大的电流。其电流值远大于额定电流,并取决于短路点距电源的电气距离。例如,在发电机端发生短路时,流过发电机的短路电流最大瞬时值可以达到额定电流的 10～15 倍。在大容量电力系统中,短路电流可达数万安。这样会对电力系统的正常运行造成严重影响。

三相电力系统中发生短路的情况有四种基本类型:三相短路、两相短路、单相对地短路和两相对地短路。其中,三相短路时,三相回路依旧对称,因而又称为对称短路,其余三类均属于不对称短路。在中性点接地的电力网络中,以一相对地的短路故障最多,约占全部故障的 90%。在中性点非直接接地的电力网络中,短路故障主要是各种相同短路。

电气线路上,由于种种原因相接或相碰,产生电路忽然增大的现象称为短路。相线之间相碰叫相间短路;相线与地线、与接地导体或与大地直接相碰叫对地短接。当短接电流忽然增大时,其瞬间放热量很大,大大超过线路正常工作时的发热量,不仅能使绝缘烧毁,而且能使金属熔化,引起可燃物燃烧发生火灾。

造成短路的主要原因有:①线路老化、绝缘破坏而造成短路;②电源过电压,造成绝缘击穿；③小动物（如蛇、野兔、猫等）跨接在裸线上；④人为的多种乱拉乱接。

如果电气线路发生短路则容易引起火灾。电路起火，火势传播快，如抢救不及时，则容易造成重大损失。那么，电气线路为什么会发生短路？怎么才能预防呢？

电气线路发生短路的主要原因有以下几方面：①选用的导线不符合环境要求，使其绝缘受到高温、潮湿或腐蚀作用而失去绝缘能力。②线路年久失修，绝缘陈旧老化或受损伤，使线芯裸露。③电压超过线路的额定电压，使绝缘被击穿。④安装、修理人员接错线路，或者带电作业造成人为碰线短路。⑤电线机械强度不够，使电线断落接触大地，或断落在另一根电线上。⑥不按规程要求私接、乱拉，管理不善、维护不当造成短路。⑦线路的绝缘耐压程度过低，会引起线路的对地短路。

二、具体预防措施

短路的具体预防措施有以下几项：

（1）导线绝缘必须符合电压和工作情况的需要，并定期检查绝缘强度，检查时，一般在绝缘强度大不到规定数值的 50%，就要找出绝缘降低的原因，及时采取措施解决。

（2）导线的截面积要满足负荷的需要，防止产生高温。

（3）要根据导线使用的具体环境选用不同类型的导线，即应考虑潮湿、化学腐蚀、高温等使用环境的要求，并正确选择配线方式。

（4）安装线路时，导线与导线之间，导体与壳体、金属紧固件之间，以及固定导线用的绝缘之间，应有符合规程要求的间距。导线与运动物体之间要有很好的防护，以防止绝缘遭受损坏。

（5）在线路板上应按规定安装断路器或者熔断器，以使线路发生短路时能及时可靠地切断电源。

（6）在维修电路的测试中不要使引脚间造成短路，电压测量或者用示波器探头测试波形时，表笔或探头不要滑动而造成集成电路引脚间短路，最好在与引脚直接连通的外围印刷电路上进行测量，任何瞬间的短路都容易损坏集成电路，在测试扁平型封装 CMOS 集成电路时更要加倍小心。

三、排故中的直流地、交流地、数字信号地与模拟信号地

“地”是电子技术中一个很重要的概念。由于“地”的分类与作用有多种，初学者往往容易混淆。

1.接地的种类和目的

（1）安全接地。安全接地即将机壳接大地。一是防止机壳上积累电荷，产生静电放电而危及设备和人身安全；二是当设备的绝缘损坏而使机壳带电时，促使电源的保护动作而切断电源，以便保护工作人员的安全。

（2）防雷接地。当电力电子设备遇到雷击时，不论是直接雷击还是感应雷击，电力电子设备都将受到极大伤害。为了防止雷击应设置避雷针，以防雷击时危及设备和人身安全。

上述两种接地主要是为安全考虑，均要直接接在大地上。

（3）工作接地。工作接地是为电路正常工作而提供的一个基准电位。该基准电位可以

设为电路系统中的某一点、某一段或某一块等。当该基准电位不与大地连接时，视为相对的零电位。这种相对的零电位会随着外界电磁场的变化而变化，从而导致电路系统工作的不稳定。当该基准电位与大地连接时，基准电位视为大地的零电位，而不会随着外界电磁场的变化而变化。但是不正确的工作接地反而会增加干扰，比如共地线干扰、地环路干扰等。为了防止各种电路在工作中产生相互干扰，使之能相互兼容地工作，根据电路的性质，将工作接地分为不同的种类，例如直流地、交流地、数字地、模拟地、信号地、功率地、电源地等。上述不同的接地应当分别设置。

(4)信号地。信号地是各种物理量的传感器和信号源零电位的公共基准地线。由于信号一般都比较弱，易受干扰，因此对信号地的要求比较高。

(5)模拟地。模拟地是模拟电路零电位的公共基准地线。由于模拟电路既承担小信号的放大，又承担大信号的功率放大，既有低频的放大，又有高频放大，因此模拟电路既容易被干扰，又可能产生干扰。所以对模拟地的接地点选择和接地线的敷设更要充分考虑。

(6)数字地。数字地是数字电路零电位的公共基准地线。由于数字电路工作在脉冲状态，特别是当脉冲的前后沿比较陡或频率比较高时，易对模拟地电路产生干扰，所以对数字地的接地点选择和接地线的敷设也要充分考虑。

(7)电源地。电源地是电源零电位的公共基准地线。由于电源往往同时供电给系统中的各个单元，而各个单元要求的供电性质和参数可能有很大差别，因此既要保证电源稳定可靠地工作，又要保证其他单元稳定可靠地工作。

(8)功率地。功率地是负载电路或者功率驱动电路的零电位的公共基准地线。由于负载电路或者功率驱动电路的电流比较强、电压比较高，所以功率地线上的干扰比较大，因此功率地必须与其他弱电分别设置，以保证整个系统稳定可靠的工作。

(9)直流地。直流电路“地”，零电位参考点。

(10)交流地。交流电的零线，应与地线区别开。

2.屏蔽接地

屏蔽与接地应当配合使用，才能起到屏蔽的效果。例如静电屏蔽，当用完整的金属屏蔽体将带正电的导体包围起来时，在屏蔽体的内侧将感应出与带电导体等量的负电荷，外侧出现与带电导体等量的正电荷，因此外侧仍有电场存在。如果将金属屏蔽体接地，外侧的正电荷将流入大地，外侧将不会有电场存在，即带正电导体的电场被屏蔽在金属屏蔽体内。

3.不同地线的处理方法

(1)数字地和模拟地应分开。在高要求电路中，数字地与模拟地必须分开。即使是对于A/D、D/A 转换器同一芯片上两种“地”，最好也要分开，仅在系统一点上把两种“地”连接起来。

(2)浮地与接地。系统浮地，是将系统电路的各部分的地线浮置起来，不与大地相连，这种接法，有一定抗干扰能力，但系统与地的绝缘电阻不能小于 50 MΩ，一旦绝缘性能下降，就会带来干扰。通常采用系统浮地，机壳接地，可使抗干扰能力增强，安全可靠。

(3)一点接地。在低频电路中，布线或元件之间不会产生太大影响。通常频率小于1 MHz的电路，采用一点接地。

(4)多点接地。在高频电路中,寄生电容和电感的影响比较大。通常频率大于 10 MHz 的电路,采用多点接地。

印刷电路板上,电源线和地线最重要。克服电磁干扰,最主要的手段就是接地。对于双面板,地线布置特别讲究,通过采用单点接地法,电源和地是从电源的两端接到印刷线路板上来的,电源一个接点,地一个接点。印刷线路板上,要有多个返回地线,这些都汇聚回到电源的那个接点上,就是所谓的单点接地。所谓模拟地、数字地、大功率器件地分开,是指布线分开,而最后都汇集到这个接点上来。与印刷线路板以外的信号相连时,通常采用屏蔽电缆。对于高频和数字信号,屏蔽电缆两端都接地。低频迷你信号用的屏蔽电缆,一端接地为好。

对噪声和干扰非常敏感的电路或高频噪声特别严重的电路应该用金属罩屏蔽起来。

4.对于一点接地与多点接地的理解

单点接地指整个系统中,只有一个物理被定义为接地参考点,其他各个需要接地的点都连接到这一点上。单点接地适用于频率较低的电路(1 MHz 以下)。若系统的工作频率很高,以致工作波长与系统接地引线的长度可比拟,单点接地方式就有问题了。当地线的长度接近于 1/4 波长时,它就像一根终端短路的传输线,地线的电流、电压呈驻波分布,地线变成了辐射天线,而不能起到“地”的作用。为了减少接地阻抗,避免辐射,地线的长度应小于 1/20 波长。在电源电路的处理上,一般可以考虑单点接地。对于大量采用的数字电路的 PCB,由于其含有丰富的高次谐波,一般不建议采用单点接地方式。

多点接地指设备中各个接地点都直接接到距离它最近的接地平面上,以使接地引线的长度最短。多数接地比较适合于大于 10 MHz 的电路中,在数模混合的电路中可以采用单点接地和多点接地结合的方法。

一般模拟电路采用一点接地,数字电路采用多点接地,大电流地和小电流地分开走,不要有相通的地方。

一点接地,简单地讲就是将所有单元电路的地都接在一个地方,每个单元电路都拉一个地线过去,各个单元电路的地不管是在交流还是直流状态下,都没有共用的。

严禁用外壳已接地的仪器设备直接测试无电源隔离变压器的电子设备,飞机用的许多设备都不具有电源变压器,当接触到较特殊的尤其是输出功率比较大或者采用对电源性质不太了解的设备时,首先弄清该机底盘是否带电,否则极易与底板带电的设备造成电源短路,波及集成电路,造成故障进一步扩大。测试前人体应先对大地放掉静电,IC 不能放在易带静电的物体上。

注意事项:①正确选择参考点,一般情况下参考点是以地端为标准,但某些特殊电路的电源负端、正端都不接地,参考点应以该局部电路的电源负端为参考点;②注意电路的并联效应以及电表对电路的影响,有时某一元件电压失常,并不一定是这个元件损坏,有可能是相邻元器件发生故障引起的;③选择公共点作为示波器地线,地线必须接触良好,否则波形不稳或者看不到波形;④被测设备的地线必须是“冷”地(即与电网是隔离的);⑤示波器探头输入阻抗要高,否则对被测电路有影响;⑥示波器输入信号应在量程范围内,否则易损坏示波器。

7.1.5 高频弱电信号的干扰防护与辨别

一、产生信号干扰的分析

使用环境中的电磁设备众多，干扰信号的来源通常有下列几种。①交流电磁感应。在交流强电导线或者设备周围存在交变磁场，当弱电信号导线经过上述磁场附近时，将以电磁感应的形式，对有用的信号产生干扰。②空间辐射电磁波。大功率的高频发生装置、直流电机整流子炭刷的滑动、电气装置接点开断时的火花以及电弧等，都会产生强烈的高频电磁波，以空间辐射的形式向四周扩散，引起干扰。③接地不当。强弱电气设备的机架、外壳、箱体等都是接地的。当电气设备绝缘老化，或供电系统负荷不平衡时，大地中就会流过电流，形成接地压降，对系统中的弱电信号产生干扰。④公共阻抗。系统的设备常有一些内部电源导线以及外部信号公用零线等公用连线。当这些公共线上流过电流时，将产生阻抗压降，对信号回路产生干扰。⑤多路信号并列传送。当若干路信号相互平行，并列传送且距离很近时，线间易产生干扰。

二、预防措施和消除方法

(1)物理性隔离。增大电子控制装置、信号导线与干扰源、动力导线之间的距离，这是减少干扰的有效措施，弱电信号导线应避免和强电导线相互平行敷设，不能捆扎在同一个线束中或使用同一电缆。同一个信号回路的两根导线，需敷设在同一根电缆之中。弱电信号回路不应与强电系统共用接地线；弱电信号回路的共用地线应与同一个测量回路的另一根导线一起敷设，不能借用大地作为信号传送导体。

对于各种不同性能的元件和导线，应按其不同电平、功率、抗干扰能力的大小等进行分类。同类型的元件和导线应集中在一起，各自使用专用的端子箱、端子排，力求与别类的元件和导线保持一定的距离，作为物理性隔离。

(2)平衡电路电压。利用电路上的平衡关系，让两根传输同一信号的导线具有相同的干扰电压，可使干扰电压在这两根导线的负载上自行抵消。用这种方法能有效地抑制外电路的电磁干扰。双绞线就是平衡电路的一种形式。

(3)屏蔽信号。屏蔽就是用金属蔽体把电力线或磁力线的影响限定在某个范围内，阻止电力线或磁力线进入某个范围，把外界干扰与测量装置隔开，使测量信号不受外界电磁场的影响。使用屏蔽线和屏蔽电缆时，必须注意屏蔽层、外层都不能流过电流，与地不能构成回路。

(4)正确接地。电测装置的接地，一方面是输入、输出信号有公共零电位，使得各级电信号间有一个基准电位作参考；另一方面也是屏蔽体接至基准零电位以抑制干扰的需要。地电位十分复杂，为了尽量削弱干扰，要采取“一点接地”的原则。

三、共模干扰、差模干扰及其防护

干扰类型通常按干扰产生的原因、噪声干扰模式和噪声波形性质进行划分。其中：按噪声产生的原因不同,可分为放电噪声、浪涌噪声、高频振荡噪声等;按噪声的波形、性质不同,可分为持续噪声、偶发噪声等;按噪声干扰模式不同,可分为共模干扰和差模干扰。

共模干扰和差模干扰是一种比较常用的分类方法。共模干扰是信号对地的电位差,主要由电网串入、地电位差及空间电磁辐射在信号线上感应的共态(同方向)电压叠加所形成。共模电压有时比较大,特别是采用隔离性能差的配电器供电室,变送器输出信号的共模电压普遍比较高,有时可高达 130 V 以上。共模电压通过不对称电路可转换成差模电压,直接影响测控信号,造成元器件损坏(这就是一些系统 I/O 模件损坏率较高的主要原因),这种共模干扰可为直流,也可为交流。差模干扰是指作用于信号两极间的干扰电压,主要是由空间电磁场在信号间耦合感应及不平衡电路转换共模干扰所形成的电压,这种电压直接叠加在信号上,影响测量与控制精度。

通俗地讲,就是电压电流的变化通过导线传输时有两种形态,"共模"和"差模"。设备的电源线、电话等通信线,与其他设备或外围设备相互交换的通信线路,至少有两根导线,这两根导线作为往返线路输送电力或信号。但在这两根导线之外通常还有第三导体,这就是"地线"。干扰电压和电流分为两种:一种是两根导线分别作为往返线路传输;另一种是两根导线做去路,地线做返回路传输。前者叫"差模",后者叫"共模"。

差模干扰在两根信号线之间传输,属于对称性干扰。消除差模干扰的方法是在电路中增加一个偏值电阻,并采用双绞线。

共模干扰是在信号线与地之间传输,属于非对称性干扰。消除共模干扰的方法包括:①采用屏蔽双绞线并有效接地;②强电场的地方还要考虑采用镀锌管屏蔽;③布线时远离高压线,更不能将高压电源线和信号线捆在一起走线;④采用线性稳压电源或高品质的开关电源(纹波干扰小于 50 MV)。

四、共模/差模干扰的抑制

传感器到机载用电设备的弱电信号,可采用阻容滤波的方法减少干扰。图 7－1－1 所示为阻容滤波示意图。

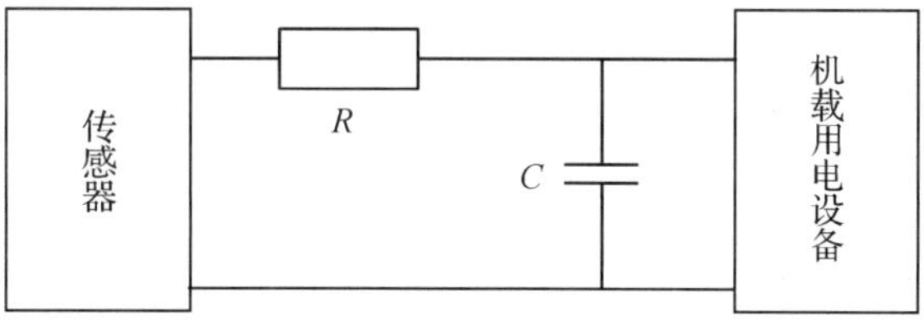

图 7－1－1　阻容滤波示意图

传感器的输出信号,不论是电压还是电流,经过 R、C 阻容滤波,信号中的高频干扰信号被滤掉,输出信号就平滑了。如传感器是电压信号,电阻 R 可以大一些,一般至少 1 KΩ、几百千欧均可,电容 C 从 0.1 至 0 μF、10 μF;如果是电流信号,则电阻 R 及一相机载用电设备侧的输入电阻和不能大于传感器的最大电阻值,多数情况下 $R \leqslant 500$ Ω,电容 C 的值为 0.1～10 μF。

有时 PLC 或其他控制器的开关量输入由于受外界干扰影响而瞬间输入错误,导致 PLC

产生误动作，这时机载用电设备的输入端并联一个 0.1 μF 的小电容就可以消除这种干扰。图 7-1-2 所示为机载用电设备消除干扰示意图。

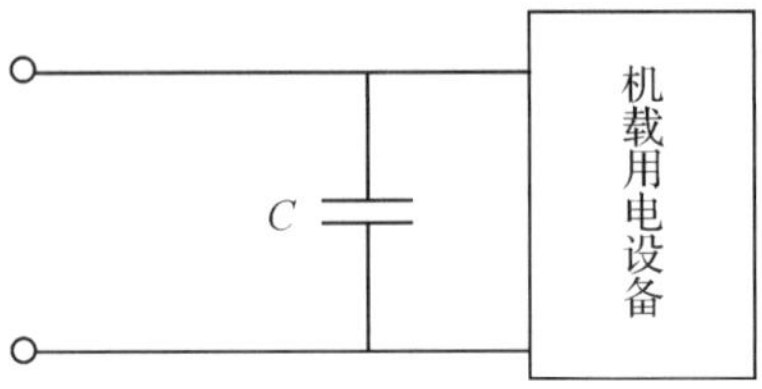

图 7-1-2　机载用电设备消除干扰示意图

电气电路控制失灵，当用按钮和开关起停较远处交流电机（或机载用电设备）时，有时想停却停不了，电路如图 7-1-3 所示。

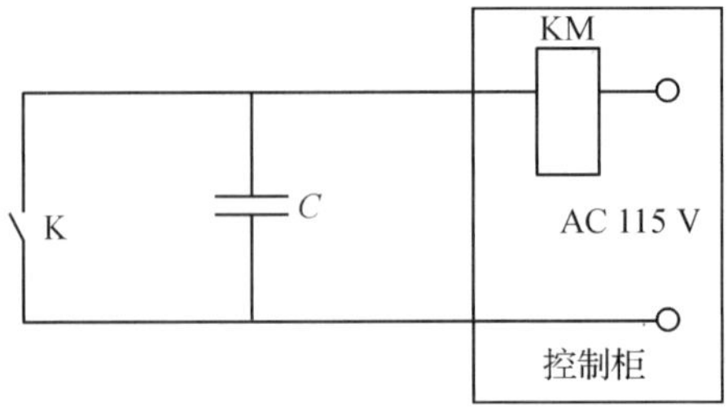

图 7-1-3　电路控制失灵示意图

由于开关 K 离接触器 KM 比较远，两根电线很长导致其分布电容 C 将变得很大，在交流电路中，这个分布电容中将有位移电流流过，即使开关 K 断开也可能因 KM 维持能量不需要太大而导致 KM 不释放，设备停不下来。此时，可以按以下方法解决：①用直流信号远控；②在交流接触器 KM 的线圈上并联一个灯泡或电阻，使分布电容流过的电流不足以维持线圈的吸合；③屏蔽双绞线和屏蔽线接地。对于弱信号的传输，如能形成一对电流相等、方向相反的回路，最好采用双绞线，这样导线本身就具有一定的抗干扰能力，因为两个相近的双绞线形成的感应电压正好相反，本身就把外界耦合进来的干扰信号给抵消掉了，如再加上良好的屏蔽，其干扰能力就更强了。多数弱电信号的屏蔽层可以在接收信号侧一点集中接地，或是两边都不接地，视现场的抗干扰效果而定。

7.2　波音飞机电气接头故障排除

7.2.1 概述

飞机电气系统导线之间、导线与控制件之间的电气连接均通过电气接头进行，它是有关控制、操纵、保护、指示系统的连接部分，由插头 P 和插座 J 组成。使用中的故障多数是由安装维护不当人为造成的，或是因受到环境的影响。

7.2.2　故障现象

（1）电气插头经常拆换。一类故障是插头的拆换造成插钉孔磨损，通过的信号比较弱，插钉和插孔均采用镀金，经常拆换后镀层被磨损，接触电阻变大，造成线路故障。另一类故障是插头拆换后没有加以保护使插头受外界污染，电气插头拆下来不注意，插头就容易进水、受污染，如安装时没有清洁，插头上的插钉就会锈蚀。第二类故障一般应消除污染源，检查插头附近是否有滑油并加以修理，然后清洁即可。

（2）电气插头安装于一些振动比较多的地方，如机翼和发电机的部分接头，这些电气接头因长时间频繁振动或经常拆装，导致插头和插座之间松动，插头因松动而使接触电阻增大，电流通过就产生电阻热甚至电弧，造成所有或部分插钉烧蚀积炭，接触电阻进一步加大，造成指示空白或指示摆动。

（3）电气插头安装于外界环境较为恶劣、温度变化大的地方，如发动机上部分电气机件。这类故障发生的原因是：插头或插座中间的橡皮垫由于温度变化较大造成变形，插钉或插孔定位发生位移致使插头插上之后插钉与插孔之间没有完全接触或松动，但插头插座的外部配合良好，外观检查无法发现问题。

（4）特种插头。例如发电机点火线和点火嘴上的连接，有规定的力矩，过紧绝缘拧变形，绝缘阻值改变，易击穿。

7.2.3　正确维护

安装时检查插头及插座中的橡皮垫是否正常，插钉是否干净，观察定位槽，检查定位情况。插动后面的导线，过紧易拉出插钉，过松导线易磨损。按要求打好保险，按规定力矩拧好。控制盒要正确安装在导轨上，等感觉到定位钉对上后，再往里推控制盒，否则会造成部分插钉没能对入插孔，而是插到插孔的旁边，造成插钉倒向一侧或弯曲，硬往里推控制盒会导致插钉折断。导线束在插钉尾部安装处的安装紧固不当，会导致插钉的尾部导线被拉断。

7.3　空客 A320 系列飞机交流汇流条连接线指示丢失故障分析

7.3.1　概述

飞机电源系统故障，尤其是与汇流条相关的故障经常导致航班不正常。此处以某航空公司 173 架空客 320 系列飞机为样本，对其 2015—2019 年间电源系统导致航班不正常数量进行统计，见表 7－3－1。

表 7-3-1 空客 320 飞机航班不正常数量统计

年份	航班不正常数量	延误数量	取消数量	返航数量
2015	21	18	3	2
2016	33	28	5	0
2017	23	23	2	1
2018	21	19	2	0
2019	24	21	2	1

飞机电源系统故障中，与汇流条相关的警告信息包括：ELEC AC(DC)BUS1(2)、ELEC AC(DC) ESS BUS FAULT、ELEC AC(DC) ESS BUS ALTN、ELEC AC(DC) ESS BUS SHED,MEL。发生时均不能放行。可以保留的条目如 ELEC GEN 1(2) FAULT，依据 MEL24-22-01A 放行时，不同构型的飞机也有诸多限制，见表 7-3-2。

表 7-3-2 发电机故障放行限制条件

类别	限制条件 1	限制条件 2	限制条件 3	限制条件 4
选装 CFM 发动机	不执行延程运行	飞行高度不超过 33 500 ft	APU 全程使用，增加 APU 油耗	限目的地为高原机场的起飞站
选装 1AE 发动机	飞机前大翼油箱燃油温度高于－30 ℃	飞行中监控大翼燃油温度高于－43 ℃	飞行高度不超过 33 500 ft	APU 全程使用，增加 APU 油耗
A320nco	飞机前大翼油箱燃油温度高于－39 ℃	飞行高度不超过 33 500 ft	APU 全程使用，增加 APU 油耗	不执行延程运行
A321nco	飞机前大翼油箱燃油温度高于－30 ℃	飞行中监控大翼燃油温度高于－38 ℃	飞行高度不超过 33 500 ft	APU 全程使用，增加 APU 油耗

7.3.2 故障现象

2019 年 11 月，某公司一架空客 A320 飞机 ECAM 电源系统页面中 AC BUS1 与 AC ESS BUS 之间的连接线指示丢失，如图 7-3-1 所示。

正常情况下，AC BUS 1 通过 AC ESS BUS 连接接触器向 AC ESS BUS 和 AC ESS SHED BUS 供电。当 AC BUS 1 失去电源时，可通过人工按压驾驶舱头顶电源面板上的 AC ESS FEED 电门，接通 AC BUS 2 电源，由 AC BUS 2 继续向 AC ESS BUS 和 AC ESS SHED BUS 供电。此故障现象并没有触发 ECAM 警告，维修人员按压 AC ESS FEED 电门，检查确认 AC BUS2 与 AC ESS BUS 之间有连接线，可为 AC ESS BUS 供电。

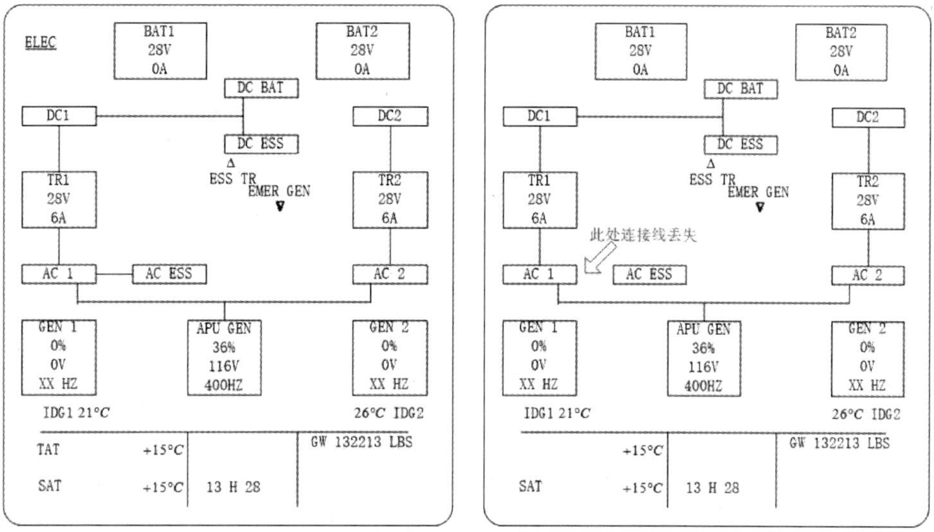

图 7-3-1　交流汇流条连接线指示丢失故障现象示意图

7.3.3　故障原理分析

图 7-3-2 所示为交流主发电机开关局部示意图。

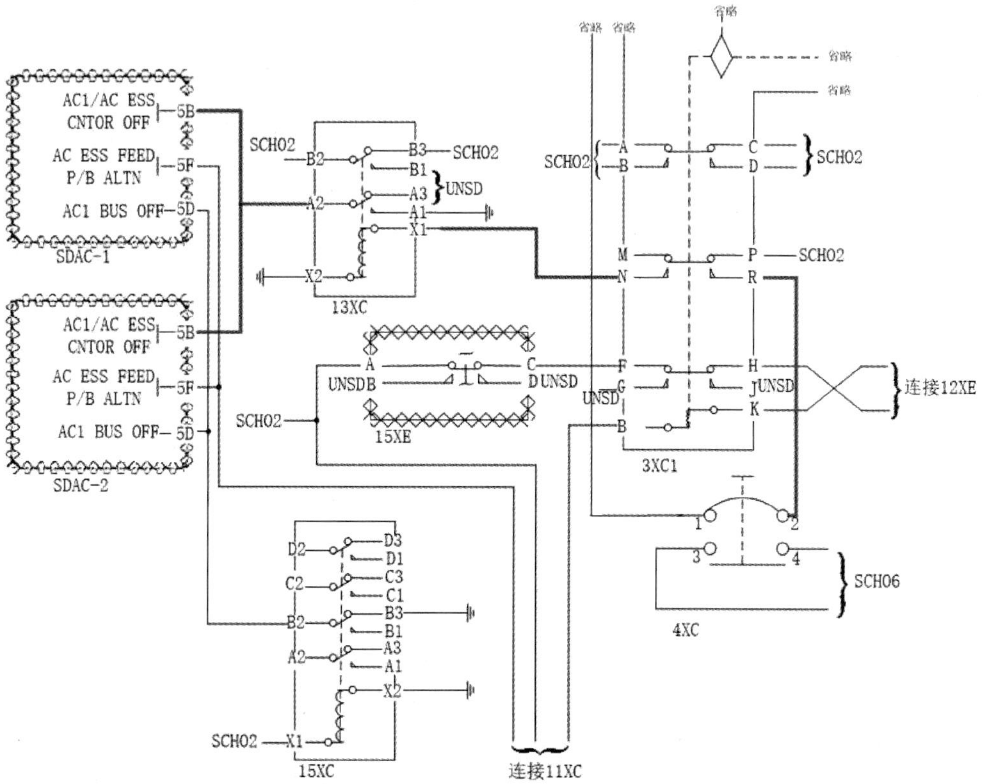

图 7-3-2　交流主发电机开关局部示意图

正常情况下，接触器 3XC1 和 13XC 吸合，AC BUS 1 和 AC ESS BUS 有连接线显示，如果这两个接触器断开，连接线显示就会消失。3XC1 吸合后，13XC - X1 会得到 28VDC。13XC 接触器吸合后，13XCA1A2 触点给 SDAC - AA - 5B 输入地信号。SDAC（系统数据获取集中器）接收到这个地信号，AC BUS1 和 AC ESS BUS 连接线就会显示。SDAC 并没有监控接触器 3XC1 的状态，而是间接地用接触器 13XC 的状态来表示。如 13XC 故障在断开位，SDAC - AA - 5B 接收不到地信号，会认为 3XC1 没有吸合，AC BUS1 和 AC ESS BUS 之间连接线就不会显示。由此可见，汇流条连接线的显示可能会出现虚假故障，实际汇流条之间连接正常但连接线却没有显示。

7.3.4 故障触发原因

AC ESS BUS 与 AC BUS1 和 AC BUS2 均没有连接线，可通过 ECAM 系统“ELEC”页面上的汇流条颜色来判断 AC ESS BUS 是否有电（绿色表示有电，琥珀色表示没有电）。当 AC ESS BUS 没有电时，会触发 ECAM 警告 AC ESS BUS FAULT。显示 XX 则表示汇流条状态信号不可用。

分析 AC ESS BUS FAULT 警告的触发逻辑，需要用到 ECAM 系统逻辑数据手册（ESLD）。该手册在航线排故中不常使用，一般用于查询需要的计算机输入、可用的计算机逻辑、计算机输入的类型（数字式或 ARINC 式等）、文本代码信息、程序和状态消息、信息的颜色、飞行阶段抑制、ARINC 标签数据、听觉警告生成数据和头顶版信号灯数据等。

根据 ELSD1.24.70 章节，图 7 - 3 - 3 所示为 ELSD 信号查询结果示意图。

Parameter	In/ Out	Type param	Bus In	Bus Out	Lab In	Lab Out	Sdi In	Sdi Out	Bit In	Bit Out	Parameter Definition	For Mat	Sig Bit	Type In	Transm. In	Range Out	Transm. Out
DSP ARE83	I/O	D		DATA BUS		006		10		29	DISCRET SPARE			DP+			240
DSP ARE90	I/O	B		DATA BUS		007		10		19	DISCRET SPARE			IP_			240
DSP ARE97	I/O	B		DATA BUS		007		10		26	DISCRET SPARE			IP_			240
DSP ARE99	I/O	B		DATA BUS		007		10		28	DISCRET SPARE			IP_			240
E3PPV.1	I/O	N	BCL1	DATA BUS	366	366	01	01			3PP VOLTAGE	BNR	5		0250/0500	32	240
E3PPV.2	I/O	N	BCL2	DATA BUS	366	366	10	10			3PP VOLTAGE	BNR	5		0250/0500	32	240
EAC1OF	I/O	B	BUS-1XP	DATA BUS		002		01		20	AC1 BUS OFF			IP_			240
EAC1SCOF	I/O	B	CNTOR-3XC1	DATA BUS		002		01		16	AC1/AC ESS CNTOR OFF			DP_O			240
EAC2OF	I/O	B	BUS-2XP	DATA BUS		002		10		20	AC2 BUS OFF			IP_			240
EAC2SCON	I/O	B	CNTOR-3XC2	DATA BUS		002		10		16	AC2/AC ESS CNTOR ON			IP_			240
EACSFPBAL	I/O	B	P/B	DATA BUS		002		00		20	AC ESS FEED P/B ALTN			IP_			240
EACSOF	I/O	B	BUS-4XP	DATA BUS		002		00		18	AC ESS BUS OFF			IP_			240
EACSSBOF	I/O	B	RLY	DATA BUS		002		00		16	AC ESS SHED BUS OFF			DP_O			240
EACSTRCON	I/O	B	CNTOR-3XE	DATA BUS		002		00		15	AC/ESS TRU CNTOR ON			IP_			240
EADCGNL	I/O	D	CNTOR	DATA BUS		004		11		25	ALL DC GEN LOST			IP+O			240

图 7 - 3 - 3 ELSD 信号查询结果示意图

可知 SDAC（系统数据获取集中器）给 FWC（故障告警计算机）发送的信号 002 - 00/18 是触发警告的必要条件。LABEL - SDI 是 002 - 00，其中第 18 位为 1 时，会触发 ECAM 警告 AC ESS BUS FAULT。

在 ECAM 系统逻辑数据手册的“SDAC SIGNALS”部分，可查询到信号 002 - 00/18 的“SOURCE（来源）”来自汇流条 BUS - 4XP，通过 INPUT PINS（输入引脚）可知，信号从 RTP05E（右上插头 05E）销钉输入 SDAC。

图 7-3-4 所示为 ASM24-52-01 线路示意图，当汇流条 4XP 无电时，继电器 3XH 会断开。断开状态的 3XH 其 A 触点会将地信号输给 SDAC1 和 SDAC2 的 AD-5E 销钉。SDAC 发送给 FWC 的数字信号 002-00 中 BITE18 状态就为 1，FWC 将触发 ECAM 警告 AC ESS BUS FAULT。可见当汇流条不通电时也是根据特定的继电器开关状态监控。断开后，将地信号送给 SDAC，用于显示汇流条的不同颜色，同时触发 ECAM 警告。由此可见，如果继电器 3XH 出现故障，也会出现虚假的汇流条警告和故障显示。

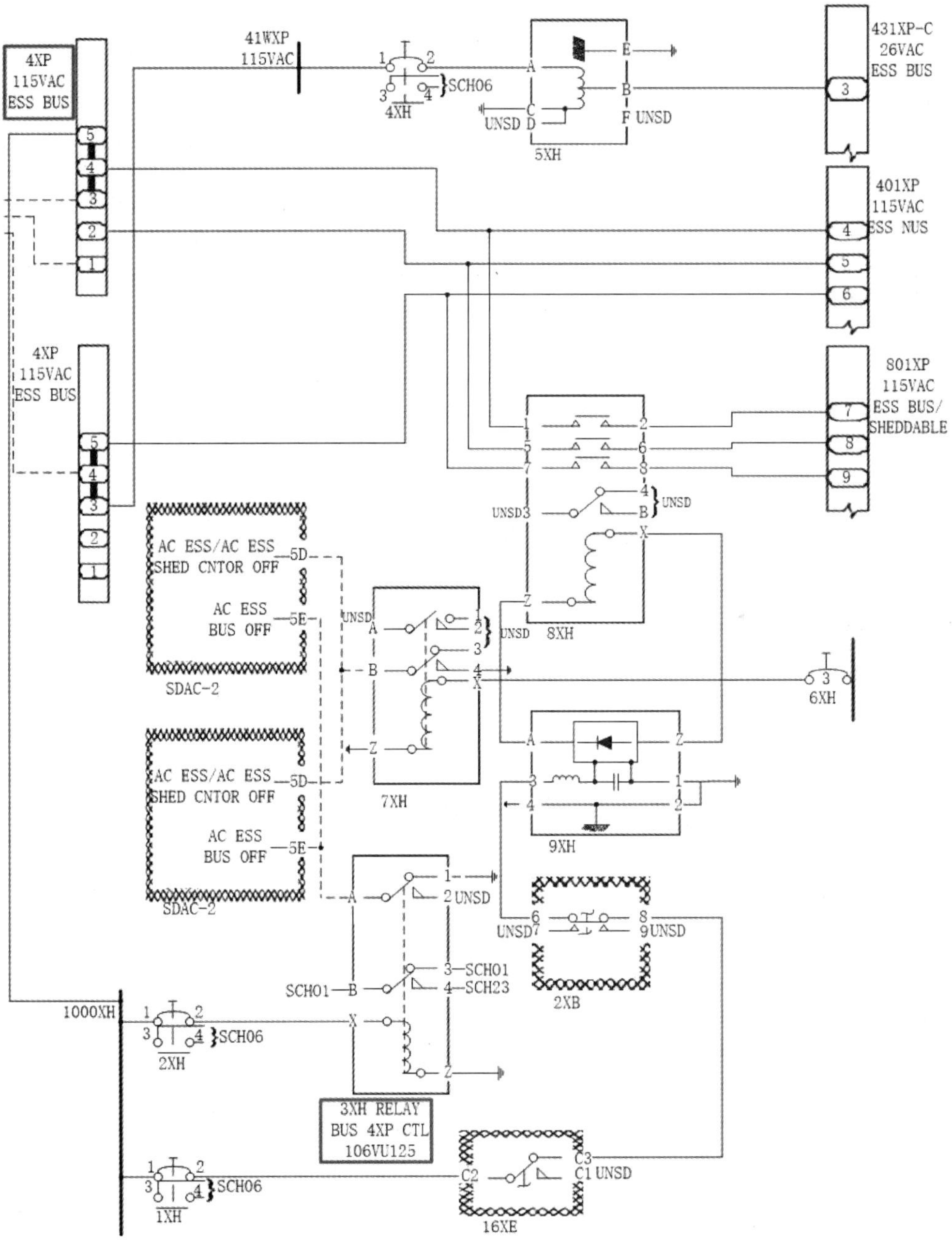

图 7-3-4　ASM24-52-01 线路示意图

7.3.5 排故方案的制定

当出现 ECAM 警告 AC ESS BUS FAULT 时,可以参考 TSM24－50－00－810－804－A 中的故障确认方法来区别真假警告,参考 AMM31－60－00－860－001,完成 EIS(电子仪表系统)启动程序,如果 EWD(发动机告警显示器)和左 PFD(主飞行显示器)黑屏,表示 4XP 的确没有电。这时,需要按照 TSM 的故障隔离程序进行排故。

通过 ASM24－52－01 和 ASM24－25－01,只要汇流条 4XP 有电，继电器 3XH 就可吸合。3XH 有 A 和 B 两组触点,当继电器断开时,A 输出地信号给两部 SDAC,B 输出地信号给电门 AC ESS FEED(11XC)。如果 3XH 完全断开,3XH－A 触点输出地信号给 SDAC,触发 ECAM 警告 AC ESS BUS FAULT。3XH－B 触点输出地信号给 11XC,即电门 AC ESS FEED,使 AC ESS FEED 电门上的 FAULT 灯亮。如果两个现象都有,则无法判断 3XH 是否故障,应结合之前的方法判断汇流条是否确实无电。如果仅出现 ECAM 警告 AC ESS BUS FAULT,FAULT 灯不亮,可初步判断为 3XH－A 故障在断开位;如果仅电门 AC ESS FEED 上的 FAULT 灯亮,ECAM 警告 AC ESS BUS FAULT 没有出现,可初步判断为 3XH－B 故障在断开位。

通过 ASM 和 ELSD 分析可知,如果继电器 3XH 故障在断开位,将出现虚假的 ECAM 警告 AC ESS BUS FAULT。针对虚假的汇流条失电警告,应参考 TSM 24－50－00－810－803－A 来处理,可能的故障源为 3XH 继电器或其供电的跳开关 2XH。

总之,针对空客 A320 电源系统交流汇流条中的非典型故障,结合 TSM、AMM、MEL、ELSD 和 ASM 等手册资料,确认信号含义,找到相应的电路,进行详细分析,可顺利定位故障源,高效、准确地排除故障。熟练使用这种故障分析方法,不断积累经验,可有效缩短排故周期,保障航班尽快恢复运行。

7.4 空客 A330 飞机方向舵备用电源故障分析

7.4.1 故障描述

2017 年,某空客 A330 飞机出现 F/CTL PRIM1 FAULT 警告,并伴随有 FCPC1(2CE1)的故障信息:更换 FCPC1 计算机后再次出现 F/CTL PRIM1 FAULT 警告并伴随有 F/CTL SEC1 FAULTF 警告;更换 FCSC1 计算机,办理 PRIM1 保留,完成 *M* 项工作后放行。之后在外站完成 *M* 项工作过程中,F/CTL SEC1 FAULT 警告再次跳出,执行复位等措施无效,导致航班延误,后更换两个方向舵备用电源组件 BPS 及 FCPC1、FCSC1,故障彻底排除。

7.4.2　故障原因分析

飞行控制计算机 FCPC1 和 FCSC1 分别连接至多个舵面伺服作动器，每个伺服作动器均有电磁阀线圈，任何一个线圈短路均有可能烧坏计算机，产生警告。

根据最初的 F/CTLPRIM1 FAULT 警告，FCPC1(2CE1)的故障信息，链接至排故手册 TSM27－90－00－810－836－A，FCPC1 失效工卡。在故障确认时，若测试正常，方可对串计算机进行故障确认。若测试有故障，需先根据排故数据 TSD（TROUBLE SHOOT－INGDATA)确认故障来源，其间不可更换或串计算机，以免某个设备的电磁阀故障会再次损坏计算机。图 7－4－1 所示为排故数据示意图。

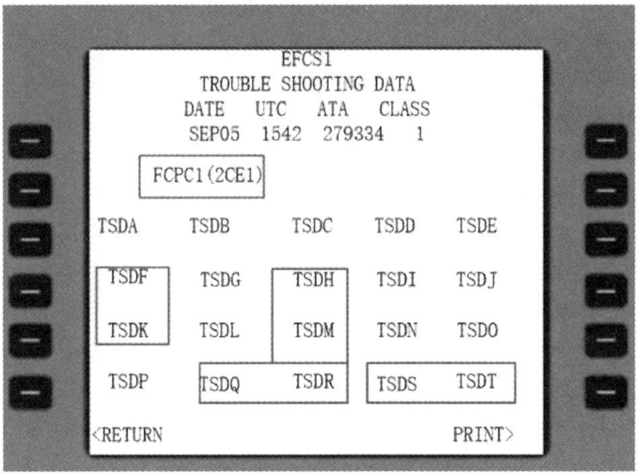

图 7－4－1　排故数据示意图

排故手册在此处重点强调了故障代码 TSDQ 和 TSDR 为“000C”时的排故步骤，其余参考 FCPC 故障流程图进行排故。

本架飞机故障代码如图 7－4－2 所示，可以确认故障源可能为 BPS 故障。

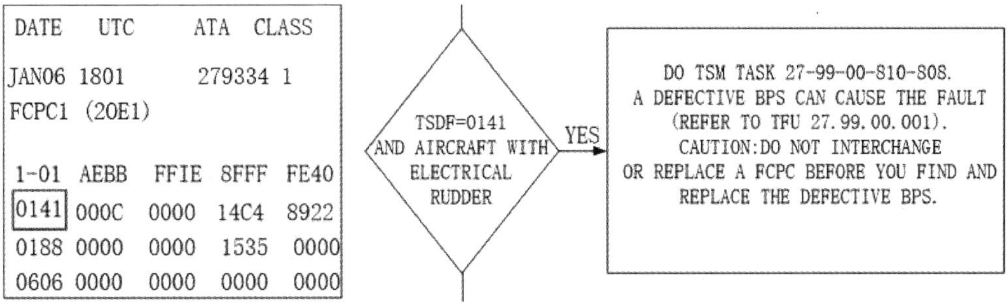

图 7－4－2　确认故障源示意图

那么 F/CTL SEC1 FAULT 的故障源是什么呢？

根据 TSM27－90－00－810－843－AFCSC1 失效工卡，查阅 FCSC1 的故障代码，如图 7－4－3 所示。

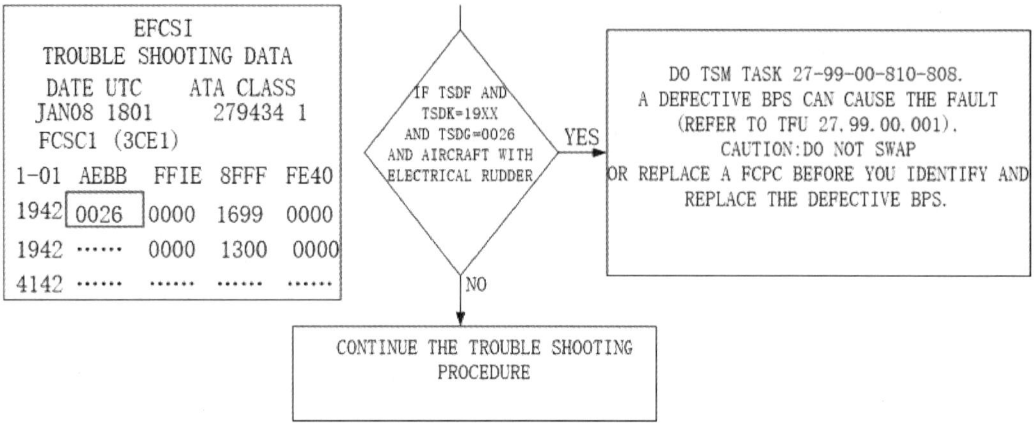

图 7-4-3　查询 FCSC1 故障代码示意图

可以确认 FCSC1 故障源也应为 BPS 故障(见图 7-4-3)。但分析线路连接发现,为了冗余设计,FCPC1 与 FCSC1 分别与不同的 BPS 内部的不同电磁阀线圈连接。

根据相关的空客技术跟踪报告 Technical Follow-up(TFU)27.99.00.001、27.99.00.004、27.99.00.007。

针对 FCPC、TSDF 或 TSDK 代码为"0141",指向 FCPC 内部的 K7 继电器问题。

针对 FCSC、TSDF 或 TSDK 代码为"19XX",同时 TSDG 代码为"0026",指向 FCSC 内部的 K7 继电器问题。

遇到此类排故,首先查看相应的故障代码 TSD,参照手册,依据代码进行后续排故。不要急于串或更换计算机,万一某个设备电磁阀故障,电磁阀短路会损坏飞行控制计算机。通过串件确认故障只允许在 TSM 中提出时才可以,或者已排除任何电磁阀短路的可能性。其次在进行线路绝缘测量时,确保相应的设备(尤其是 FCPCs、FCSCs)必须断开,测试设备的电压会损坏计算机。最后为了便于内场修理排故,建议将拆下计算机的 TSD 随计算机一起送修。

7.5　飞机风挡加温系统的故障分析与排除

7.5.1　故障现象

某型飞机飞行过程中,机组人员报告右前风挡玻璃内表面温度偏低,与左前风挡相比差异较大,而 CAS(机组告警系统)上无相关告警信息。停机后地面测试,左/右前风挡内表面温度一致,判断为偶发故障再次飞行,该故障重新出现。

7.5.2　故障原因分析

通过对风挡加温系统的构型和原理进行分析，造成风挡空中“低温”且 CAS（机组告警系统）无告警的故障原因和具体分析逻辑框如图 7－5－1 所示。

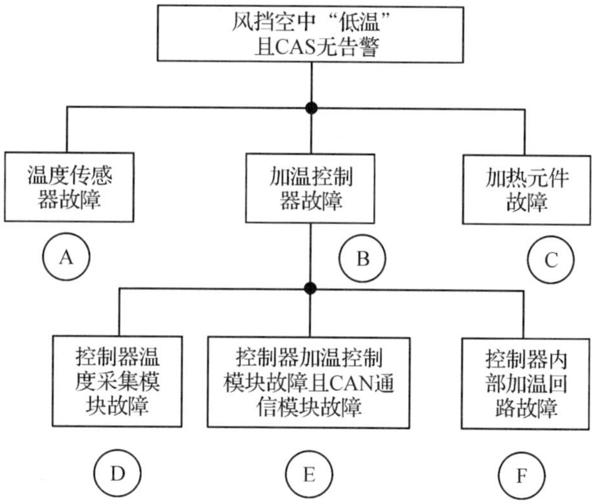

图 7－5－1　故障分析逻辑框示意图

7.5.3　故障排查

由于该故障在空中发生，地面测试时没有复现，所以不能通过对调左/右加温控制器来简化排故过程，需针对每一项故障原因逐一分析排查。

1.温度传感器故障

如果右前风挡内嵌温度传感器发生漂移，但并未达到超温告警值 60 ℃，可能导致采集温度值比实际温度值偏高，进而导致加温控制器对右前风挡的实际控制温度比目标值低 32 ℃，玻璃内表面温度偏低。对温度传感器阻值进行测量，当环境温度约 27 ℃时，3 个温度传感器的阻值分别为 1 105 Ω（27.0 ℃）、1 108 Ω（27.8 ℃）和 1 110 Ω（28.3 ℃），结果均在正常范围内，排除了故障原因 A。

2.加热元件故障

玻璃内嵌的加热元件阻值增大会导致回路电流减小，玻璃加温功率降低，从而使风挡内表面温度低于正常值。对右前风挡加温元件极间电阻进行测量，发现结果均在合理的范围内，排除了故障原因 C。

3.加温控制器故障

（1）如果加温控制器的温度采集模块故障，即控制器采集温度高于玻璃实际温度，且采集点落在目标值与 60 ℃之间，就会造成风挡既不加温也不报故。分别在常温、高温、低温、振动以及低气压等不同环境条件下，使用标准电阻器模拟温度传感器对控制器温度采集模块进行精度测试。试验结果表明控制器采集精度满足要求。采用目视和电镜观察采集电路，未发现有断裂、虚焊现象，排除了故障原因 D。

(2)针对控制器加温控制模块及 CAN 通信模块故障，开展控制器控制功能和告警功能测试。将风挡加温控制开关分别置于“弱”挡和“强”挡，经测量，前风挡温度达到加温目标值后，控制器无驱动电流输出，试验结果表明控制器控制功能正常。进行系统机上地面功能检查，断开右风挡温控断路器，将控制旋钮置于“弱”挡，CAS 上出现“右前风挡加温失效”“右通风窗加温失效”和“右侧风挡加温失效”的故障信息，试验结果表明加温控制器 CAN 通信模块正常，系统故障可以正常报出，由此排除故障原因 E。

将控制器拆开后发现某插座的 D 针和 E 针松动，一旦控制器振动，插针压线处就会虚接。根据加温控制器的工作原理(见图 7－5－2)，插座的 D 针和 E 针分别连接前风挡玻璃供电的 A 相和 B 相，导线虚接将直接导致加温回路的接触电阻增大，加温电流偏小，从而造成玻璃加温功率不足，内表面温度低。另外，由于故障电流并没有低于加温控制器最低电流告警阈值，所以控制器不输出故障信息。由此可以确定加温控制器内部加温回路故障。

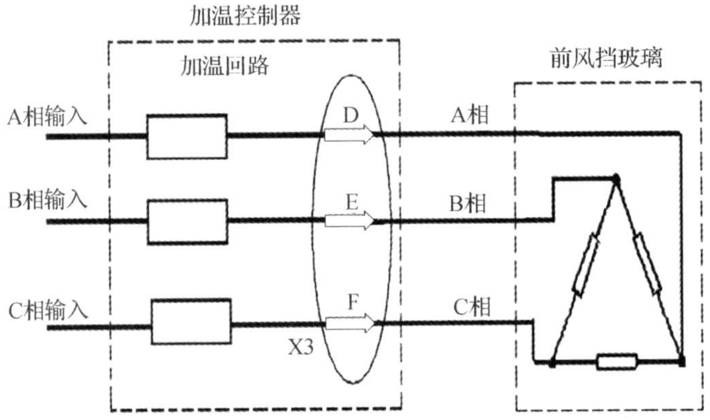

图 7－5－2　加温控制器与前风挡交联示意图

针对上述故障原因，对加温控制器插座的插针重新压接之后，对风挡加温系统进行常温和高低温试验、振动功能试验，系统工作正常。更换维修后的加温控制器，后续飞行过程中该故障不再出现。

7.6　空客 A320 飞机电瓶异常放电故障分析与排除

7.6.1　故障描述

2020 年 1 月 24 日，航前检查发现某机 2＃电瓶异常放电，电压为 0 V。更换 2＃电瓶后正常。此前飞机停场时间约30 h。5月3日，该机航前用电瓶启动APU时，前起落架地面喇叭响，108VU面板上ADIRU&AVNCS VENT灯亮，后用地面电源启动正常。8月2日，该机航前检查2#电瓶电压只有13.4 V，无法起动APU，通过电源车起动APU后，2#电瓶依旧无法充电，更换2#电瓶后正常。此前飞机停场时间约30 h。

7.6.2 故障分析和排故过程

电瓶异常放电故障表现为飞机较长时间停场，电瓶虽已断开，但电瓶电压下降很多，导致不能放行。正是根据此故障现象，按照AMM24-38-00以及ASM24-38-02可以很清楚地得出排故的思路，即在电瓶已断开的情况下，2#电瓶仍给HOT BUS 704PP、702PP供电。故考虑的故障因素可以集中在电瓶本身和HOT BUS后端用电线路方面。

针对1月和8月2#电瓶异常放电的故障情况，分别进行了长时间的电瓶电压监控，通过对比航后到航前的电瓶电压发现，其他飞机正常压降一般在1～3 V之间，而该机2#电瓶压降最大达到了3.6 V；10月份2C检时再次对电瓶电压进行了检查，发现15日进场时2#电瓶电压为26.9 V，17日电瓶电压降至15.4 V(飞机累计停场时间30 h左右)，故障重现。因此结合C检工作：

(1)将2#电瓶拆下送车间进行容量检查，测试电瓶在额定容量23 A·h的充放电情况，同时领用新电瓶装在飞机上，发现故障依旧，故排除电瓶本身故障的可能性。然后互串BCL1、2后，故障依旧，排除BCL故障原因；通过相关线路检查，排除线路有搭接或接地的原因。

(2)按照ASM24-38-02在3PB2 SHUNT-BAT2位置串入电流表，通过逐个拔出2#电瓶连接HOT BUS后端用户C/B的方法监控2#电瓶的放电电流情况进行排故，图7-6-1所示为电瓶充放电测试线路示意图。电流表初始监控电瓶放电电流在1.2 A左右，当拔出HOT BUS 704PP与702PP之间的12PB2、5PB2两个并联C/B后，电流表监控放电电流降至200 mA左右，以此判断702PP后端有较大用电用户。按照ASM24-68-13逐个断开702PP后端连接用户，当拔出59GA LGCIU/BAT SPLY/SYS2的C/时，电流表监控电流降至20 mA左右。按照ASM32-31-06检查发现该线路上的继电器61GA处于一直接通状态。而继电器61GA正常工作状态为开路，当LGCIU正常供电中断时，HOT BUS 702PP通过61GA提供给LGCIU断电保护电路备份供电10 s，使LGCIU断电时仍保持舱门关闭，液压管内有压力也就是保持下位锁锁定压力，从而防止前起落架意外收起。在更换该继电器后，电流表监控显示整个线路电瓶放电电流稳定维持在20 mA左右。当再次接通电瓶，启动APU时，前面所述故障现象消失，到此判断该故障排除。

(3)接通电瓶启动APU，地面喇叭响、108VU面板ADIRU&AVNCS VENT灯亮故障。根据喇叭供电及响起的条件，有如下判断：①当地面接通电瓶起动APU时，APU可以起动成功，仅在启动过程中喇叭会响，当起动成功时，喇叭声停止，且未有APU火警警告等故障信息，故排除APU火警原因；②当拔出惯导C/B启动APU时，地面喇叭依旧会响，故排除在地面发动机关车状态，ADIRS电瓶供电原因。排除以上故障原因后，集中考虑在地面发动机关车状态，进气扇低流量原因，并针对电子舱通风系统线路进行了梳理。按照

AMM21－26－00，检查了相关线路上的延时继电器 9HQ(延时 30 s)及后面管道上 3 个压力电门(17HQ，19HQ，30HQ)，发现其均工作正常，排故未果。但依据 AMM21－26－00，也注意到了连接 9HQ 后面还有两个继电器 12KS1、12KS2(RELAYOIL LOW PRESS AND GROUND，ENG1/ENG2)，而根据后续排除电瓶掉电的故障后，也证实确实存在一定关联。这 2 个继电器由 EIU 控制，而 EIU 接收 LGCIU 提供空地信号，正是 LGCIU 断电保护电路备份电源线路上继电器 61GA 故障，导致这 2 个继电器接通，使 9HQ 内部回路闭合，在电瓶启动 APU 时约 30 s 地面喇叭响起，108VU 面板 ADIRU&AVNCS VENT 灯点亮 。

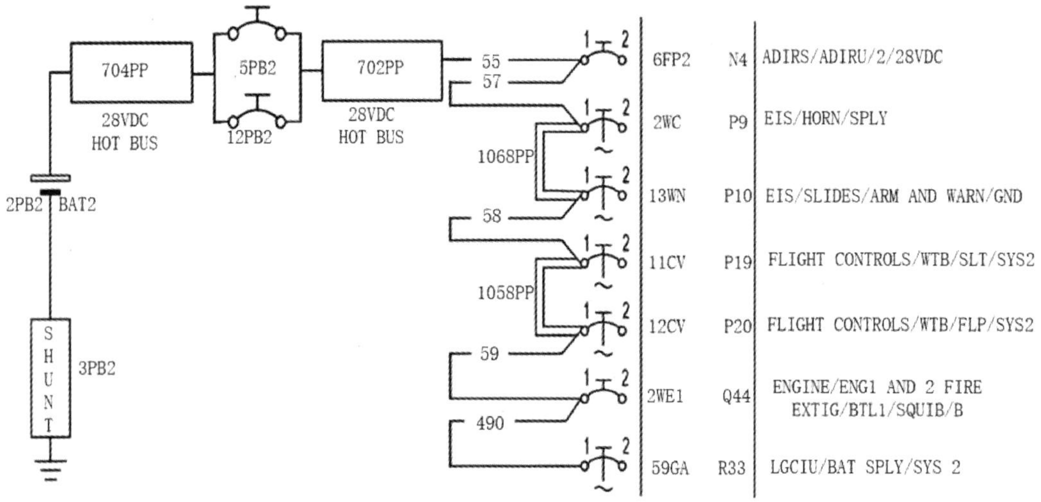

图 7－6－1 电瓶充放电测试线路示意图

7.6.3 排故总结

该故障是该机队第一起因电瓶供电线路上部件隐性功能故障导致电瓶缓慢放电的情况。由于正常的航后到航前时间跨度短，电瓶电压压降的幅度小，只有在飞机处于较长时间停场、电瓶已断开的情况下，才能观察到电瓶严重放电的现象，故障比较隐蔽。在以后处理此类故障时，首先应熟悉系统的工作原理，然后按照相关的维护手册对故障进行逐步分析，针对性地制定合理的排故方案，才能及时地排除故障。

7.7 某型飞机直流电源系统三类故障分析与排除

直流电源系统直接为飞机用电设备供给稳定、符合标准的电流。一旦电压短时过高，就会将相应的用电设备烧坏。

1)主二次电源故障

故障现象：飞行参数(简称飞参)记录一个整流器输出电流为 0。

2)备用电源故障

故障现象：电传通道灯亮，更换相应通道新计算机后通道信号灯仍亮。

3)供电网络的故障

故障现象：飞机上所有直流插座无电压。

7.7.1　直流电源系统构成与原理

某型飞机直流电源系统包括主电源、备用电源与供电设备及线路，具体构成如图 7－7－1 所示。

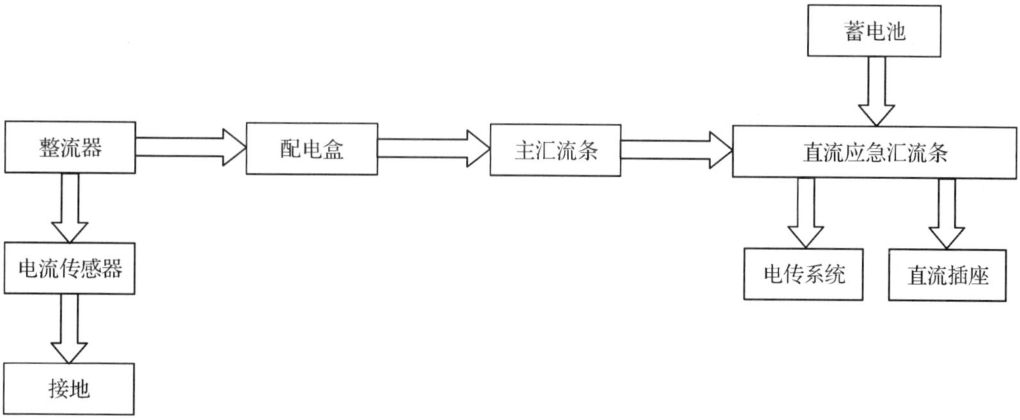

图 7－7－1　某型飞机直流电源系统排故结构图

1.主二次电源

主二次电源为三个将交流转换为直流的变压整流器。在交流电源系统中，两个三相 220 V、5 kW 的交流发电机产生的交流电输送到并联的三个变压整流器。变压整流器作为直流系统的二次电源将交流发电机输出的 220 V 交流电压转换为 22 V 的直流电压。

2.备用电源

备用电源为由两个额定电压为 22 V、容量为 20 A・h 组成的镍铬蓄电池组。每个蓄电池由 18 单元的小蓄电池构成。蓄电池在飞机主电源故障时供给飞机直流电，使飞机正常飞行到就近机场着陆。

3.供电网络

供电网络包括直流电压表、两个主汇流条、两个应急汇流条、各专业的配电盘、主电门与相应电子设备的电门。其中涉及本章内容的有主电门和各专业的配电盘，主电门控制相应各专业系统电压供应，而各专业的配电盘控制相应机件的电压。

7.7.2　故障分类分析与排除

1.主二次电源故障

故障现象：飞行参数记录一个整流器输出电流为 0 A。

分析：故障可能是整流器故障、电流传感器故障或者某段线路断路，但是考虑整流器可靠性比较高，先判断电流传感器是否故障或者某段线路是否断路。

排故过程中，先将可能故障的电流传感器与其他工作正常的电流传感器对换，发现故障仍然存在；然后，测量线路为通路。因而，确定是整流器的故障。更换整流器后，故障排除。

2.备用电源故障

故障现象：电传通道灯亮，更换相应通道新计算机后通道信号灯仍亮。

分析：此次电传故障同直流电源系统表面上看是毫无关联的两个部件，但是仍可以看到部分关联：在某些特定情况下直流电源系统供给电传系统电压。

排故过程中，首先，将换下的计算机放到其他通道上，电传系统相应的通道信号灯亮。证明计算机已坏。但是，换上新计算机后原故障通道仍亮说明是电源系统的问题(烧坏计算机)，经查找技术手册，当接电源车通交流电时，台架输入电压正常；当打开蓄电瓶供电时，测量台架输入电压为 20 V，小于正常标准。因而判断蓄电瓶电压不足是导致电传系统的电源部分故障 。更换合格的蓄电瓶，并更换电传系统的电源故障部分，故障排除。

3.供电网络的故障

故障现象：飞机上所有直流插座无电压。

分析：电源车输出有电压，则排查重点为相应线路哪部分断路。

排故过程中，经查看电路图，分段测量从地面电源到飞机上直流插座的电压。发现在配电盘之后的线路上无电压，查看配电盘，发现配电盘跳电门。将相应的电门恢复后，再继续测量整个线路，直流插座有电压，故障排除。

飞机在空中经常遇到气流颠簸，做特技动作或者起飞着陆时颠簸，易主要出现线路磨损故障。排故时，注意按照电路图册线路逐段测量电压、电流，查看有故障的部分外观是否破损、接线是否可靠、电压电流是否符合要求等。

7.8 旋转整流器故障检测

故障现象：波音 B757 飞机主发电机的额定容量为 90 kV・A，额定电流为 250 A，GCU 检测到负载电流小于 247 A，且平均励磁电流大于 2.76 A。

7.8.1 故障分析

在无刷交流发电机运行过程中，旋转整流器工作是否正常，直接影响到发电机的工作状态。整流二极管的故障不外乎有两种情况，即短路或断路。当三相桥式整流电路中的某个二极管发生短路故障时，短路电流将流过与其他相接的励磁机电枢绕组，使其过热或烧毁。当某个二极管发生过载断路故障时，将导致整流器输出电压下降，主发电机输出电压随之下降，这时调压器将使交流励磁机的励磁电压或电流增大，从而造成调压器过载而损坏。因此，在无刷交流发电机运行过程中，必须针对旋转整理器的工作状态设置监测和报警电路。

当检测到旋转整流器工作不正常时，经过一定的延时断开 GCR 和 GCB，使发电机停止发电。

7.8.2 旋转整流器故障检测方法

1.利用发电机的调节特性判定

通过无刷交流发电机的工作特性可知，当旋转整流器正常工作时，主发电机的励磁电流 I_j 与交流励磁机的励磁电流 I_{jj} 成正比。此外，由同步发电机的调节特性可知，交流发电机调节特性示意图如图 7－8－1 所示。

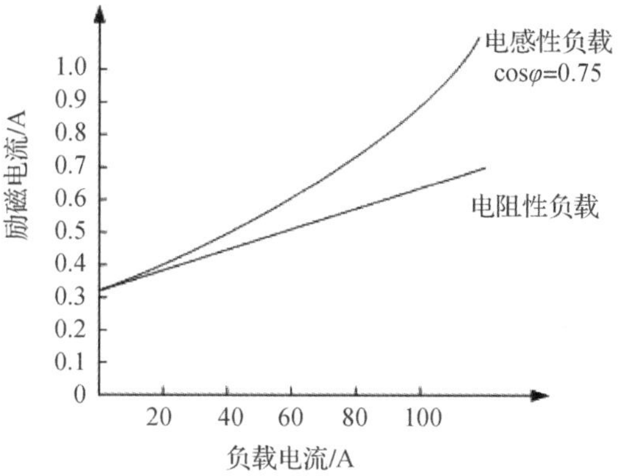

图 7－8－1　交流发电机调节特性

当发电机所带负载性质(如阻感性负载)不变时，随着负载的增加，励磁电流也将增大，即负载电流与励磁电流之间有一个基本固定的数值关系。因此，交流励磁机的励磁电流 I_{jj} 与主发电机的负载电流 I 之间也有较为固定的数值关系。当旋转整流器发生故障，如整流二极管短路或断路时，整流器输出电压将下降，使主发电机励磁电流下降，发电机端电压随着降低。但在调压器的作用下，交流励磁机的励磁电流必将大大高于正常值，使其与主发电机负载电流之间的数值关系远远偏离原来的对应情况，由此就可以判断出旋转整流器是否发生故障。

2.利用谐波电枢反应检测

由于旋转整流器安装于无刷交流发电机的转子上，直接检测其状态比较困难，所以，可以通过监测交流励磁机的谐波电枢反应状态来间接判断旋转整流器的工作状态。

由于二极管的单向导电性，交流励磁机的转子电枢电流不再是正弦波，而是含有奇次或偶次谐波的非正弦波。这些谐波电流产生的谐波磁场在励磁机定子励磁绕组中会产生高次谐波电动势，这种现象称为谐波电枢反应。在实际工作中，可以利用谐波电动势的特点判定旋转整流器的工作状态。

对应三相半波整流器，正常情况下交流励磁机电枢绕组中的 2、4 次谐波电流影响比较大。2 次谐波电流形成顺序电枢反应磁势，其转向与转子转向相同；4 次谐波电流形成逆序电枢反应磁势，其转向与转子转向相反，两者都在励磁机励磁绕组中感应出 3 倍基波频率的感应电动势，其波形如图 7－8－2 所示。

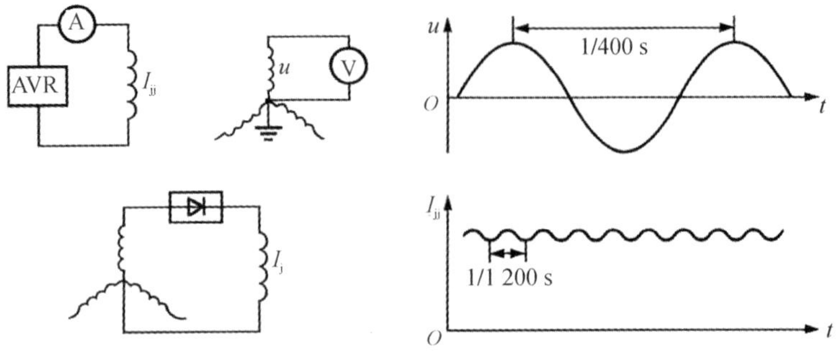

图 7－8－2　谐波电枢反应的正常波形

如果旋转整流器发生故障，励磁电流波形将会发生畸变。如果某相二极管短路，则其余两相导通时，均被该相短路，其后果除了使整流电压平均值大大下降外，还将使交流励磁机电枢存在一定的直流磁势，在励磁绕组中将会感应出基波频率的电动势。其波形如图 7－8－3 所示。

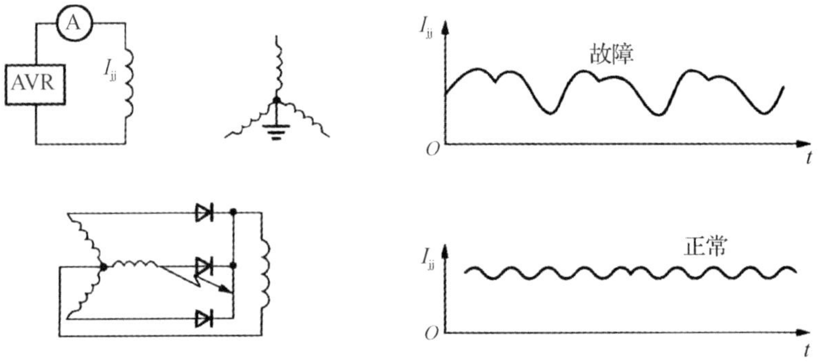

图 7－8－3　旋转整流器正常和故障时的励磁电流波形

如果采用三相全波整流器，则交流励磁机电枢电流中的 5、7 次谐波电流分量比较大。5 次谐波电流形成顺序电枢反应磁势，其转向与转子转向相同；7 次谐波电流形成逆序电枢反应磁势，其转向与转子转向相反。两种磁势都将在励磁绕组中感应出 6 倍基波频率的电动势。因此在正常情况下，在励磁电流中含有 6 倍基波频率的脉动分量。

当三相全波整流器的一个整流管短路或断路时，也会形成直流磁势，在励磁绕组中感应出基波频率的电动势和电流。这时，交流励磁机的励磁电流波形与图 7－7－3 所示类似，其波动幅值增大，通过电路将该脉动分量检测出来，据此就可以判断出旋转整流器发生故障。经过一定延时后，通过断开 GCR 和 GCB 实施保护。

通过以上分析，在无刷交流发电机工作过程中，可以根据交流励磁机励磁电流中的谐波含量变化情况来判断旋转整流器是否有故障。如果旋转整流器发生故障，在延时 5.5 ～7 s 后，断开 GCR 和 GCB，使故障发电机灭磁并退出电网。

7.9　典型飞机电源系统部件识别及其功能

7.9.1　波音 B737 飞机外部电源系统部件识别及其功能

波音 B737 飞机外部电源系统部件位置如图 7-9-1 所示。

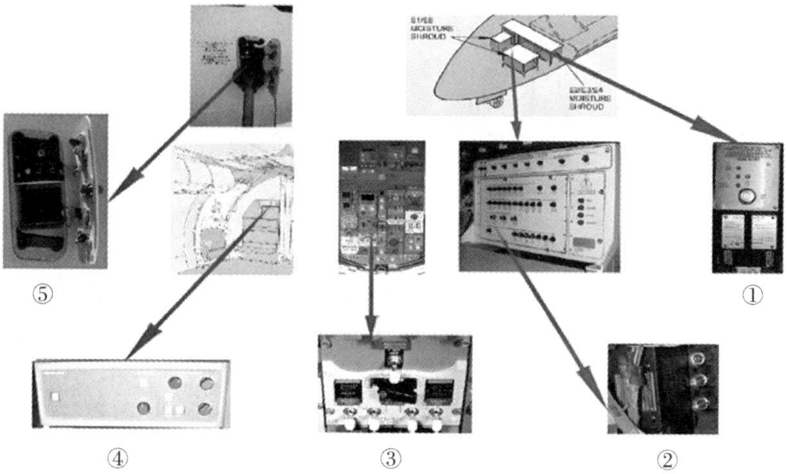

图 7-9-1　波音 B737 飞机外部电源系统部件位置示意图

①—汇流条电源控制组件(BPCU),功能主要为:外部电源接触器(EPC)控制、交流分配汇流条保护、外部电源监控和保护、驾驶舱指示、汇流条和厨房卸载、地面勤务电源控制、加油站电源、机内测试设备用于故障隔离等。

②—外部电源接触器,功能主要为:将 115 V 交流、400 Hz、三相外部电源连接到汇流条上。

③—交流系统,是发电机和 APU 组件,功能主要为:提供人工控制和外部电源指示。

④—前乘务员面板,功能主要为:提供地面勤务电门。

⑤—外部电源面板,功能主要为:连接外部交流电源并提供电源使用指示。

7.9.2　波音 B737 飞机发电机驱动系统主要部件及其功能

波音 B737 飞机交流发电机驱动系统部件示意图如图 7-9-2 所示。

空气/滑油冷却器在风扇机匣的内侧后部 6:30 的位置,打开发动机左方整流罩和反推可接近空气/滑油冷却器。其功能主要为:使用发动机风扇空气降低 IDG 滑油的温度。如果冷却器堵塞,空气/滑油冷却器内部旁通打开。滑油从空气/滑油冷却器出来后流到 IDG 滑油冷却器。

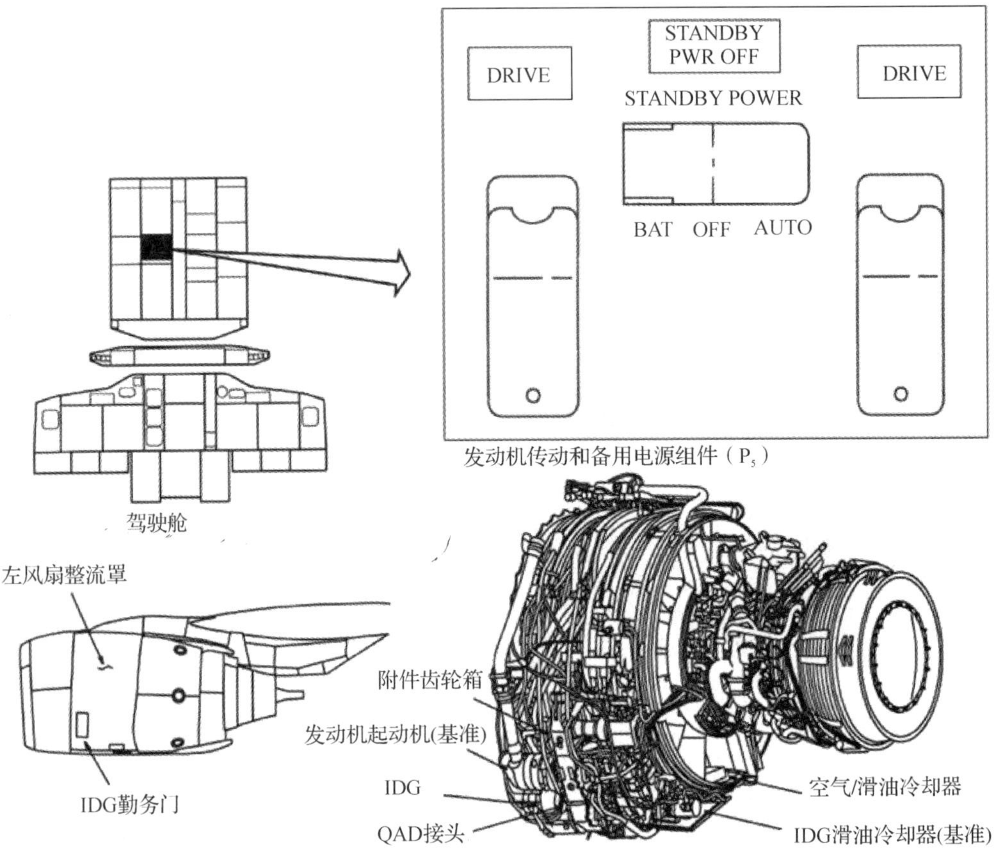

图 7-9-2 波音 B737 飞机交流发电机驱动系统部件示意图

IDG 为整体驱动发电机，在发动机附件齿轮箱的前面，位于 7:00 的位置。IDG 在发动机起动机下面。打开左发动机风扇整流罩，可接近 IDG 装置。IDG 主要作为交流电源的正常电源。每个 IDG 可以提供 115/200 V 交流、400 Hz 电源，可以提供最大 90 kV·A 的功率。

QAD 为快速装卸盘，功能主要为：将整体驱动发电机安装在发动机附件齿轮箱上。

发电机驱动和备用电源组件在驾驶舱内的 P5 前头顶面板上，其功能主要为：提供交流发电机驱动系统的指示和控制。

7.9.3 波音 B737 飞机交流电源系统部件识别及其功能

波音 B737 飞机交流电源系统部件示意图如图 7-9-3 所示。图中：GCU1、GCU2 分别为发电机控制组件 1 和发电机控制组件 2，功能主要为：控制对应发电机控制断路器(GCB)

和汇流条断路器(BTB);提供/控制给整体驱动发电机(IDG)发电机的激励;保护电源系统和整体驱动发电机(IDG)电气参数不在限制内;控制在 P5－5 和 P5－4 组件上的电源系统;对机构内测试设备进行故障隔离。

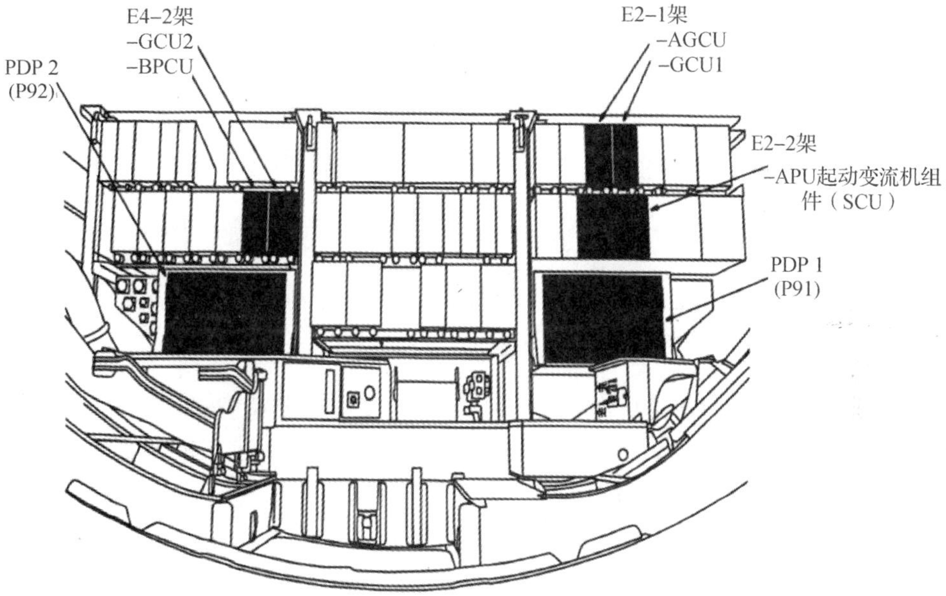

图 7－9－3　波音 B737 飞机交流电源系统部件示意图

PDP1(或 P91)、PDP2(或 P92)分别为电源分配面板 1 和电源分配面板 2,功能主要为:包括断路器和电源汇流条。断路器给电源分配系统提供来自电源的 115 V 交流、三相电源。断路器也闭合或断开 28 V 直流电源系统的控制和指示电路。

SCU 为 APU 起动变流机组件,功能主要为:调节 APU 起动发电机电源输出;在 APU 起动时,转动 APU。

BPCU 为汇流条电源控制组件,功能主要为:监控汇流条转换电门位置,用于汇流条断路器(BTB)控制。

AGCU 为 APU 发电机控制组件,功能主要为:APU 发电机控制组件(AGCU)使用输入信号控制辅助电源断路器(APB)的位置;APU 发电机控制组件(AGCU)和起动变流机组件(SCU)为起动发电机和系统载荷提供保护。

7.9.4　波音 B737 飞机直流电源系统驾驶舱部件识别及其功能

波音 B737 飞机直流电源系统驾驶舱部件示意图如图 7－9－4 所示。

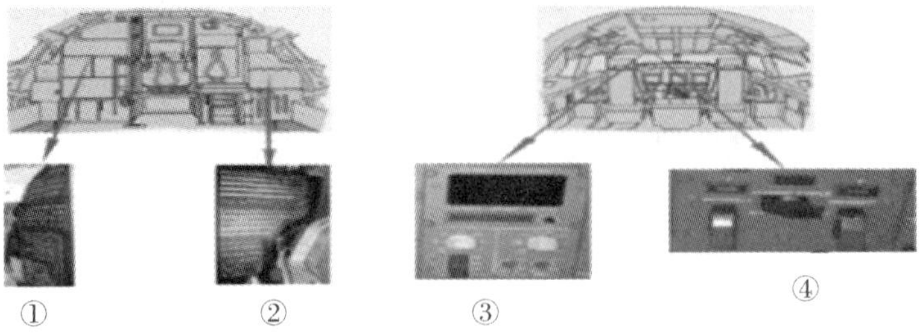

图 7-9-4　波音 B737 飞机直流电源系统驾驶舱部件示意图

①— P6 面板，功能主要为：有六块子面板和备用电源控制组件，具有控制飞机系统负载电路跳开关断路器。

②— P18 面板，功能主要为：有三块子面板，具有控制飞机系统负载电路跳开关断路器。

③—电气仪表、电瓶和厨房电源组件，功能主要为：电气仪表、电瓶和厨房电源组件包含电瓶充电器灯、TR 组件灯、ELEC 灯、LED 字母数字显示等指示。

灯亮表明在直流电系统中有故障。使用直流仪表选择器和字母数字显示查看直流系统数据。当电瓶电门置于 ON 位时，电瓶给汇流和电源系统部件通电。

（IDG）安装在发动机附件齿轮箱上。

④—发电机驱动和备用电源组件，功能主要为：可对备用电源系统进行人工控制和指示。

7.9.5　波音 B737 飞机直流电源系统电子舱部件识别及其功能

波音 B737 飞机直流电源系统电子舱部件示意图如图 7-9-5 所示。

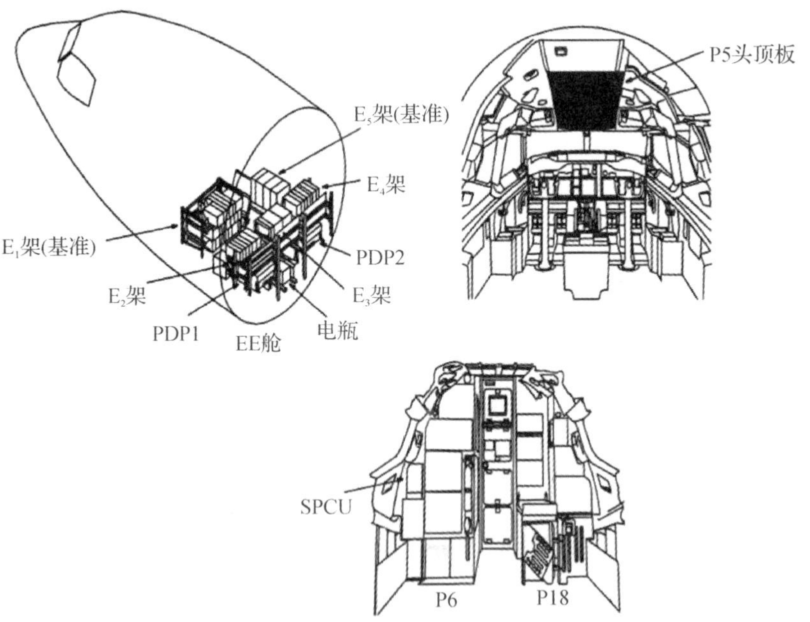

图 7-9-5　波音 B737 飞机直流电源系统电子舱部件示意图

变压器整流器组件 1 位于 E_2 架上，变压器整流器组件的功能主要为：从 1 号交流转换汇流条得电。变压器整流器组件 1（TRU1）输出直接连接到 1 号直流汇流条。

主电瓶充电器位于 E_2 架上，主电瓶充电器的功能主要为：从交流 2 号地面勤务汇流条得电。电瓶充电器是热和转换热电瓶汇流条的主要供电电源。

辅助电瓶充电器位于 E_3 架上，辅助电瓶充电器的功能主要为：从交流 1 号地面勤务汇流条得电。充满电后可以小电流形式给辅助电瓶充电，不直接给直流汇流条供电。

静变流机也位于 E_2 架上，静变流机是交流备用汇流条的备用电源。交流转换汇流条 1 是正常电源。静变流机使用直流电源给备用负载提供 115 V、400 Hz、单相交流电。一旦电瓶电门在 ON 位置，或者备用电源电门位于 BAT(电瓶)位置，静变流机得到电源。

电瓶位于 E_3 架底部，电瓶的功能主要为：提供备用交流和直流电源。

变压器整流器组件 3 位于 E_4 架上，其功能主要为：通常从 2 号交流转换汇流条供电。如果失去正常电源，1 号交流转换汇流条通过变压器整流器组件 3 转换继电器提供备份。变压器整流器组件 3(TRU3)的主要用途是作为电瓶汇流条的电源。

变压器整流器组件 2 位于 E_4 架上，其功能主要为：从 2 号交流转换汇流条供电。变压器整流器组件 2(TRU2)输出直接连接到 2 号直流汇流条。

7.9.6　波音 B737 飞机备用电源系统部件识别及其功能

波音 B737 飞机备用电源系统部件示意图如图 7－9－6 所示。

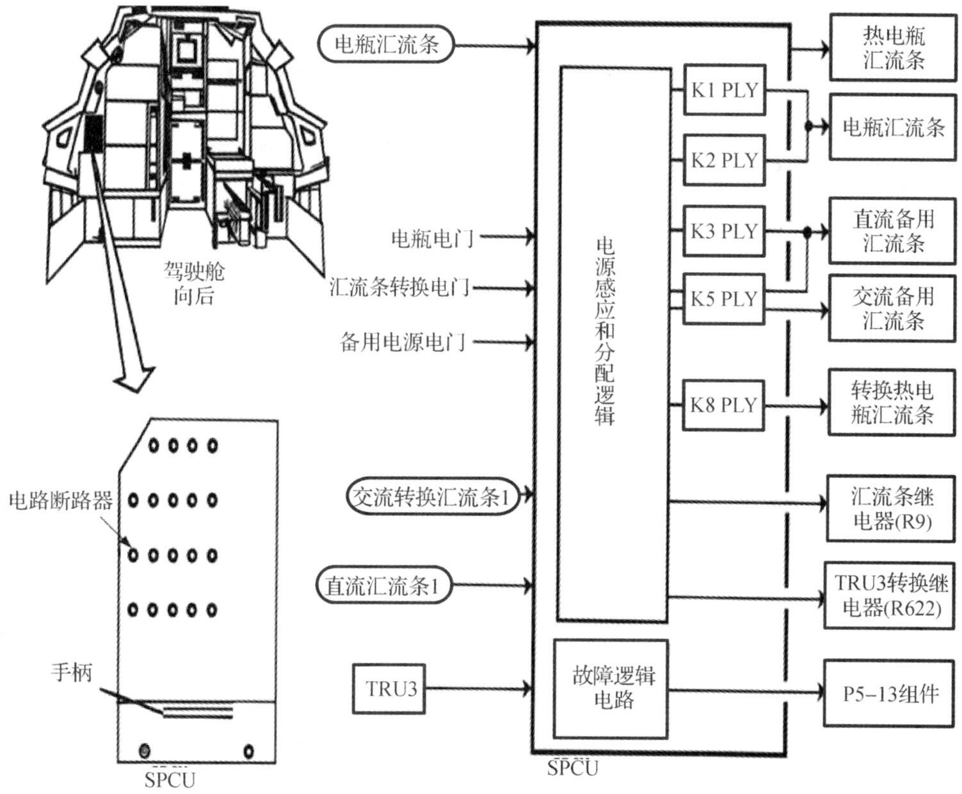

图 7－9－6　波音 B737 飞机备用电源系统驾驶舱部件示意图

SPCU 为备用电源控制组件，其功能主要为：提供电瓶和备用汇流条电源的人工和自动选择。SPCU 给 P5－13 上的电源仪表、电瓶和厨房电源组件提供直流系统的故障数据。SPCU 也控制电源系统的某些电源分配继电器。

SPCU 位于 P6 面板上，P6 面板位于驾驶舱副驾驶座椅后面。

7.9.7 波音 B737 飞机备用电源系统电子舱部件识别及其功能

波音 B737 飞机备用电源系统电子舱部件示意图如图 7－9－7 所示。

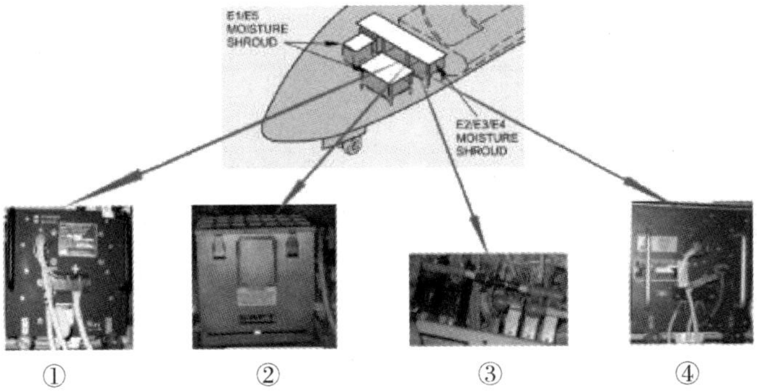

图 7－9－7 波音 B737 飞机备用电源系统电子舱部件示意图

①—电瓶充电器，功能主要为：从交流 2 号地面勤务汇流条得电。电瓶充电器是热和转换热电瓶汇流条的主要供电电源。

②—电瓶，功能主要为：提供备用交流和直流电源。

③—遥控电路断路器，功能主要为：遥控电路断路器（RCCB）给静变流机提供电瓶电源。当备用电源控制组件（SPCU）指令闭合时，RCCB 闭合。这使静变流机从电瓶获得电源。

④—静变流机，功能主要为：使用直流电源给备用负载提供 115 V、400 Hz、单相交流电。一旦电瓶电门在 ON 位置，或者备用电源电门位于 BAT（电瓶）位置，静变流机得到电源。

7.10 典型飞机电源系统维护介绍

7.10.1 波音 B737 飞机电瓶上电断电操作程序

1.警告

警告：使用航空电瓶给飞机上电前，请确认飞机状态为可以上电状态，否则会造成人员触电危害或者飞机部件损伤。

2.维护准备

(1)确认当前飞机为可通电状态。

(2)检查当前飞机是否有人员作业,如果有人作业,与之确认当前飞机状态可以通电。

(3)检查、确认驾驶舱各红色开关或按钮都在正常位。

3.操作步骤

1)电瓶通电操作

(1)把航空电瓶开关由 OFF 位放到 ON 位。

(2)把直流选择旋钮放到 BAT 位。

(3)检查电瓶电压是否显示大于 23 VDC。

注:如果显示电瓶电压小于 23 VDC,应立即断开飞机电瓶供电;不能使用航空电瓶长时间给飞机供电,长时间放电会造成电瓶电压过低。

2)电瓶断电操作

把电瓶开关由 ON 位放到 OFF 位,等待 10 s,电瓶放电灯无点亮。

注:飞机主电瓶断电前,请确认惯导已经放到 OFF 位,否则会造成飞机主电瓶长时间放电,对飞机造成损伤。

7.10.2　波音 B737 地面电源通断电操作程序

1.警告与警戒

警告:使用地面电源给飞机上电前,请确认飞机状态为可上电状态,否则会造成人员触电危害或者飞机部件损伤。

警戒:雷雨天禁止使用地面电源给飞机上电。

2.维护准备

(1)确认飞机为可上电状态。

(2)检查当前飞机是否有人员工作,如果有人员作业,与之确认当前飞机状态可以上电。

(3)如果使用地面电源车,地面电源车接近时注意与飞机保持一定的间隔。

(4)检查、确认驾驶舱各红色开关、按钮和跳开关都在正常位。

(5)检查、确认外接电源特性是 115 VAC/200 VAC/400 Hz,功率 90 kV · A。

(6)检查地面电源插头是否完好。

(7)检查飞机地面电源插座是否完好。

3.操作步骤

1)地面电源通电操作(飞机外)

(1)把地面电源插头飞机地面电源插座,系好防掉落绑绳。

(2)接通地面电源,检查、确认飞机地面电源面板上连接灯(红色)点亮和未使用灯(白色)熄灭。

注:插上地面电源插头前,确认当前地面电源处于无电状态。

2)地面电源通电操作(驾驶舱内)

(1)进入驾驶舱,确认地面电源有效灯点亮。

(2)把航空电瓶开关放到ON位。

(3)把地面电源开关放到ON位。

(4)确认左SOURCE OFF、右SOURCE OFF、左TRASFER BUS OFF和右TRASFER BUS OFF灯熄灭。

3)地面电源断电操作(驾驶舱内)

(1)把地面电源开关放到OFF位。

(2)地面电源有效灯依旧亮。

(3)确认左SOURCE OFF、右SOURCE OFF、左TRASFER BUS OFF和右TRASFER BUS OFF灯点亮。

(4)把电瓶开关由ON位放到OFF位。

注:断开外接电源供电前,需确认当前飞机处于待断电构型。

4)地面电源断电操作(飞机外)

(1)在地面电源接口面板确认连接灯(琥珀色)熄灭、未使用灯(白色)点亮。

(2)关闭地面电源供电,解开防脱落绳索,拔出地面电源插头。

(3)关好飞机地面电源舱门。

7.10.3 波音B737飞机APU通断电操作程序

1.警告与警戒

警告:如果飞机正在加油,请遵守加油注意事项,否则会造成人员伤害。

当外接电源或APU给飞机供电时,备用液压泵会工作4 s,可能会使方向舵和反推移动,这样可能会造成该区域人员受伤。

警戒:检查APU进气门是否有结冰、损伤或周围是否有异物,否则会造成部件损坏。

2.维护准备

(1)检查APU进气门无卡阻,附近无异物和人员。

(2)确认飞机构型为可上电型。

(3)检查飞机上是否有人人员工作,如果有人员作业,与之确认当前飞机状态是否可以启动APU、是否可以上电。

3.操作步骤

1)APU发电机通电操作

(1)把电瓶由OFF位放到ON位。

(2)检查BUS TRANS电门在AUTO位,按手册要求启动APU。

(3)APU启动好后,确认APU GEN OFF BUS灯亮。

(4)把左、右APU供电开关打到ON位。

(5)确认APU GEN OFF BUS灯熄灭。

(6)确认左 SOURCE OFF、TRASFER BUS OFF 灯熄灭。

(7)确认右 SOURCE OFF、TRASFER BUS OFF 灯熄灭。

2)APU 发电机断电操作

(1)把电瓶开关由 ON 位放在 OFF 位。

(2)确认 APU GEN OFF BUS 灯点亮。

(3)确认左 SOURCE OFF、TRASFER BUS OFF 灯点亮。

(4)确认右 SOURCE OFF、TRASFER BUS OFF 灯点亮。

拓展阅读

让航空报国精神为航空强国使命提供更为丰厚的精神滋养

2022 年全国两会前夕，被称为“中国人精神史诗”的“感动中国 2021 年度人物颁奖盛典”正式登陆中央广播电视总台央视综合频道。92 岁高龄的 2020 年度国家最高科学技术奖获得者、两院院士顾诵芬位列其中。顾诵芬平实而不平凡的人生经历，与新中国伟大发展同步，与新中国航空工业同频，他的信仰、理想以及毕生追求激励了几代航空人不忘初心、奋勇向前，他身上的航空报国精神感动了时代，激荡了国人的心怀。

精神是一个民族赖以长久生存的灵魂，唯有精神上达到一定的高度，这个民族才能在历史的洪流中屹立不倒、奋勇向前。“党的十八大以来，习近平总书记多次强调大力弘扬航空报国精神，建设新时代航空强国。航空报国精神是党领导下新中国航空事业发展 70 年来，深深根植于几代航空人的红色血脉和基因，是中国航空工业生命力、创造力和凝聚力的源泉，也是以爱国主义为核心的民族精神和以改革创新为核心的时代精神的生动体现，是社会主义核心价值观的具体体现。”在 2022 年两会期间，全国人大代表、航空工业光电所科学技术委员会专职委员羊毅，全国政协委员、中国工程院院士、航空工业首席技术专家唐长红等代表委员联名向全国人大和全国政协提交建议——将“忠诚奉献、逐梦蓝天”的航空报国精神纳入中国共产党人的精神谱系，利用宣传主渠道，采取各种鲜活生动的方式，进行大力宣传和弘扬，凝聚起全社会贯彻落实习近平总书记建设航空强国的系列重要指示批示精神的共识，加快建设世界一流航空企业。

“航空报国精神的萌生发展与中国共产党的精神演进一脉相承。”全国政协委员、航空工业洪都副总工程师崔彦勇表示，“在中国共产党的领导下，一代代航空人肩负党和人民重托，不忘初心，牢记使命，新中国航空工业从无到有、从小到大，构建起门类齐全、规模宏大的航空工业体系，实现航空武器装备的系列化发展，为我国国防科技工业和国民经济发展做出了重大贡献。”

羊毅指出：“航空工业取得辉煌成就的根本原因，在于坚持党的领导，坚守用党的初心使命、价值追求、精神品格构筑起的‘忠诚奉献、逐梦蓝天’的航空报国精神。具体内涵包括：使命担当的忠诚精神，坚韧执着的奉献精神，接续奋斗的逐梦精神，敢于突破的创新精神。”航空报国精神是中国共产党人精神在中国航空事业落地生根的具体体现。

航空工业是党和国家事业的重要组成部分，长期以来，党中央高度重视新中国航空事业发展和航空报国精神的传承。特别是党的十八大以来，以习近平同志为核心的党中央多次强调秉持和传承"航空报国"精神：2012 年罗阳同志牺牲，习近平总书记作出重要批示高度赞扬"罗阳同志秉持航空报国志向"；2015 年 C919 总装下线，习近平总书记批示强调要"继续弘扬航空报国精神"；2017 年 5 月 5 日，国产大型飞机 C919 首飞成功，中共中央、国务院发来贺电明确提出要"大力弘扬'两弹一星'精神、载人航天精神、航空报国精神"，首次将航空报国精神与其他国家精神并列；2018 年 10 月 20 日，大型水陆两栖飞机 AG600 水上首飞成功，习近平总书记发来贺电，殷切勉励研制全线"要继续弘扬航空报国精神，为实现建设航空强国目标而奋斗"。

习近平总书记和党中央对航空工业的高度重视和亲切关怀，为我国航空工业的发展指明了前进方向，提供了根本遵循，推动航空工业加快发展，取得丰硕成果。几位代表委员认为，大力宣传弘扬航空报国精神，是贯彻落实习近平总书记重要指示批示精神的根本要求，是学习贯彻习近平新时代中国特色社会主义思想的重要组成部分。

"航空工业是现代工业的'皇冠'，是国防安全的重要力量和体系，是建成世界一流军队的核心支撑和核心标志。航空产业是建设现代产业体系的顶端，是国家科技创新的重要主体和国家战略科技力量，是现代工业体系、高端制造能力的突出标志和引领力量，是当今大国博弈的重要战场。航空强国也成为世界强国的重要标志，是社会主义现代化强国建设的必然选择和客观要求。"全国人大代表、中国工程院院士、航空工业科技委副主任、中国航空研究院副院长樊会涛表示，大力宣传弘扬航空报国精神，就是要凝聚更广泛的力量发展壮大高质量发展的航空事业，助力早日把我国建设成为世界航空强国，支撑全面建成社会主义现代化强国，实现中华民族伟大复兴。

习近平总书记指出，中国人民在长期奋斗中培育、继承、发展起来的伟大民族精神，为中国发展和人类文明进步提供了强大精神动力。新中国航空工业创建于抗美援朝的战火硝烟中，一路走来，英雄辈出，涌现出以徐舜寿、黄志千、吴大观、罗阳、宋文骢、顾诵芬等为代表的一大批模范人物。

习近平总书记指出，罗阳同志秉持航空报国的志向，为我国航空事业发展作出了突出贡献，他的英年早逝是党和国家的一个重大损失。要很好地总结和宣传罗阳同志的先进事迹，广大党员、干部要学习罗阳同志的优秀品质和可贵精神。"大力宣传弘扬航空报国精神，就是传承发扬伟大民族精神，就能汇聚改革发展的磅礴力量，使之成为实现'航空梦'、添彩'中国梦'的强大动力。"羊毅指出。

部分选择题参考答案(简答题省略)

第 1 章:DAADB CACAB

第 2 章:2.1:DBCDA BBABA

2.2:BBCDC DCDAA

2.3:BDCBC BBABC

2.5:CDDCC CBABD

2.6:CAABA CAAAB

2.7:CBCDB CBDBB

2.8:CCACD DBAAB

第 3 章:CDBBB AACBA BACBC CCDDB ACABB DBCBC

参 考 文 献

[1] 刘建英,任仁良.飞机电源系统[M].北京:中国民航出版社,2013.

[2] 任仁良,张铁纯.涡流发动机飞机结构与系统[M].北京:兵器工业出版社,2006.

[3] 宋静波,李佳丽.波音737NG飞机系统[M].北京:航空工业出版社,2016.

[4] 朱新宇.民航飞机电气系统[M].成都:西南交通大学出版社,2021.

[5] 秦海鸿,严仰光.多电飞机的电气系统[M].北京:北京航空航天大学出版社,2016.

[6] 严冬超.飞机供电系统[M].北京:国防工业出版社,2010.

[7] 刘麦玲,胡兴荣.民用飞机配电线路保护装置的选取分析[J].民用飞机设计与研究,2014,5(9):21-22.

[8] 张宝珍,曾天翔.智能BIT技术[J].测控技术,2000(11):1-4.